Geografia

Parte 3

Brasil: industrialização e política econômica

CAPÍTULO 24

CAPÍTULO 25

Energia e meio ambiente

CAPÍTULO 26

CAPÍTULO 27

População

CAPÍTULO 28

CAPÍTULO 29

CAPÍTULO 30

Cesar Diniz/Pulsar Imagens

Brasil: industrialização e política econômica

No início do século XX, época em que esta foto foi tirada, era utilizada uma grande quantidade de trabalhadores nas linhas de produção e as indústrias impulsionaram grandes transformações no espaço geográfico. Você consegue imaginar algumas dessas mudanças? Pense no aumento dos fluxos migratórios, de produtos e de serviços, na construção de moradias, no surgimento de novos bairros, no investimento em transportes coletivos, como o desta foto, e muitas outras.

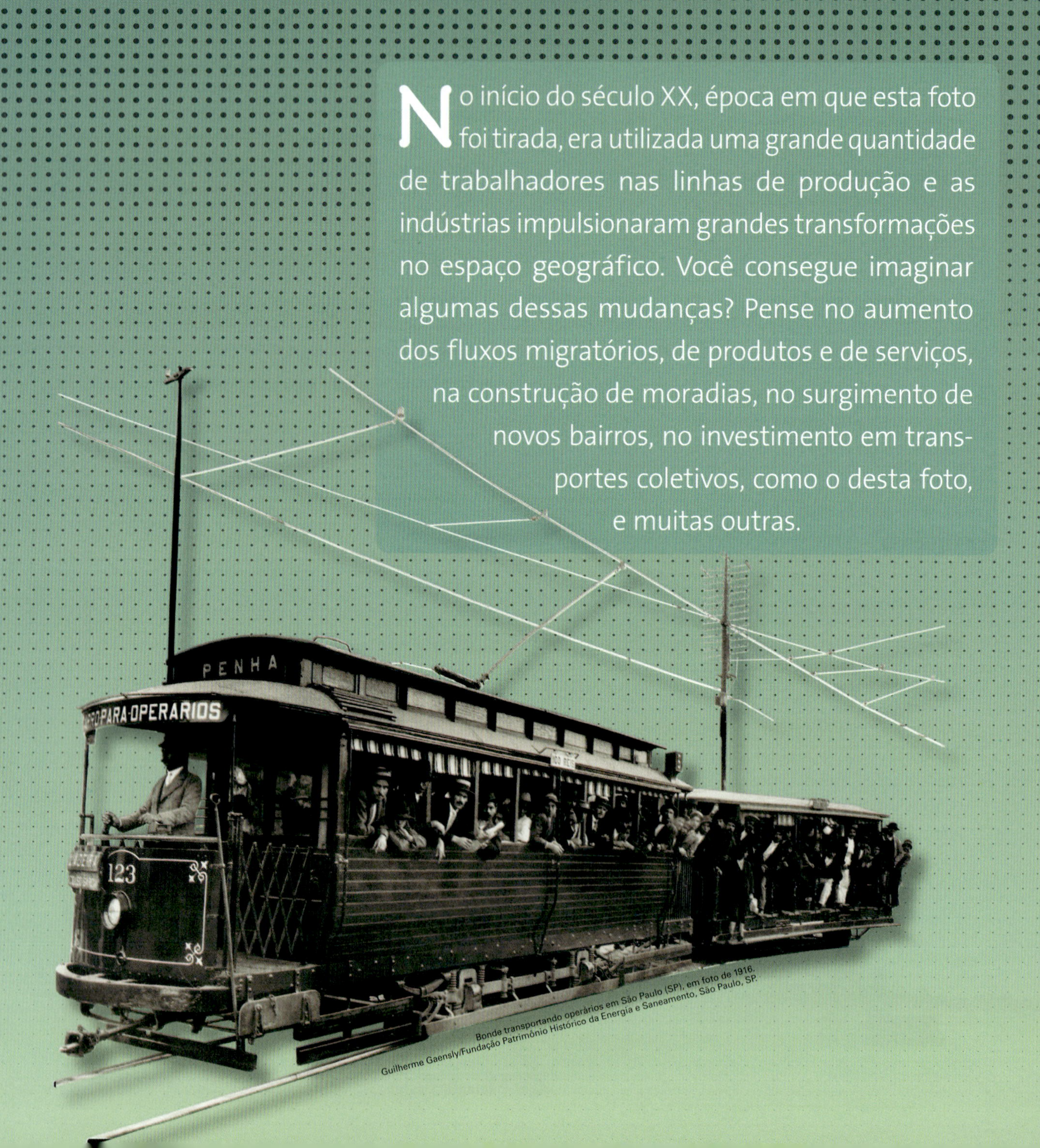

Bonde transportando operários em São Paulo (SP), em foto de 1916.
Guilherme Gaensly/Fundação Patrimônio Histórico da Energia e Saneamento, São Paulo, SP.

CAPÍTULO

24 Industrialização brasileira

Peter Scheier/Arquivo da editora

Linha de montagem de indústria automobilística em São Bernardo do Campo (SP), em 1958.

Para entendermos o atual estágio de desenvolvimento industrial brasileiro, é necessário conhecer o contexto histórico do processo de industrialização do país.

Desde o período colonial, o desenvolvimento econômico brasileiro, e consequentemente a industrialização, foi comandado por grupos e setores que pressionaram os governos a atender a seus interesses políticos e econômicos.

Assim, só é possível entender as etapas da industrialização brasileira se for analisada a conjuntura econômica (brasileira e mundial) e política de cada momento histórico.

No primeiro capítulo desta unidade, estudaremos a evolução histórica da industrialização brasileira e, no segundo, a política econômica do país, de 1985 aos dias atuais, e a estrutura do parque industrial.

José Hilde/ Futura Press

Construção da Usina de Jirau, no rio Madeira (RO, 2011).

1 Origens da industrialização

A industrialização brasileira teve início, embora de forma incipiente, na segunda metade do século XIX, período em que se destacaram importantes empreendedores, como o barão de Mauá, no eixo São Paulo-Rio de Janeiro, e Delmiro Gouveia, em Pernambuco. Foi principalmente a partir da Primeira Guerra Mundial (1914-1918) que o país passou por um significativo desenvolvimento industrial e maior diversificação do parque fabril (observe a tabela na próxima página). Isso porque a entrada de mercadorias estrangeiras foi reduzida no Brasil, em virtude do conflito na Europa.

Consulte a indicação dos filmes **Coronel Delmiro Gouveia** e **Mauá, o imperador e o rei**. Veja orientações na seção **Sugestões de leitura, filmes e *sites***.

Veja a situação das fábricas brasileiras em 1919, período posterior à Primeira Guerra Mundial, e em 1939, no início da Segunda Guerra Mundial:

Acervo Iconographia/Reminiscências

1919

Fabricantes de tecidos, roupas, alimentos e bebidas (indústrias de bens de consumo não duráveis) responsáveis por 70% da produção industrial brasileira.

Tecelãs das Indústrias Matarazzo, em São Paulo (SP), nos anos 1920.

Raul Brandão/Agência Estado

1939

No início da Segunda Guerra Mundial, a porcentagem de participação das fábricas de bens de consumo não duráveis foi reduzida para 58%, porque surgiram outros produtos, como aço, máquinas e material elétrico. Mas ainda predominavam as indústrias de bens de consumo não duráveis e havia investimentos de capital privado nacional.

Na foto, vista da Companhia Siderúrgica Nacional, em Volta Redonda (RJ), no ano de 1946.

Apesar da importância do desenvolvimento do setor industrial e do setor agrícola na economia brasileira, as atividades terciárias (como serviços, comércio, energia, transportes e sistema bancário) apresentavam índices de crescimento econômico superiores aos das atividades agrícolas e industriais. Isso porque é no comércio e nos serviços que circula toda a produção agrária e industrial.

Acervo Iconographia/Reminiscências

A agricultura cafeeira – principal atividade econômica nacional até então – exigia a construção de uma eficiente rede de transportes. Assim, as ferrovias foram se desenvolvendo no país para escoar a produção do interior para os portos. Também se estabeleceram um sistema bancário integrado à economia mundial e um comércio para atender às necessidades crescentes nas cidades. Na foto de 1930, imigrantes japoneses trabalhando em colheita de café no interior de São Paulo.

Brasil: estabelecimentos industriais existentes em 1920, de acordo com a data de fundação das empresas

Data de fundação	Número de estabelecimentos	Valor da produção (%)
até 1884	388	8,7
1885-1889	248	8,3
1890-1894	452	9,3
1895-1899	472	4,7
1900-1904	1080	7,5
1905-1909	1358	12,3
1910-1914	3135	21,3
1915-1919	5936	26,3
Data desconhecida*	267	1,6
Total	13336	100,0

RECENSEAMENTO do Brasil. Rio de Janeiro: IBGE. v. 5. p. 69. In: BAER, Werner. *A economia brasileira*. São Paulo: Nobel, 2009. p. 51.

* Corresponde a estabelecimentos industriais existentes em 1920 cuja data de fundação era desconhecida ou não foi informada.

Apesar de ter passado por importantes períodos de crescimento como o da Primeira Guerra, a industrialização brasileira sofreu seu maior impulso a partir de 1929, com a crise econômica mundial decorrente da quebra da Bolsa de Valores de Nova York. Principalmente na região Sudeste do Brasil, essa crise se refletiu na redução do volume de exportações de café e na perda da importância dessa atividade no cenário econômico, o que contribuiu para a diversificação da produção agrícola brasileira.

Gustavo Prugner/Arquivo da editora

Na São Paulo dos anos 1920, uma paisagem de fábricas. A instalação de fábricas provocou profundas alterações na organização interna das cidades relacionadas a moradias, transportes, comércio, serviços e outros. Na foto, vista panorâmica do bairro do Brás, em São Paulo (SP), em 1925.

Manifestação no centro de São Paulo, em 1929, contra as consequências da crise econômica mundial que ocorreu naquele ano.

Outro acontecimento que contribuiu para o desenvolvimento industrial foi a Revolução de 1930, que tirou a **oligarquia** agroexportadora paulista do poder e criou novas possibilidades político-administrativas em favor da industrialização, uma vez que o grupo que tomou o poder com Getúlio Vargas era nacionalista e favorável a tornar o Brasil um país industrial. Apesar disso, a agricultura continuou responsável pela maior parte das exportações brasileiras até a década de 1970.

Oligarquia: regime político sob o controle de um pequeno grupo de pessoas pertencentes a um partido, classe ou família. O poder é exercido somente por pessoas dessa pequena elite.

A partir da crise de 1929, as atividades industriais passaram a apresentar índices de crescimento superiores aos das atividades agrícolas, como fica evidente na observação do gráfico a seguir. O colapso econômico mundial diminuiu a entrada de mercadorias estrangeiras que poderiam competir com as nacionais, incentivando o desenvolvimento industrial nacional.

Brasil: participações dos setores no PIB

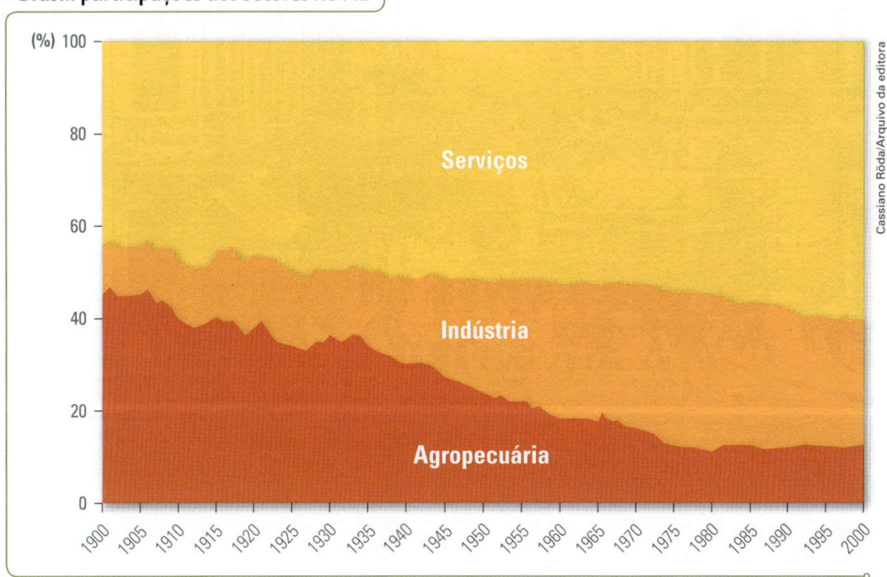

ESTATÍSTICAS do século XX. Rio de Janeiro: IBGE, 2003. p. 373. Disponível em: <www.ibge.gov.br>. Acesso em: 19 mar. 2014.

Nesse tipo de gráfico, quanto maior a área preenchida, maior a participação do setor no PIB nacional. Segundo o Banco Mundial, em 2010, a participação da agropecuária no PIB era de 6%; da indústria, 27%; e dos serviços, 67%.

É importante destacar que o cultivo do café permitiu acumular capitais que serviram para dinamizar e impulsionar a atividade industrial. Os barões do café, que residiam nos centros urbanos, sobretudo na cidade de São Paulo, para cuidar da comercialização da produção nos bancos e investir na Bolsa de Valores, aplicavam enorme quantidade de capital no sistema financeiro, capital que ficou em parte disponível para montar indústrias e equipar com infraestrutura. Todas as ferrovias, construídas com a finalidade principal de escoar a produção cafeeira para o porto de Santos, interligavam-se na capital paulista e constituíam um eficiente sistema de transporte. Havia também grande disponibilidade de mão de obra imigrante que foi liberada dos cafezais pela crise ou que já residia nas cidades, além de significativa produção de energia elétrica.

A associação desses fatores favoreceu o processo de industrialização, que passou a crescer notadamente na cidade de São Paulo, onde havia maior disponibilidade de capitais, trabalhadores qualificados e a infraestrutura básica a que nos referimos. Regiões dos estados do Rio de Janeiro, Rio Grande do Sul e Minas Gerais também intensificaram seus processos de industrialização.

Na instalação de novas indústrias predominava, com raras exceções, o capital de origem nacional, acumulado com base em atividades agroexportadoras. A política industrial comandada pelo governo federal era a de substituir as importações, visando à obtenção de um *superavit* cada vez maior na **balança comercial** e no **balanço de pagamentos**, para permitir um aumento nos investimentos nos setores de energia e transportes.

Balança comercial: resultado do comércio exterior de mercadorias. Se o valor das exportações supera o das importações, temos saldo positivo ou *superavit*; quando o resultado é negativo, temos déficit.

Balanço de pagamentos: soma de todas as transações econômicas realizadas por um país. Contém os resultados da balança comercial (exportações e importações), da balança de serviços (viagens, transportes, seguros, lucros e dividendos, juros, *royalties*, assistência técnica, etc.), dos investimentos, dos empréstimos, etc.

Acervo Iconographia/Reminiscências

Na foto, rua Quinze de Novembro, centro financeiro de São Paulo, em 1922.

2 O governo Vargas e a política de "substituição de importações"

Felipe Rau/Agência Estado

Getúlio Vargas, em São Borja (RS), foto de 1943.

Getúlio Vargas governou o país pela primeira vez de 1930 a 1945. Tomou posse com a Revolução de 1930, caracterizada pelo aspecto modernizador. Até então, o mundo capitalista acreditava no liberalismo econômico, ou seja, que as forças do mercado deveriam agir livremente para promover maior desenvolvimento e crescimento econômico. Com a crise, iniciou-se um período em que o Estado passou a intervir diretamente na economia para evitar novos sobressaltos do mercado. Essa prática de intervencionismo estatal na economia seguiu o modelo proposto pelo keynesianismo.

De 1930 a 1956, a industrialização no país caracterizou-se por uma estratégia governamental de criação de indústrias estatais nos setores de bens de produção e de infraestrutura. A Companhia Vale do Rio Doce (CVRD) foi uma das importantes indústrias que se destacaram no período, na extração de minerais. Outras de grande destaque foram:

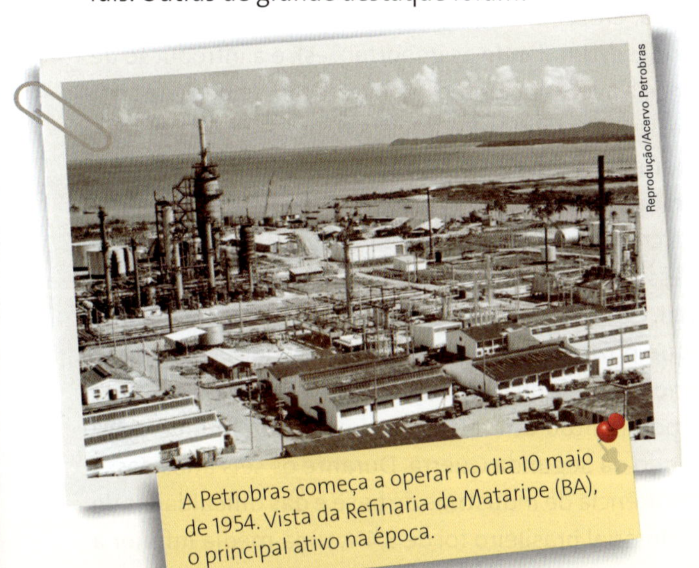
Reprodução/Acervo Petrobras

A Petrobras começa a operar no dia 10 maio de 1954. Vista da Refinaria de Mataripe (BA), o principal ativo na época.

Acervo Iconographia/Reminiscências

Desfile de veículos da Fábrica Nacional de Motores (FNM) no centro do Rio de Janeiro (RJ), em 1949.

Audálio Dantas/Folhapress

Produção de aço no interior da Companhia Siderúrgica Nacional (CSN), em Volta Redonda (RJ), em 1953.

Acervo Iconographia/Reminiscências

Vista da Usina de Paulo Afonso, no início da década de 1950.

Era necessário um investimento inicial muito elevado para o desenvolvimento desses setores industriais e para a infraestrutura estratégica. Eles não interessavam ao capital privado, seja nacional ou estrangeiro, porque o retorno dos investimentos era lento. Por isso, o próprio governo do país realizou esses investimentos.

Portanto, nesse período, a ação do Estado foi decisiva para impulsionar e diversificar os investimentos no parque industrial do país, combatendo os principais obstáculos ao crescimento econômico. Além de fornecer os bens de produção e os serviços de que os industriais privados necessitavam, o Estado os fornecia a preços mais baixos do que os cobrados pelas empresas privadas, fossem elas nacionais ou estrangeiras. Essa medida visava ao fortalecimento do parque industrial brasileiro. Era uma política de caráter nacionalista.

Foram criados órgãos estatais de regulamentação da atividade econômica, liderados pelo Conselho Nacional de Economia (CNE); e indústrias em setores estratégicos. Priorizou-se a intervenção estatal no setor de base da economia.

Embora a expressão **substituição de importações** possa ser utilizada desde que a primeira fábrica foi instalada no país, permitindo substituir a importação de determinado produto, foi o governo Getúlio Vargas que iniciou a adoção de medidas fiscais e cambiais que caracterizaram uma política industrial voltada à produção interna de mercadorias que até então eram importadas.

As duas principais medidas adotadas foram a desvalorização da moeda nacional (réis até 1942 e, em seguida, cruzeiro) em relação ao dólar, o que tornava o produto importado mais caro (desestimulando as importações), e a introdução de leis e tributos que restringiam, e às vezes proibiam, a importação de bens de consumo e de produção que pudessem ser fabricados internamente.

Em 1934, Getúlio Vargas promulgou uma nova Constituição, que incluiu a regulamentação das relações de trabalho. Algumas das principais medidas que beneficiaram o trabalhador foram: a criação do salário mínimo, as férias anuais e o descanso semanal remunerado. Essa atitude garantiu o apoio da classe trabalhadora e das elites agrária e industrial. Com base no apoio popular, Vargas aprovou uma nova Constituição em 1937, que o manteve no poder como ditador até o fim da Segunda Guerra, em 1945, período que ficou conhecido como **Estado Novo**.

A intervenção do Estado possibilitou um forte crescimento da produção industrial, com exceção do período da Segunda Guerra. Durante os seis anos desse conflito armado, em razão da carência de indústrias de base e das dificuldades de importação, o crescimento industrial brasileiro foi de 5,4%, uma média inferior a 1% ao ano.

Filipe Rocha/Arquivo da editora

Brasil: taxas de crescimento da produção industrial – 1939-1945 (em porcentagem)	
Metalúrgicas	9,1
Material de transporte	–11,0
Óleos vegetais	6,7
Têxteis	6,2
Calçados	7,8
Bebida e fumo	7,6
Total	5,4

BAER, Werner. *A economia brasileira*. São Paulo: Nobel, 2009. p. 59.

Observe que houve um significativo crescimento na produção interna em diversos setores que sofreram restrições durante a guerra, mas o setor de transportes, cuja expansão não poderia ocorrer sem a importação de veículos, máquinas e equipamentos, sofreu forte redução.

Pensando no Enem

- Os textos a seguir relacionam-se a momentos distintos da nossa história.

> A integração regional é um instrumento fundamental para que um número cada vez maior de países possa melhorar a sua inserção num mundo globalizado, já que eleva o seu nível de competitividade, aumenta as trocas comerciais, permite o aumento da produtividade, cria condições para um maior crescimento econômico e favorece o aprofundamento dos processos democráticos.
>
> A integração regional e a globalização surgem assim como processos complementares e vantajosos.
>
> "Declaração de Porto", VIII Cimeira Ibero-Americana, Porto, Portugal, 17 e 18 de outubro de 1998.

> Um considerável número de mercadorias passou a ser produzido no Brasil, substituindo o que não era possível ou era muito caro importar. Foi assim que a crise econômica mundial e o encarecimento das importações levaram o governo Vargas a criar as bases para o crescimento industrial brasileiro.
>
> POMAR, W. *Era Vargas – a modernização conservadora*.

É correto afirmar que as políticas econômicas mencionadas nos textos são:

a) opostas, pois, no primeiro texto, o centro das preocupações são as exportações e, no segundo, as importações.
b) semelhantes, uma vez que ambos demonstram uma tendência protecionista.
c) diferentes, porque, para o primeiro texto, a questão central é a integração regional e, para o segundo, a política de substituição de importações.
d) semelhantes, porque consideram a integração regional necessária ao desenvolvimento econômico.
e) opostas, pois, para o primeiro texto, a globalização impede o aprofundamento democrático e, para o segundo, a globalização é geradora da crise econômica.

Resolução

A alternativa correta é a **C**. O primeiro texto destaca a importância da integração regional entre os países e a globalização como processos complementares e vantajosos, que criam condições para um crescimento econômico mais intenso e valorização da democracia. Já o segundo texto destaca a importância da política de substituição de importações para dinamizar o processo de industrialização brasileira, no contexto da crise econômica mundial que se iniciou em 1929.

Esta questão trabalha com a **Competência de área 2 – Compreender as transformações dos espaços geográficos como produto das relações socioeconômicas e culturais de poder –** e **Habilidade H7 – Identificar os significados histórico-geográficos das relações de poder entre as nações.**

Portão de entrada da Companhia Siderúrgica Nacional em Volta Redonda (RJ), em 2012.

> "Só um economista imagina que um problema de economia é estritamente econômico."
>
> *Celso Furtado (1920-2004), economista brasileiro.*

3 O governo Dutra (1946-1951)

Era evidente a afinidade ideológica de Getúlio Vargas com o nazifascismo; mas, com a derrota desse sistema ideológico na Segunda Guerra Mundial, as oposições liberais se fortaleceram e, em 1945, o presidente foi deposto. Vargas retornou ao poder em 1951, dessa vez eleito pelo povo. Com sua saída, assumiu a Presidência o general Eurico Gaspar Dutra, em 1946, que instituiu o Plano Salte, destinando investimentos aos setores de saúde, alimentação, transportes, energia e educação. Até 1950, quando terminou seu mandato, o Brasil passou por um grande incremento da capacidade produtiva.

Durante a Segunda Guerra, o país exportou diversos produtos agrícolas, industriais e minerais para os países europeus em conflito, obtendo enorme saldo positivo na balança comercial. Esse saldo, porém, foi utilizado no decorrer do governo Dutra, com a importação de máquinas e equipamentos para as indústrias têxteis e mecânicas, o reequipamento do sistema de transportes e o incremento da extração de minerais metálicos, não metálicos e energéticos.

Além disso, houve forte mudança na política econômica do país com a abertura à importação de bens de consumo, o que contrariava os interesses da indústria nacional. Os empresários nacionais defendiam a reserva de mercado, isto é, que o governo adotasse medidas que tornassem as mercadorias importadas mais caras ou mesmo proibissem sua entrada no país.

Boa parte das reservas cambiais acumuladas ao longo da Segunda Guerra foi utilizada na importação de cremes dentais, geladeiras, chocolates, brinquedos, artigos decorativos e muitos outros produtos que agradavam à classe média. Ao utilizar as reservas, essa mudança obrigou o governo a desvalorizar o cruzeiro em relação ao dólar e emitir papel-moeda, o que provocou inflação e consequente queda de poder aquisitivo dos salários.

Leia, no texto a seguir, as três teorias de desenvolvimento – a neoliberal, a desenvolvimentista-nacionalista e a nacionalista radical – que embasavam, na primeira metade do século XX, o debate político sobre as estratégias a serem adotadas para estimular o crescimento econômico. Note que há muitas semelhanças com as ideias discutidas atualmente.

Na foto, o general Eurico Gaspar Dutra, em primeiro plano, na inauguração da rodovia Presidente Dutra em São Paulo (SP), em 1951.

Outras leituras

Fórmulas para o crescimento

A fórmula neoliberal baseava-se na suposição de que o mecanismo de preços deveria ser respeitado como a determinante principal da economia. As medidas fiscais e monetárias, bem como a política de comércio exterior, deveriam seguir os princípios ortodoxos estabelecidos pelos teóricos e praticantes da política de banco central dos países industrializados. Os orçamentos governamentais deveriam ser equilibrados e as emissões severamente controladas. O capital estrangeiro deveria ser bem recebido e estimulado como ajuda indispensável para um país farto de capitais. As limitações impostas pelo governo ao movimento internacional do capital, do dinheiro e dos bens deveriam ser reduzidas ao mínimo. [...]

A segunda fórmula era a desenvolvimentista-nacionalista [...]. A nova estratégia deveria visar a uma economia mista, na qual o setor privado receberia novos incentivos, na proporção de um determinado número de prioridades de investimento. Ao mesmo tempo, o Estado interviria mais diretamente, por meio das empresas estatais e das empresas de economia mista, no sentido de romper os pontos de estrangulamento e assegurar o investimento em áreas nas quais faltasse, ao setor privado, quer a vontade, quer os recursos para se aventurar. Os defensores dessa fórmula reconheciam que o capital privado estrangeiro poderia desempenhar um papel importante, mas insistiam em que só fosse aceito quando objeto de cuidadosa regulamentação pelas autoridades brasileiras.

A fórmula desenvolvimentista-nacionalista foi apresentada por um grupo pequeno mas variado. O seu denominador comum era um forte nacionalismo. [...]

A terceira fórmula era a do nacionalismo radical. Merece menos atenção que as outras duas, como fórmula econômica, porque foi apresentada mais dentro de um espírito de polêmica política do que como estratégia cuidadosamente pensada para o desenvolvimento. [...] Os nacionalistas radicais atribuíam o subdesenvolvimento brasileiro a uma aliança natural de investidores particulares e governos capitalistas dentro do mundo industrializado. Essa conspiração procurava limitar o Brasil eternamente a um papel subordinado, como exportador de produtos primários, cujos preços eram mantidos em níveis mínimos, e importador de bens manufaturados, cujos preços eram mantidos em níveis exorbitantes, por organizações monopolistas.

SKIDMORE, Thomas. *Brasil:* de Getúlio Vargas a Castelo Branco (1930-1964). Rio de Janeiro: Cia. das Letras, 2010. p. 117-120.
Thomas Skidmore (1932) é norte-americano e historiador brasilianista.

CPDOC/Fundação Getúlio Vargas

Pronunciamento de Getúlio Vargas no Palácio do Catete, Rio de Janeiro (RJ), ao instaurar o Estado Novo, em 1937.

4 O retorno de Getúlio e da política nacionalista

Ao retornar à Presidência em 1951, eleito pelo povo, Getúlio Vargas retomou seu projeto nacionalista: passou a investir em setores que deram suporte e impulsionaram o crescimento econômico – sistemas de transportes, comunicações, produção de energia elétrica e petróleo – e restringiu a importação de bens de consumo. Apoiado por um grande movimento nacionalista popular, Getúlio dedicou-se à criação da Petrobras (1953) e do Banco Nacional de Desenvolvimento Econômico e Social – BNDES (1952).

No confronto entre os getulistas, defensores da política nacional-desenvolvimentista, e os defensores da fórmula neoliberal, que preferiam promover a abertura da economia aos produtos e capitais estrangeiros, o projeto de Getúlio acabou sendo derrotado. Os liberais argumentavam que, com a economia fechada ao capital estrangeiro, a modernização e a expansão do parque industrial nacional tornavam-se dependentes do resultado da exportação de produtos primários. Qualquer crise ou queda de preço desses produtos, particularmente do café, resultava em crise na modernização e na expansão do parque industrial.

Acervo Iconographia/Reminiscências

Getúlio Vargas chega ao estádio do Vasco da Gama, no Rio de Janeiro, para as comemorações do Dia do Trabalho, em 1º de maio de 1951. Em 1954, em meio à séria crise política, suicidou-se. Café Filho, seu vice-presidente, assumiu o poder, permanecendo até 1956.

5 Juscelino Kubitschek e o Plano de Metas

O texto a seguir demonstra, em linhas gerais, como se caracterizou o governo de Juscelino Kubitschek (JK) (1956-1961), presidente que instituiu o Plano de Metas:

Plano de Metas do governo JK

Amplo programa de desenvolvimento que visava fazer o país crescer "50 anos em 5" em diversos setores da economia: agricultura, saúde, educação, transportes, mineração e construção, tornando o país atraente aos investimentos estrangeiros.

Arquivo/Agência Estado

Cultivo de café em Marília (SP), em 1957.

Arquivo/Agência Estado

Sala de aula em escola na cidade de São Paulo (SP), em 1962.

Buscava promover a ocupação do interior do território, integrando espaços naturais ou ocupados pelas atividades primárias aos grandes centros urbano-industriais.

Ônibus e automóveis no centro da cidade de São Paulo (SP), em foto de 1961.

Domicio Pinheiro/Agência Estado

Foto Postal Colombo/Coleção João Emilio Gerodetti e Carlos Cornejo

Vista aérea de Goiânia (GO), na década de 1950.

Foi na época do Plano de Metas de JK que a capital federal foi transferida do litoral para o interior, com nova sede em **Brasília (DF)**, cidade inaugurada em 1960. O projeto urbanístico e a arquitetura da nova capital materializaram a busca de modernização do país, que à época ainda era dominado por heranças do período agrário-exportador.

Na foto, vista aérea do Distrito Federal em 2012.

Na execução do Plano de Metas, 73% dos investimentos destinavam-se aos setores de energia e transportes. Isso permitiu aumentar a produção de hidreletricidade e de carvão mineral, forneceu o impulso inicial ao programa nuclear, elevou a capacidade de prospecção e refino de petróleo, pavimentação e construção de rodovias (14 970 km), além de promover melhorias nas instalações e nos serviços portuários, aeroviários e reaparelhamento e construção de pequena extensão de ferrovias (827 km).

Paralelamente, em virtude dos investimentos estatais em obras de infraestrutura e incentivos do governo, houve expressivo ingresso de capital estrangeiro, responsável por grande crescimento da produção industrial, principalmente nos setores automobilístico, químico-farmacêutico e de eletrodomésticos. O parque industrial brasileiro passou, assim, a contar com significativa produção de bens de consumo duráveis, o que sustentou e deu continuidade à política de substituição de importações.

Ao longo do governo JK consolidou-se o tripé da produção industrial nacional, formado pelas indústrias:

- de bens de consumo não duráveis, que desde a segunda metade do século XIX já vinham sendo produzidos, com amplo predomínio do capital privado nacional;
- de bens de produção e bens de capital, que contaram com investimento estatal nos governos de Getúlio Vargas;
- de bens de consumo duráveis, com forte participação de capital estrangeiro, como vimos anteriormente.

AJB/Arquivo da editora

JK na inauguração da fábrica da Volkswagen em São Bernardo do Campo (SP), num Fusca conversível, em 18 de novembro de 1959.

Arquivo/Agência Estado

Reynaldo Ceppo/Agência Estado

Com a concentração do parque industrial no Sudeste, as migrações internas intensificaram-se, como mostram as fotos de migrantes nordestinos chegando à cidade de São Paulo, em 1958. Isso provocou o crescimento acelerado e desordenado dos grandes centros urbanos, principalmente São Paulo e Rio de Janeiro. Os problemas decorrentes da falta de planejamento urbano permanecem até hoje.

Entretanto, o sucesso do Plano de Metas resultou num significativo aumento da inflação e da dívida externa, contraída para financiar os investimentos. Além disso, a opção pelo transporte rodoviário, sistema não recomendável em países territorialmente extensos como o Brasil, fez diminuir a competitividade dos produtos brasileiros no mercado internacional, com consequências até os dias atuais.

A política do Plano de Metas acentuou a concentração do parque industrial na região Sudeste, agravando os contrastes regionais.

A concentração do parque industrial no Sudeste determinou a instituição de uma política federal de planejamento econômico para o desenvolvimento das demais regiões. Em 1959, foi criada a Superintendência do Desenvolvimento do Nordeste (Sudene), e, nos anos seguintes, dezenas de outros órgãos, como a Superintendência do Desenvolvimento da Amazônia (Sudam), a Superintendência do Desenvolvimento do Centro-Oeste (Sudeco), a Superintendência de Desenvolvimento do Sul (Sudesul) e a Companhia do Desenvolvimento do Vale do São Francisco (Codevasf), entre outras que foram extintas ou transformadas em agências de desenvolvimento a partir do início da década de 1990.

6 O governo João Goulart e a tentativa de reformas

João Goulart, conhecido como Jango, exerceu o cargo de ministro do Trabalho de Getúlio Vargas e se elegeu duas vezes como vice-presidente, nos mandatos de JK e de Jânio Quadros. Na época, era permitido votar em presidente e vice de partidos ou coligações diferentes. No decorrer de seu governo, o Brasil passou por uma grande crise política, iniciada em 25 de agosto de 1961 com a renúncia do presidente Jânio, empossado poucos meses antes. A crise agravou-se com os problemas econômicos herdados do governo JK, como a elevada dívida externa e, sobretudo, a inflação.

Acervo Última Hora/Folhapress

Posse de João Goulart na presidência da República, em 7 de setembro de 1961.

A posse de Jango, em 25 de setembro de 1961, ocorreu após a instauração do **parlamentarismo**, que reduziu os poderes do chefe do Executivo (Presidente). Essa manobra política foi a solução encontrada para resolver uma crise institucional que abalava a unidade dos setores militares: os três ministros das Forças Armadas (Exército, Marinha e Aeronáutica) pressionavam o Congresso a votar pela desqualificação de Jango como presidente por motivos de "segurança nacional" (no contexto da Guerra Fria, uma forma de desqualificar um governante aos olhos dos setores conservadores da sociedade era tachá-lo de comunista). Contudo, vários comandantes regionais, liderados pelo III Exército (Rio Grande do Sul), defendiam a posse do vice-presidente para que a Constituição não fosse desrespeitada.

Durante o período parlamentarista do governo João Goulart (até início de 1963), o presidente não conseguiu estruturar uma diretriz de política econômica; então, a inflação e o desemprego aumentaram, e as taxas de crescimento reduziram-se, problemas que haviam provocado várias greves em 1962. Nesse contexto, fortaleceu-se a posição dos que defendiam a realização de um plebiscito pelo qual a população poderia optar entre a continuidade do regime parlamentarista ou o retorno ao presidencialismo.

Em 6 de janeiro de 1963, o retorno ao presidencialismo foi aprovado com 82% dos votos, o que conferiu amplos poderes ao presidente e permitiu que ele encaminhasse as reformas de base. Propunha-se, entre outras medidas, uma ampla reforma dos sistemas tributário, bancário e eleitoral, a reforma agrária e mais investimentos em educação e saúde. Tal política, de caráter claramente nacionalista, foi tachada de comunista pelos setores mais conservadores da sociedade civil e militar, criando as condições para o golpe militar de 31 de março de 1964.

O que estava em jogo não era o embate entre socialismo e capitalismo, mas o papel que cabia ao Estado: investir preferencialmente no setor público (educação, saúde, habitação, infraestruturas urbana e agrária) ou em setores que beneficiavam as empresas privadas (como o de construção, sobretudo de usinas hidrelétricas e rodovias). A vitória, garantida pela força das armas, foi a dos que defendiam a segunda opção. A história desse período demonstra que o caminho adotado pelas forças conservadoras melhorou a vida de alguns, em detrimento da maioria da população, fato revelado pela crescente concentração de renda ao longo do regime militar, que veremos a seguir.

Parlamentarismo: forma de governo chefiada por um primeiro-ministro, que é indicado pelo partido mais votado (no parlamento) ou por uma coligação de partidos.

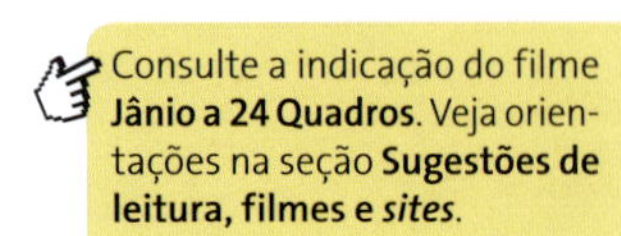

Consulte a indicação do filme **Jânio a 24 Quadros**. Veja orientações na seção **Sugestões de leitura, filmes e *sites***.

7 O período militar

Em 1º de abril de 1964, após um golpe de Estado que tirou João Goulart do poder, teve início no país o regime militar, com uma estrutura de governo ditatorial. O Brasil apresentava o 43º PIB do mundo capitalista e uma dívida externa de 3,7 bilhões de dólares. Em 1985, ao término do regime, o Brasil apresentava o 9º PIB do mundo capitalista e sua dívida externa era de aproximadamente 95 bilhões de dólares, ou seja, o país cresceu muito, mas à custa de um pesado endividamento. O parque industrial se desenvolveu de forma bastante significativa, e a infraestrutura nos setores de energia, transportes e telecomunicações se modernizou. No entanto, embora os indicadores econômicos tenham evoluído positivamente, a desigualdade social aprofundou-se muito nesse período, concentrando a renda nos estratos mais ricos da sociedade. Segundo o IBGE e o Banco Mundial, em 1960 os 20% mais ricos da sociedade brasileira dispunham de 54% da renda nacional; em 1970 passaram a contar com 62% e, em 1989, com 67,5%.

Juca Martins/Olhar Imagem

Favela em Curitiba (PR), em foto de 1980.

O trecho a seguir nos mostra uma consequência imediata do modelo econômico adotado pelos governos militares, que foi agravado pelo êxodo rural iniciado na década de 1950.

Outras leituras

As distorções do "milagre brasileiro"

Concomitante ao "paraíso de consumo" que se abria para a classe média dos grandes centros urbanos, onde proliferavam supermercados, *shoppings* e os *outdoors* de construtoras oferecendo inúmeros lançamentos de apartamentos de luxo, crescia também a população marginalizada e miserável. A população favelada de Porto Alegre elevou-se de 30 mil pessoas em 1968 para 300 mil em 1980; a do Rio de Janeiro, de 450 mil em 1965 para 1,8 milhão em 1980; e a de São Paulo, de 42 mil em 1972 para mais de um milhão em 1980.

REZENDE FILHO, Cyro de Barros. *Economia brasileira contemporânea*. São Paulo: Contexto, 1999. p. 140. (Manuais).

Essa frase, de apelo nacionalista, foi utilizada pelos militares para intimidar os opositores do regime.

Reprodução/Arquivo da editora

Acervo Folhapress/Arquivo da editora

Na foto, favela no bairro de Vila Prudente, em São Paulo (SP), em 1978.

Consulte a indicação do filme **Eles não usam black-tie**. Veja orientações na seção **Sugestões de leitura, filmes e *sites***.

AVISO IMPORTANTE

As chaves do EDIFICIO ITALIA estão sendo entregues.

Compre hoje e mude amanhã

PARA RENDA OU USO PROPRIO ESTE É O MELHOR NEGOCIO DO MOMENTO

Restam poucas unidades à venda - Com apenas 10% de entrada, compre já o seu escritorio, no mais luxuoso e moderno edificio de escritorios da America do Sul. - Conjuntos e salas com areas de 120 a 1.000 metros quadrados. - Saldo financiado em 30 meses. - Visite ainda hoje o local e seja um feliz possuidor de um dos mais lindos Edificios do Brasil

RUA SÃO LUIZ, ESQ. AVENIDA IPIRANGA

Corretores de plantão à Rua São Luiz, 72, diariamente, até as 20 horas.

RUBENS COELHO
Imoveis

Rua Xavier de Toledo, 114 - 11.° andar - Fones: 32-1602 - 32-9195 - 33-2987 e 34-5298. (Sindicalizado CRECI n.° 15)

"BENS DE RAIZ GARANTEM FUTURO FELIZ"

Arquivo do jornal O *Estado de S. Paulo*/Agência Estado

Página do jornal *O Estado de S. Paulo*, do dia 2 de setembro de 1965, mostrando anúncio de venda e locação de apartamentos do edifício Itália, prédio localizado na região central de São Paulo, área nobre da cidade na época.

Brasil: evolução anual do PIB

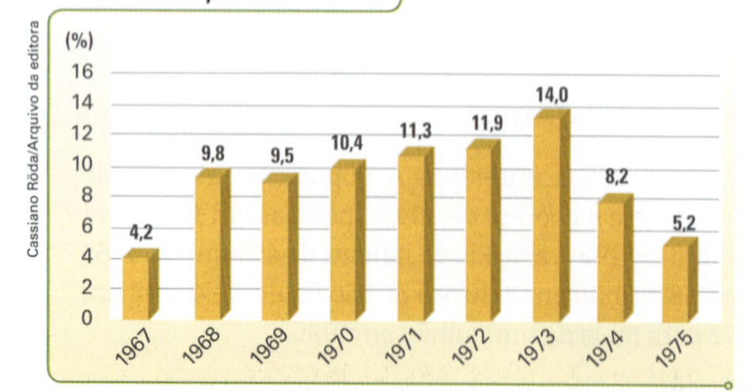

Cassiano Röda/Arquivo da editora

ESTATÍSTICAS históricas do Brasil: séries econômicas, demográficas e sociais de 1550 a 1988. Rio de Janeiro: IBGE, 1990. p. 118-119.

Entre 1968 e 1973, período conhecido como "milagre econômico", a economia brasileira desenvolveu-se em ritmo acelerado. No gráfico ao lado é possível verificar o crescimento anual do PIB brasileiro entre 1967 e 1975.

Esse ritmo de crescimento foi sustentado por investimentos governamentais que promoveram grande expansão na oferta de alguns serviços prestados por empresas estatais, como energia, transporte e telecomunicações.

No entanto, várias obras tinham necessidade, rentabilidade ou eficiência questionáveis, como as rodovias Transamazônica e Perimetral Norte e o acordo nuclear entre Brasil e Alemanha. O setor de telecomunicações também foi beneficiado nesse período. Os investimentos nesse setor foram feitos graças à grande captação de recursos no exterior, o que elevou a dívida externa, pois boa parte desse capital foi investida em setores pouco rentáveis da economia.

Outro aspecto importante para o crescimento econômico no período militar foi o dos investimentos externos. O capital estrangeiro entrou em vários setores da economia, principalmente na extração de minerais metálicos (projetos Carajás, Trombetas e Jari), na expansão das áreas agrícolas (monoculturas de exportação), nas indústrias química e farmacêutica, e na fabricação de bens de capital (máquinas e equipamentos) utilizados pelas indústrias de bens de consumo.

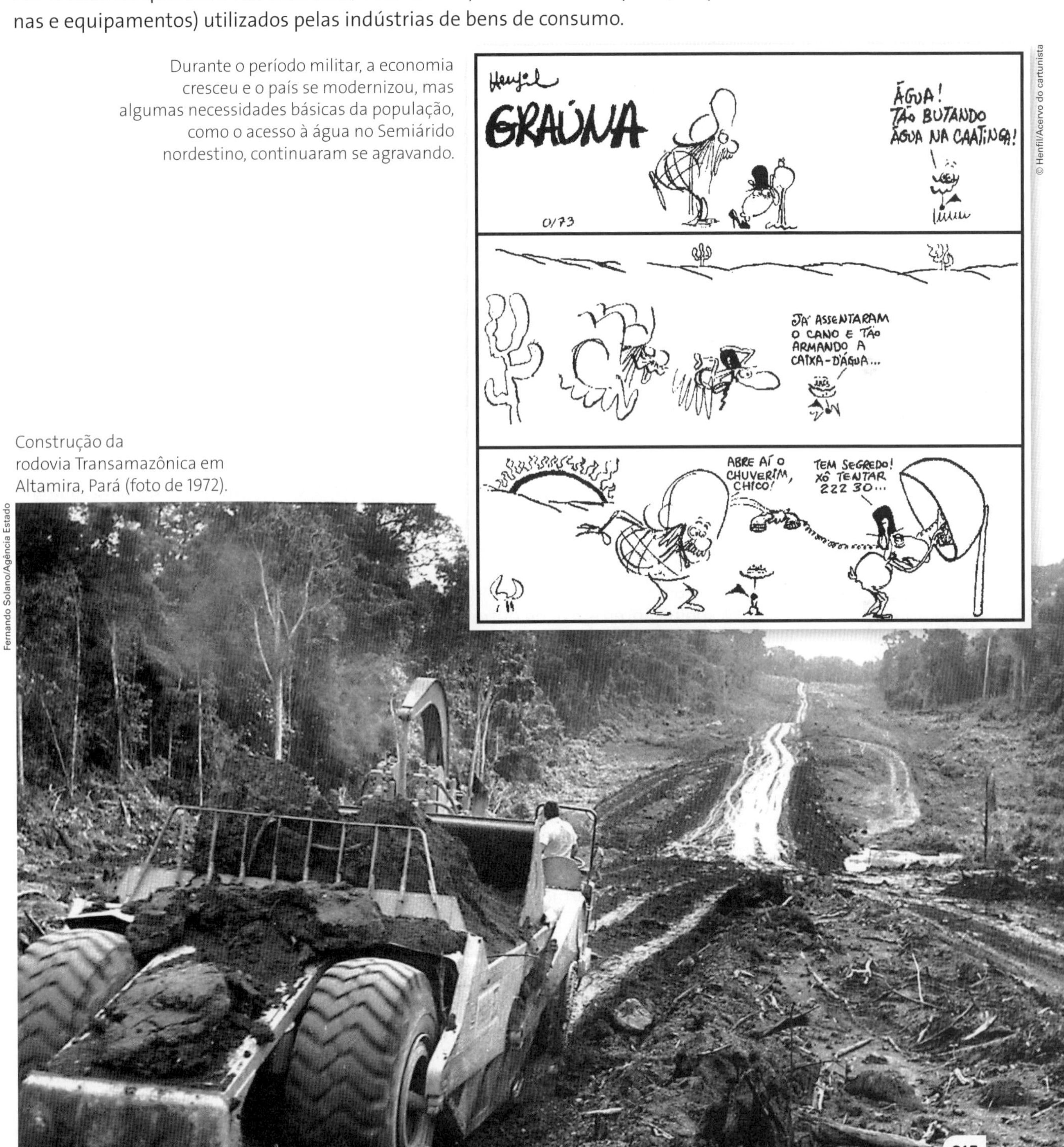

Durante o período militar, a economia cresceu e o país se modernizou, mas algumas necessidades básicas da população, como o acesso à água no Semiárido nordestino, continuaram se agravando.

© Henfil/Acervo do cartunista

Construção da rodovia Transamazônica em Altamira, Pará (foto de 1972).

Fernando Solano/Agência Estado

Adão Nascimento/Agência Estado

Ficou famosa a frase do então ministro da Fazenda Delfim Netto (foto de 1982), em resposta à inquietação dos trabalhadores ao ver seus salários arrochados: "É necessário fazer o bolo crescer para depois reparti-lo". O bolo (a economia) cresceu – o Brasil chegou a ser a 9ª maior economia do mundo capitalista no início da década de 1980 (em 2013, segundo o Banco Mundial, o Brasil era a 7ª economia do mundo) – e, até hoje, a renda permanece concentrada (em 2010, segundo o Banco Mundial, os 20% mais ricos se apropriavam de 57% da renda nacional).

Como o aumento dos preços dos produtos (inflação) não era integralmente repassado aos salários, a taxa de lucro dos empresários foi ampliada com a diminuição do poder aquisitivo dos trabalhadores. Aumentava-se, assim, a taxa de reinvestimento dos lucros em setores que gerariam empregos principalmente para os trabalhadores qualificados, mas excluía os pobres, o que deu continuidade ao processo histórico de concentração da renda nacional.

Nesse contexto, as pessoas da classe média que tinham qualificação profissional viram seu poder de compra ampliado, quer pela elevação dos salários em cargos que exigiam formação técnica e superior, quer pela ampliação do sistema de crédito bancário, permitindo maior financiamento do consumo. Enquanto isso, os trabalhadores sem qualificação tiveram seu poder de compra diminuído e ainda foram prejudicados com a degradação dos serviços públicos, sobretudo os de educação e saúde.

No final da década de 1970, os Estados Unidos promoveram a elevação das taxas de juros no mercado internacional, reduzindo os investimentos destinados aos países em desenvolvimento. Além de sofrer essa redução, a economia brasileira teve de arcar com o pagamento crescente dos juros da dívida externa.

Diante dessa nova realidade, a saída imposta pelo governo para obter recursos que permitissem honrar os compromissos da dívida pode ser sintetizada na frase: "**Exportar é o que importa**". Porém, como tornar os produtos brasileiros internacionalmente competitivos? Tanto em qualidade como em preço, os fabricantes das mercadorias produzidas na época em um país em desenvolvimento como o Brasil, que quase não investia em tecnologia, enfrentavam grandes obstáculos.

As soluções encontradas foram desastrosas para o mercado interno de consumo:

- redução do poder de compra dos assalariados, conhecido como arrocho salarial;
- subsídios fiscais para exportação (cobrava-se menos imposto por um produto exportado que por um similar vendido no mercado interno);
- negligência com o meio ambiente, levando ao aumento de diversas formas de poluição, erosão e de outras agressões ao meio natural;
- desvalorização cambial: a valorização do dólar em relação ao cruzeiro (moeda da época) facilitava as exportações e dificultava as importações;
- diminuição do poder aquisitivo das famílias para combater o aumento dos preços.

Essas medidas, adotadas em conjunto, favoreceram a venda de produtos no mercado externo, mas prejudicaram o mercado interno, reduzindo o poder de compra do brasileiro. Assim se explica o aparente paradoxo: a economia cresce, mas o povo empobrece.

Na busca de um maior *superavit* na balança comercial, o governo aumentou os impostos de importação não apenas para bens de consumo, como também para os bens de capital e bens intermediários. A consequência dessa medida foi a redução da competitividade do parque industrial brasileiro diante do exterior ao longo dos anos 1980. Os industriais não tinham como importar novas máquinas, pois eram caras, o que afetou a produtividade e a qualidade dos produtos. Com isso, as indústrias, com raras exceções, foram perdendo competitividade no mercado internacional e as mercadorias comercializadas internamente tornaram-se caras e tecnologicamente defasadas em relação às estrangeiras.

Os efeitos sociais dessa política econômica se agravaram com a crise mundial, que se iniciou em 1979. As taxas de juros da dívida externa atingiram, em 1982, o recorde histórico de 14% ao ano. A partir de então, a economia brasileira passou por um período em que se alternavam anos de recessão e outros de baixo crescimento. Isso se arrastou por toda a década de 1980 e início da de 1990, período que se caracterizou pela chamada ciranda financeira: o governo emitia títulos públicos para captar o dinheiro depositado pela população nos bancos. Como as taxas de juros oferecidas internamente eram muito altas, muitos empresários deixavam de investir no setor produtivo – o que geraria empregos e estimularia a economia aumentando o PIB – para investir no mercado financeiro. Na época, essa "ciranda" criava a necessidade de emissão de moeda em excesso, o que elevou os índices de inflação.

Outro aspecto negativo da política econômica do período militar foi a estatização. O Estado brasileiro adquiriu empresas em quase todos os setores da economia utilizando recursos públicos. O crescimento da participação do Estado na economia, de 1964 a 1985, foi muito grande (veja o gráfico a seguir). Em 1985, cerca de 20% do PIB era produzido em empresas estatais, enquanto os serviços tradicionalmente públicos, como saúde e educação, estavam se deteriorando por causa da falta de recursos, que eram redirecionados dos setores sociais para os produtivos.

Brasil: investimento na economia

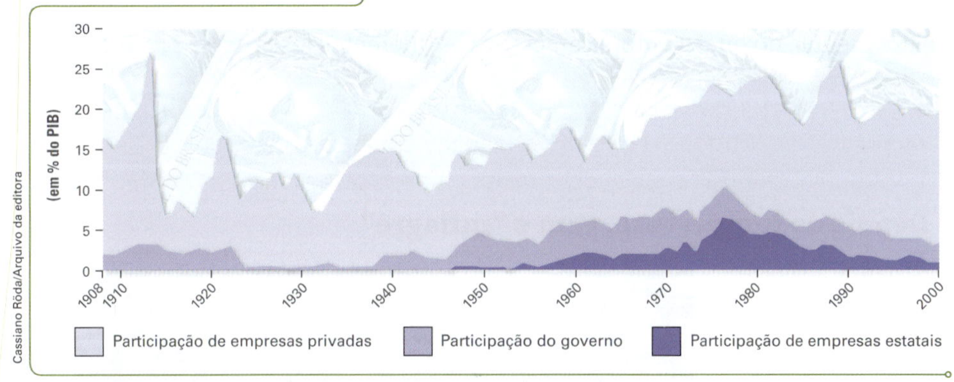

IBGE. *Estatísticas do século XX*. Rio de Janeiro: IBGE, 2003. p. 504. Disponível em: <www.ibge.gov.br>. Acesso em: 19 mar. 2014.

Irmo Celso/Arquivo da editora

Assembleia de grevistas na região do ABC (Santo André, São Bernardo e São Caetano, na Grande São Paulo) (foto de 1979).

O período dos governos militares no Brasil caracterizou-se pela apropriação do poder público por agentes que desviaram os interesses do Estado para as necessidades empresariais. As carências da população ficaram em segundo plano; as prioridades foram o crescimento do PIB e o aumento do *superavit* na balança comercial. O objetivo de qualquer governo é o de aumentar a produção econômica. O problema é saber como atingi-lo sem comprometer os investimentos em serviços públicos, que possibilitam a melhoria da qualidade de vida das pessoas.

Apesar do exposto, durante o período do regime militar, o processo de industrialização e de urbanização continuou avançando, resultando em significativa melhora nos índices de natalidade e mortalidade, que registraram queda, além do aumento da expectativa de vida. A interpretação desse fato deve levar em conta o intenso êxodo rural, já que nas cidades aumentou o acesso a saneamento básico e atendimento médico-hospitalar, bem como a remédios e programas de vacinação em postos de saúde, e o fato de que muitos migrantes conseguiram melhorar a qualidade de vida nos centros urbanos.

O fim do período militar ocorreu em 1985, depois de várias manifestações populares a favor das eleições diretas para presidente da República. Os problemas econômicos herdados do regime militar foram agravados no governo que se seguiu, o de José Sarney, e só foram enfrentados efetivamente nos anos 1990, como estudaremos no próximo capítulo.

Como síntese do processo de industrialização na época do regime militar, leia o texto a seguir, no qual a autora caracteriza as diferentes fases desse processo.

Outras leituras

Depois da tempestade, vem o "milagre"

Do ponto de vista da industrialização brasileira propriamente dita, o golpe de 1964 não trouxe nenhuma mudança nos rumos por ela tomada desde 1955. Muito pelo contrário, o papel da ditadura militar foi o de consolidar **o modelo econômico implantado nos anos 1950**, aperfeiçoando-o. Logo, a primeira característica da industrialização brasileira dessa época foi a permanência das diretrizes estabelecidas pelo Plano de Metas, mantendo-se o tripé inaugurado nos anos 1950 a pleno vapor.

A história da economia e da industrialização brasileiras do pós-64 pode ser dividida em três períodos: a) **1962-1967** – fase caracterizada como de crise e recessão; b) **1968-1974** – fase de retomada do crescimento industrial, vulgarmente conhecida como "milagre econômico brasileiro", em virtude das elevadas taxas de crescimento de nossa economia; c) **de 1974 até o presente (1992)** – fase em que o "milagre" entrou em total e completo declínio, sem que as várias saídas tentadas tenham conseguido grande sucesso.

MENDONÇA, Sônia. *A industrialização brasileira*. São Paulo: Moderna, 1997. p. 67-68. (Polêmica).

Orlando Brito/Arquivo da editora

Em 1984, a campanha por eleições diretas para presidente contou com a realização de comícios simultâneos em todas as capitais e grandes cidades brasileiras, reunindo milhões de pessoas. Na foto, vista do comício em Belo Horizonte (MG).

Atividades

Compreendendo conteúdos

1. Qual foi a influência do ciclo do café no processo de industrialização brasileiro?

2. Analise resumidamente a política industrial do governo de Getúlio Vargas em seus dois períodos.

3. Sobre o Plano de Metas introduzido pelo governo de Juscelino Kubitschek:
   a) Indique suas principais características.
   b) Discuta as principais consequências desse plano para a economia brasileira.

4. Explique resumidamente o que foi o "milagre econômico" e a política industrial efetivada pelo regime militar.

Desenvolvendo habilidades

5. Como estudamos, a industrialização promove uma série de transformações na economia e na sociedade das regiões onde as fábricas são criadas. Observe a pintura ao lado, de Tarsila do Amaral, e escreva um pequeno texto destacando as mudanças que a industrialização provoca na organização do espaço urbano.

6. Observe a imagem abaixo. Ela retrata as condições de moradia de parcela da população urbana no início do século XX. Com base nela, elabore um texto relatando as condições de vida do trabalhador urbano no início do século XX:
   - Utilize elementos da fotografia para exemplificar essas condições.
   - Considere a situação de subemprego a que muitas pessoas estavam submetidas e o papel do poder público na realização de investimentos em moradia popular.
   - Conclua, respondendo: a realidade mostrada na foto permanece até os dias de hoje ou foi solucionada?

Cedida por Tarsila do Amaral Empreendimentos.

A gare, de Tarsila do Amaral, 1925.

Augusto Malta/Arquivo da editora

Cortiço no Rio de Janeiro, no começo do século XX.

Vestibulares de Norte a Sul

1. **CO** (UFG-GO) Analise os dados apresentados a seguir sobre a produção industrial brasileira e paulista e a população em regiões paulistas entre os anos 1920 e 1940.

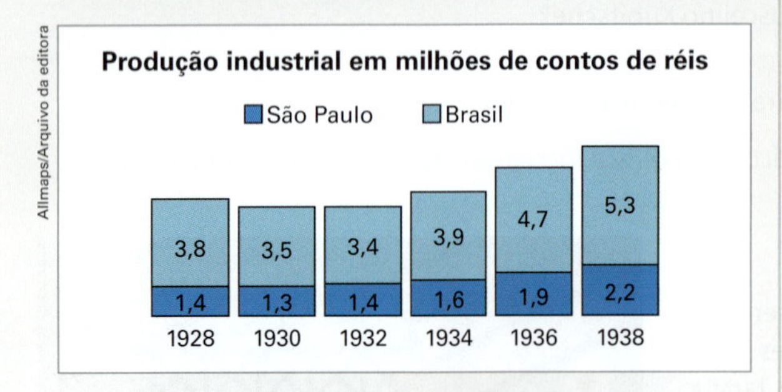

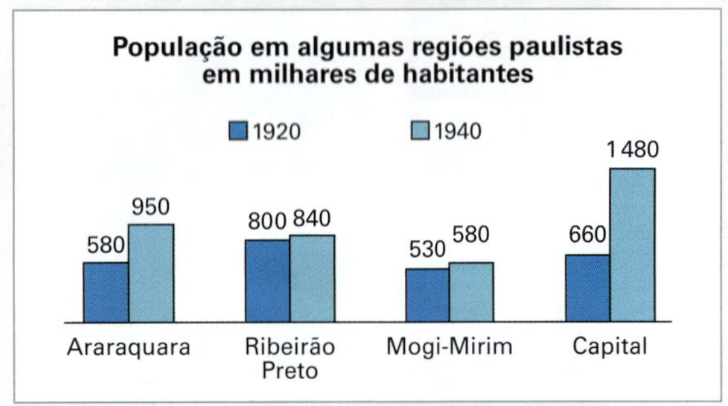

Da análise dos dados em seu contexto histórico, conclui-se que:

a) a população total das regiões paulistas representadas no gráfico teve um aumento de, aproximadamente, 50% de 1920 para 1940. Esse aumento foi impulsionado pela produção de café e sua valorização no mercado internacional.

b) o aumento da produção industrial paulista de 1928 para 1938 foi de, aproximadamente, 57%, enquanto a produção industrial nacional teve um aumento aproximado de 39%. Esse aumento foi acompanhado de uma queda na cotação do café no exterior nesse período.

c) a queda de aproximadamente 10% na produção industrial no Brasil de 1928 para 1932 coincide com um período de valorização de produtos agrícolas, como o café, por exemplo.

d) a população total das regiões paulistas representadas no gráfico, excetuando-se a capital, teve um aumento de, aproximadamente, 40% de 1920 para 1940, devido primordialmente à política cafeeira e ao industrialismo promovido na era Getúlio Vargas.

e) o aumento porcentual da produção industrial paulista de 1928 para 1938 foi menor do que o da produção industrial nacional, por causa da valorização de produtos agrícolas nesse período em São Paulo.

2. **S** (UFSC) Sobre a economia brasileira, assinale a(s) proposição(ões) correta(s).

01) O Brasil é histórica e geograficamente caracterizado por regiões com diferentes estruturas socioeconômicas.

02) A industrialização brasileira seguiu os moldes europeus, especialmente da Inglaterra, dado que este país tinha grandes interesses no Brasil e auxiliou na fabricação de máquinas e equipamentos desde os anos 1940.

04) Os setores da indústria e da agricultura sempre defenderam o uso mais consciente dos recursos naturais, especialmente depois das conferências sobre meio ambiente nos anos 1972 e 1992.

08) O período entre o início dos anos 1930 e o final da década de 1980 ficou marcado sobretudo como Processo de Substituição de Importações, cuja industrialização brasileira pode ser definida como um processo lento, gradual e contínuo.

16) Apesar das evidentes desigualdades regionais, durante o período de 1950 a 1980 não houve um favorecimento para a implantação de grandes empresas da região Sudeste, pois esta região já estava saturada e altamente concentrada industrialmente.

32) A infraestrutura derivada da cafeicultura desenvolvida no estado de São Paulo permitiu a base para a industrialização sobretudo do Sudeste.

64) As políticas regionais de desenvolvimento dotaram regiões carentes de infraestrutura produtiva e levaram à melhor distribuição de renda entre as respectivas populações.

3. **NE** (Uespi) A partir da década de 1950, verificou-se uma intensificação no processo de industrialização em diversas regiões do planeta. No caso de países latino-americanos, como, por exemplo, o Brasil, a Argentina e o México, em que se baseou, fundamentalmente, a industrialização?

a) Nos recursos minerais e no crescimento populacional.

b) Na farta mão de obra barata e na baixa taxa de crescimento vegetativo.

c) Na internacionalização dos mercados, primeiramente, e nas elevadas taxas de reserva cambial.

d) Nas diversidades regionais e na renda *per capita* da população.

e) Na substituição das importações e, posteriormente, na internacionalização dos mercados.

4. **SE** (Unesp-SP) Entre o final da década de 1960 e o início da década de 1970, a economia brasileira obteve altos índices de crescimento. O fenômeno se tornou conhecido como milagre econômico e derivou da aplicação de uma política que provocou, entre outros efeitos,

a) êxodo rural e incremento no setor ferroviário.

b) crescimento imediato dos níveis salariais e das taxas de inflação.

c) aumento do endividamento externo e da concentração de renda.

d) estatização do aparato industrial e do setor energético.

e) crise energética e novos investimentos em pesquisas tecnológicas.

CAPÍTULO

25 A economia brasileira a partir de 1985

Leilão de concessão para exploração dos aeroportos internacionais Antônio Carlos Jobim, o Galeão, no Rio de Janeiro (RJ), e Tancredo Neves, Confins, em Belo Horizonte (MG), realizado na Bolsa de Valores de São Paulo, em 2013.

No capítulo anterior, tratamos da industrialização e da política econômica até o fim do regime militar e vimos que as famílias e os empresários tinham grande dificuldade de planejar suas ações futuras. A renda nacional se concentrava aceleradamente, diminuindo a qualidade de vida para as camadas mais pobres da população e favorecendo a elite.

Neste capítulo, vamos estudar a política econômica brasileira desde o fim do regime militar até os dias atuais, conhecendo os principais planos econômicos, as consequências da inflação e os fatores que permitiram obter sucesso em seu controle.

Veremos também as reformas estruturais que ampliaram a inserção da economia brasileira no mercado mundial e a estrutura e distribuição do parque industrial.

Cédulas emitidas pelo Banco Central do Brasil (1942-1994)

1965-1974

1967-1972

1970-1984

1986-1990

1989-1990

1990-1992

1993-1994

de 1994 até hoje

Fotos: Reprodução/Casa da Moeda do Brasil/Ministério da Fazenda

Banco Central do Brasil. Disponível em: <www.bc.gov.br/?CEDBRLISTA>. Acesso em: 3 jan. 2012.

De 1965 a 1984 o Brasil teve oito moedas diferentes. Em apenas oito anos, entre 1986 e 1994, o Brasil teve cinco moedas diferentes.

1 O Plano Cruzado

O governo José Sarney (1985-1989) se caracterizou pelo **Plano Cruzado**, lançado em 28 de fevereiro de 1986. A principal medida foi o **congelamento** de preços, no patamar em que se encontravam, e dos salários, após um acréscimo de 16% no mínimo e 8% para as demais faixas. Esse aumento salarial, a manutenção das datas de reajuste das categorias profissionais, o aumento dos prazos de financiamento dos crediários para a compra de bens de consumo e o controle da taxa de câmbio promoveram rápido aumento no poder de compra dos assalariados.

O plano teve forte apoio da população e de parcela expressiva de economistas dos partidos de oposição. As taxas de inflação diminuíram vertiginosamente, mantendo-se baixas até outubro de 1986.

FOLHA DE S.PAULO

Economia leva um choque

1 O cruzeiro perde três zeros e vira cruzado
2 Acaba a correção, exceto para cadernetas
3 Congelados preços dos produtos no varejo
4 Salários seguem inflação semestral média
5 Aplicações só rendem os juros de mercado

A presidenta Corazón solta prisioneiros

Nova fuga na Febem do Tatuapé

Governo vai apelar contra "Ave Maria"

Pazzianotto deve sair no fim de março

Para Ulysses, só mudanças terão apoio

Manchete do jornal *Folha de S.Paulo* anunciando o Plano Cruzado, em 28 de fevereiro de 1986.

Supermercado em Brasília (DF), em 1986, com gôndolas vazias.

O aumento da demanda fez sumir produtos das prateleiras, e a escassez – que em alguns casos era real, mas em outros era provocada por fabricantes e comerciantes, que se recusavam a vender seus produtos pelo preço congelado – levou à cobrança de ágio na comercialização.

Nessa época, o Brasil era uma das economias mais fechadas do mundo ocidental (a abertura comercial se iniciou apenas em 1990); não havia possibilidade de o governo liberar a importação de bens de consumo para combater o aumento dos preços. No caso da carne, os pecuaristas se recusavam a abater o gado, e a escassez do produto criou um mercado paralelo, com a carne sendo vendida a preços muito superiores àqueles definidos pela medida de congelamento.

Os preços foram reajustados rapidamente e, consequentemente, a inflação voltou a subir em decorrência da:

- cobrança de ágio na comercialização de produtos;
- falta de concorrência dos produtos importados;
- contínua elevação nas cotações do dólar em relação à moeda nacional – que aumentava os preços de todos os produtos importados, como petróleo, trigo e máquinas;
- manutenção do ***deficit* público**, que alimentava novamente a ciranda financeira.

***Deficit* público:** ocorre quando o governo gasta mais do que arrecada. Em outras palavras, acontece quando as despesas e os pagamentos do governo são maiores que o volume de dinheiro arrecadado na forma de tributos (impostos, taxas e contribuições).

Moratória: situação em que um devedor – pessoa, empresa ou país – suspende o pagamento de suas dívidas e inicia negociações com os credores, como prorrogação dos prazos de vencimento e também redução da taxa de juros.

Em fevereiro de 1987, aboliu-se o controle oficial de preços e a correção monetária voltou a ser mensal, para acompanhar o descontrole inflacionário, cuja consequência foi a diminuição dos salários reais. Também foi decretada a **moratória** do pagamento da dívida externa, o que bloqueou imediatamente o ingresso de capital estrangeiro no país e criou grandes dificuldades de negociação no mercado internacional.

Nos anos seguintes, o governo José Sarney se caracterizou por perda de popularidade e pelo lançamento de outros dois planos econômicos (**Plano Bresser** e **Plano Verão**), ambos difíceis de serem postos em prática. Apesar das sucessivas tentativas de controle, uma das principais heranças do governo Sarney foi uma altíssima inflação: 53% em dezembro de 1989, atingindo 85% em março de 1990, quando o mandato se encerrou.

Ao longo da década de 1980, a ciranda financeira e as altas taxas de inflação, com a consequente perda do poder de compra dos salários, levaram a um período de estagnação na produção industrial e ao baixo crescimento econômico (de acordo com o Banco Mundial, o PIB brasileiro cresceu em média 2,7% nos anos 1980). A necessidade de controlar a inflação e ajustar as contas externas – fortemente comprometidas com o aumento do preço do petróleo e das taxas de juros no mercado internacional – havia levado o governo do general João Baptista Figueiredo (1979-1985), o último do regime militar, a se preocupar com ajustes de curto prazo na política econômica. O mesmo ocorreu na gestão de Sarney. Essa prioridade significou uma década inteira sem planejamento econômico de longo prazo, com exceção de alguns setores. Houve, nesse período, uma queda de 5% na participação da produção industrial no PIB brasileiro.

Em relação à política econômica e ao papel do Estado, o governo Sarney desenvolveu um incipiente processo de privatização de empresas estatais, começando a retirar o Estado do setor produtivo para concentrar sua ação na fiscalização e na regulamentação. Foram vendidas dezessete empresas estatais, das quais as mais importantes foram a Aracruz Celulose, a Caraíba Metais e a Eletrossiderúrgica Brasileira (Sibra). A seguir, estudaremos esse tema mais detalhadamente.

Luis Antonio Costa/Agência Estado

Com incessantes remarcações de preços, as pessoas geralmente faziam suas compras assim que recebiam o salário, porque no dia seguinte o preço da maioria dos produtos já estaria mais alto (foto de 1988).

2 O Plano Collor

Fernando Collor foi eleito em 1990 para suceder Sarney. Foi o primeiro presidente a chegar ao poder por meio de voto popular após o fim do regime militar. Um dia depois da posse, o novo governo lançou um plano de estabilização econômica, que ficou conhecido como Plano Collor. Veja em linhas gerais as características e consequências desse plano:

Baseou-se no confisco generalizado por dezoito meses dos depósitos bancários em dinheiro superiores a 50 mil cruzeiros*.
A equipe econômica esperava reduzir o consumo e, consequentemente, frear a inflação.
A falta de dinheiro em circulação reduziu a inflação, de 85% ao mês em março para 14% em abril de 1990.
O confisco de dinheiro deixou muitas pessoas e empresas sem poder realizar gastos, como adquirir uma casa, comprar um bem de consumo necessário ao dia a dia, pagar alguma dívida, modernizar a empresa, etc.
Muitas pessoas tiveram a poupança de uma vida inteira confiscada.
BANCO CENTRAL DO BRASIL
1000 MIL CRUZADOS
1 CRUZADO NOVO

A. Parramón/AP Photo

Kátia Lombardi/Folhapress

Na foto, pessoas aguardando abertura de agência bancária em São Paulo (SP), em 9 de outubro de 1990.

* Cerca de R$ 7190,00, em valores de novembro de 2013, usando o IPCA como indexador, ou R$ 2980,00, caso se utilize o dólar como referência.

Fernando Collor e Rosane Collor deixam o Palácio do Planalto após a assinatura do termo de afastamento da Presidência da República.

A liberação antecipada dos recursos retidos poderia ser feita pelo Ministério da Fazenda, que estudava os pedidos caso a caso. Podiam ser liberados depósitos de empresas para pagamento de salários e dinheiro de pessoas que necessitavam de tratamento médico, entre outros casos. Algumas exceções permitiam a liberação dos recursos bloqueados, o que aumentavam as pressões exercidas por políticos e lobistas para obtê-la. Isso levou a uma intensa corrupção. As práticas de corrupção, comandadas pelo tesoureiro da campanha eleitoral de Collor, foram amplamente divulgadas pela imprensa. As demais empresas e trabalhadores receberam seu dinheiro de volta em dezoito parcelas, que começaram a ser pagas após dezoito meses de confisco. Segundo cálculos divulgados na época, o poder de compra do dinheiro devolvido havia se reduzido em aproximadamente 40%.

A permissão para a elevação dos preços de alguns serviços privados e tarifas públicas levou ao retorno da inflação já no início de 1991, antes que o plano completasse seu primeiro ano. Os índices de inflação após o Plano Collor foram menores que os índices anteriores a esse plano porque faltava dinheiro em circulação no mercado.

Além do confisco monetário, o Plano Collor apoiava-se em outros três pontos:

- diminuição da participação do Estado no setor produtivo por meio da privatização de empresas estatais;
- eliminação dos monopólios do Estado em telecomunicações e petróleo, e fim da discriminação ao capital estrangeiro;
- abertura da economia ao ingresso de produtos e serviços importados por meio da redução e/ou eliminação dos impostos de importação, reservas de mercado e cotas de importação.

Essas medidas tiveram continuidade durante os governos Itamar Franco (que sucedeu Fernando Collor) e Fernando Henrique Cardoso, como veremos adiante.

A consequente recessão levou a um grande aumento do desemprego e da economia informal, uma vez que o plano não promoveu crescimento econômico, distribuição de renda nem combate ao *deficit* público. Na foto, comércio ambulante na cidade do Rio de Janeiro (RJ), no ano de 1992.

3 A abertura comercial, a privatização e as concessões de serviços

A abertura do mercado brasileiro aos bens de consumo e de capital teve início em 1990 e foi facilitada pela redução dos impostos de importação. Tal medida merece uma análise à parte por causa de sua influência no processo de industrialização do Brasil. A compra no exterior de máquinas e equipamentos industriais de última geração possibilitou modernizar o parque industrial e aumentar a produtividade, mas, de outro lado, acarretou o **desemprego estrutural**.

No setor de bens de consumo, a entrada de produtos importados de países que aplicavam elevados **subsídios** às exportações e pagavam baixíssimos salários (com destaque para a China, nos setores de calçados, têxteis e de brinquedos) provocou a falência de muitas indústrias nacionais, contribuindo para elevar ainda mais o desemprego. De outro lado, a concorrência com mercadorias importadas fez a qualidade de muitos produtos nacionais melhorar e provocou significativa redução dos preços, beneficiando os consumidores.

A abertura econômica propiciou um aumento no número de fábricas e uma diversificação de marcas, além de uma dispersão espacial (até então existiam indústrias apenas em São Paulo e Minas Gerais), como pode ser observado no mapa da página 629. Com isso, em 2008, o Brasil transformou-se no quinto produtor mundial de automóveis.

A privatização de empresas estatais e a concessão de exploração dos serviços de transporte, energia e telecomunicações a empresas privadas nacionais e estrangeiras apresentaram aspectos positivos e negativos, dependendo da forma como foram realizadas as transferências e dos problemas relacionados à administração e à fiscalização.

Desemprego estrutural: também chamado de desemprego tecnológico, é provocado pelo desenvolvimento de novas tecnologias, como a robotização e a informatização, que reduzem a necessidade de utilização de mão de obra.

Subsídio: benefício concedido pelo governo a pessoas, empresas ou setores da economia, que pode se dar na forma de pagamento da diferença entre o preço de custo (mais alto) e o de mercado (mais baixo) de determinado bem, garantindo preços que proporcionem ganhos aos produtores; pode-se dar também na forma de empréstimos a juros abaixo dos praticados pelo mercado ou ainda como isenção de impostos.

Carlos Casaes/Agência Estado

Na indústria automobilística, embora num primeiro momento tenha havido grande redução no número de trabalhadores por unidade fabril, verificou-se significativo aumento no número de instalações industriais, com a entrada de novas fábricas, que até então não produziam no Brasil (Honda, Toyota, Renault, Peugeot e outras), e novos investimentos de outras empresas, que já estavam instaladas antes da abertura às importações, como a construção de uma nova fábrica da Ford em Camaçari (BA, mostrada na foto) e da GM em Gravataí (RS).

A maioria das empresas privatizadas, quando eram estatais, dependia de recursos do governo e não pagava diversos tipos de impostos. Ao privatizá-las, os governos federal, estaduais e municipais trocaram uma fonte de prejuízos por uma maior arrecadação de impostos. Por exemplo, no setor siderúrgico, a única estatal lucrativa era a Usiminas, que, estrategicamente, foi a primeira a ir a leilão, para que os investidores acreditassem na disposição de reforma estrutural do Estado brasileiro; atualmente, cerca de 80% do seu capital pertence a investidores brasileiros e 20% a investidores japoneses.

Luciana Whitaker/Pulsar Imagens

Todas as demais companhias siderúrgicas – a Nacional (CSN), a de Tubarão (CST) e a Paulista (Cosipa, comprada pela Usiminas em 2009), entre outras – eram deficitárias. Com isso, passaram a ser lucrativas e a pagar altas somas de impostos nas esferas do governo federal, estadual e municipal, além de aumentarem o volume de exportação do país. Na foto, vista parcial da CSN/Usiminas, em Volta Redonda (RJ, 2014).

Brasil: produção de automóveis

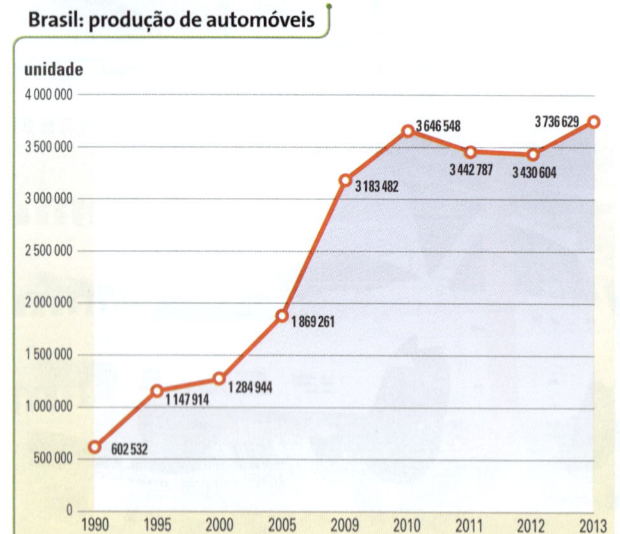

Brasil: número de empregos na indústria automobilística

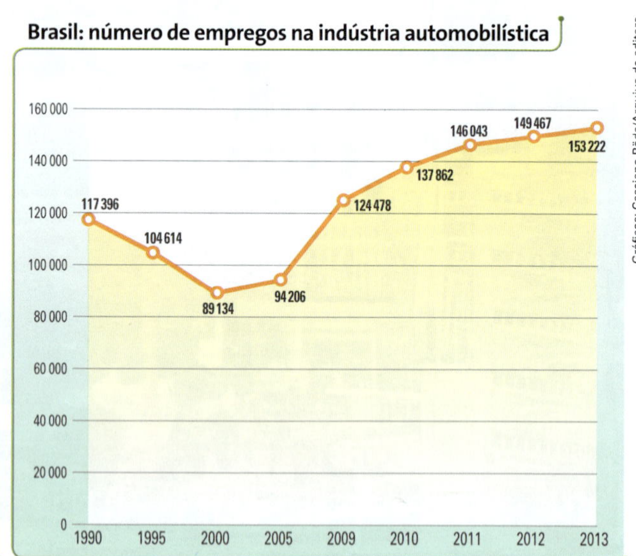

Gráficos: Cassiano Röda/Arquivo da editora

ASSOCIAÇÃO Nacional dos Fabricantes de Veículos Automotores (Anfavea). Disponível em: <www.anfavea.com.br/anuario.html>. Acesso em: 19 mar. 2014.

Segundo a Anfavea, em 2012, além dos automóveis (carros), a indústria automobilística brasileira produziu 628 575 veículos comerciais leves, 132 953 caminhões e 36 630 ônibus, totalizando 3 387 390 autoveículos. O aumento no volume de produção iniciado na década de 1990 foi acompanhado por uma redução no número de empregos, que se recuperou somente a partir de 2010. Isso se explica pela modernização da linha de produção e pelo fato de as montadoras que se instalaram recentemente já empregarem tecnologia de ponta. A abertura comercial obrigou as indústrias a buscar uma melhor relação qualidade-preço para seus produtos.

Brasil: principais centros da indústria automobilística – 2012

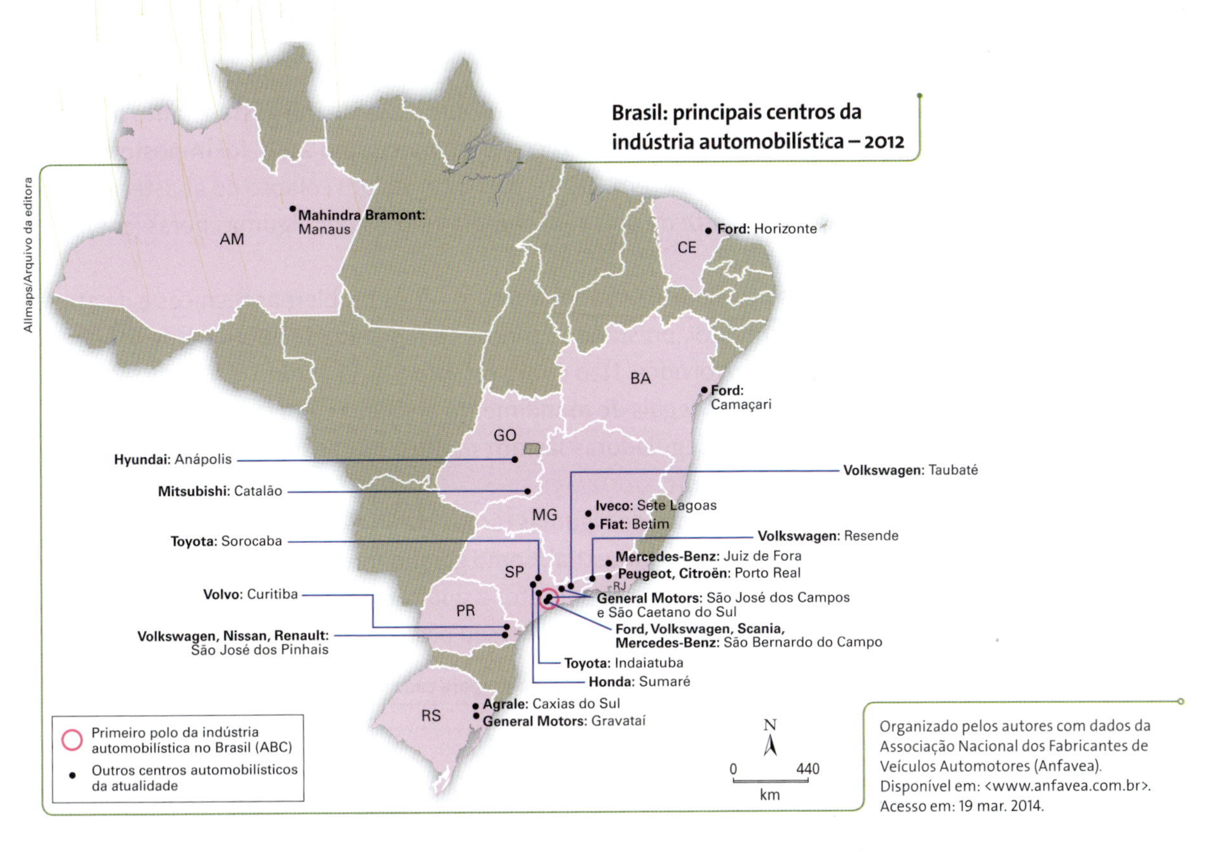

Organizado pelos autores com dados da Associação Nacional dos Fabricantes de Veículos Automotores (Anfavea). Disponível em: <www.anfavea.com.br>. Acesso em: 19 mar. 2014.

Nos setores de transportes e telecomunicações, além de as empresas serem deficitárias, os sistemas estavam muito deficientes e o Estado tinha baixa capacidade de investimento para recuperá-los. As rodovias estavam em péssimo estado de conservação e uma linha telefônica era considerada um patrimônio pessoal (três anos antes da privatização do sistema Telebrás), chegando a custar 5 mil reais (praticamente 5 mil dólares) no mercado paralelo em 1995. Além disso, as tarifas estavam muito defasadas. Seu valor era estabelecido segundo conveniências políticas e manipulado para que não pressionasse as taxas de inflação.

Com a privatização e a concessão de exploração dos serviços públicos, esses setores receberam investimentos privados, se expandiram e passaram a operar em condições melhores que anteriormente, à custa de aumento nas tarifas.

Na década de 1990, os governos eram acusados pelos partidos de oposição de vender o patrimônio do Estado e abandonar a infraestrutura nas mãos da iniciativa privada, com prejuízo para a população. Daquela época até os dias atuais, o Estado continua legalmente comandando todos os setores concedidos e privatizados por intermédio da ação de agências reguladoras: Agência Nacional de Energia Elétrica (Aneel), Agência Nacional de Telecomunicações (Anatel), Agência Nacional do Petróleo (ANP), Agência Nacional de Transportes Terrestres (ANTT), entre outras.

Por meio dessas agências, o governo brasileiro regula e fiscaliza os serviços e controla o valor das tarifas praticadas em cada um dos setores.

O aumento no preço do pedágio, do pulso telefônico ou da energia elétrica obedece às condições estabelecidas nos contratos de concessão. Para aumentar os preços, as empresas concessionárias devem cumprir metas de investimento, comprovar aumento de custos ou registrar em contrato que o reajuste estará atrelado a algum índice de inflação. Em alguns casos, até o percentual de lucro que as empresas podem obter está estabelecido em contrato. Na foto, praça de pedágio na BR 101 em Porto Belo (SC), em 2012.

Ernesto Reghran/Pulsar Imagens

A forte expansão no setor de telefonia, no período de 1997 a 2012, demandou investimentos estimados em US$ 20 bilhões. Como havia interesse do setor privado em investir e o governo não possuía recursos, ou preferia dar outro destino ao dinheiro, optou-se por privatizar o setor para atrair investimentos.

O setor de energia elétrica constitui um dos casos de má gestão, tanto por parte do governo quanto das empresas concessionárias. Em 2001, foi imposto um racionamento à população e, em 2009 e 2012, ocorreu um colapso no abastecimento que deixou grande parte do país sem energia elétrica por algumas horas (conhecido como "apagão").

As empresas de telefonia continuam com sérios problemas técnicos e de atendimento ao consumidor, prestando serviços com qualidade inferior à de congêneres dos países desenvolvidos. Não é raro os sistemas entrarem em pane e ocorrer desrespeito às normas legais de atendimento ao cliente. Em razão disso, frequentemente, as agências reguladoras lavram multas, ou mesmo chegam a proibir a expansão do atendimento.

No entanto, a indexação de algumas tarifas públicas causa problemas à população e ao custo de produção industrial. Como geralmente os salários não são indexados (os reajustes são negociados por setor e sindicato), não acompanham os reajustes das tarifas, que ano a ano aumentam seu peso nos orçamentos familiares.

Brasil: telefonia móvel e fixa – 2013

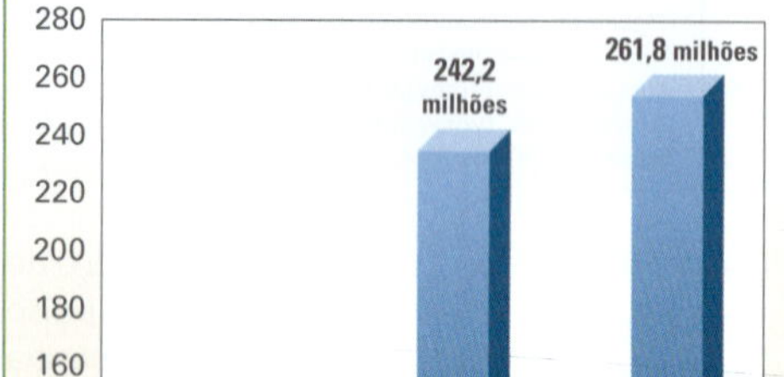

Brasil: telefones para cada 100 habitantes – 2013

	1997	2011	2013
Aparelhos fixos	11,7 milhões	33,1 milhões	34,7 milhões
Aparelhos móveis	2,8 milhões	123,9 milhões	132,8 milhões

AGÊNCIA Nacional de Telecomunicações (Anatel). Disponível em: <www.anatel.gov.br>. Acesso em: 19 mar. 2014.

Vista do centro de São Paulo durante o apagão de 2009.

Juca Varella/Folhapress

O contrato de concessão do sistema Anchieta-Imigrantes, que liga São Paulo à Baixada Santista, estabeleceu que a concessionária deveria construir uma nova pista, inaugurada em dezembro de 2002. Na foto, de 2012, vemos a pista antiga congestionada, num dia em que muitos veículos estavam indo para o litoral.

Uma das principais críticas ao processo de privatização e concessão refere-se ao destino dado ao dinheiro arrecadado pelo governo nos leilões – direcionado ao pagamento de juros da dívida interna, sem amortização do montante principal – e à desnacionalização provocada por esse processo.

As privatizações e a abertura da economia brasileira possibilitaram o ingresso do capital estrangeiro em setores produtivos anteriormente dominados pelo Estado e por empresas de capital privado nacional. A entrada de capital estrangeiro no setor produtivo fez a economia brasileira reduzir sua dependência do capital especulativo, o que a tornou mais sólida e mais bem estruturada, mas aumentou a saída de dólares na forma de remessa de lucros e pagamento de ***royalties*** às matrizes das empresas que se instalaram no país. Para equilibrar a balança de pagamentos, as estratégias principais são o incentivo às exportações, ao aumento no fluxo de investimentos estrangeiros, à internacionalização de empresas brasileiras e outras.

***Royalties*:** comissão entre proprietário e usuário de um bem, serviço, propriedade industrial ou produção intelectual. Por exemplo, pagam-se *royalties* para utilizar tecnologia desenvolvida por terceiros e materializada em uma máquina ou remédio, e muitas outras situações.

Apesar do exposto, o Brasil ainda tem uma economia muito fechada do ponto de vista comercial quando comparada à de outros países, tanto os desenvolvidos quanto alguns emergentes. Segundo a Organização Mundial do Comércio (OMC), em 2012, sua participação mundial era de apenas 1,3% nas exportações e 1,2% nas importações, enquanto a participação dos Estados Unidos, por exemplo, era de 8,4% e 12,5%, e a da Coreia do Sul, que tem um PIB menor que o brasileiro, de 3,0% e 2,8%, respectivamente.

Assim, a partir de 1990, os sucessivos *deficits* públicos se transformaram em *superavit* à custa de maior desnacionalização da economia, o que aumentou o fluxo de *royalties* e remessas de lucros. Em contrapartida, a acelerada modernização de alguns setores da economia fez aumentar a competitividade da nossa produção agrícola e industrial no mercado internacional.

4 O Plano Real

Após a renúncia de Collor, assumiu seu vice-presidente, Itamar Franco, que comandou o governo brasileiro por pouco mais de dois anos – de outubro de 1992 até o final de 1994. Nos primeiros sete meses de seu mandato, três ministros passaram pela pasta da Fazenda, as taxas de inflação se mantiveram muito altas (observe o gráfico abaixo) e o crescimento econômico muito baixo (segundo o Banco Mundial, entre 1990 e 1994, o PIB brasileiro cresceu apenas 2,2% em média).

Brasil: inflação (índice mensal oficial – IPCA*/IBGE)

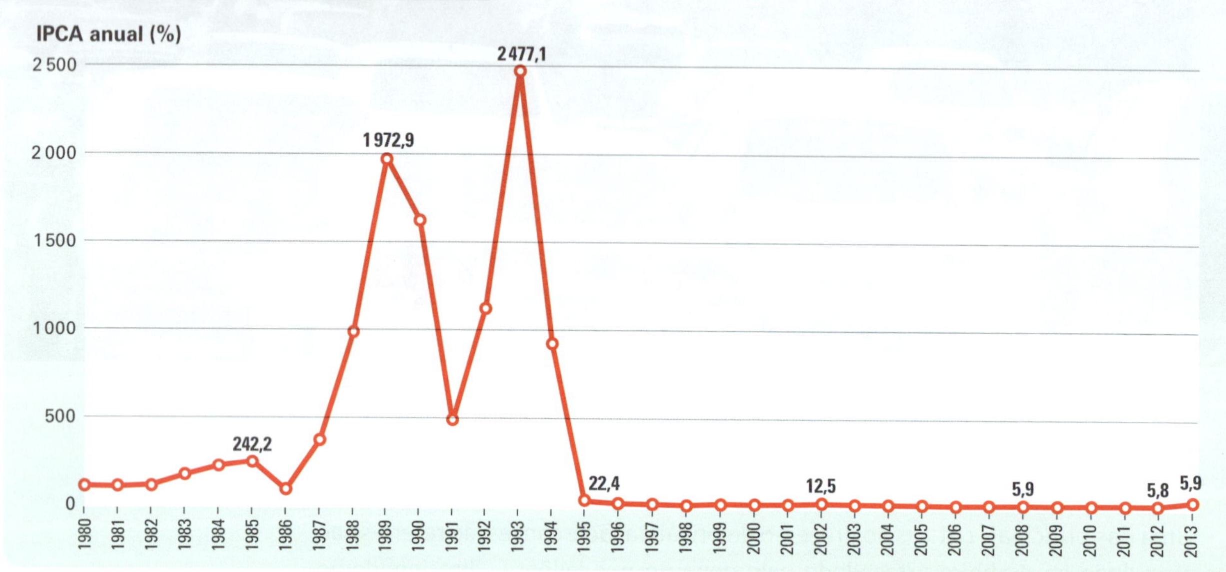

IBGE. Disponível em: <www.ibge.gov.br/series_estatisticas>. Acesso em: 19 mar. 2014.

* IPCA – Índice de Preços ao Consumidor Amplo: é o índice oficial do Governo Federal para medição das metas inflacionárias.

Em maio de 1993, o presidente transferiu seu ministro das Relações Exteriores, Fernando Henrique Cardoso, para a pasta do Ministério da Fazenda. A intenção era inserir no cargo um político com livre trânsito entre os vários partidos políticos com representação no Congresso Nacional na época.

O governo tentaria iniciar o processo de estabilização econômica por intermédio de uma negociação política, conduzida diretamente pelo ministro da Fazenda. A primeira medida adotada foi a de cortar três zeros da moeda corrente e passar a chamá-la de cruzeiro real – ato ineficiente, que não reduziu a inflação.

O Plano Real, que permitiu controlar a inflação depois de sete pacotes malsucedidos, foi lançado em março de 1994 e se baseava na paridade entre a nova moeda, o **real**, e o dólar, com cotação de R$ 1,00 = US$ 1,00. Em julho de 1994, um real tinha o mesmo valor que um dólar. Porém, durante o primeiro ano do plano, a moeda brasileira passou a valer mais porque quem possuía dólar queria trocá-lo para aplicar no mercado financeiro (no Brasil, os bancos só aceitam aplicações em moeda nacional), no qual a grande elevação das taxas de juros proporcionava enormes lucros especulativos; no primeiro semestre de 1995, a cotação esteve em R$ 0,85 por US$ 1.

Laureni Fochetto/Casa da Moeda do Brasil/Ministério da Fazenda

Para controlar o câmbio, o governo elevou as taxas de juros, com a intenção de atrair **capitais especulativos** do exterior e aumentar as reservas de dólares do Banco Central. Na lógica desse plano, à medida que a estabilização da moeda se consolidasse e o Congresso Nacional aprovasse as reformas estruturais necessárias ao controle do *deficit* público (principalmente a reforma da previdência, a tributária e a trabalhista), haveria maior ingresso de **capitais produtivos** e o Banco Central poderia reduzir as taxas de juros sem comprometer o desenvolvimento econômico.

Capitais especulativos: capitais alocados nos mercados de títulos financeiros, ações, moedas ou mesmo mercadorias, com o objetivo de obter lucros rápidos e elevados.

Capitais produtivos: dinheiro investido na produção de bens ou serviços. O investimento pode ser realizado diretamente, na forma de abertura de uma nova empresa ou filial de alguma já constituída, ou indiretamente, via aplicação de capital em ações nas bolsas de valores.

Tiago Calazans/JC Imagem

JORNAL DO COMMERCIO

Real começa a circular e Itamar garante plano

Manchete do *Jornal do Commercio*, de Pernambuco, anunciando o Plano Real, em 1º de julho de 1994.

Reprodução/Casa da Moeda do Brasil/Ministério da Fazenda

Banco de imagens/Arquivo da editora

Brasil: domicílios com alguns bens e serviços

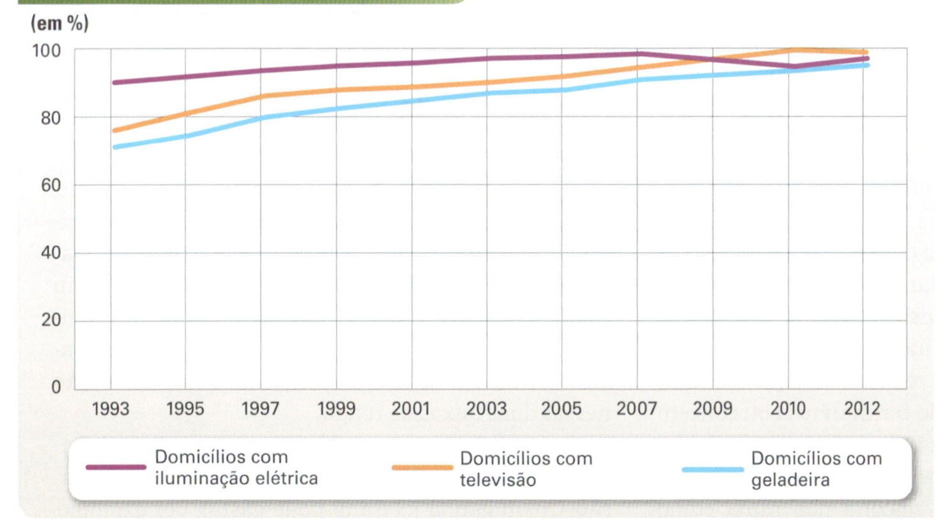

IBGE. *Séries estatísticas e históricas; Pesquisa Nacional por Amostra de Domicílios 2012*. Disponível em: <www.ibge.gov.br>. Acesso em: 19 mar. 2014.

Nos três primeiros anos de sua vigência, o Plano Real proporcionou grandes avanços ao país, o que garantiu a vitória de Fernando Henrique Cardoso nas eleições presidenciais de 1994 e de 1998. De imediato, houve aumento de 28% no poder aquisitivo da população de baixa renda, como resultado do controle da inflação, que antes nunca era repassada integralmente aos salários nas épocas de reajuste. Esse aumento no poder de compra incluiu no mercado de consumo muitas famílias que estavam abaixo da linha de pobreza, estimulando o aumento da produção industrial. Entretanto, o Banco Central foi forçado a manter os juros elevados.

Veja a tabela e leia o texto a seguir, que explica como a inflação reduz o poder aquisitivo da população de baixa renda.

Ano	Rendimento médio mensal real do trabalho principal (R$) – pessoas com 15 anos ou mais de idade, com rendimento
1993	742
1995	983
1997	967
1999	886
2001	800
2003	834
2005	922
2007	1 019
2009	1 003
2011	1 241
2012	1 361

IBGE. *Séries estatísticas e séries históricas; Pesquisa Nacional por Amostra de Domicílios 2012.* Disponível em: <www.ibge.gov.br>. Acesso em: 19 mar. 2014.

Observe na tabela que de 1993 para 1995, com o lançamento do Plano Real, o rendimento médio dos trabalhadores subiu de 742 para 983 reais. Isso significou um aumento de 28% no poder aquisitivo. Mas, com a manutenção de juros altos, inibe-se o desenvolvimento das atividades produtivas, limitando o crescimento do PIB. Nesse contexto, a partir de 1997, os ganhos de renda da população de menor poder aquisitivo foram praticamente anulados pelo aumento dos índices de desemprego e de inflação não repassada aos salários. Apesar de mantida em índices considerados aceitáveis, a inflação acumulada ano a ano reduziu o poder aquisitivo dos assalariados, concentrando ainda mais a renda.

Para saber mais

Como a inflação concentra renda

Até 1994, a economia brasileira apresentou índices bastante elevados de inflação, mas esses índices nunca foram integralmente repassados aos salários, havendo forte concentração de renda. Por exemplo, se a inflação era de 50%, os salários eram reajustados em 40%, reduzindo o poder aquisitivo dos trabalhadores e aumentando a margem de lucro dos empresários.

Mesmo que o índice de reajuste dos salários fosse de 50%, continuaria havendo transferência ou concentração de renda porque, em 1994, 80% dos trabalhadores brasileiros recebiam até três salários mínimos mensais (71,6% em 2008), e a maioria não tinha como investir e proteger seu salário no mercado financeiro para manter o poder de compra do seu dinheiro.

Várias entidades divulgam índices de inflação, como a Fundação Instituto de Pesquisas Econômicas da Universidade de São Paulo (Fipe/USP), o IBGE e a FGV, entre outras. Cada uma adota uma metodologia de cálculo própria. Por exemplo, pode-se medir a inflação nos distribuidores atacadistas ou no varejo para as diferentes classes de renda mensal, e até mesmo para as diferentes regiões do país.

O índice de inflação é composto por muitas variáveis – alimentação, moradia, transporte, vestuário, educação, saúde, lazer, serviços públicos; portanto, varia para as diferentes faixas de renda. Vamos comparar o efeito da inflação para duas pessoas: uma com salário mensal de R$ 600 e outra de R$ 6 mil. Para simplificar a comparação e facilitar o entendimento, vamos considerar apenas o efeito do item alimentação nessas duas faixas de renda.

A pessoa que ganha R$ 600 gasta, aproximadamente, R$ 200, ou 33,3% do seu salário, com alimentação. Quem ganha R$ 6 mil pode gastar, por exemplo, quatro vezes mais (R$ 800), e, mesmo assim, despenderia apenas 13,3% da sua renda mensal. Se os gastos com alimentação sofrerem um aumento de 50%, o índice de inflação será de 16,66% para quem ganha R$ 600 (ou seja, R$ 100 a mais do que gastava: R$ 100/600 × 100 = 16,66%), mas apenas de 6,66% para quem ganha R$ 6 mil (R$ 400/6 000 × 100 = 6,66%).

Como o governo divulgava um único índice de inflação, válido para todas as faixas de renda em todo o território nacional, saía perdendo quem ganhava menos.

Ao longo da campanha eleitoral de 1998, houve um forte ataque especulativo, o que levou o governo a abandonar o compromisso de manutenção das taxas de câmbio da época (aproximadamente R$ 1,30 por dólar), e em janeiro de 1999 houve uma **maxidesvalorização do real**: o dólar subiu de cerca de R$ 1,60 para R$ 2,20. Essa nova cotação deu início a um aumento nas exportações e a uma redução no volume de bens importados. Observe, no gráfico abaixo, o comportamento da nossa balança comercial no período.

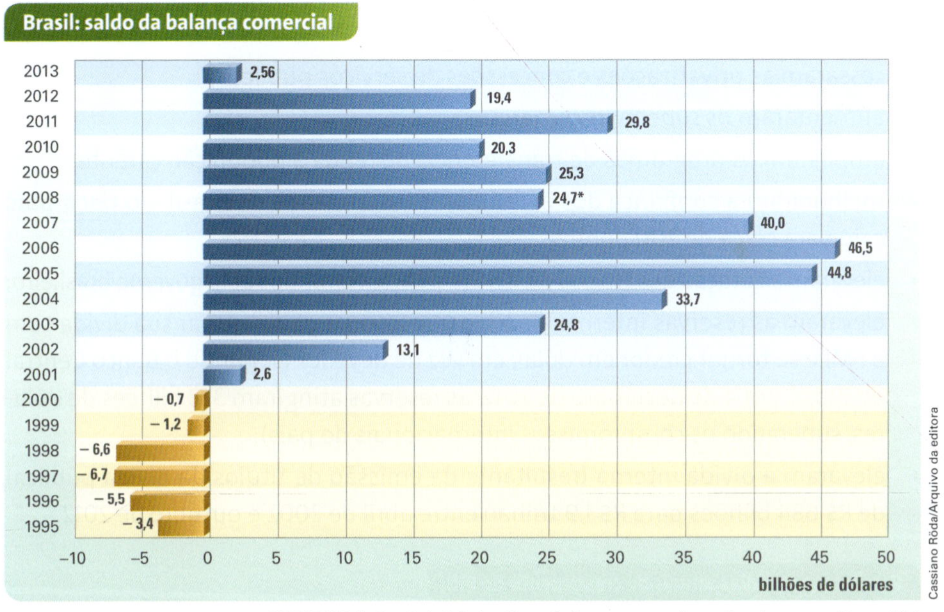

SECRETARIA de Comércio Exterior. Disponível em: <www.mdic.gov.br>. Acesso em: 19 mar. 2014.

* Em 2007, a economia norte-americana entrou em uma crise que se tornou mundial em 2008, reduzindo as exportações brasileiras.

A maxidesvalorização cambial do início de 1999 só permitiu saldos positivos na balança comercial brasileira a partir de 2001, pois as empresas precisam de um tempo relativamente longo para conquistar mercados, comercializar seus produtos e receber pelas vendas realizadas. Além da desvalorização cambial, não podemos esquecer que a modernização da economia contribuiu para o aumento da competitividade das empresas brasileiras.

Ao longo do governo Fernando Henrique, os índices de crescimento econômico foram baixos (veja o gráfico da próxima página) e o desemprego continuou elevado, na casa de 10% da **População Economicamente Ativa** (PEA), ou seja, as **pessoas ocupadas** mais a parcela de **pessoas desocupadas** que estão procurando trabalho. Esses fatores, associados à consequente perda de poder aquisitivo dos assalariados a partir de 1997, colaboraram para a derrota de José Serra (PSDB) contra Luiz Inácio Lula da Silva (PT) nas eleições de 2002. Durante a campanha eleitoral daquele ano e durante o período de transição entre o governo de Fernando Henrique e o de Lula, a moeda norte-americana novamente sofreu forte valorização especulativa, chegando a ser cotada a R$ 4,00.

Durante o governo Lula (2002-2010), a cotação do dólar recuou para cerca de R$ 1,80, e as taxas de juros caíram para 8,75% ao ano (dados de janeiro de 2010), pois não houve mudanças bruscas quanto à política econômica vigente:

- estabelecimento de metas para a inflação;
- responsabilidade fiscal com aumento do ***superavit* primário**, que em 2002 subiu de 3,75% para 4,25% do PIB;

População Economicamente Ativa: segundo o IBGE, "as pessoas economicamente ativas na semana de referência compuseram-se das pessoas ocupadas e desocupadas nesse período".

Pessoas desocupadas: segundo o IBGE, "foram classificadas como desocupadas na semana de referência as pessoas sem trabalho que tomaram alguma providência efetiva de procura de trabalho nesse período".

Pessoas ocupadas: segundo o IBGE, "foram classificadas como ocupadas na semana de referência as pessoas que tinham trabalho durante todo ou parte desse período".

***Superavit* primário:** o *superavit* (saldo positivo) primário corresponde ao resultado das contas públicas (receitas menos despesas), excluído o pagamento de juros das dívidas interna e externa.

- elevação nas taxas de juros do Banco Central, atingindo 26,5% em abril de 2003, a partir de quando foi passando por lentas reduções;
- manutenção do câmbio flutuante;
- garantia de cumprimento dos contratos;
- ampliação da rede de proteção social.

Nesse contexto, os índices de crescimento econômico apresentaram elevação em 2007 e 2008 (observe o gráfico a seguir). Além de, em linhas gerais, dar continuidade à política econômica do governo Fernando Henrique, o governo de Lula adotou medidas que:

- cessaram as privatizações e concessões de serviços públicos;
- aumentaram os *superavits* comerciais;
- ampliaram os programas de transferência de renda à população carente;
- melhoraram a confiança dos investidores estrangeiros no Brasil – o **risco-país** caiu para cerca de 200 pontos;
- elevaram a cotação dos **títulos da dívida pública** emitidos pelo governo brasileiro;
- elevaram as reservas internacionais, o que levou o país a quitar sua dívida com o FMI e se tornar credor em dólar, em vez de devedor (segundo o Banco Central do Brasil, em 4 de dezembro de 2012, as reservas atingiram 378 bilhões de dólares, superando os compromissos internacionais do país);
- elevaram a dívida interna (resultante da emissão de títulos da dívida pública) de R$ 684 bilhões para R$ 1,9 trilhão entre abril de 2002 e outubro de 2012.

Risco-país: índice que mede a confiança dos investidores e especuladores externos na capacidade de pagamento da dívida.

Títulos da dívida pública: título emitido e garantido pelo governo de um país, estado ou município, para obter recursos no mercado. Podem ser comprados por investidores do país ou por estrangeiros.

Brasil: taxas médias anuais de crescimento do PIB

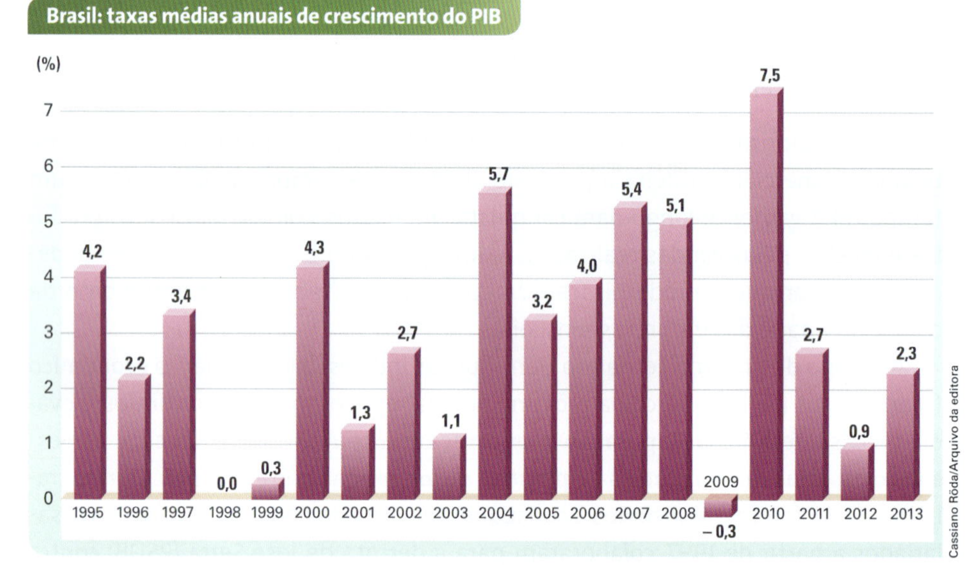

IBGE. Disponível em: <www.ibge.gov.br>. Acesso em: 19 mar. 2014.

Esse conjunto de medidas possibilitou captar novamente mais empréstimos no exterior. O aumento da oferta de dólares na economia também foi decisivo para a queda da cotação da moeda norte-americana em relação ao real ao longo de 2003, primeiro ano do novo governo. Entretanto, apesar dos avanços, o crescimento econômico permaneceu baixo.

Nos oito anos do governo Lula, o crescimento melhorou, com média de 4,4%, mas continuou baixo, além de inferior ao de outros países emergentes nesse mesmo período. São índices baixos para um país com as enormes carências sociais como as que o Brasil apresenta.

O baixo crescimento econômico dificultou a geração de postos de trabalho, necessários para a absorção de mão de obra especialmente dos mais jovens, que estavam tentando entrar no mercado. No período de 1995 a 2012, houve um aumento de 24,2 milhões de pessoas ocupadas e cerca de 26 milhões ingressaram na PEA. Resultado: a taxa de desemprego se manteve em 6,1%, embora tenha crescido em números absolutos, como mostra a tabela a seguir.

População Economicamente Ativa (PEA) e índices de ocupação	1995	2012
População Economicamente Ativa (PEA)	**74 138 441**	**100 064 000**
Ocupação total	69 628 608	93 915 000
Desocupação total	4 509 833	6 149 000
Desocupação total/PEA (%)	6,1	6,1

IBGE. *Pesquisa Nacional por Amostra de Domicílio 2012*. Rio de Janeiro: IBGE, 2012. Disponível em: <www.ibge.gov.br>. Acesso em: 19 mar. 2014.

Em 2011, Dilma Rousseff, ex-ministra e sucessora de Lula, assumiu a Presidência da República. Os primeiros dois anos de seu governo foram marcados por baixo crescimento do PIB (2,3% em 2011 e 0,9% em 2012) e manutenção das linhas gerais da política econômica de seu antecessor, com ampliação dos programas de transferência de renda à população carente e redução das taxas de juros.

Ao longo dos oito anos de governo Lula e na primeira metade do governo Dilma, os investimentos em infraestrutura foram insuficientes para sustentar um crescimento econômico mais acelerado, e a qualidade de alguns serviços públicos se deteriorou, destacadamente os setores de transporte aéreo e de transmissão de energia elétrica, que apresentaram alguns episódios de grande transtorno aos usuários. Para enfrentar a necessidade de novos investimentos em transportes, energia e outros setores, em 2012 o governo Dilma retomou o projeto de Fernando Henrique para atrair investimentos privados por meio da concessão da administração de usinas, aeroportos, portos, rodovias e ferrovias à iniciativa privada.

César Diniz/Pulsar Imagens

Obra de implantação do sistema de esgotamento sanitário no município de Lontra (MG), em 2014.

5 Estrutura e distribuição da indústria brasileira

Em 2010, a atividade industrial era responsável por 23% do PIB brasileiro. Segundo o IBGE (Sistema de Contas Nacionais 2005-2009), as atividades mais importantes em 2009 e responsáveis por quase 75% do total do valor da transformação industrial do país foram:

Monticello/Shutterstock/Glow Images; Christophe Simon/Agência France-Presse; Didecs/Shutterstock/Glow Images; Caroline Abou Safi/Shutterstock/Glow Images; Fotovika/Shutterstock/Glow Images; Caroline Abou Safi/Shutterstock/Glow Images; Creative Crop/Photodisc/Getty Images

Embora os produtos não industrializados tenham obtido grande crescimento entre 2000 e 2010 – de US$ 9 bilhões para US$ 73 bilhões, a exportação de produtos de alta e média tecnologias cresceu de cerca de US$ 20 bilhões para US$ 47 bilhões nesse mesmo período.

O parque industrial se modernizou e ganhou impulso com a instalação de diversos parques tecnológicos (ou tecnopolos) espalhados pelo país, que estimulam a parceria entre as universidades, as instituições de pesquisa e as empresas privadas, e buscam maior competitividade e desenvolvimento de produtos.

No Brasil, há parques tecnológicos em todas as regiões, somando 55 espalhados pelo país (em 2012). Os principais estão localizados em:

- São Paulo, Campinas e São José dos Campos (SP); Santa Rita do Sapucaí e Viçosa (MG); e Rio de Janeiro (RJ), no Sudeste;
- Recife (PE); Fortaleza (CE); Campina Grande (PB); e Aracaju (SE), no Nordeste;
- Porto Alegre (RS); Florianópolis (SC); e Cascavel (PR), no Sul;
- Brasília (DF), no Centro-Oeste;
- Manaus (AM) e Belém (PA), no Norte.

Consulte a indicação do *site* da **Anprotec**. Veja orientações na seção **Sugestões de leitura, filmes e *sites***.

"Não sou especialista em Brasil, mas uma coisa estou habilitado a dizer: não creiam que mão de obra barata ainda seja uma vantagem."

Peter Drucker (1909-2005), administrador austríaco, professor universitário e autor de vários livros que influenciaram o meio acadêmico e empresarial.

Lucas Lacaz Ruiz/Folhapress

Parque tecnológico e incubadora no Polo de Software de Campina Grande (PB). Os tecnopolos também abrigam incubadoras de empresas, locais dotados de infraestrutura que apoiam o desenvolvimento de micro e pequenas empresas recém-criadas, até que se consolidem no mercado (foto de 2009).

Alguns aspectos positivos da dinâmica atual da indústria brasileira:

- grande potencial de expansão do mercado interno, com desconcentração de produção e consumo (que vem se fortalecendo pelas políticas de transferência de renda promovidas pelos governos federal, estaduais e municipais);
- o aumento nas exportações de produtos industrializados, mesmo que em ritmo inferior ao dos produtos primários, em virtude das crescentes importações chinesas;
- o aumento na produtividade;
- a melhora da qualidade dos produtos.

Letícia Moreira/Folhapress

A partir da década de 1990, várias empresas estatais foram privatizadas e o governo brasileiro reduziu bastante sua participação na produção industrial. Na imagem, pode-se ver galpão da Embraer, fabricante de aviões sediada em São José dos Campos (SP) e uma das maiores empresas exportadoras brasileiras, privatizada na década de 1990 (foto de 2011).

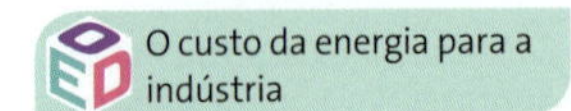
O custo da energia para a indústria

A indústria ainda enfrenta, porém, vários problemas que aumentam os custos e dificultam a maior participação no mercado externo, como:

- preço elevado da energia elétrica;
- problemas de logística: deficiências e altos preços nos transportes;
- baixo investimento público e privado em desenvolvimento tecnológico;
- baixa qualificação da força de trabalho;
- elevada **carga tributária**;
- **barreiras tarifárias** e **não tarifárias** impostas por outros países à importação de produtos brasileiros.

Carga tributária: todos os impostos pagos pela população aos governos municipal, estadual e federal.

Barreira tarifária: cobrança de elevados impostos sobre produtos e serviços importados.

Barreira não tarifária: restrição ou proibição de entrada de determinados produtos. Por exemplo, barreiras fitossanitárias, cláusulas trabalhistas, ambientais e outras.

Esses problemas explicam, em parte, a redução da participação percentual do setor industrial na composição do PIB a partir da metade da década passada.

Número de empregos por gênero de indústrias (mercado formal)

Discriminação	2006	2011
Indústria	**7 875 585**	**11 161 199**
Extrativa mineral	183 188	232 588
Construção civil	1 438 713	2 810 712
Indústrias de transformação	6 253 684	7 681 193

MINISTÉRIO DO DESENVOLVIMENTO, INDÚSTRIA E COMÉRCIO EXTERIOR (MDIC). *Anuário Estatístico 2012*. Disponível em: <www.desenvolvimento.gov.br>. Acesso em: 19 mar. 2014.

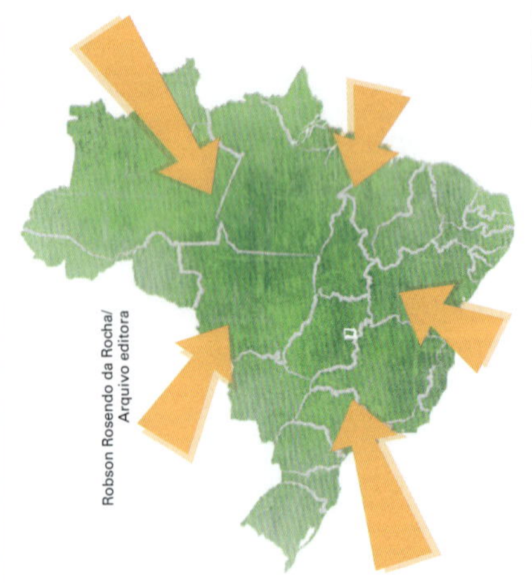
Robson Rosendo da Rocha/ Arquivo editora

A abertura econômica do país na década de 1990 facilitou a entrada de muitos produtos importados, forçando as empresas nacionais a se modernizar e incorporar novas tecnologias ao processo produtivo para concorrer com as empresas estrangeiras. Como observamos na tabela anterior, apesar da modernização, continua havendo aumento no contingente de trabalhadores na indústria de todos os gêneros, porém, como vimos, esse aumento não acompanhou o ritmo de ingresso de mão de obra no mercado de trabalho.

Desconcentração da atividade industrial

Em função de fatores históricos e de novos investimentos em infraestrutura de energia e transportes, entre outros, o parque industrial brasileiro vem se desconcentrando e apresenta uma maior dispersão espacial dos estabelecimentos industriais em regiões historicamente marginalizadas. Observe a tabela, que revela a redução relativa da participação do Sudeste e o aumento das demais regiões no valor da produção industrial.

Distribuição regional do valor da transformação industrial – 1970-2011

Região	Participação (%)			
	1970	1980	1993	2011
Sudeste	80,7	72,6	69,0	60,7
Sul	12,0	15,8	18,0	18,7
Nordeste	5,7	8,0	8,0	9,3
Norte e Centro-Oeste	1,6	3,6	5,0	11,3

IBGE. *Pesquisa industrial anual* – Empresa 2011. Disponível em: <www.ibge.com.br>. Acesso em: 19 mar. 2014; ROSS, J. (Org.). *Geografia do Brasil*. São Paulo: Edusp, 2011. p. 377. (Didática 3).

Desde o início do século XX até a década de 1930, o eixo São Paulo-Rio de Janeiro abrangeu mais da metade do valor da produção industrial brasileira; mas mesmo assim a organização espacial das atividades econômicas era dispersa. As atividades econômicas regionais progrediam de forma quase totalmente autônoma. As atividades da região Sudeste, onde se desenvolvia o ciclo do café, quase não interferiam nas atividades econômicas que se desenvolviam no Nordeste (cana, tabaco, cacau e algodão) ou no Sul (carne, indústria têxtil e pequenas **agroindústrias** de origem familiar) nem sofriam interferência dessas atividades. As indústrias de bens de consumo, a maioria ligada aos setores alimentício e têxtil, escoavam a maior parte da sua produção apenas em escala regional. Somente um pequeno volume era destinado a outras regiões, não havendo significativa competição entre as empresas instaladas nas diferentes regiões do país, consideradas até então **arquipélagos econômicos regionais**.

Agroindústria: empresa rural que cultiva seus produtos e também os industrializa.

A crise do café e o impulso à industrialização, comandada pelo Sudeste, alteraram esse quadro. Os mercados regionais se integraram mais fortemente, comandados pelo centro econômico mais dinâmico do país, o eixo São Paulo-Rio de Janeiro, interligando os arquipélagos econômicos regionais. A participação de produtos industriais do Sudeste nas demais regiões do país aumentou, o que levou muitas indústrias, principalmente nordestinas, à falência. Observe, no mapa da página seguinte, a grande concentração do parque industrial no Centro-Sul do país e nas principais capitais nordestinas.

Além de terem se iniciado historicamente com mais força no Sudeste, as atividades industriais tenderam a concentrar-se nessa região por causa de dois outros fatores básicos:

- **a complementaridade industrial:** as indústrias de autopeças tendem a se localizar próximo às automobilísticas; as petroquímicas, próximo às refinarias; etc.;
- **a concentração de investimentos públicos no setor de infraestrutura industrial:** detentores do poder econômico pressionam os governantes a atender às suas reivindicações. O governo gasta menos concentrando investimentos em determinada região, em vez de distribuí-los pelo território nacional, sobretudo no início do processo de industrialização, quando os recursos eram mais escassos.

A primeira grande ação governamental para dispersar o parque industrial aconteceu em 1968, com a criação da Superintendência da Zona Franca de Manaus (Suframa) e do polo industrial naquela cidade, o que promoveu grande crescimento econômico. Em seguida, estabeleceram-se os Planos Nacionais de Desenvolvimento dos governos Médici (1969-1974) e Geisel (1974-1979), no fim da década de 1970 e início da seguinte, e começaram a ser inauguradas as primeiras usinas hidrelétricas nas regiões Norte e Nordeste: Tucuruí, no rio Tocantins (PA); Sobradinho, no rio São Francisco (BA); e Boa Esperança, no rio Parnaíba (PI). Quando o governo passou a atender ao menos parte das necessidades de infraestrutura das regiões historicamente marginalizadas, começou a haver um processo de dispersão do parque industrial pelo território, não apenas em escala nacional, mas regional.

Regina Lima/Futura Press

Rio São Francisco, na divisa entre as cidades de Juazeiro (BA) e Petrolina (PE), em 2011. Os projetos de agricultura irrigada instalados no Vale do São Francisco tornaram essas cidades um grande polo de atração de investimentos agroindustriais.

Não só as indústrias se deslocaram, como também a mão de obra. Os donos das indústrias passaram a buscar mão de obra mais barata e lugares onde os sindicatos não eram tão atuantes. Mesmo no estado de São Paulo, o mais equipado do país quanto à infraestrutura de energia e transportes, historicamente houve maior concentração de indústrias na Região Metropolitana de São Paulo.

Atualmente, seguindo uma tendência já verificada em países desenvolvidos, tem ocorrido um processo de deslocamento das indústrias em direção às cidades médias em todas as regiões do país, como as que receberam a instalação dos parques tecnológicos que vimos na página 639. O desenvolvimento da informática e a modernização da infraestrutura de produção de energia, transporte e comunicação criaram condições de especialização produtiva por intermédio da integração regional. Nas regiões buscam-se, atualmente, a especialização em poucos setores da atividade econômica e a aquisição, em outros mercados (do Brasil ou do exterior), dos bens de consumo que atendam ao cotidiano da população.

Embora haja grande concentração industrial no Sudeste e no Sul do país, atualmente o parque industrial está se dispersando e já há várias localidades interioranas nas regiões Norte, Centro-Oeste e Nordeste que apresentam mais de cem empresas industriais.

Brasil: distribuição espacial da indústria – 2009

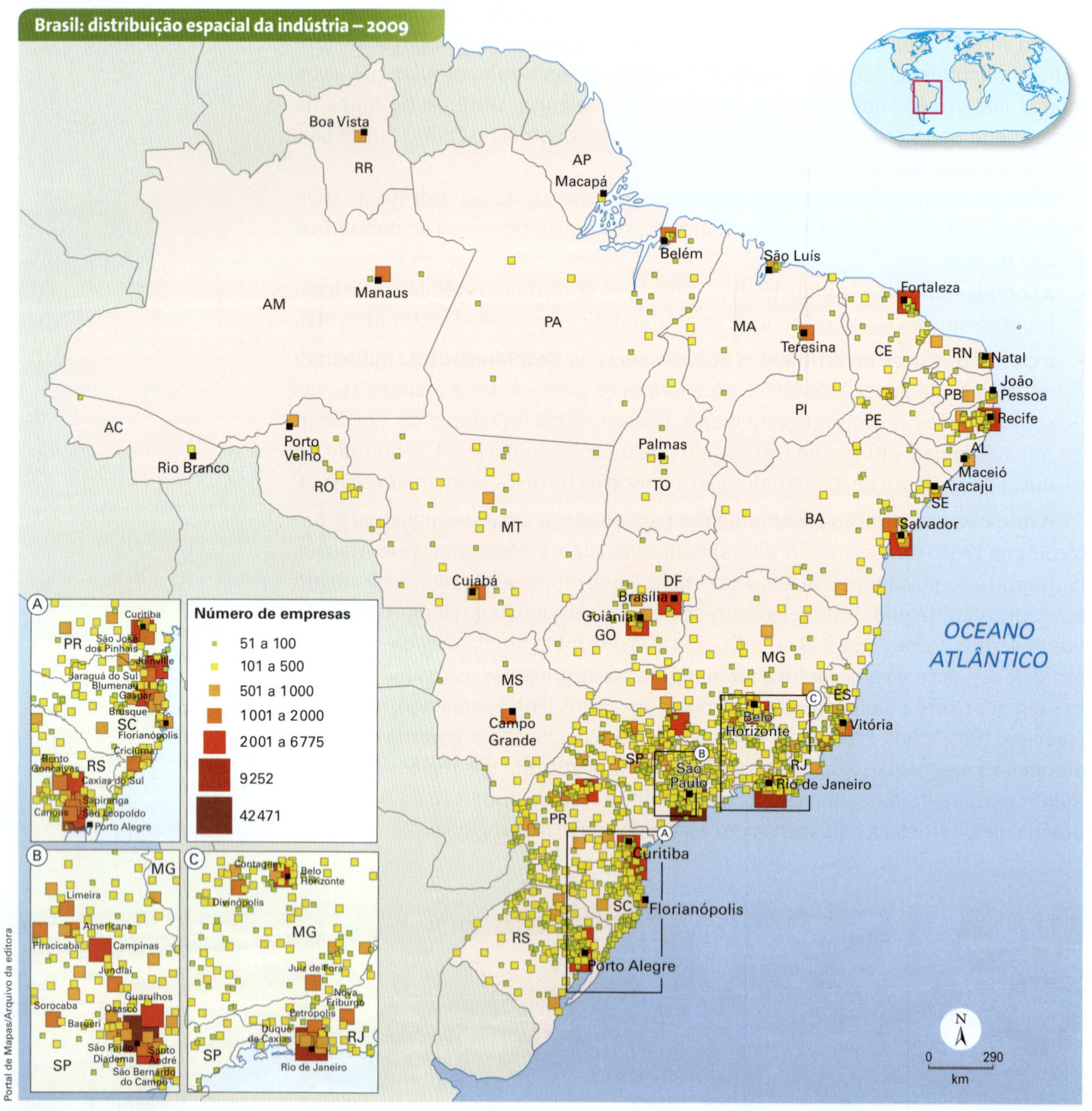

Adaptado de: IBGE. *Atlas geográfico escolar*. 6. ed. Rio de Janeiro: 2012. p. 136.

Portal de Mapas/Arquivo da editora

Pensando no Enem

1.

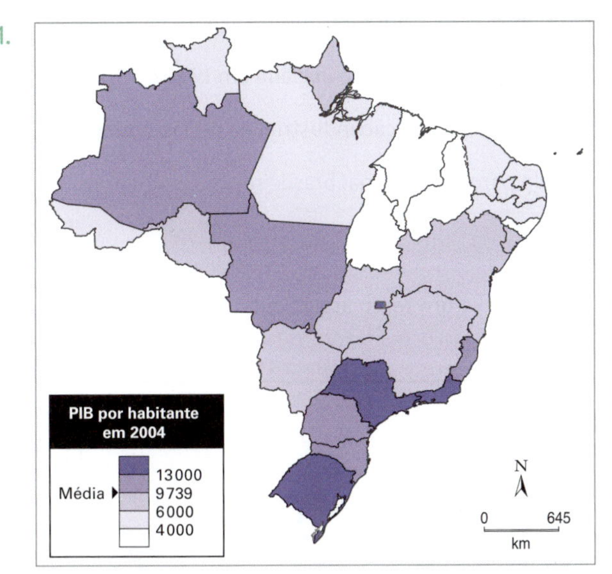

Adaptado de: CIATONNI, A. *Géographie*. L'espace mondial. Paris: Hatier, 2008.

A partir do mapa apresentado, é possível inferir que nas últimas décadas do século XX registraram-se processos que resultaram em transformações na distribuição das atividades econômicas e da população sobre o território brasileiro, com reflexos no PIB por habitante. Assim,

a) as desigualdades econômicas existentes entre regiões brasileiras desapareceram, tendo em vista a modernização tecnológica e o crescimento vivido pelo país.
b) os novos fluxos migratórios instaurados em direção ao Norte e ao Centro-Oeste do país prejudicaram o desenvolvimento socioeconômico dessas regiões, incapazes de atender ao crescimento da demanda por postos de trabalho.
c) o Sudeste brasileiro deixou de ser a região com o maior PIB industrial a partir do processo de desconcentração espacial do setor, em direção a outras regiões do país.
d) o avanço da fronteira econômica sobre os estados da região Norte e do Centro-Oeste resultou no desenvolvimento e na introdução de novas atividades econômicas, tanto nos setores primário e secundário, como no terciário.
e) o Nordeste tem vivido, ao contrário do restante do país, um período de retração econômica, como consequência da falta de investimentos no setor industrial com base na moderna tecnologia.

Resolução

A alternativa correta é a **D**. A partir das décadas de 1960, com a construção de Brasília, e de 1970, com investimentos em infraestrutura produtiva, passou a haver maior crescimento econômico com instalação de indústrias e projetos agroindustriais.

2.

A partir dos anos 70, impõe-se um movimento de desconcentração da produção industrial, uma das manifestações do desdobramento da divisão territorial do trabalho no Brasil. A produção industrial torna-se mais complexa, estendendo-se, sobretudo, para novas áreas do Sul e para alguns pontos do Centro-Oeste, do Nordeste e do Norte.

SANTOS, M.; SILVEIRA, M. L. *O Brasil*: território e sociedade no início do século XXI. Rio de Janeiro: Record, 2002 (fragmento).

Um fator geográfico que contribui para o tipo de alteração da configuração territorial descrito no texto é:

a) Obsolescência dos portos.
b) Estatização de empresas.
c) Eliminação de incentivos fiscais.
d) Ampliação de políticas protecionistas.
e) Desenvolvimento dos meios de comunicação.

Resolução

A alternativa correta é a **E**. Os investimentos nos setores de energia, transportes e comunicações, entre outros, promoveram um processo de descentralização industrial para as regiões Nordeste, Centro-Oeste e Norte.

Essas questões contemplam a **Competência de área 4 – Entender as transformações técnicas e tecnológicas e seu impacto nos processos de produção, no desenvolvimento do conhecimento e na vida social** – e as habilidades correspondentes, sobretudo a **H18 – Analisar diferentes processos de produção ou circulação de riquezas e suas implicações socioespaciais**.

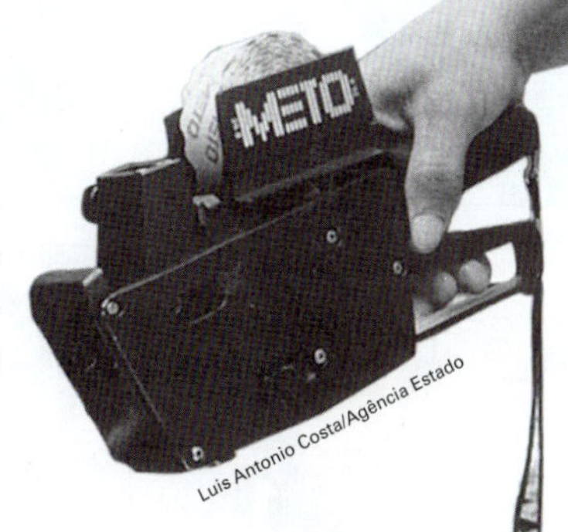

Luis Antonio Costa/Agência Estado

Atividades

Compreendendo conteúdos

1. Por que o congelamento de preços e salários efetivado com o Plano Cruzado em 1986 durou apenas alguns meses?
2. Quais foram os aspectos positivos e negativos da abertura da economia brasileira iniciada em 1990?
3. Por que o processo de industrialização brasileiro foi marcado pela concentração industrial na região Sudeste?
4. Quais fatores têm motivado o recente processo de dispersão do parque industrial brasileiro?

Desenvolvendo habilidades

5. Observe a charge e reveja os gráficos da página 628. Depois, escreva um texto argumentando a favor da ideia central desta charge ou contra ela.

6. Leia novamente o texto "Como a inflação concentra renda", na página 634, relacione-o ao gráfico das taxas mensais de inflação (página 632) e explique quais são as consequências da inflação sobre:
   a) o poder aquisitivo da população;
   b) a distribuição da renda nacional entre as classes sociais.

As maiores cidades do interior paulista (como Campinas, São José dos Campos, Ribeirão Preto, Sorocaba e outras), assim como a região polarizada por elas, possuem forte poder de atração industrial. Na foto, interior da fábrica da Hyundai, em Piracicaba (SP), em 2012.

Vestibulares de Norte a Sul

1. **SE** (Unesp-SP)

> O processo de desconcentração industrial no estado de São Paulo, iniciado na década de 1970, alterou profundamente seu mapa e território: a mancha metropolitana da capital se expandiu em direção ao Vale do Paraíba, Sorocaba e às regiões de Campinas e Ribeirão Preto, conglomerados urbanos especializados se formaram ao longo de uma densa malha rodoviária e as cidades médias assumiram a liderança do mercado em seu entorno.
>
> (Claudia Izique. *Pesquisa FAPESP*, julho de 2012.)

A transformação da indústria na metrópole de São Paulo pode ser entendida pela modificação do sistema de produção, associada aos avanços em transporte e comunicação. As empresas que participaram desse processo procuravam

a) conseguir mão de obra suficiente para suas atividades, já que na metrópole os trabalhadores não aceitavam mais trabalhar nas fábricas.

b) adquirir matéria-prima para seus produtos, visto que os recursos naturais na metrópole haviam se esgotado.

c) obter novos mercados, já que a influência dos produtos importados no centro da metrópole é muito grande.

d) antecipar mercados, prevendo as futuras necessidades das cidades médias em expansão.

e) reduzir os custos da produção, sabendo que as novas cidades ofereciam incentivos fiscais, terrenos e mão de obra mais baratos.

2. **NE** (UPE) Considere o texto a seguir:

BRASIL

> [...] o valor coincide com o que internacionalmente é considerado extrema pobreza. A ONU estabeleceu o rendimento diário de 1,25 dólar, o que, na cotação de hoje, dá perto de 67 reais no mês. Então, é simples: definimos o valor de 70 reais, pegamos o último Censo do IBGE, fizemos as contas e chegamos aos 16 milhões de brasileiros. É uma população extremamente frágil: **60%** está no Nordeste, 71% é de negros, metade na zona rural, apesar de só 15% da população viver no campo, e 40% tem menos de 14 anos. É entre crianças e adolescentes que se concentra a maior fragilidade.
>
> Entrevista: Tereza Campelo, ministra do Desenvolvimento Social, revista *Carta Capital*, 22 de junho de 2011.

Com base no texto, analise os itens seguintes:

I. O percentual atual de extrema pobreza no Brasil, localizada em sua maior parte na região Nordeste, tem origem, dentre outros fatores, no atraso econômico histórico, relativo a essa região, associado ao contexto nacional, que foi intensificado pela impossibilidade de desenvolver um parque industrial que lhe permitisse acompanhar o avanço da produção industrial do país, concentrado, sobretudo, na região Sudeste.

II. A evolução socioeconômica do Brasil, em que pesem as dimensões territoriais do país, foi marcada por processos homogêneos que induziram a uma crescente descentralização regional de produção e da renda. Isso intensificou significativamente as desigualdades regionais, conformando um padrão microrregional que diferenciou, sobretudo, as regiões Sul e Nordeste.

III. A configuração territorial resultante das disparidades econômicas regionais no Brasil reafirma situações de desigualdades entre empresas e regiões, acentuando atrações locacionais, que possuem atributos vantajosos, e excluindo da dinâmica de mercado regional as áreas consideradas polos produtores de tecnologia moderna, a exemplo da região Sudeste.

Apenas está correto o que se afirma em

a) I.
b) II.
c) I e II.
d) II e III.
e) III.

3. **CO** (UFG-GO) A atual organização espacial do território brasileiro contém disparidades regionais de diferentes ordens. O governo brasileiro implementou, nas últimas décadas, várias estratégias e políticas públicas, objetivando superá-las. Mesmo assim, algumas dessas disparidades persistiram e intensificaram-se. No que se refere à atividade industrial, verifica-se que

a) o processo de desconcentração espacial do setor metalúrgico foi eficaz e conseguiu reduzir a concentração na região Norte com a implantação da zona franca de Manaus.

b) a formação das regiões metropolitanas na região Centro-Oeste está associada ao desenvolvimento industrial promovido pelo projeto desenvolvimentista de Juscelino Kubitschek.

c) a descentralização industrial ocorre com maior frequência para o interior dos estados do Sudeste e Sul, desencadeando a chamada guerra fiscal.

d) na região Norte essa atividade está ligada à implantação de numerosos polos agroindustriais durante os governos militares, visando promover a integração nacional.

e) as estratégias desenvolvidas na região Nordeste estão focadas no setor farmacêutico e de cosméticos, baseadas no modelo de substituição de importações.

Energia e meio ambiente

Quais são as consequências ambientais e socioeconômicas provocadas pelo aumento na quantidade de energia produzida e consumida no planeta Terra?

Segundo a Agência Internacional de Energia, o consumo mundial deve crescer 1,6% ao ano entre 2006 e 2030, o que representará um aumento de 45% ao longo desse período. Os combustíveis fósseis devem continuar responsáveis por cerca de 80% da energia consumida no planeta, com destaque para a China e a Índia.

Já nos países desenvolvidos e em alguns emergentes, a participação percentual dos combustíveis fósseis reduzirá e aumentará a de fontes renováveis e menos poluentes, com crescimento no consumo de derivados de cana e de milho, energia eólica, energia solar e outras.

Quang Ho/Shutterstock/Glow Images

CAPÍTULO

26 A produção mundial de energia

Jacques Jangoux/Photo Researchers/Getty Images

Barragem e represa da usina de Tucuruí (PA), em 2010.

No início da década de 2010, governos e empresas de Estados Unidos, China, Alemanha, Espanha e Índia investiram na busca de fontes renováveis e não poluentes de energia. Segundo o Conselho Mundial de Energia Eólica, as turbinas instaladas nesses países produziram 74% da energia eólica mundial (145 868 MW). Isso supera em quase 50% o total de energia elétrica consumida no Brasil.

Neste capítulo, vamos estudar as principais fontes de energia utilizadas atualmente para entendermos algumas questões: qual é a importância estratégica das fontes de energia para a economia, a sociedade e o meio ambiente? Qual foi a importância do petróleo e do carvão mineral ao longo do século XX e qual é o papel desses combustíveis no mundo atual? Quais são as formas de obtenção de eletricidade e quais suas vantagens e desvantagens? Qual é o papel das fontes alternativas e da energia nuclear no mundo atual? Por que o uso da **biomassa** vem crescendo?

Biomassa: produtos orgânicos de origem vegetal (cana-de-açúcar, árvores, plantas ou mesmo resíduos agrícolas como palha de milho ou bagaço da cana), utilizados como fonte de energia.

Turbinas eólicas em Maranchón, na Espanha, em 2012.

Angel Navarrete/Bloomberg/Getty Images

Energia: evolução histórica e contexto atual

Desde o surgimento das sociedades primitivas, a obtenção de energia sempre desempenhou papel fundamental para o bem-estar das pessoas e o desenvolvimento das atividades econômicas.

Conforme os progressos técnicos foram avançando, novas fontes energéticas foram sendo descobertas e tornaram o trabalho humano mais eficiente. Desde a Primeira Revolução Industrial, com o uso crescente de máquinas, a energia humana e de animais no trabalho vem se tornando menos necessária, sendo substituída por equipamentos mecânicos.

A sociedade moderna utiliza cada vez mais energia para a indústria, a agricultura, os serviços, o comércio, os transportes e o consumo doméstico. Observe no mapa-múndi a seguir que, nos países desenvolvidos, a produção *per capita* de energia é maior que nos países em desenvolvimento. Esse fato está diretamente relacionado ao consumo, ao grau de industrialização, ao desenvolvimento econômico e à qualidade de vida de cada população. Geralmente o consumo residencial das nações ricas é maior porque o número de eletrodomésticos (TVs, aparelhos de ar condicionado, máquinas de lavar, geladeiras, etc.) é maior. Além disso, nos países de latitudes elevadas o consumo *per capita* tende a ser maior por uma razão climática: no período de temperatura mais baixa, que se estende por seis meses ou mais, aumenta o uso de sistemas de aquecimento doméstico e comercial.

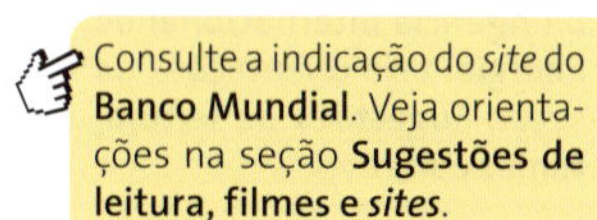
Consulte a indicação do *site* do **Banco Mundial**. Veja orientações na seção **Sugestões de leitura, filmes e *sites***.

Produção *per capita* de energia

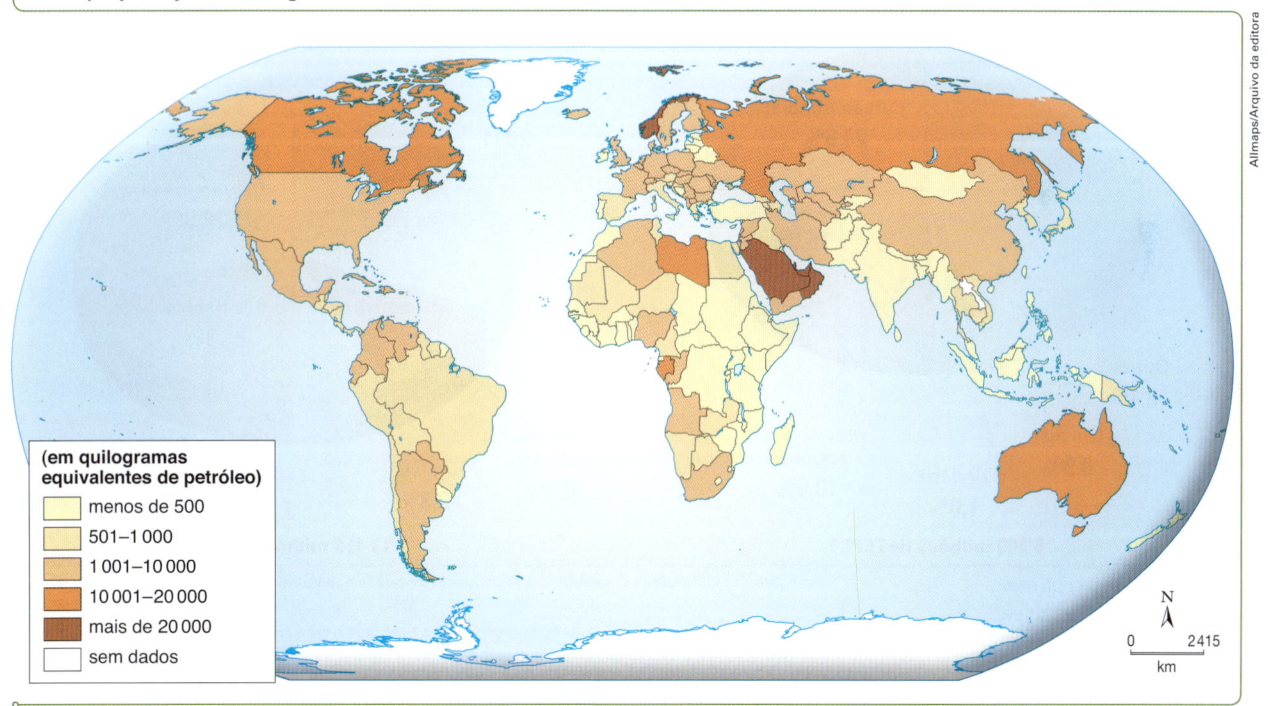

Adaptado de: ALLEN, J. L. *Student Atlas of World Geography*. 7th ed. [s.l.]: Mc Graw-Hill/Duskin, 2012. p. 87.

Alguns países em desenvolvimento, como Líbia, Gabão e Arábia Saudita, apresentam grande produção *per capita* de energia, porque são produtores e exportadores de petróleo. Segundo o Banco Mundial, mais de dois bilhões de pessoas que vivem em países pobres não têm acesso às modernas fontes de energia e ainda utilizam lenha para cozinhar.

Atualmente, há uma diversidade de fontes de energia, classificadas como **renováveis** (hidrelétrica, solar, eólica e outras), que continuam disponíveis depois de utilizadas, e **não renováveis** (petróleo, carvão mineral, etc.), que são limitadas e demoram milhões de anos para se formar. Na foto, usina hidrelétrica na China, em 2012.

Consulte a indicação do *site* da **Agência Internacional de Energia**. Veja orientações na seção **Sugestões de leitura, filmes e *sites***.

Os diversos tipos de biomassa podem ser produzidos pelo ser humano, como a lenha, o álcool, o *biodiesel* e outros, e também constituem fontes renováveis.

Os combustíveis fósseis são o petróleo, o carvão mineral e o gás natural e recebem essa denominação porque se originam de restos de animais e vegetais soterrados com os materiais sólidos que formam as rochas sedimentares. São a principal fonte de energia usada atualmente no mundo, com destaque para o petróleo. Veja o gráfico a seguir.

Oferta mundial de energia por fonte

1973

Petróleo **46,9%**
Carvão mineral **24,6%**
Gás natural **16,0%**
Combustíveis renováveis e resíduos **10,6%**
Hidrelétrica **1,8%**
Nuclear **0,9%**
Outros* **0,1%**

6 109 milhões de TEP**

2011

Petróleo **31,5%**
Carvão mineral **28,8%**
Gás natural **21,3%**
Combustíveis renováveis e resíduos **10,0%**
Nuclear **5,1%**
Hidrelétrica **2,3%**
Outros* **1,0%**

13 113 milhões de TEP**

Cassiano Röda/Arquivo da editora

Adaptado de: AGÊNCIA internacional de energia. *Key World Energy Statistics 2013*. Disponível em: <www.iea.org>. Acesso em: 19 mar. 2014.

* Inclui energia geotérmica, solar, eólica, etc. ** TEP: toneladas equivalentes de petróleo

Em 1973, ocorreu a primeira crise mundial do petróleo, quando o preço desse combustível praticamente quadruplicou em poucos meses.

Observe no gráfico que, entre 1973 e 2011, o consumo mundial de energia mais que duplicou, passando de 6,1 para 13,1 milhões de toneladas equivalentes de petróleo (TEPs). Dessa forma, a participação percentual do petróleo no consumo mundial de energia se reduziu de 46,9% para 31,5%, mas houve grande aumento quantitativo em sua demanda mundial, que passou de 2,5 para 4,1 milhões de TEPs ao ano.

OED Fontes de energia

Nas últimas décadas, o desenvolvimento tecnológico e o aumento nos investimentos em prospecção de petróleo resultaram, entre outras, na descoberta de grandes reservas na camada pré-sal.

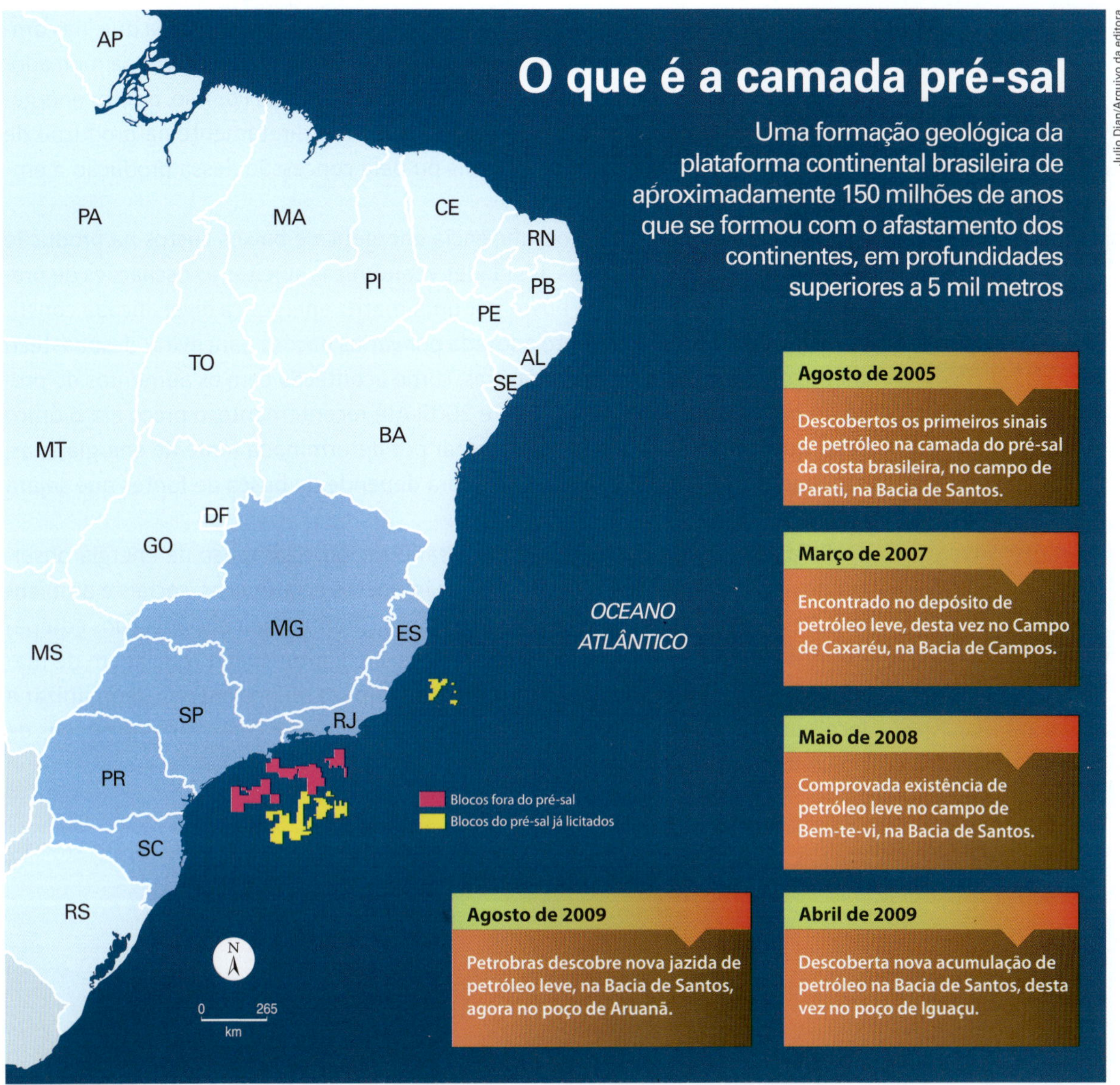

Adaptado de: <http://economia.uol.com.br/ultnot/2009/08/31/ult429u2875.jhtm>. Acesso em: 14 mar. 2014.

O petróleo continua a ser a principal fonte de energia do planeta, seguido pelo carvão mineral e pelo gás natural. Essa situação é preocupante, já que aproximadamente 80% da energia consumida mundialmente provém dessas três fontes não renováveis, que um dia se esgotarão. Será necessário um período de transição para nos adaptarmos à utilização de novos tipos de energia. Essa transição envolverá reformas e reestruturações, principalmente no sistema de transportes (seja ele rodoviário, ferroviário, hidroviário ou aéreo) e na produção industrial, por meio da adaptação de máquinas e motores a outro tipo de energia, assim como a readequação das usinas termelétricas (hoje acionadas predominantemente pela combustão de petróleo, gás ou carvão) a uma nova fonte de energia primária. Isso já vem ocorrendo em vários países para diminuir a dependência externa e evitar os impactos ambientais decorrentes.

Em qualquer país, a questão energética é decisiva para a economia e a geopolítica, por isso é um setor considerado estratégico. A produção industrial, os sistemas de transportes e de telecomunicações, a saúde, a educação, o comércio, a agricultura, todas as atividades, enfim, dependem de energia. Qualquer sobressalto no setor energético interfere na posição do país no comércio mundial, já que, na composição dos custos de produção, a energia é um fator que pode tornar a mercadoria mais ou menos competitiva no comércio internacional. Por isso, o setor energético geralmente é controlado pelo Estado, que atua diretamente na produção de energia, por meio de empresas estatais ou pela concessão dessa produção a empresas privadas.

Consulte a indicação do *site* do **Conselho Mundial de Energia**. Veja orientações na seção **Sugestões de leitura, filmes e *sites***.

Os países almejam a autossuficiência energética e baixos custos na produção de energia para não deixar as atividades econômicas sujeitas às oscilações de preço das fontes importadas. A busca por uma matriz energética diversificada constitui estratégia de planejamento adotada por várias nações para evitar desabastecimento ou enfrentar crises econômicas, como aconteceu com os aumentos do preço do petróleo em 1973, 1980, 1990 e 2007. Até recentemente, o preço era o único fator que influenciava a decisão de optar por determinada fonte de energia, mas, atualmente, em muitos países, isso agora depende da busca de fontes que sejam renováveis e limpas.

Para atingir esses objetivos, é necessário racionalizar o uso de energia observando as estratégias que causam menos impactos econômicos, sociais e ambientais. Deve-se combater o desperdício de energia, aumentar a eficiência dos equipamentos (residenciais, industriais, de serviços, etc.), promover a reciclagem de materiais, valorizar produtos e serviços que consumam menos energia, reorganizar a localização e o transporte de mercadorias e de pessoas e controlar as emissões de poluentes.

Além da busca pela maior eficiência energética, a intensificação do aquecimento global provocado pelo efeito estufa tem levado os países a buscar fontes de energia menos poluentes, como a hidreletricidade, a nuclear, a eólica (foto), a solar, a geotérmica e a biomassa, entre outras. Assim, a utilização crescente de fontes renováveis de energia é a melhor alternativa para a sustentabilidade ambiental, econômica e social. Na foto, turbinas instaladas no Parque Eólico Água Doce, no minicípio de Água Doce (SC), em 2014.

Mauricio Simonetti/Pulsar Imagens

2 Petróleo

O petróleo é um **hidrocarboneto** fóssil de origem orgânica encontrado em bacias sedimentares resultantes do soterramento de antigos ambientes aquáticos. Seus diversos subprodutos se apresentam em todos os estados de agregação: sólido (asfalto e plásticos, entre outros), líquido (óleos lubrificantes, gasolina e outros combustíveis) e gasoso (gás combustível).

Hidrocarboneto: composto químico que contém combustíveis, como o petróleo e o gás natural.

Nino Marcutti/Alamy/Other Images

O grande volume de petróleo transportado pelos oceanos levou à construção de navios cada vez maiores. A utilização do petróleo como fonte de energia iniciou-se em 1859, na Pensilvânia, Estados Unidos, quando Edwin Drake, um perfurador de poços, encontrou petróleo a apenas 21 metros de profundidade e passou a comercializá-lo para as cidades – para ser utilizado na iluminação pública –, as indústrias e as companhias de trem – em substituição ao carvão mineral usado nas máquinas a vapor. Na foto, de 2012, petroleiro ancorado em terminal marítimo nas Bahamas.

O petróleo é líquido e apresenta mais facilidade de transporte que o carvão mineral, por isso passou a ser consumido em quantidades crescentes a cada ano. O incremento do consumo foi acompanhado pelo surgimento de centenas de companhias petrolíferas que atuam em todas as quatro fases econômicas de sua exploração: extração, transporte, refino e distribuição.

Com a invenção do motor a explosão interna e seu uso em veículos, o consumo mundial de petróleo disparou. As empresas do setor petrolífero cresceram no mesmo ritmo do consumo, principalmente nos Estados Unidos e na Europa. Algumas dessas empresas tornaram-se transnacionais e deram oportunidade para a formação do **cartel** e do **oligopólio** no setor petrolífero em escala mundial. Em 1928, as sete maiores empresas do setor formaram um cartel, conhecido como "sete irmãs".

Para controlar o comércio e as demais atividades petrolíferas, começaram a se desenvolver, principalmente a partir da década de 1930, diversas empresas estatais, que passaram a atuar diretamente nas quatro fases econômicas de exploração do petróleo, ou pelo menos em uma delas, segundo as prioridades estabelecidas internamente. Entre os exemplos mais significativos estão a Pemex (México), a PDVSA (Venezuela), a Indian Oil (Índia) e a ENI (Itália). No Brasil, com a criação da Petrobras em 1953, a extração, o transporte e o refino foram estatizados. Em 1995, foi extinto o monopólio da Petrobras, uma empresa de capital aberto que tem o governo federal como sócio majoritário (28,5% das ações, em 2012) e com o controle de sua estrutura administrativa; toda a regulamentação do setor petrolífero no Brasil continua sob a responsabilidade do Estado.

Cartel: conjunto de empresas que atuam no mesmo setor da economia e estabelecem acordos visando à ampliação de suas margens de lucro.

Oligopólio: conjunto de empresas que dominam determinado setor da economia ou produto colocado no mercado. Em geral, impõe preços abusivos e elimina a possibilidade de concorrência, por meio da aquisição de empresas menores.

Consulte a indicação do *site* da **Organização dos Países Exportadores de Petróleo – Opep**. Veja orientações na seção **Sugestões de leitura, filmes e *sites***.

Alexander Klein/Agência France-Presse

Desde 1973, as reuniões da Opep são acompanhadas pelos países importadores de petróleo. Na foto, encontro da Opep em Viena, na Áustria, em 2012.

A segunda ação na tentativa de desmobilização do poder das "sete irmãs" concretizou-se em 1960, com a criação da Organização dos Países Exportadores de Petróleo (Opep), fundada por Irã, Iraque, Kuwait, Arábia Saudita e Venezuela. Em 2012, esse cartel era composto por 12 países-membros: além dos fundadores, integravam também a organização os Emirados Árabes Unidos, Catar, Argélia, Nigéria, Líbia, Angola e Equador.

Em 1973, os países da Opep promoveram um drástico aumento no preço do barril (159 litros) – de 2,70 para 11,20 dólares –, aproveitando-se de uma situação política criada pela guerra do Yom Kippur (quando Egito, Síria e outros países atacaram Israel, dando início ao quarto conflito armado entre árabes e israelenses). Esse foi o chamado "primeiro choque do petróleo", que provocou crise econômica em muitos países. Boa parte dos dólares que movimentavam o comércio internacional foi para o Oriente Médio, onde se localizam as maiores reservas e os maiores exportadores mundiais do produto.

Nos anos de 1979 e 1980, com a ocorrência da revolução islâmica no Irã e a eclosão da guerra com o Iraque, os países importadores recearam a possibilidade de ingresso de outras nações árabes no conflito. Se isso acontecesse, a oferta mundial de petróleo estaria comprometida, o que levou muitos países a comprar o produto para aumentar seus estoques estratégicos. Com esse brusco aumento da procura, a Opep elevou o preço do barril a 34 dólares (como vimos, em 1973, o preço era de apenas 2,70 dólares).

Essas bruscas elevações do preço do petróleo agravaram a crise econômica do mundo desenvolvido, que já se arrastava desde o fim da década de 1960. Essa crise, porém, atingiu de forma mais severa os países importadores de petróleo, notadamente os mais pobres, que tiveram sua balança comercial seriamente comprometida. Para enfrentar esse problema e diminuir a dependência energética, muitos países importadores estabeleceram duas estratégias complementares: aumentar a produção interna e substituir o petróleo por outras fontes de energia.

No mesmo período, vários países produtores de petróleo que não integravam a Opep – principalmente a antiga União Soviética (com destaque para a Federação Russa), o México e a Noruega – incrementaram sua produção e tornaram-se grandes exportadores. A então União Soviética foi extrair o produto na Sibéria; os Estados Unidos, no Alasca; e o México, o Brasil e os países do mar do Norte, em suas plataformas continentais.

Com o aumento da produção mundial e a substituição do petróleo por outras fontes, a lei da oferta e da procura entrou em ação e, em 1986, a cotação do barril caiu para 12 dólares. Essa queda nos preços pôs em dúvida a viabilidade econômica de muitas fontes alternativas, já que a criação de novos modelos energéticos previa constantes elevações no preço do petróleo. Além disso, tornou pouco competitiva, e às vezes até ineficiente, a extração em águas profundas. Com a queda vertiginosa do preço do barril de petróleo, algumas fontes alternativas – como o etanol, no caso brasileiro – tornaram-se inviáveis economicamente no contexto daquela época, quando ainda não havia preocupação em diversificar a matriz energética e combater o aquecimento global.

A partir de 1986, disputas internas na Opep dificultaram estabelecer um acordo de preços e cotas de produção entre os países-membros. Os Estados Unidos conseguiram aprofundar a fragilização da organização por meio de favorecimentos comerciais à Arábia Saudita e ao Kuwait, que passaram a aumentar suas produções, causando sérios problemas internos à Opep.

Em dezembro de 1990, o Iraque, economicamente abalado com os gastos de oito anos de guerra com o Irã, invadiu o Kuwait e ameaçou invadir a Arábia Saudita, sob o pretexto de disputa territorial, mas a verdade é que esses países estavam extrapolando as cotas de produção de petróleo estabelecidas pela Opep e forçando uma queda no preço do barril no mercado mundial. A fim de defender seus interesses comerciais, os Estados Unidos, liderando uma coalizão de vários países e com o apoio da ONU e de várias nações árabes, intervieram imediatamente no conflito enviando tropas ao Oriente Médio. Isso obrigou o Iraque a se retirar do território do Kuwait em janeiro de 1991. Durante o conflito, conhecido como Guerra do Golfo, o barril de petróleo chegou a custar quase 40 dólares; com o fim do conflito, o preço voltou a cair e chegou a 20 dólares. No gráfico acima, pode-se observar a oscilação do preço do petróleo.

Em 2003, contrariando resolução da ONU, os Estados Unidos invadiram militarmente o Iraque, derrubaram o regime de Saddam Hussein (1937-2006) e passaram a controlar as reservas petrolíferas desse país, que estão entre as maiores do mundo. No início de 2004, o preço do barril estava em torno de 30 dólares, mas, com os problemas enfrentados pelas forças de ocupação, chegou a 93 dólares no início de 2008. Em janeiro de 2012, seguindo uma tendência de alta no preço internacional das matérias-primas, estava cotado em 109 dólares o barril.

Observe que ocorrem grandes variações na cotação do barril de petróleo; de 1970 a 2012 houve oscilação de aproximadamente 11 dólares a 110 dólares em sua cotação média anual no mercado mundial (para saber o valor atual do barril, consulte o *site* da Opep: <www.opec.org>).

Evolução do preço do petróleo (tipo Brent*)

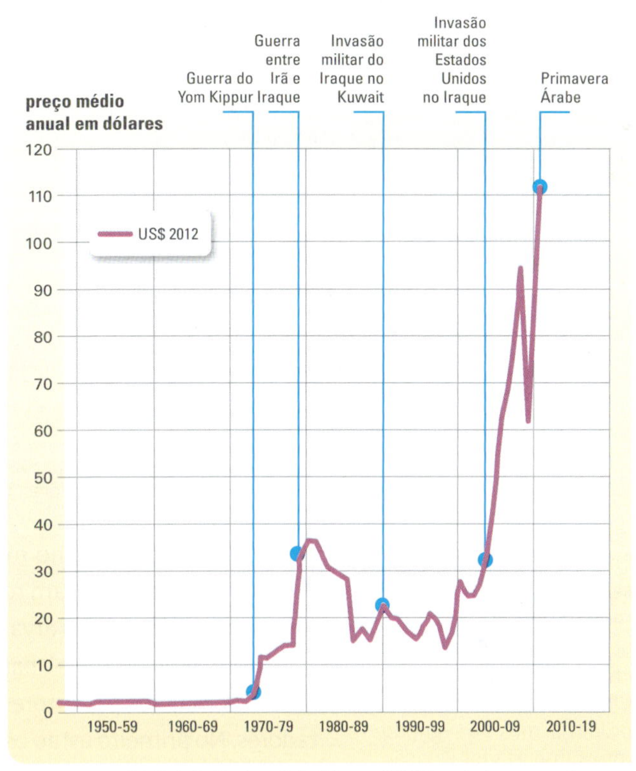

BP. *Statistical Review of World Energy 2013*. Disponível em: <www.bp.com>. Acesso em: 19 mar. 2014.

* O petróleo tipo Brent é o mais comercializado no mundo.

Principais reservas de petróleo – 2012

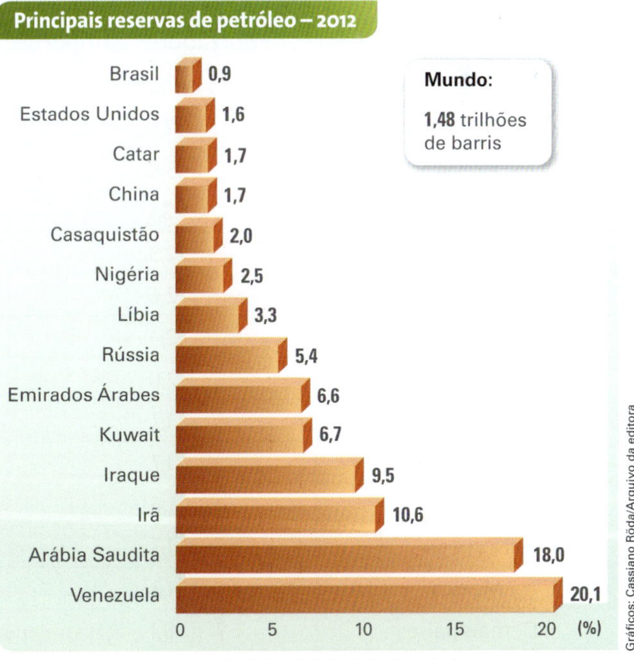

OPEC. *Annual Statistical Bulletin 2013*. Disponível em: <www.opec.org>. Acesso em: 19 mar. 2014.

Principais produtores de petróleo – 2012

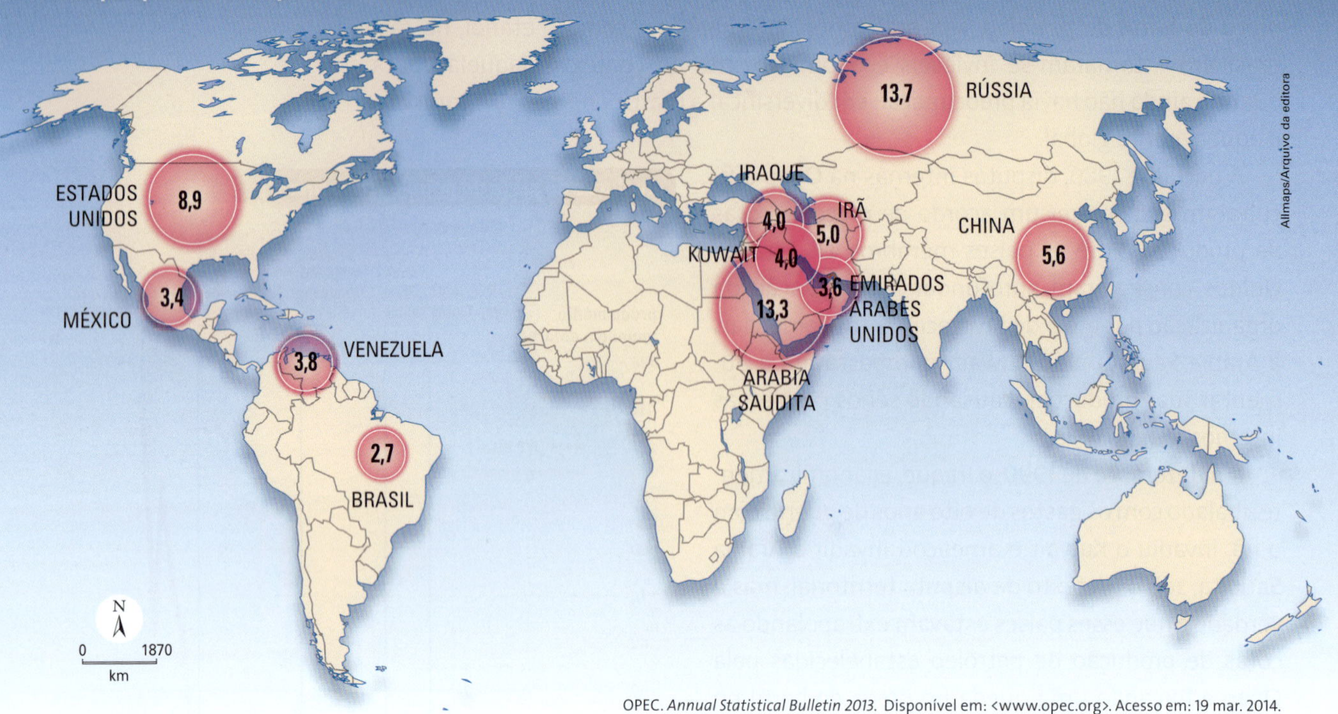

OPEC. *Annual Statistical Bulletin 2013*. Disponível em: <www.opec.org>. Acesso em: 19 mar. 2014.

Embora os Estados Unidos sejam o terceiro produtor mundial de petróleo, ocupam a primeira posição entre os importadores; a China é o quarto maior produtor, mas é o segundo maior importador. O Japão, terceiro maior importador, não é produtor de petróleo, importa praticamente 100% de seu consumo.

A Opep se destaca no mercado mundial de energia. Em 2013, os países-membros da organização eram responsáveis por 44% da produção mundial de petróleo e detinham 81% das reservas comprovadas.

Observando a tabela abaixo, o mapa acima e os gráficos da página 655, podemos dividir os maiores produtores de petróleo em dois subgrupos: exportadores e importadores. No primeiro estão os detentores de grandes reservas – portanto, de excedentes exportáveis (Arábia Saudita e a Rússia). No segundo estão os Estados Unidos, a China, entre outros, que, apesar de grandes produtores, são também grandes consumidores e dependem de importações para o abastecimento de seu mercado interno.

Maiores exportadores e importadores mundiais de petróleo – 2012

Exportadores	Milhões de barris por dia	Importadores	Milhões de barris por dia
Arábia Saudita	7,5	Estados Unidos	8,5
Rússia	5,8	China	5,4
Irã	2,1	Japão	3,4
Nigéria	2,3	Índia	3,5
Emirados Árabes Unidos	2,6	Coreia do Sul	2,5
Iraque	2,4	Alemanha	1,8
Kuwait	2,0	Itália	1,4
Canadá	1,7	França	1,1
Venezuela	1,7	Reino Unido	1,0
Angola	1,6	Espanha	1,2
Noruega	1,3	Países Baixos	1,0
México	1,3	Taiwan	0,8
Demais países	8,1	Demais países	13,6
Total mundial exportado	**40,4**	**Total mundial importado**	**45,2**

OPEC. *Annual Statistical Bulletin 2013*. Disponível em: <www.opec.org>. Acesso em: 19 mar. 2014.

Pensando no Enem

Um dos insumos energéticos que volta a ser considerado como opção para o fornecimento de petróleo é o aproveitamento das reservas de folhelhos pirobetuminosos, mais conhecidos como xistos pirobetuminosos. As ações iniciais para a exploração de xistos pirobetuminosos são anteriores à exploração de petróleo, porém as dificuldades inerentes aos diversos processos, notadamente os altos custos de mineração e de recuperação de solos minerados, contribuíram para impedir que essa atividade se expandisse.

O Brasil detém a segunda maior reserva mundial de xisto. O xisto é mais leve que os óleos derivados de petróleo, seu uso não implica investimento na troca de equipamentos e ainda reduz a emissão de particulados pesados, que causam fumaça e fuligem. Por ser fluido em temperatura ambiente, é mais facilmente manuseado e armazenado.

Internet: <www2.petrobras.com.br>. (Com adaptações.)

1. A substituição de alguns óleos derivados de petróleo pelo óleo derivado do xisto pode ser conveniente por motivos
   a) ambientais: a exploração do xisto ocasiona pouca interferência no solo e no subsolo.
   b) técnicos: a fluidez do xisto facilita o processo de produção de óleo, embora seu uso demande troca de equipamentos.
   c) econômicos: é baixo o custo da mineração e da produção de xisto.
   d) políticos: a importação de xisto, para atender o mercado interno, ampliará alianças com outros países.
   e) estratégicos: a entrada do xisto no mercado é oportuna diante da possibilidade de aumento dos preços do petróleo.

Resolução

A alternativa correta é a **E**. A grande volatilidade dos preços do barril de petróleo que ocorreu desde a década de 1970 aos dias atuais leva muitos países a buscar estratégias de diversificação da matriz energética.

Esta questão trabalha a **Competência de Área 6 – Compreender a sociedade e a natureza, reconhecendo suas interações no espaço em diferentes contextos históricos e geográficos** – e a **Habilidade 29 – Reconhecer a função dos recursos naturais na produção do espaço geográfico, relacionando-os com as mudanças provocadas pelas ações humanas.**

A Idade da Pedra chegou ao fim, não porque faltassem pedras; a era do petróleo chegará igualmente ao fim, mas não por falta de petróleo.

Xeque Yamani, Ex-ministro do Petróleo da Arábia Saudita.
O Estado de S. Paulo, 20 ago. 2001.

2. Considerando as características que envolvem a utilização das matérias-primas citadas no texto em diferentes contextos histórico-geográficos, é correto afirmar que, de acordo com o autor, a exemplo do que aconteceu na Idade da Pedra, o fim da era do Petróleo estaria relacionado:
   a) à redução e esgotamento das reservas de petróleo.
   b) ao desenvolvimento tecnológico e à utilização de novas fontes de energia.
   c) ao desenvolvimento dos transportes e consequente aumento do consumo de energia.
   d) ao excesso de produção e consequente desvalorização do barril de petróleo.
   e) à diminuição das ações humanas sobre o meio ambiente.

Resolução

A alternativa correta é a **B**. De acordo com as tendências atuais que já se verificam em países desenvolvidos e em alguns emergentes, a produção e o consumo de energia visam à autossuficiência e à redução dos custos e dos impactos ambientais. A longo prazo, essa estratégia tende a reduzir a participação percentual dos combustíveis fósseis na matriz energética mundial, levando à perda da hegemonia do petróleo antes do esgotamento de suas reservas.

Esta questão trabalha a **Competência 4 – Entender as transformações técnicas e tecnológicas e seu impacto nos processos de produção, no desenvolvimento do conhecimento e na vida social** – e as **Habilidades 17 – Analisar fatores que explicam o impacto das novas tecnologias no processo de territorialização da produção** – e **18 – Analisar diferentes processos de produção ou circulação de riquezas e suas implicações socioespaciais.**

3 Carvão mineral e gás natural

O carvão mineral e o gás natural ocupam, respectivamente, a segunda e a terceira posições no consumo mundial de energia: o carvão mineral é responsável por aproximadamente 40% da geração de eletricidade, e o gás natural, por cerca de 20%. Isso significa que mais da metade da energia elétrica produzida no planeta é obtida em usinas que utilizam carvão mineral ou gás natural como fonte primária de energia.

Entre as fontes não renováveis de energia, o **carvão mineral** é a mais abundante, principalmente nos países do hemisfério norte. Além disso, segundo estimativas, quando o petróleo se esgotar, as reservas de carvão ainda terão uma vida útil muito longa. Isso o torna hoje o substituto imediato do petróleo em situação de crise e aumento de preço. Observe a tabela abaixo.

O uso do carvão mineral, porém, acarreta sérios impactos ambientais, pois sua estrutura molecular contém enorme quantidade de carbono e enxofre que, após a queima, são lançados na atmosfera na forma de gás carbônico (CO_2), componente que agrava o efeito estufa, e de dióxido de enxofre (SO_2), que acarreta a chuva ácida.

Recurso	Reserva mundial conhecida	Vida útil estimada (anos)
Carvão	7,8 bilhões de toneladas	112
Petróleo	1 654 bilhões de barris	54
Gás natural	3 435 bilhões de m³	63

BP. *Statistical Review of World Energy 2013*. Disponível em: <www.bp.com>. Acesso em: 19 mar. 2014.

O carvão mineral é uma rocha metamórfica de origem sedimentar e não deve ser confundido com o vegetal, obtido da madeira carbonizada em fornos. No que se refere à sua utilização prática, o carvão mineral é muito mais eficiente, pois possui grande poder calorífero e sua queima libera muito mais energia que a do carvão vegetal, sendo bastante empregado nas siderúrgicas e na produção de energia em usinas termelétricas.

Filipe Rocha/Arquivo da editora

Além de constituir fonte de energia, o carvão mineral é importante matéria-prima da indústria de produtos químicos orgânicos, como piche, asfalto, corantes, plásticos, inseticidas, tintas e náilon, entre outros.

Já o **gás natural**, além de ser mais barato e facilmente transportável por meio de dutos, apresenta uma queima quase limpa (pouco poluente) em comparação ao carvão e ao petróleo. Desde o início desta década, desenvolveu-se tecnologia para sua exploração no xisto betuminoso; em 2013, principalmente nos Estados Unidos, essa exploração estava crescendo a ritmo acelerado.

Trata-se de uma fonte de energia muito versátil, pois pode ser utilizada na geração de energia elétrica (em usinas térmicas), nas máquinas e altos-fornos industriais, nos motores de veículos, nos fogões e no aquecimento das residências, entre outros. Em razão disso, vem sendo cada vez mais empregado nos transportes, na termeletricidade, na produção industrial e no consumo doméstico.

A partir da década de 1980, o consumo de gás natural vem apresentando forte expansão. Segundo a Agência Internacional de Energia, entre 1973 e 2012 a produção mundial mais que dobrou, passando de 1,2 bilhão para 3,3 bilhões de metros cúbicos, mas, mesmo assim, manteve a terceira posição na matriz energética mundial. Entre as fontes utilizadas em usinas termelétricas, saltou do quarto para o segundo lugar, ficando atrás apenas do carvão.

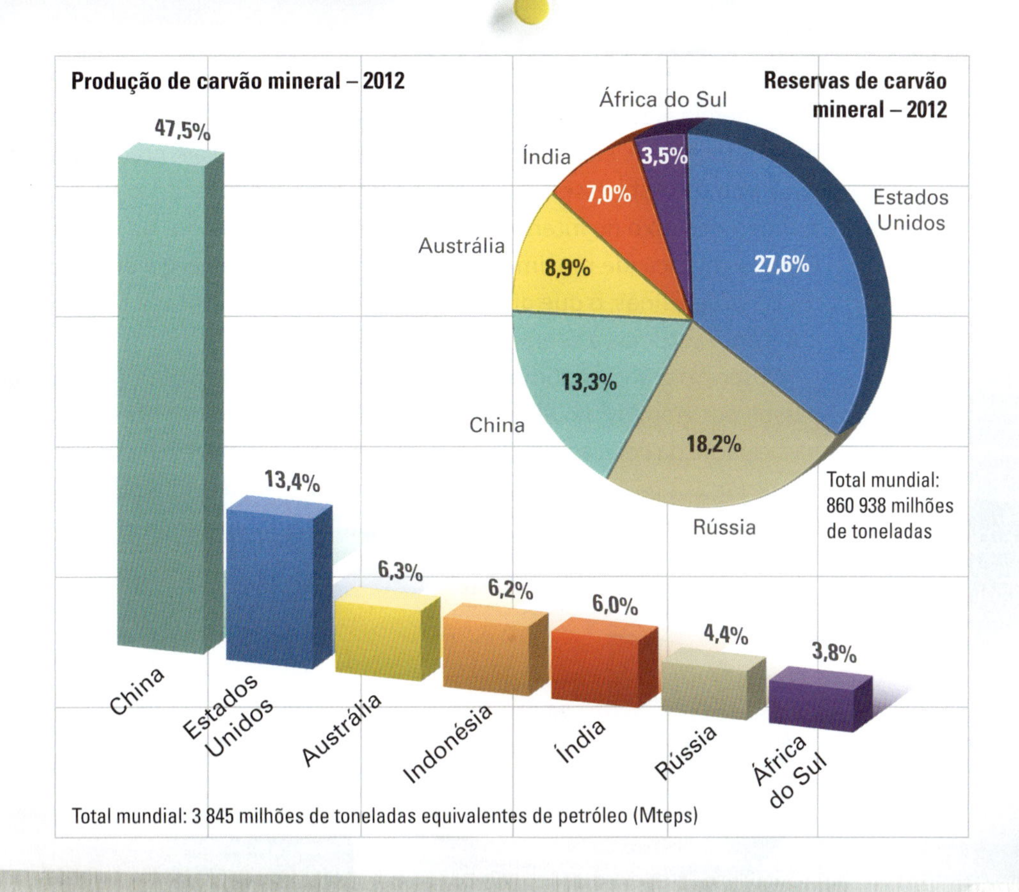

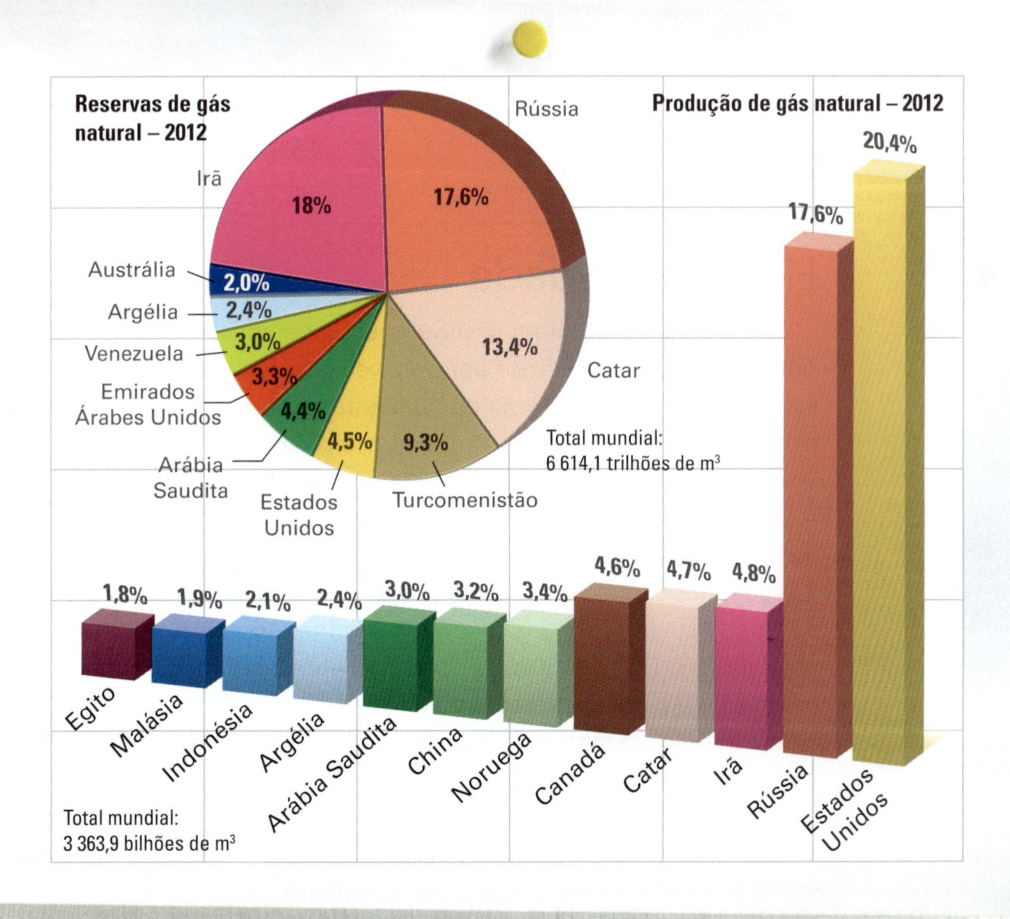

Gráficos: BP. *Statistical Review 07 world energy 2013*. Disponível em: <www.bp.com>. Acesso em: 19 mar. 2014.

4 Energia elétrica

A energia elétrica é produzida principalmente em usinas termelétricas, hidrelétricas e termonucleares. Em qualquer dessas usinas, ela é produzida por uma turbina, que consiste essencialmente em um conjunto cilíndrico de aço que gira em torno de seu eixo no interior de um receptáculo imantado. Na turbina, portanto, a energia cinética (de movimento) é transformada em energia elétrica. Nos diferentes tipos de usinas, o que difere é a energia primária utilizada para mover as turbinas, como veremos a seguir.

Observe o gráfico. A composição da matriz mundial de produção de energia elétrica passou por grandes modificações no período de 1973 a 2011. Houve forte redução da participação da geração por derivados de petróleo (de 24,6% para 4,8%) e da hidreletricidade (de 21% para 15,8%). Essas reduções foram compensadas por aumento na participação das termelétricas movidas a gás natural e das usinas nucleares.

Geração de energia elétrica por fonte

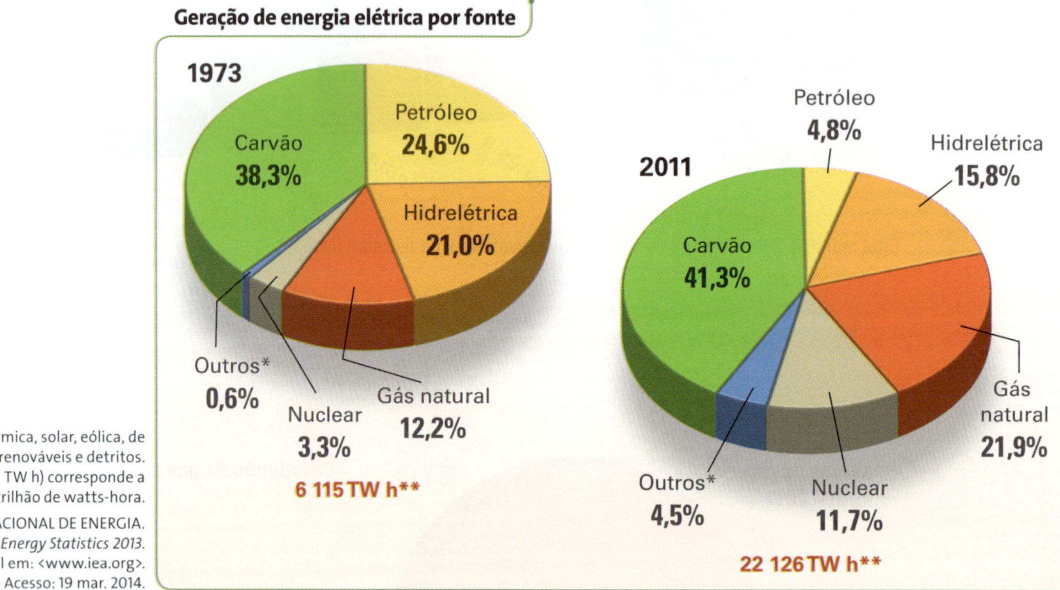

* Inclui energia geotérmica, solar, eólica, de combustíveis renováveis e detritos.
** Um terawatt-hora (1 TW h) corresponde a um trilhão de watts-hora.

AGÊNCIA INTERNACIONAL DE ENERGIA. *Key World Energy Statistics 2013.* Disponível em: <www.iea.org>. Acesso: 19 mar. 2014.

Hidreletricidade

Os rios que apresentam desnível acentuado em seu percurso tendem a apresentar potencial hidrelétrico aproveitável, principalmente se seu suprimento de água for garantido por clima ou hidrografia favoráveis. Para gerar eletricidade a partir da água dos rios, é necessário que haja desníveis favoráveis à construção de uma barragem que forme uma represa e crie uma queda artificial. Trata-se de uma forma não poluente, barata e renovável de obtenção de energia, embora o alagamento de grandes áreas por causa da construção das barragens e do represamento da água cause impacto ambiental. Observe nas ilustrações a seguir que, em terrenos mais planos, ocorre inundação de enormes áreas, enquanto em terrenos que possuem desnível acentuado, a superfície inundada é menor. A energia tende a ser produzida com maior eficiência quanto maior for o desnível obtido entre o nível de água e a turbina. Em terrenos com maior declividade é possível obter maiores desníveis com menor superfície de água represada.

Dessa forma, a construção de uma barragem deve ser precedida de minucioso estudo do impacto ambiental e arqueológico, para avaliar a viabilidade técnica, social, ambiental e econômica do represamento.

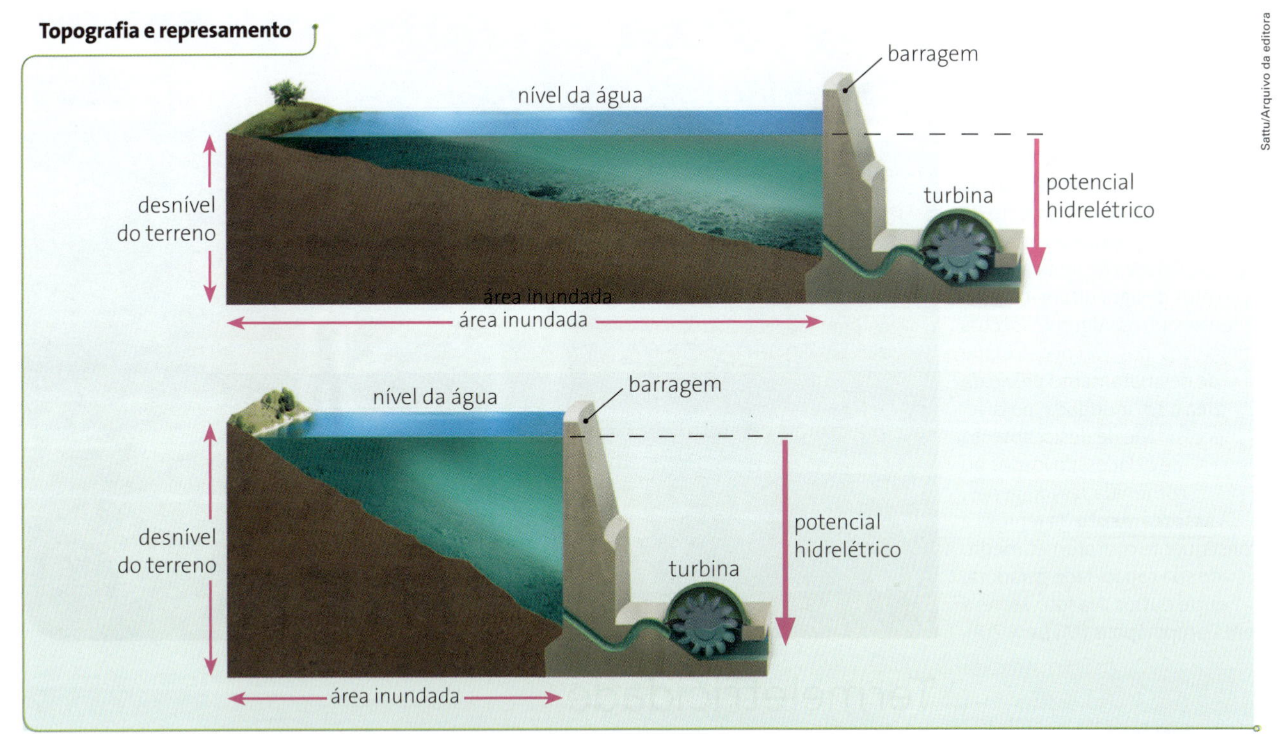

Organizado pelos autores.

Na prática, a produção de energia hidrelétrica depende da energia solar, pois a água, em seu ciclo, é transportada para compartimentos mais elevados do relevo pela evaporação e posterior precipitação. Por isso, os países de relevo acidentado, grande extensão territorial (portanto, maior área de insolação) e muitos rios apresentam grande potencial hidráulico. É o caso do Brasil, do Canadá, dos Estados Unidos, da China, da Rússia e da Índia.

Observe, na tabela abaixo, que o Brasil ocupa posição importante na produção total de energia elétrica e percentual da hidreletricidade na geração total de energia elétrica.

Energia hidrelétrica: produção total – 2011

Maiores produtores mundiais	Geração (TW h)*	Porcentagem da geração mundial	Porcentagem da hidreletricidade no total da eletricidade gerada no país
China	699	19,6	14,8
Brasil	428	12,0	80,6
Canadá	376	10,5	59,0
Estados Unidos	345	9,7	7,9
Rússia	168	4,7	15,9
Noruega	122	3,4	95,3
Índia	131	3,7	12,4
Japão	92	2,6	8,7
Venezuela	84	2,3	68,6
Suécia	67	1,9	44,3
Demais países	1 054	29,6	13,6
Total mundial	**3 566**	**100,0**	**16,1**

AGÊNCIA Internacional de Energia. *Key World Energy Statistics 2013*. Disponível em: <www.iea.org>. Acesso em: 19 mar. 2014. * 1 TW h equivale a um trilhão de watts-hora.

A formação de grandes represas apresenta aspectos positivos e negativos. Entre os aspectos positivos podem ser citados: geração de energia elétrica mais limpa e barata que a obtida por outras fontes; melhora das condições de abastecimento de água para a população; maiores possibilidades de instalação de projetos de agricultura irrigada, entre outros. Alguns aspectos negativos: possível necessidade de desmatamento prévio da área a ser inundada; possível necessidade de deslocamento de cidades, povoados ou comunidades indígenas; **assoreamento** da represa e consequente comprometimento de sua capacidade geradora; entre outros. Na foto, represa em Campinápolis (MT), em 2011.

Renato Soares/Pulsar Imagens

Assoreamento: preenchimento do leito de rios, zonas portuárias, lagos e represas por sedimentos, esgoto ou outros materiais, o que diminui sua profundidade.

Termeletricidade

A obtenção de energia elétrica pela termeletricidade envolve maiores custos e maior impacto ambiental, mas a construção de uma usina desse tipo requer investimentos menores que a de uma hidrelétrica. O que faz a turbina de uma usina termelétrica girar é a pressão do vapor de água obtido pela queima de carvão mineral, gás ou petróleo, que aquece uma caldeira contendo água. Enquanto a fonte primária de energia das usinas hidrelétricas é a água, disponível no local onde é instalada, a das termelétricas tem de ser extraída e transportada (e por vezes importada), o que encarece o produto final: a energia elétrica. Sua vantagem em relação à hidreletricidade é que a localização da usina é determinada pelo mercado consumidor, e não pelo relevo e hidrografia.

Termelétrica em Sostanj (Eslovênia), em 2011.

Srdjan Zivulovic/Reuters/Latinstock

Energia atômica

Desde o início deste século, em razão do agravamento do aquecimento global, a utilização da energia nuclear para obtenção de energia elétrica voltou à agenda internacional como importante alternativa à queima de combustíveis fósseis. Em 2010, as usinas nucleares foram responsáveis por cerca de 10,3% de toda a energia elétrica produzida no mundo.

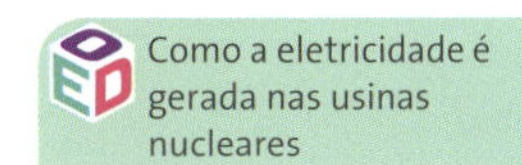

Assim como nas termelétricas, o que movimenta a turbina de uma usina nuclear é o vapor de água, só que neste caso o aquecimento da água para produzir o vapor é feito mediante fissão nuclear, realizada a partir da quebra de átomos de urânio.

Outras leituras

O reator nuclear

De forma simplificada, um reator nuclear é um equipamento onde se processa uma reação de fissão nuclear, assim como um reator químico é um equipamento onde se processa uma reação química.

Um reator nuclear para gerar energia elétrica é, na verdade, uma central térmica onde a fonte de calor é o urânio-235, em vez de óleo combustível ou de carvão. É, portanto, uma central térmica nuclear.

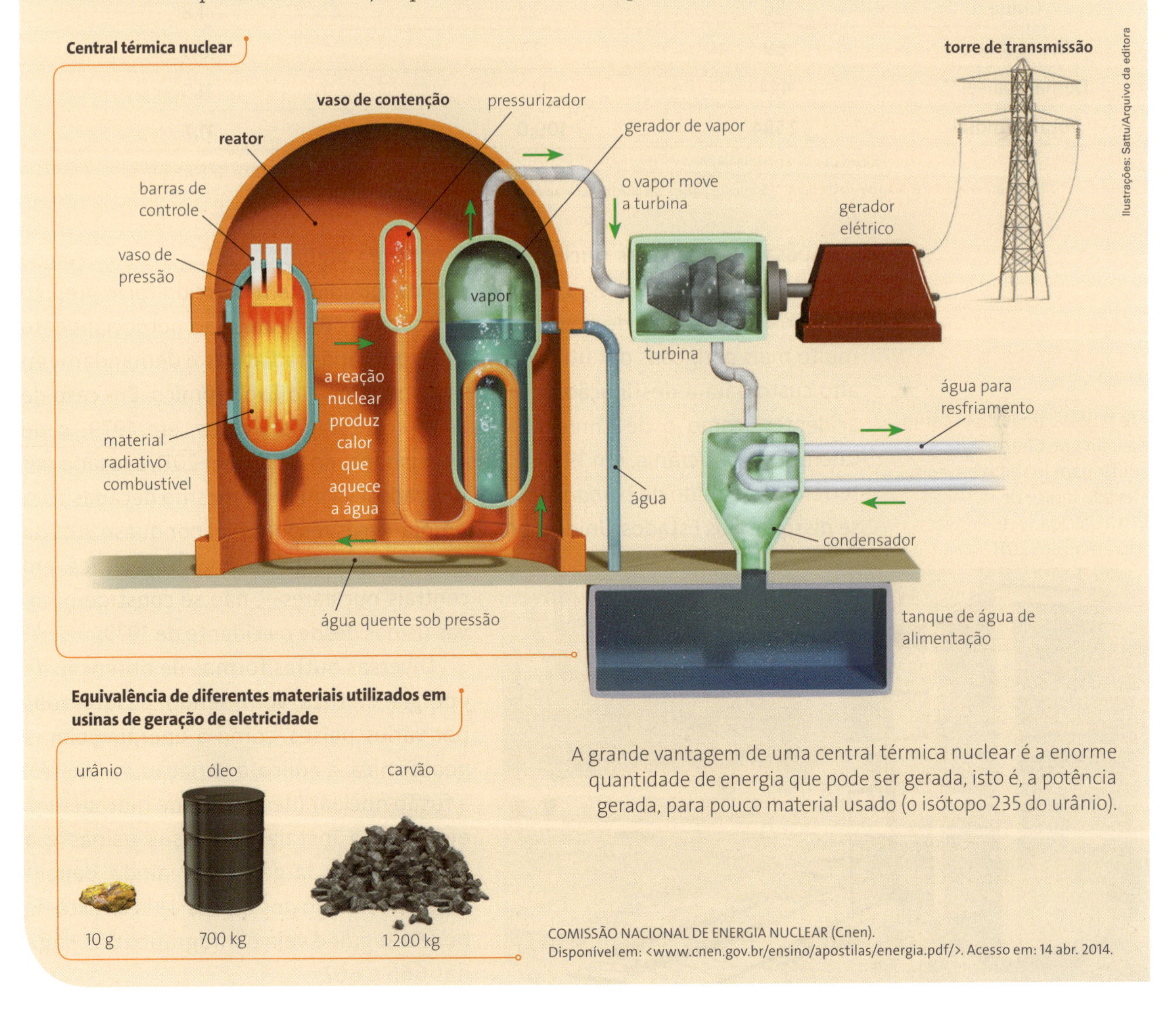

A grande vantagem de uma central térmica nuclear é a enorme quantidade de energia que pode ser gerada, isto é, a potência gerada, para pouco material usado (o isótopo 235 do urânio).

COMISSÃO NACIONAL DE ENERGIA NUCLEAR (Cnen). Disponível em: <www.cnen.gov.br/ensino/apostilas/energia.pdf/>. Acesso em: 14 abr. 2014.

Em vários países, destaca-se a produção de energia elétrica em usinas nucleares, apesar do alto custo de instalação, funcionamento e conservação. Em muitos deles, esgotaram-se as possibilidades de produção hidrelétrica e há carência de combustíveis fósseis para a produção de energia em centrais termelétricas. Observe os dados da tabela.

Energia elétrica de origem nuclear: produção total – 2011			
Maiores produtores mundiais	**Geração (TW h)***	**Porcentagem da geração mundial**	**Porcentagem da geração nuclear no total da eletricidade produzida no país**
Estados Unidos	821	31,8	19,0
França	442	17,1	79,4
Rússia	173	6,7	16,4
Coreia do Sul	155	6,0	29,8
Alemanha	108	4,2	17,9
Japão	102	3,9	9,8
Canadá	94	3,6	14,7
Ucrânia	90	3,5	46,3
China	86	3,3	1,8
Reino Unido	69	2,7	18,9
Demais países**	444	17,2	11,5
Total mundial	**2 584**	**100,0**	**11,7**

Adaptado de: AGÊNCIA Internacional de Energia. *Key World Energy Statistics 2013*. Disponível em: <www.iea.org>. Acesso em: 19 mar. 2014.

* 1 TW h equivale a um trilhão de watts-hora. ** Somente países em que há geração nuclear. No Brasil, em 2010, 2,7% da energia elétrica era obtida em usinas nucleares.

Apesar de as usinas nucleares apresentarem algumas vantagens em relação aos outros tipos de usinas, a opinião pública mundial tem exercido forte pressão contrária à instalação de novas centrais. As usinas nucleares são potencialmente muito mais perigosas por utilizarem fontes primárias radiativas e demandam um alto custo para a destinação final dos seus rejeitos – o lixo atômico. Em caso de acidentes (como o de Three Mile Island, nos Estados Unidos, em 1979; o de Chernobyl, na Ucrânia, em 1986; e o de Fukushima, no Japão, em 2011, causado por terremoto seguido de *tsunami*), a radiatividade leva anos ou mesmo décadas para se dissipar. Nos Estados Unidos, por exemplo – país responsável por quase 30% da geração mundial de energia elétrica em centrais nucleares –, não se constroem novas usinas desde o acidente de 1979.

Diversas outras formas de obtenção de energia elétrica vêm sendo pesquisadas por vários países, como a energia solar, a geotérmica, a eólica, a variação das marés, a fusão nuclear (de átomos de hidrogênio), etc., mas a instalação dessas usinas e a produção em larga escala ainda dependem da redução dos custos. Leia o texto do boxe a seguir e veja o infográfico das páginas 666 e 667.

Até hoje as áreas do entorno da usina de Chernobyl continuam inabitáveis, com elevado índice de radiação. Vista da cidade de Pripyat (Ucrânia), em 2011.

Kost Bezginsky/Demotix/Corbis/Latinstock

Para saber mais

Energia solar

A energia solar é utilizada na geração de eletricidade e no aquecimento da água, ou seja, basicamente como fonte de luz e de calor; trata-se de uma boa opção para atender a população que mora em localidades rurais sem acesso à rede de energia elétrica.

Nas cidades, seu uso vem se intensificando em residências, hotéis, hospitais, clubes e outros, que buscam redução dos custos da eletricidade. Sua captação é realizada por coletores para o aquecimento e por células fotovoltaicas para converter a energia solar em eletricidade. Observe a foto abaixo.

Esquema de funcionamento de uma usina solar

1. Um receptor instalado no alto de uma enorme torre recebe os raios solares refletidos por meio de milhares de espelhos instalados à sua volta.
2. O receptor aquece um fluxo contínuo de sal líquido e o estoca em um reservatório, mantendo-o aquecido por várias horas.
receptor
3. Para gerar energia, o sal liquefeito aquecido é conduzido a um gerador. O vapor produzido movimenta uma turbina e produz eletricidade.
espelho
reservatório de sal quente
reservatório de sal frio
gerador
turbina
sal liquefeito aquecido
4. O sal liquefeito é devolvido ao reservatório, onde esfria, e é devolvido ao receptor, reiniciando o processo.
sal liquefeito

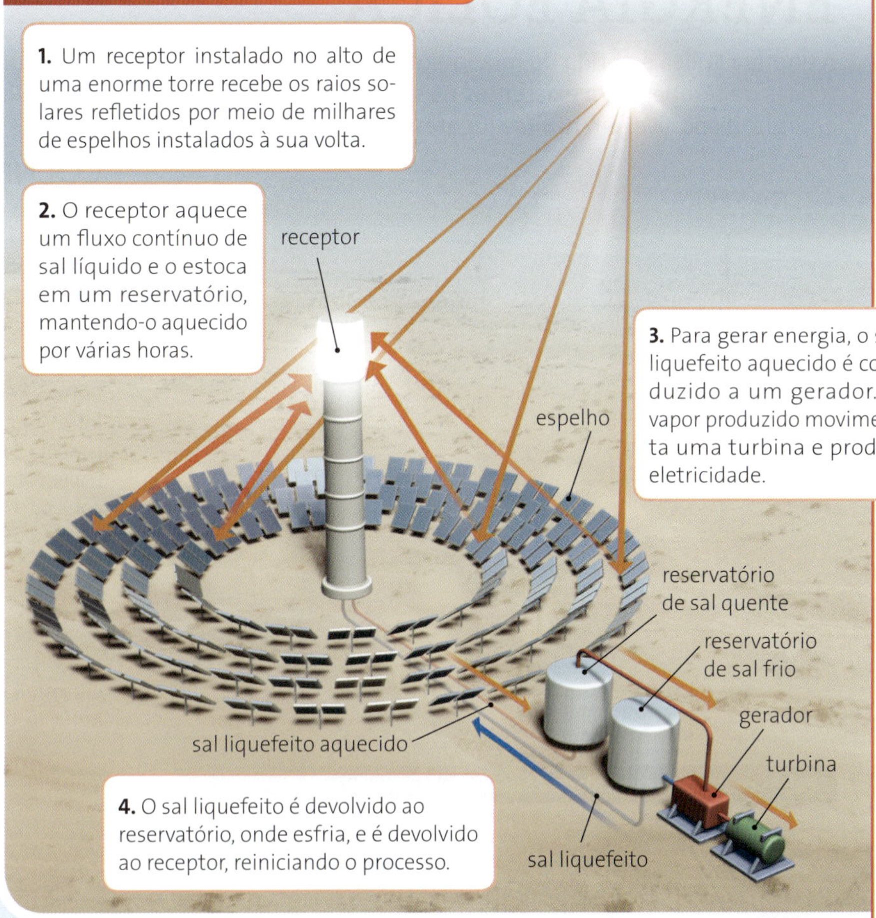

Sattu/Arquivo da editora

Adaptado de: MyBeloJardim (Portal de mudanças, transformações, inovações e liderança). Disponível em: <http://mybelojardim.com/torres-de-energia-solar-concentrada-concentrated-solar-power-tower-cspt/>. Acesso em: 19 mar. 2014.

Painéis solares de uma usina em Brindisi (Itália), em 2012.

Painéis solares de uma usina em Brindisi (Itália), em 2012.

Alessandro Garofalo/Reuters/Latinstock

Infográfico

Energia eólica

Ilustrações: Rubens Paiva/Arquivo da editora

ENERGIA EÓLICA

A energia eólica é obtida do movimento dos ventos e das massas de ar, que por sua vez resultam das diferenças de temperatura existentes na superfície do planeta. É uma forma limpa e renovável de obtenção de energia, disponível em muitos lugares do planeta.

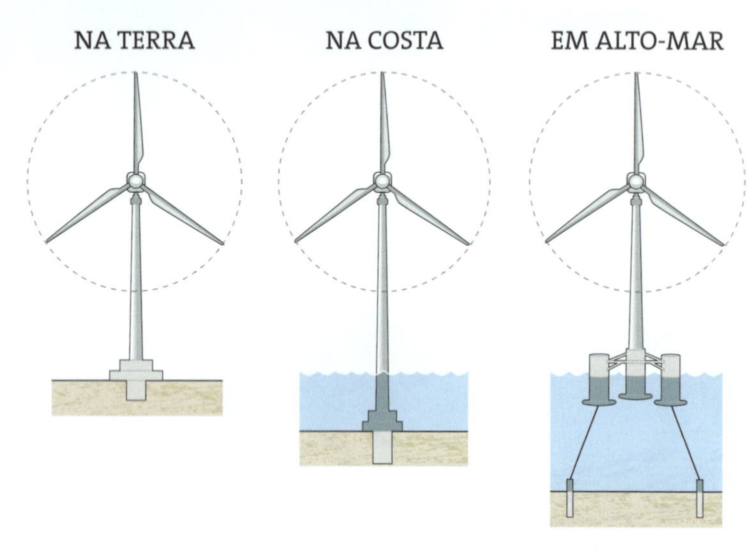

COLHENDO VENTO

A energia dos ventos é captada pelas turbinas eólicas, também chamadas aerogeradores. Cada turbina contém hélices de até três pás, feitas de materiais muito leves, como as fibras de vidro e de carbono, e chegam a ter até 40 metros de extensão.

Entre a **hélice** 1 e o gerador, há dois eixos interligados: o **eixo principal** 2, por estar conectado à hélice, gira devagar – entre vinte e trinta rotações por minuto. No entanto, um conjunto de engrenagens faz com que a rotação no **eixo do gerador** 3 atinja mais de mil rotações por minuto.

A rotação mecânica produzida no **gerador** 4 gera energia elétrica. Isso ocorre porque dentro do gerador há uma bobina metálica (de cobre, em geral) em contato com um ímã que, por indução, produz eletricidade.

giro da pá

Países com maior capacidade de geração de energia eólica – 2012

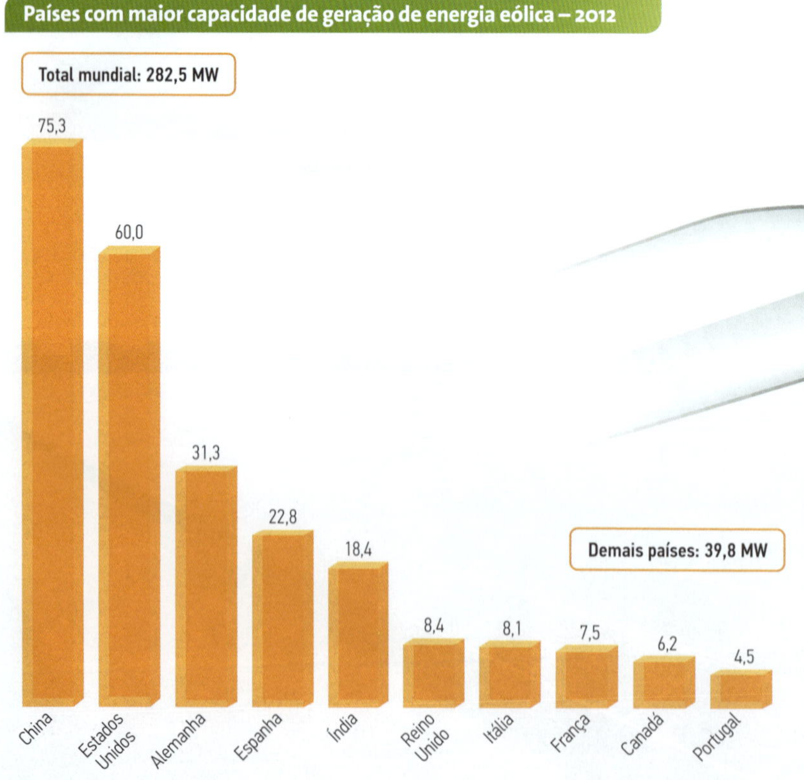

CONSELHO MUNDIAL DE ENERGIA. *Global Wind Report 2012*. Disponível em: <www.gwec.net>. Acesso em: 19 mar. 2014.

Problemas ambientais

Embora não sejam poluentes, as turbinas eólicas também provocam impactos: as hélices emitem ruídos de baixa frequência que incomodam os moradores, animais, turistas e outros; quando instaladas em rotas de voo e de migração de pássaros, podem matar muitos deles.

NO BRASIL

As usinas eólicas são viáveis em regiões onde a velocidade média dos ventos é superior a 6 m/s. O maior potencial eólico disponível e instalado no país está localizado na região Nordeste.

Potencial eólico e capacidade instalada

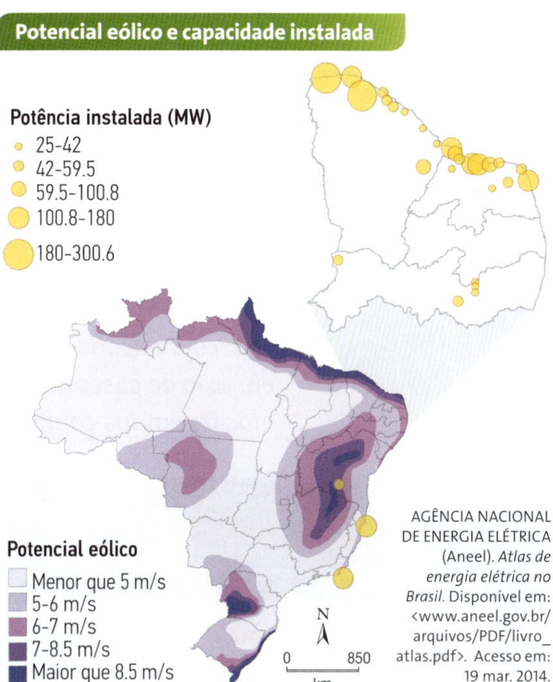

AGÊNCIA NACIONAL DE ENERGIA ELÉTRICA (Aneel). *Atlas de energia elétrica no Brasil*. Disponível em: <www.aneel.gov.br/arquivos/PDF/livro_atlas.pdf>. Acesso em: 19 mar. 2014.

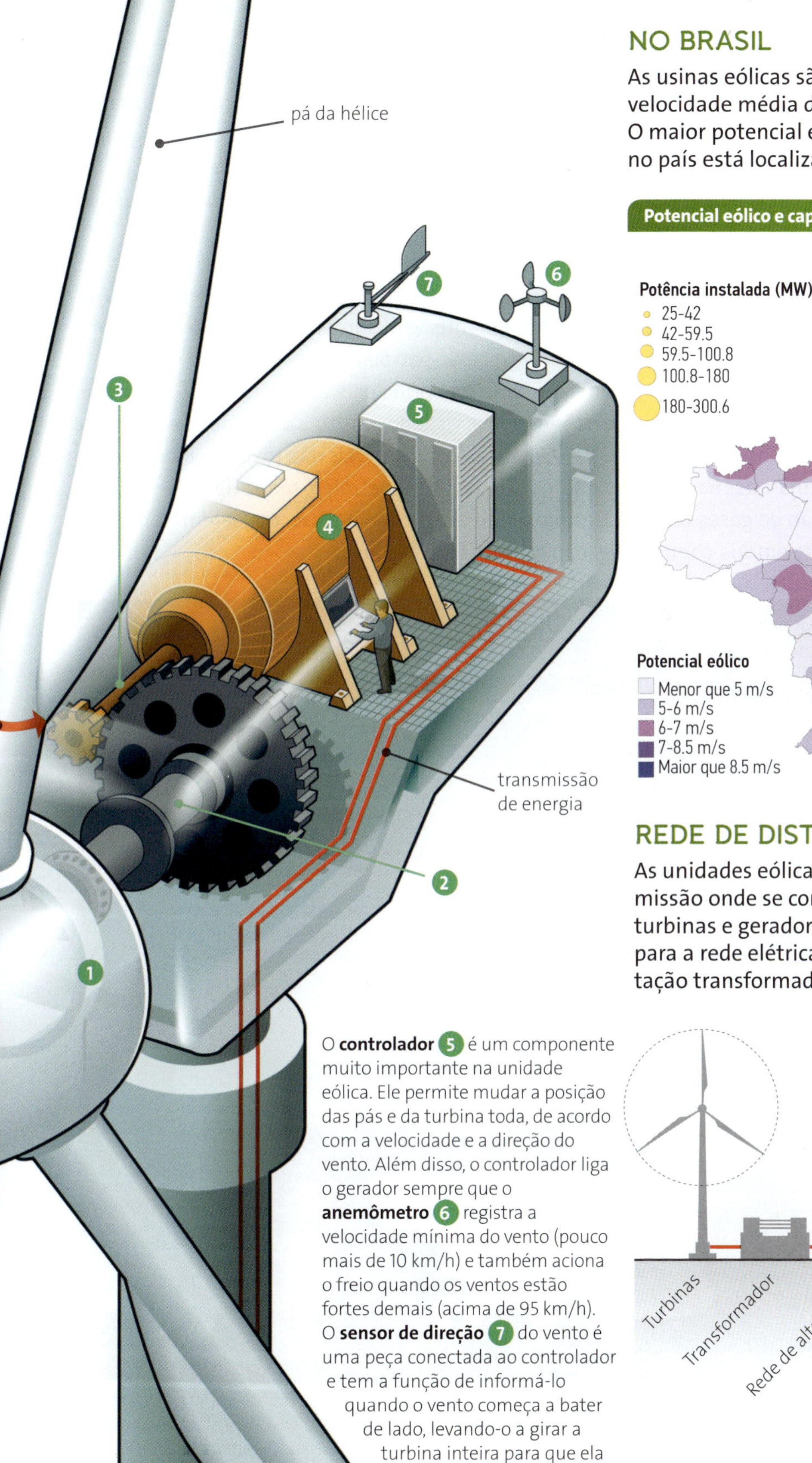

REDE DE DISTRIBUIÇÃO

As unidades eólicas têm uma central de transmissão onde se concentram os fios que saem das turbinas e geradores. Daí a energia parte direto para a rede elétrica (rede de alta-tensão, subestação transformadora, rede geral e usuário final).

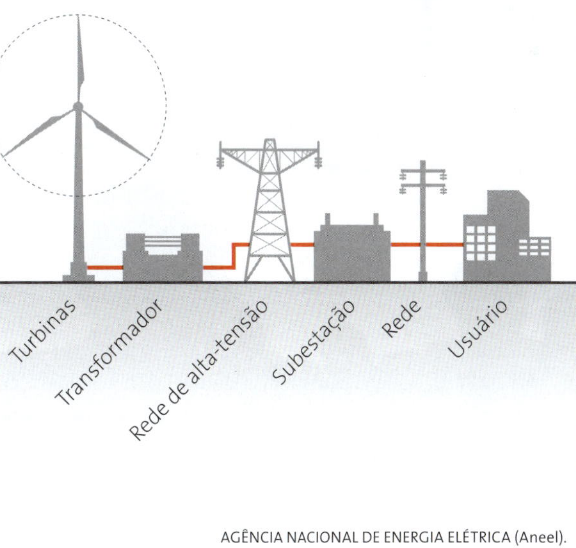

O **controlador** 5 é um componente muito importante na unidade eólica. Ele permite mudar a posição das pás e da turbina toda, de acordo com a velocidade e a direção do vento. Além disso, o controlador liga o gerador sempre que o **anemômetro** 6 registra a velocidade mínima do vento (pouco mais de 10 km/h) e também aciona o freio quando os ventos estão fortes demais (acima de 95 km/h). O **sensor de direção** 7 do vento é uma peça conectada ao controlador e tem a função de informá-lo quando o vento começa a bater de lado, levando-o a girar a turbina inteira para que ela se coloque de frente ao vento.

AGÊNCIA NACIONAL DE ENERGIA ELÉTRICA (Aneel). *Atlas de energia elétrica no Brasil*. 3. ed. Disponível em: <www.aneel.gov.br/visualizar_texto.cfm?idtxt=1687>. Acesso em: 19 mar. 2014.

5 Biomassa

Biomassa é qualquer tipo de matéria orgânica não fóssil, vegetal ou animal, que possibilite obtenção de energia. Alguns exemplos dessa categoria são o etanol obtido da cana-de-açúcar, da beterraba, do milho e da madeira; o lixo orgânico (cuja decomposição nos aterros produz biogás); a lenha; o carvão vegetal; e os diversos tipos de óleos vegetais que podem ser transformados em *biodiesel* (soja, dendê, mamona, algodão e trigo, entre outros).

A utilização de biomassa como fonte de energia é muito antiga, remonta ao tempo em que o ser humano controlou o fogo e começou a queimar lenha para se aquecer e cozinhar os alimentos. Atualmente, vem aumentando bastante seu consumo por causa da instabilidade do preço do petróleo.

Hoje em dia ela é considerada uma das principais alternativas na busca por maior diversificação na matriz energética, visando reduzir a dependência dos combustíveis fósseis. O etanol e o *biodiesel* são combustíveis não tóxicos e biodegradáveis, cuja queima, ao substituir os derivados de petróleo, reduz de 40% a 60% a emissão de gases que provocam o efeito estufa. Além disso, por serem isentos de enxofre em sua composição, não causam chuva ácida.

Kazuhiro Nogi/Agência Estado

Desde 2005, quando entrou em vigor o Protocolo de Kyoto, muitos países aceleraram a busca por fontes de energias renováveis e menos poluentes, cujo consumo está em expansão em escala mundial. A produção de biocombustíveis vem apresentando grande possibilidade de crescimento econômico e geração de empregos na agricultura e nas usinas, com efeito multiplicador nos demais setores que integram sua cadeia produtiva (máquinas, equipamentos, fertilizantes, setores de serviços, comércio e transporte). Na foto, reunião que criou o Protocolo de Kyoto, em 2005.

Ricardo Azoury/Pulsar Imagens

Usina de álcool em Capixaba (AC), em 2012.

A expansão da produção e do consumo dos biocombustíveis depende muito do preço do barril de petróleo, que, como vimos, sofre grandes oscilações em função da ocorrência de guerras e crises econômicas. Quando aumenta o preço do barril de petróleo, há tendência de busca de fontes mais baratas, e os biocombustíveis ganham competitividade; ao contrário, nas épocas em que cai o preço do barril de petróleo, os biocombustíveis perdem mercado.

Porém, independentemente das oscilações no preço do petróleo, o setor de biocombustíveis e toda sua cadeia produtiva têm recebido incentivo governamental em alguns países, como Estados Unidos, Brasil, Alemanha e França, embora sua produção e consumo sejam mais caros que a utilização de óleo *diesel* e gasolina. Isso ocorre em razão das vantagens que ele oferece em termos sociais, estratégicos e ambientais, como a geração de empregos, a segurança energética, a redução na emissão de poluentes e o declínio no volume das importações, o que melhora o resultado da balança comercial.

Em muitos países, a legislação obriga a mistura de álcool e *biodiesel* na gasolina e no óleo *diesel* (derivados de petróleo). Segundo o Programa das Nações Unidas para o Meio Ambiente (Pnuma, *Unep Yearbook 2008*), na Europa, até 2020, 10% dos combustíveis usados no setor de transportes deverão ter origem agrícola, percentual que já é adotado na Colômbia, Venezuela e Tailândia. Na China, é obrigatória a mistura de 10% nas cinco províncias com maior volume de transporte de carga e pessoas. O Brasil, em 2014, misturava 20% de álcool à gasolina, 5% de *biodiesel* ao *diesel* de petróleo, e era o único país do mundo com carros *flex*, movidos a etanol ou gasolina, ou com a mistura dos dois combustíveis em qualquer proporção.

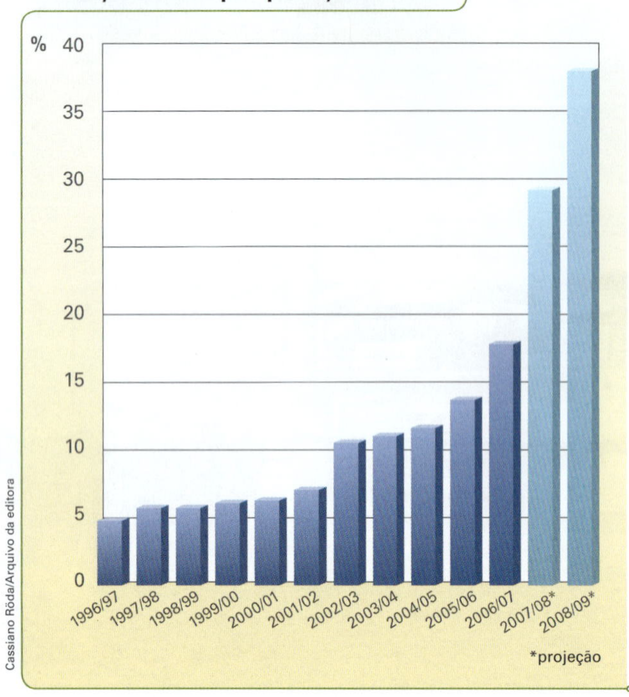

UNEP. *Yearbook 2008*. Disponível em: <www.brasilpnuma.org.br/outros/geo2008.htm>. Acesso em: 7 jan. 2010.

Essas exigências levaram à redução nos índices de poluição atmosférica, sobretudo nos centros urbanos, entretanto geraram uma grande demanda por matéria-prima agrícola. O aumento no consumo de óleo de palma no Sudeste Asiático, por exemplo, provocou desmatamento na região, e a alta no preço de alguns cereais – principalmente o milho – é atribuída ao aumento de sua utilização para produzir etanol. Observe o gráfico ao lado.

Como o milho é utilizado como ração na criação de gado e aves e constitui matéria-prima para produção de vários tipos de alimentos industrializados, há grande receio de aumento de preços nos alimentos, principalmente carne bovina, suína e de aves, leite e seus derivados, ovos, farinha – matéria-prima de pão, macarrão, bolachas, etc. – e outros.

Em 2007, um consórcio de vinte agências da Organização das Nações Unidas (UN – Energy) divulgou um relatório que revelou algumas preocupações sobre o aumento no consumo de biocombustíveis em escala mundial: sua produção poderá comprometer a disponibilidade e elevar os preços de alimentos e, consequentemente, agravar a subnutrição e a fome pelo mundo? Haverá maior degradação dos biomas em consequência da expansão da área cultivada? O que acontecerá com os pequenos produtores agrícolas?

Caso a produção de biocombustíveis seja planejada para contemplar o desenvolvimento sustentável, poderá ser algo positivo. Para isso, deve-se pensar nos benefícios que resultam da redução na emissão de gás carbônico, mas, também, na preservação dos biomas e na geração de empregos e renda, enfim na sua sustentabilidade ambiental e socioeconômica.

Plantação de milho destinada à produção de ração animal e etanol, em Janesville (Estados Unidos), em 2011.

Glen Stubbe/Minneapolis Star Tribune/Zumapress/Alamy/Other Images

6 Energia e meio ambiente

Daniel Cymbalista/Pulsar Imagens

A reciclagem de materiais consome menos energia que a produção primária. No caso das latas de alumínio, a economia no consumo de energia chega a 70%. O Brasil é campeão em reciclagem de latas de alumínio desde 2001, reciclando 98,3% das latas vendidas (dados de 2011). Na foto, triagem de material reciclável em associação de bairro em São Paulo (SP), em 2011.

Nos sistemas de transportes, na produção industrial e na termeletricidade são usados predominantemente combustíveis fósseis, cuja queima é altamente poluente, com indesejáveis consequências sobre a saúde, além de acentuar o efeito estufa e causar outros sérios problemas ambientais, como as chuvas ácidas e a intensificação das ilhas de calor. A hidreletricidade, a fissão nuclear e as formas de produção energética nas quais são empregados diversos tipos de biomassa também acarretam, em maior ou menor grau, impactos ambientais.

Somente algumas fontes alternativas, como a energia solar, a eólica, a geotérmica e a da variação das marés, quase não causam impactos ambientais, mas seu aproveitamento, embora crescente em vários países, é restrito a locais que apresentam condições ideais e, até o momento, a escala de utilização é pequena, por causa do alto custo de instalação das unidades captadoras e transformadoras. Segundo a Agência Internacional de Energia, a participação dessas fontes no consumo mundial de energia, embora baixo, aumentou de 0,1% para 1,0% entre 1973 e 2011.

Em 2011, somente 13,3% da energia consumida no planeta era proveniente de fontes renováveis, e a participação das fontes eólica, solar e geotérmica era bastante reduzida.

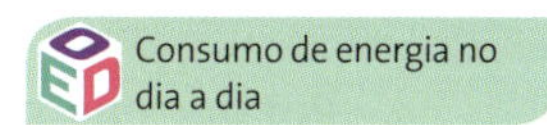
Consumo de energia no dia a dia

Quanto ao aumento no consumo mundial de energia, há um fato interessante a destacar: nos países desenvolvidos, esse consumo, embora alto, está praticamente estabilizado. Nesses países, quando há aumento, ocorre no mesmo ritmo do crescimento populacional, ou seja, com índices inferiores a 1% ao ano. Além disso, segundo estimativas da Agência Internacional de Energia, o aumento esperado tende a ser anulado pela eficiência energética cada vez maior dos aparelhos domésticos, pelo consumo cada vez menor de combustível nos automóveis e máquinas industriais e pelo crescente volume de reciclagem de materiais, entre outras medidas que provocam economia no consumo de energia.

O aumento do consumo mundial de energia, portanto, tem ocorrido nos países em desenvolvimento, sobretudo nos emergentes, em virtude do crescimento populacional e do crescimento econômico, que provocam crescimento na produção e venda de produtos, principalmente automóveis e eletrodomésticos.

O maior incremento na participação percentual do consumo mundial de energia ocorreu na China e em outros países asiáticos, onde a produção industrial vem crescendo em ritmo acelerado. Segundo estimativas, entre 2015 e 2020, os países em desenvolvimento, sobretudo os emergentes, estarão, em termos absolutos, consumindo mais energia que os desenvolvidos.

Consumo mundial de energia primária por região

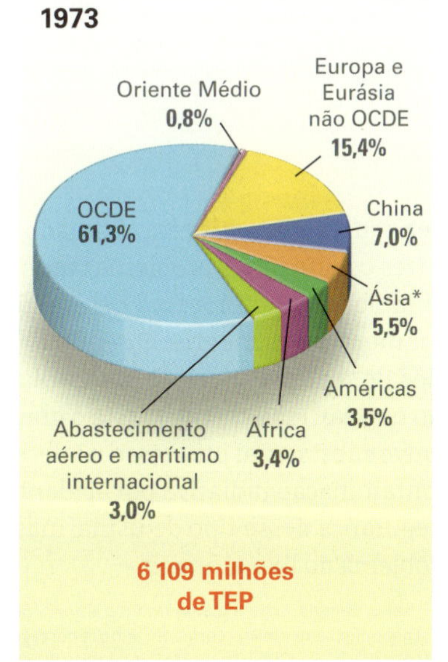

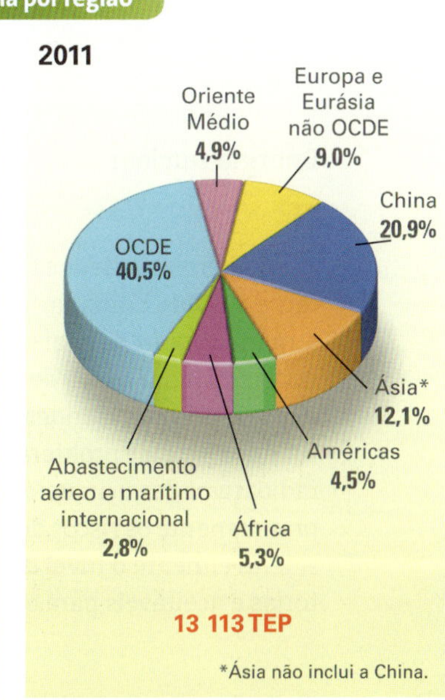

Cassiano Röda/Arquivo da editora

AGÊNCIA Internacional de Energia. *Key World Energy Statistics 2013*. Disponível em: <www.iea.org>. Acesso em: 19 mar. 2014.

Atividades

Compreendendo conteúdos

1. Por que o setor energético é considerado estratégico?
2. Por que, a partir da década de 1930, começaram a surgir empresas petrolíferas estatais em diversos países do mundo?
3. Cite as vantagens da hidreletricidade em comparação com as fontes termelétricas e termonucleares na obtenção de energia elétrica.
4. Explique quais são as vantagens e possíveis desvantagens da expansão do consumo mundial de biocombustíveis.

Desenvolvendo habilidades

5. Observe o gráfico da página anterior e explique por que existem tantas desigualdades no consumo de energia entre os diversos países e regiões.
6. Leia os textos a seguir, que apresentam opiniões conflitantes sobre as vantagens e desvantagens da obtenção de energia elétrica em usinas nucleares. Em seguida, elabore uma redação com argumentos favoráveis ou contrários à construção dessas usinas.

"A liberação da energia atômica mudou tudo, menos nossa maneira de pensar."

Albert Einstein (1879-1955), físico alemão.

Por que energia nuclear?

A utilização da energia nuclear vem crescendo a cada dia. A geração nucleoelétrica é uma das alternativas menos poluentes; permite a obtenção de muita energia em um espaço físico relativamente pequeno e a instalação de usinas perto dos centros consumidores, reduzindo o custo de distribuição de energia.

Outras fontes de energia, como solar ou eólica, são de exploração cara e capacidade limitada, ainda sem utilização em escala industrial. Os recursos hidráulicos também apresentam limitações, além de provocar grandes impactos ambientais.

Por isso, a energia nuclear torna-se mais uma opção para atender com eficácia à demanda energética no mundo moderno.

MINISTÉRIO de Minas e Energia. Comissão Nacional de Energia Nuclear. Disponível em: <www.cnen.gov.br>. Acesso em: 19 mar. 2014.

Energia nuclear

Gilberto de Martino Jannuzzi

A energia nuclear é talvez aquela que mais tem chamado atenção quanto aos seus impactos ambientais e à saúde humana. São três os principais problemas ambientais dessa fonte de energia. O primeiro é a manipulação de material radioativo no processo de produção de combustível nuclear e nos reatores nucleares, com riscos de vazamentos e acidentes. O segundo problema está relacionado com a possibilidade de desvios clandestinos de material nuclear para utilização em armamentos, por exemplo, acentuando riscos de proliferação nuclear. Finalmente existe o grave problema de armazenamento dos rejeitos radioativos das usinas. Já houve substancial progresso no desenvolvimento de tecnologias que diminuem praticamente os riscos de contaminação radiativa por acidente com reatores nucleares, aumentando consideravelmente o nível de segurança desse tipo de usina, mas ainda não se apresentam soluções satisfatórias e aceitáveis para o problema do lixo atômico.

SBPC. Energia: crise e planejamento. *ComCiência* (revista eletrônica de jornalismo científico – reportagens). Disponível em: <www.comciencia.br/reportagens/energiaeletrica/energia12.htm>. Acesso em: 19 mar. 2014. Gilberto de Martino Jannuzzi é professor da Faculdade de Engenharia Mecânica da Unicamp.

Vestibulares de Norte a Sul

1. **S** (UEM-PR) Sobre fontes de energia e consumo energético global assinale o que estiver **correto**.

01) A indústria automobilística confirmou a supremacia do uso do petróleo no século XX. A maior produção mundial do petróleo concentra-se no hemisfério sul.

02) A produção de carvão mineral encontra-se principalmente no hemisfério norte, com alguma produção na Austrália e na África do Sul.

04) O gás natural deverá ter maior participação como fonte de energia, por suas vantagens econômicas e ambientais.

08) A crise que atinge algumas fontes de energias convencionais e a preocupação ambiental abriram caminhos para fontes alternativas como a biomassa, a energia eólica, a energia solar, a energia mareomotriz e a geotérmica.

16) A maior parte da eletricidade consumida no mundo é produzida em usinas hidrelétricas.

2. **NE** (UFPE)

"Os recursos energéticos constituem um importante subsídio à expansão do capital, integrando o capital constante circulante. Nesse sentido, constituem ingredientes centrais da geoeconomia e da geopolítica do capitalismo contemporâneo. O petróleo representa papel proeminente dentro dessa matriz energética mundial, estando sempre em questão a ampliação do consumo e a capacidade de suporte das reservas petrolíferas existentes. A localização das suas principais reservas e estruturas de escoamento em áreas de instabilidade política, bem como o fator concorrencial desafiam pesquisas e estudos acerca do descobrimento e ou desenvolvimento de outras fontes alternativas de energia".

(LINS, Hoyêdo N. *Geoeconomia e geopolítica dos recursos energéticos na primeira década do século XXI.*)

Sobre as questões tratadas no texto, é correto afirmar que:

( ) as principais reservas de petróleo se encontram localizadas no Oriente Médio, em especial no Golfo Pérsico. Esse fato vincula a Guerra do Golfo em 1990 com a energia, a geoeconomia, a geopolítica e a guerra no cenário mundial.

( ) a atualidade registra mudanças na espacialidade da acumulação de riqueza global, especialmente com o desempenho econômico da Índia e da China; isso repercute no aumento e na intensificação de consumo de recursos energéticos.

( ) o petróleo brasileiro da camada "pré-sal", fonte de intensas pesquisas geológicas, foi originado de materiais orgânicos depositados no subsolo oceânico, em terrenos magmáticos, ricos em hidrocarbonetos. Essa reserva de petróleo vai tornar o país autossuficiente em petróleo e gás natural.

( ) a justificativa para o predomínio da matriz energética contemporânea remete ao fato de que ela não exige uma ampla e complexa infraestrutura, tampouco articulações de interesses diversos.

( ) a Rússia exerce historicamente grande controle sobre as rotas de exportação dos recursos energéticos produzidos na Eurásia (Região do Cáucaso e Ásia Central), uma vez que partes do seu território funcionam como corredores em relação a ex-repúblicas soviéticas, tradicionais espaços de influência russa.

3. **NE** (Uern) Segundo dados do Banco Mundial, 1 estadunidense consome tanta energia quanto 2 europeus, 55 indianos e 900 nepaleses. Em outubro de 2011, a população mundial chegou à casa dos 7 bilhões de habitantes. Caso a população mundial continue crescendo pode-se

a) adotar o modelo de consumo do mundo desenvolvido, porque é totalmente voltado para a sustentabilidade.

b) causar preocupação, porque a pressão sobre os recursos naturais será muito alta, principalmente por parte das nações desenvolvidas.

c) adotar uma postura consumista, já que cada vez mais preocupa-se com as questões ambientais.

d) continuar consumindo, porque os produtos são biodegradáveis, não oferecendo nenhum risco para o ambiente.

4. **NE** (Uespi)

"O Brasil prepara parceria com a China para fabricar **biocombustíveis** na África, a exemplo do que já faz com os Estados Unidos e a Europa, e a produção deve ser totalmente voltada para o mercado chinês, afirma o diretor do Departamento de Energia do Ministério de Relações Exteriores, André Lago".

(*Folha de S.Paulo*, edição *on-line* de 23/8/2010.)

Sobre o tema dos biocombustíveis, é correto afirmar que:

1. a produção de biocombustíveis, de certa maneira, tem contribuído para a diminuição da produção de alimentos no mundo.

2. os biocombustíveis são utilizados em veículos, como, por exemplo, carros e caminhões, integralmente ou misturados com os chamados combustíveis fósseis.
3. o emprego do biodiesel, apesar de apresentar baixos índices de poluição do ar, deixa a economia dos países, sobretudo os subdesenvolvidos, mais dependentes dos produtores de petróleo.
4. os biocombustíveis, produzidos em larga escala e com emprego de tecnologia moderna, geram um custo de produção muito mais elevado do que os derivados de petróleo.
5. a utilização de biocombustíveis apresenta a vantagem de ser uma fonte de energia renovável, ao contrário dos combustíveis fósseis, a exemplo do carvão mineral, do óleo *diesel* e da gasolina.

Estão corretas apenas:

a) 1 e 2.
b) 3 e 5.
c) 1, 2 e 5.
d) 1, 3 e 4.
e) 2, 3, 4 e 5.

5. SE (Unicamp-SP) Considerando a geopolítica do petróleo e os dados da figura abaixo, em que se observam os grandes fluxos de importação e exportação desse recurso energético de origem mineral, pode-se afirmar que:

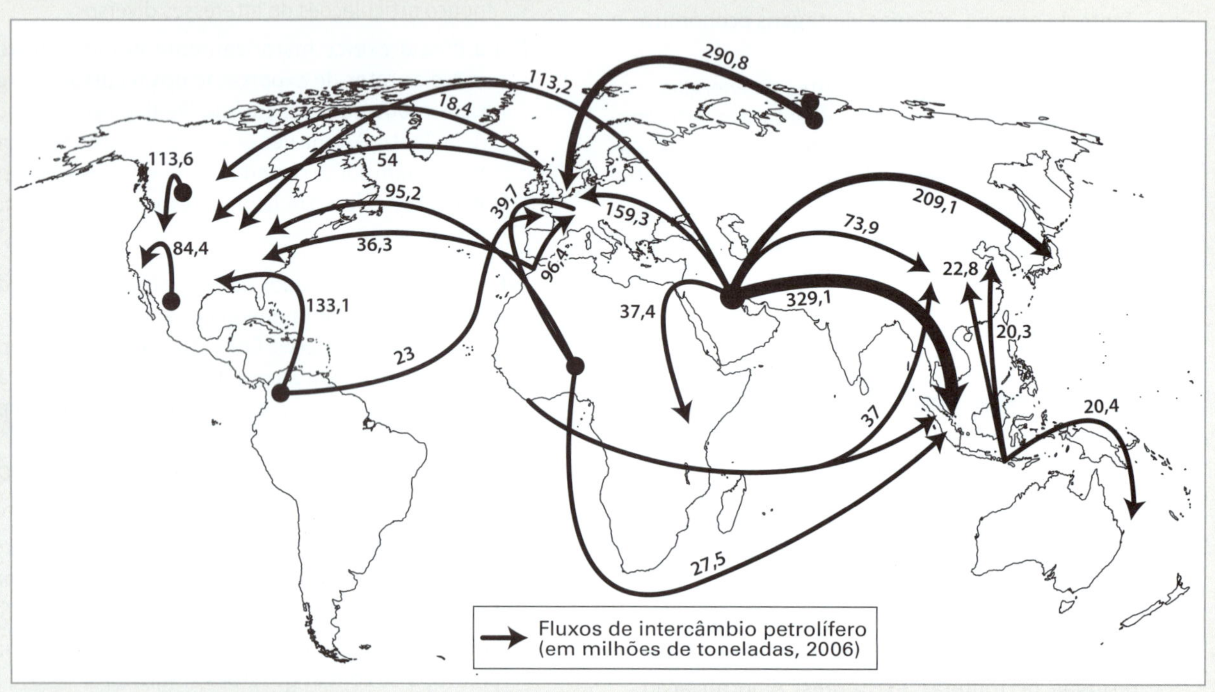

Adaptado de Yves Lacoste, *Geopolítica*: la larga história del presente. Madrid: Editorial Sintesis, 2008.

a) A porção do globo que mais importa petróleo é o Oriente Médio, região carente deste recurso.
b) O Japão consome petróleo principalmente da Rússia, em função da proximidade geográfica.
c) A Europa é importante exportadora de petróleo em função da grande quantidade de países produtores.
d) A Venezuela é um importante exportador de petróleo para os EUA.

6. NE (Ufpe) Ao longo de sua história, o homem utilizou diferentes fontes de energia: a dos próprios músculos, o fogo, a tração animal e tantas outras formas. Foi a partir do século XVIII que ele passou a usar as chamadas fontes de energia modernas. Com relação a esse assunto, analise as proposições a seguir.

( ) O carvão mineral foi a fonte de energia que exerceu importante papel na Primeira Revolução Industrial, mantendo-se como fonte de energia básica até a primeira metade do século XX, quando foi suplantado pelo petróleo.

( ) Para muitos estudiosos, uma fonte alternativa de energia para o século XXI, abundante nas áreas de clima tropical e subtropical, é a hulha.

( ) A descoberta recente, pela Petrobras, de grandes reservas de petróleo e gás natural, no campo de Tupi, na bacia de Santos, poderá, segundo o Governo brasileiro, tornar o país um grande exportador de petróleo. Contudo, essa reserva localiza-se em uma profundidade ainda não explorada economicamente pela empresa.

( ) A região da Bretanha, na França, em função da pouca amplitude das marés, faz uso de uma fonte de energia renovável, representada pelos ventos.

( ) Além da cana-de-açúcar, outras fontes da biomassa tropical podem ser utilizadas para a produção de combustíveis para motores, a exemplo do dendê, da mamona, do babaçu, da celulose, entre outros.

CAPÍTULO

27 A produção de energia no Brasil

Luciana Whitaker/Pulsar Imagens

Plataforma de petróleo no campo de Tupi (RJ) em 2010.

O crescimento populacional, o desenvolvimento de novas tecnologias e a elevação do padrão de consumo levaram à necessidade de aumentar a produção de energia, que agravou alguns impactos ambientais: poluição, chuva ácida, destruição da camada de ozônio, aquecimento global e agressões à fauna e flora, entre outros exemplos.

Para enfrentar esses problemas é preciso buscar fontes de energia viáveis nas esferas ambiental, econômica e social.

Neste capítulo, veremos que o Brasil se destaca no cenário mundial por apresentar importante participação nas fontes renováveis em sua matriz energética.

Plataforma para extração de petróleo na Bacia de Santos (SP), em 2011.

Luiz Fernando Menezes/Fotoarena/Folhapress

1 O consumo de energia no Brasil

O potencial energético no Brasil é privilegiado, se comparado ao de muitos outros países. A utilização de fontes renováveis, como o aproveitamento hidrelétrico, e a obtenção de energia a partir da biomassa (com base em produtos orgânicos de origem vegetal) como fonte primária são expressivas. Já a produção de petróleo e gás natural, fontes não renováveis, tem aumentado gradualmente. Observe o gráfico 1.

Desde 1980, a tendência é reduzir a dependência externa de energia no Brasil, apesar do crescimento do consumo, principalmente depois de 1995. Observe o gráfico 2.

Em 2012, o Brasil importou 12% do total da energia consumida no país. As principais importações foram de carvão mineral, derivados de petróleo e de energia elétrica do Paraguai, que é sócio do Brasil na usina de Itaipu.

Para atingir a autossuficiência energética, é necessário investir na produção, na transmissão e na distribuição, além de modernizar os sistemas de transporte urbano, de cargas e da produção industrial, visando à diminuição de consumo nesses setores.

Como vimos, 46% do consumo total de energia é obtido no Brasil por meio de fontes renováveis: hidráulica, lenha, carvão vegetal, produtos da cana-de-açúcar, além de outras, como gás obtido em aterros, subprodutos de plantações diversas, etc. É o que se observa nos gráficos 3 e 4.

1 Estrutura da oferta interna de energia

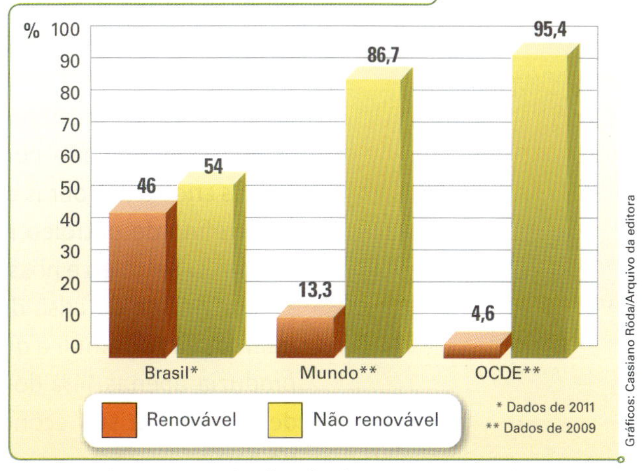

EMPRESA de Pesquisa Energética (Brasil). *Balanço energético nacional 2013*: ano base 2012. Disponível em: <http://www.mme.gov.br/mme/galerias/arquivos/publicacoes/BEN/2_-_BEN_-_Ano_Base/1_-_BEN_Portugues_-_Inglxs_-_Completo.pdf>. Acesso em: 30 maio 2014; AGÊNCIA Internacional de Energia. *Key world energy statistics 2013*. Disponível em: <http://www.iea.org/publications/freepublications/publication/KeyWorld2013.pdf>. Acesso em: 30 maio 2014.

2 Brasil: dependência externa de energia

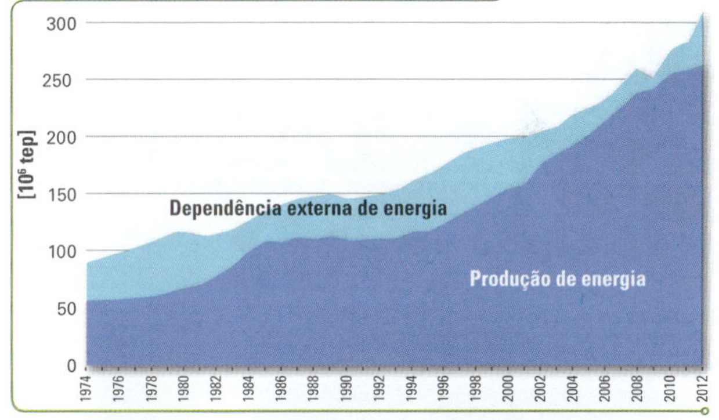

EMPRESA de Pesquisa Energética (Brasil). *Balanço energético nacional 2013*: ano base 2012. Disponível em: <http://www.mme.gov.br/mme/galerias/arquivos/publicacoes/BEN/2_-_BEN_-_Ano_Base/1_-_BEN_Portugues_-_Inglxs_-_Completo.pdf>. Acesso em: 30 maio 2014.

3 Brasil: consumo de energia segundo a fonte – 2012

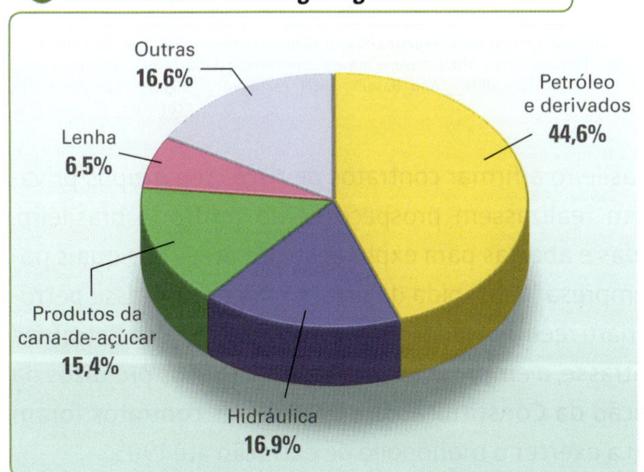

4 Brasil: consumo de energia por setor – 2012

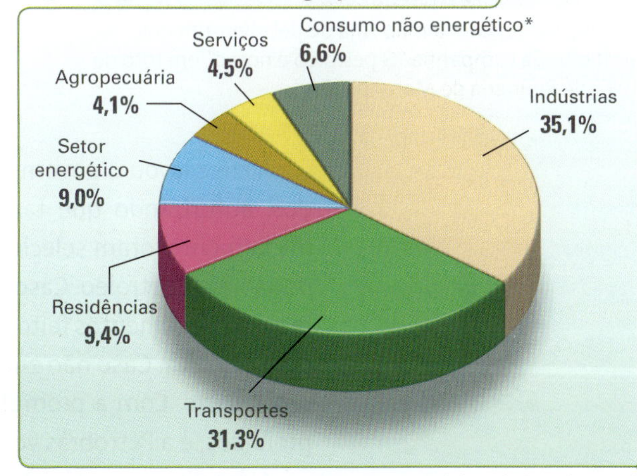

EMPRESA de Pesquisa Energética (Brasil). *Balanço energético nacional 2013*: ano base 2012. Disponível em: <http://www.mme.gov.br/mme/galerias/arquivos/publicacoes/BEN/2_-_BEN_-_Ano_Base/1_-_BEN_Portugues_-_Inglxs_-_Completo.pdf>. Acesso em: 30 maio 2014.

*Fontes de energia usadas como matéria-prima. Exemplo: derivados de petróleo que são usados para produzir asfalto, plástico, borracha sintética e outros.

2 Petróleo e gás natural

Somente em 1938, dez anos após a formação do cartel das "sete irmãs", foi perfurado o primeiro poço de petróleo em território nacional. A perfuração aconteceu em Lobato, bairro da periferia de Salvador (BA), na bacia sedimentar do Recôncavo. Esse fato motivou o governo brasileiro a criar o Conselho Nacional de Petróleo (CNP) para planejar, organizar e fiscalizar o setor petrolífero.

Em 1953, apoiado por um grande movimento popular, o presidente Getúlio Vargas criou a Petrobras e instituiu o monopólio estatal na extração, no transporte e no refino de petróleo no Brasil. Esse movimento de cunho nacionalista, sob o *slogan* "O petróleo é nosso", questionava o domínio estrangeiro no setor.

Em virtude da crise do petróleo de 1973, foi necessário aumentar a produção interna para diminuir a quantidade de petróleo importado. Naquela época, o Brasil produzia apenas 14% do petróleo que consumia, o que tornava o país bastante dependente, e sua economia ficava vulnerável às oscilações externas do preço do barril.

Petrobras/Divulgação/Arquivo da editora

Getúlio Vargas com a mão suja de petróleo, um dos símbolos da campanha "O petróleo é nosso", em foto de 1952, na Refinaria de Mataripe (BA).

Brasil: oferta interna de energia por fonte

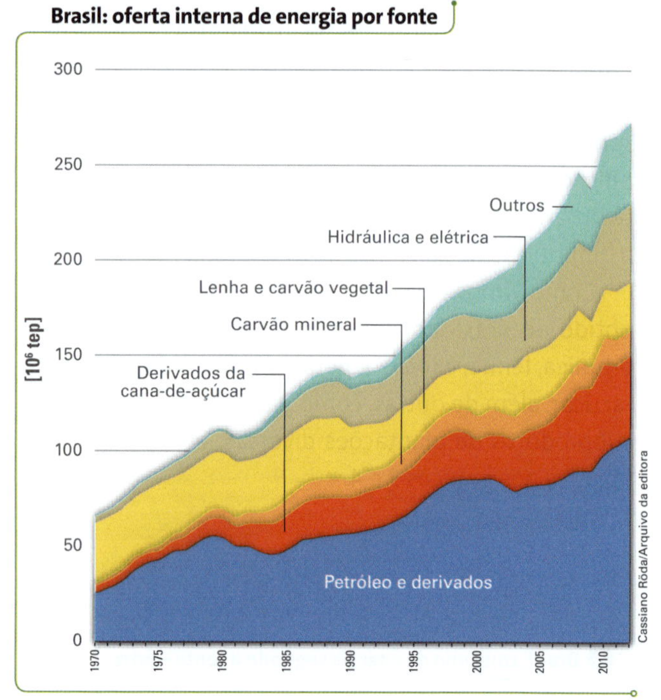

EMPRESA de Pesquisa Energética (Brasil). *Balanço energético nacional 2013*: ano base 2012. Disponível em: <http://www.mme.gov.br/mme/galerias/arquivos/publicacoes/BEN/2_-_BEN_-_Ano_Base/1_-_BEN_Portugues_-_Inglxs_-_Completo.pdf>. Acesso em: 30 maio 2014.

A crise levou o governo brasileiro a firmar contratos de risco com grupos privados, autorizando que também realizassem prospecções no território brasileiro. Inicialmente foram selecionadas e abertas para exploração dez áreas nas quais poderia haver petróleo. Caso a empresa incumbida da prospecção encontrasse petróleo, os investimentos feitos seriam reembolsados e ela se tornaria sócia da Petrobras naquela área. Caso não encontrasse, a empresa arcaria sozinha com os prejuízos da prospecção. Com a promulgação da Constituição em 1988, esses contratos foram proibidos, e a Petrobras voltou a exercer o monopólio de extração até 1995.

Além disso, nas décadas de 1970 e 1980, o governo passou a incentivar, por meio de vultosos empréstimos a juros subsidiados, indústrias que substituíssem o petróleo por energia elétrica. A participação percentual do petróleo na matriz energética nacional diminuiu de 1979 a 1984, mas depois voltou a apresentar crescimento (veja o gráfico anterior). Em 2006, a produção interna de petróleo (1,8 milhão de barris por dia, naquele ano) passou a abastecer 100% das necessidades nacionais de consumo – em 2012, a produção diária média foi de 2,2 milhões de barris.

A revisão constitucional de 1995 fez romper o monopólio da Petrobras na extração, no transporte, no refino e na importação de petróleo e seus derivados. O Estado passou a ter o direito de realizar leilões e de contratar empresas privadas ou estatais, nacionais ou estrangeiras, que queriam atuar no setor.

Em 1997, foi criada a Agência Nacional do Petróleo (ANP), uma autarquia vinculada ao Ministério de Minas e Energia com a atribuição de regular, contratar e fiscalizar as atividades ligadas ao petróleo e gás natural no Brasil. Ações como licitações, exploração, importação, exportação, transporte, refino, política de preços, reajustes e controle de qualidade, entre outras atribuições, passaram a ser conduzidas pela ANP, cujo presidente é indicado pelo ministro de Minas e Energia e empossado após seu nome ser aprovado pelo Congresso Nacional.

Observe o mapa abaixo. Para economizar em gastos com o transporte, o petróleo é refinado preferencialmente junto aos centros industriais próximo aos grandes polos consumidores, o que explica a concentração de refinarias no Centro-Sul (mais de 80% da capacidade de refino do país, que em 2013 era de dois milhões e duzentos mil barris por dia). Embora apresente importantes centros industriais, até 2014 no Nordeste havia uma única grande refinaria, na região metropolitana de Salvador (BA). Por isso, nesse ano, a Petrobras estava construindo uma em Suape (PE) e outra menor no Polo Industrial de Guamaré (RN).

Em 2013, a Petrobras tinha quinze refinarias, treze delas localizadas no Brasil (veja o mapa abaixo), uma nos Estados Unidos e uma no Japão.

Brasil: refinarias de petróleo – 2013

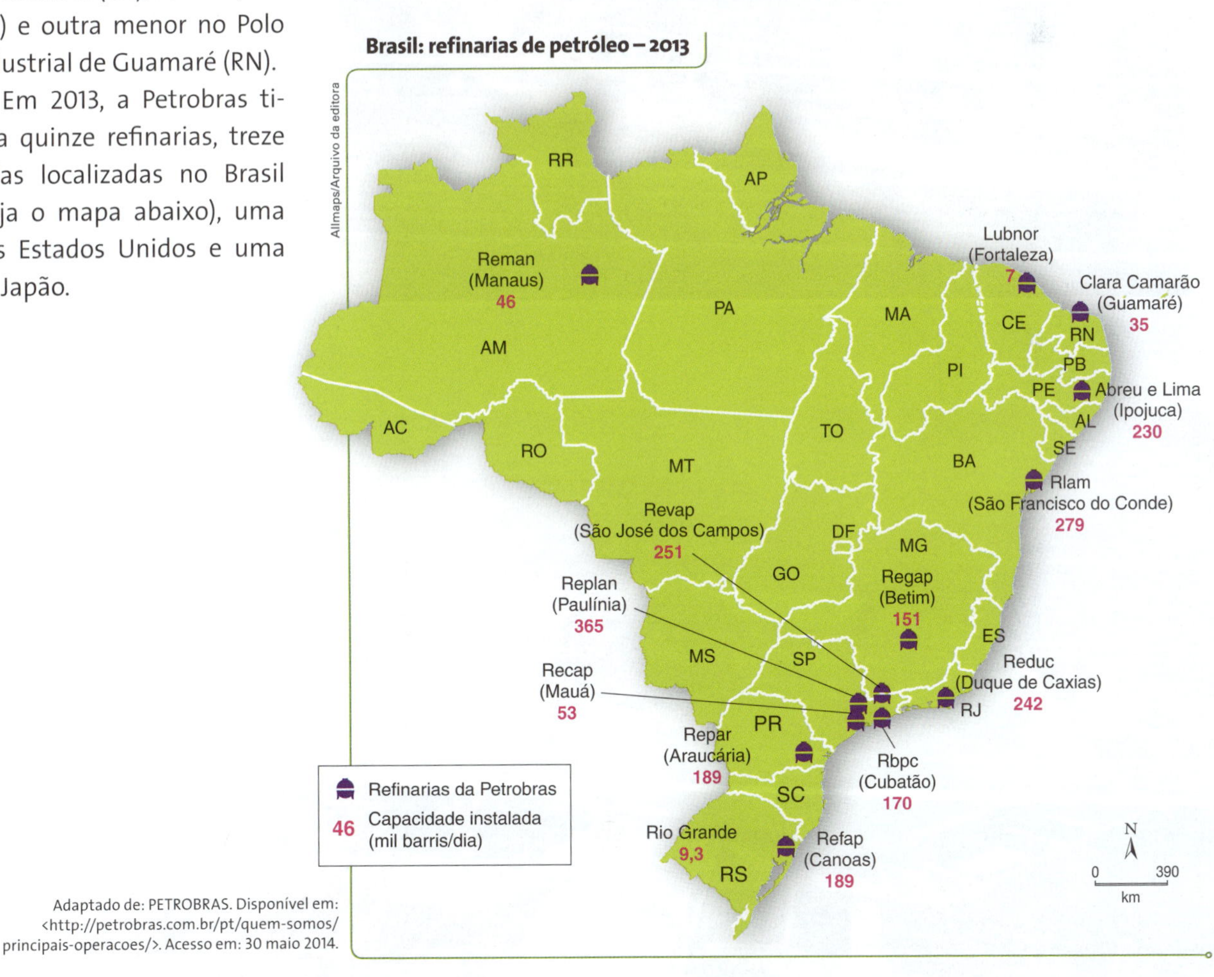

Adaptado de: PETROBRAS. Disponível em: <http://petrobras.com.br/pt/quem-somos/principais-operacoes/>. Acesso em: 30 maio 2014.

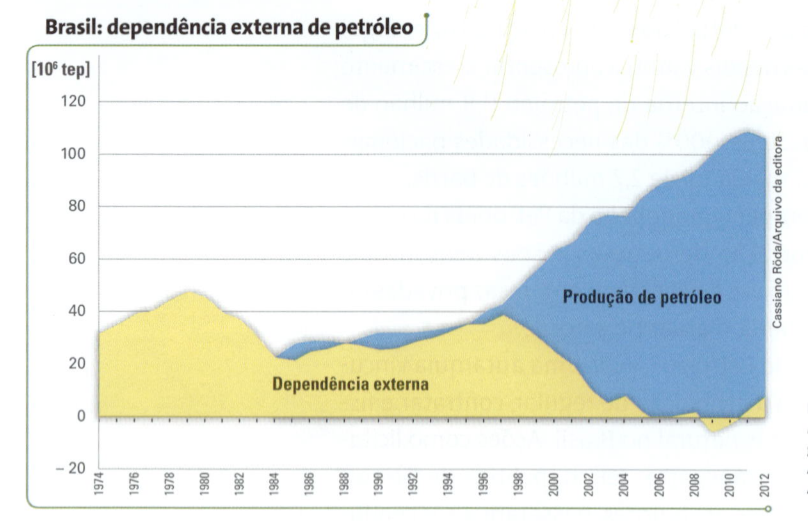

O aumento da produção interna nas últimas décadas se deve à descoberta de uma importante bacia petrolífera em alto-mar na plataforma continental de Campos, no litoral norte do estado do Rio de Janeiro, que começou a ser explorada em 1976.

EMPRESA de Pesquisa Energética (Brasil). *Balanço energético nacional 2013*: ano base 2012. Disponível em: <http://www.mme.gov.br/mme/galerias/arquivos/publicacoes/BEN/2_-_BEN_-_Ano_Base/1_-_BEN_Portugues_-_Inglxs_-_Completo.pdf>. Acesso em: 30 maio 2014.

Observe no gráfico que, até por volta de 1999, o Brasil apresentou dependência do petróleo externo, em razão do aumento do consumo, apesar da crescente produção. Aproximadamente em 2000, a dependência reduziu por causa do crescimento da produção interna. Na foto, plataforma de extração adaptada de navio petroleiro na Bacia de Campos (RJ), em 2012.

Heliponto em plataforma na Bacia de Campos (RJ), em 2011.

No continente, destaca-se a extração em Mossoró (Rio Grande do Norte), seguida do Recôncavo Baiano. Recentemente, foi descoberta uma pequena jazida continental em Urucu, a sudoeste de Manaus, onde há grandes reservas de gás natural. O gás se tornou importante fonte de energia para o parque industrial da Zona Franca de Manaus.

Em 2008, dirigentes da Petrobras anunciaram a descoberta de enormes reservas de petróleo e de gás natural a mais de 5 quilômetros de profundidade e a 300 quilômetros da costa, na camada pré-sal da bacia de Santos. Segundo estimativas, essa camada pode conter mais de 30 bilhões de barris, atribuindo ao país a posição de detentor de uma das maiores reservas mundiais de petróleo de boa qualidade. As descobertas na bacia de Santos deverão inserir o Brasil no mesmo patamar dos grandes produtores mundiais. Veja o mapa abaixo.

Adaptado de: IBGE. *Atlas geográfico das zonas costeiras e oceânicas do Brasil*. Rio de Janeiro, 2011. p. 153.

Como mostram os gráficos da página seguinte, embora mais cara que a extração no continente, no Brasil predomina a exploração de petróleo na plataforma continental, sob as águas do oceano Atlântico. O Rio de Janeiro se destaca como o estado de maior produção (bacia de Campos).

A camada pré-sal é uma formação geológica de aproximadamente 150 milhões de anos, que se constituiu com a separação dos continentes africano e sul-americano ao longo das bacias de Santos, Campos e Espírito Santo, abaixo de uma camada de sal. As maiores reservas petrolíferas conhecidas em área pré-sal no mundo ocorrem no litoral brasileiro, onde passaram a ser conhecidas como "petróleo do pré-sal".

Camada pré-sal

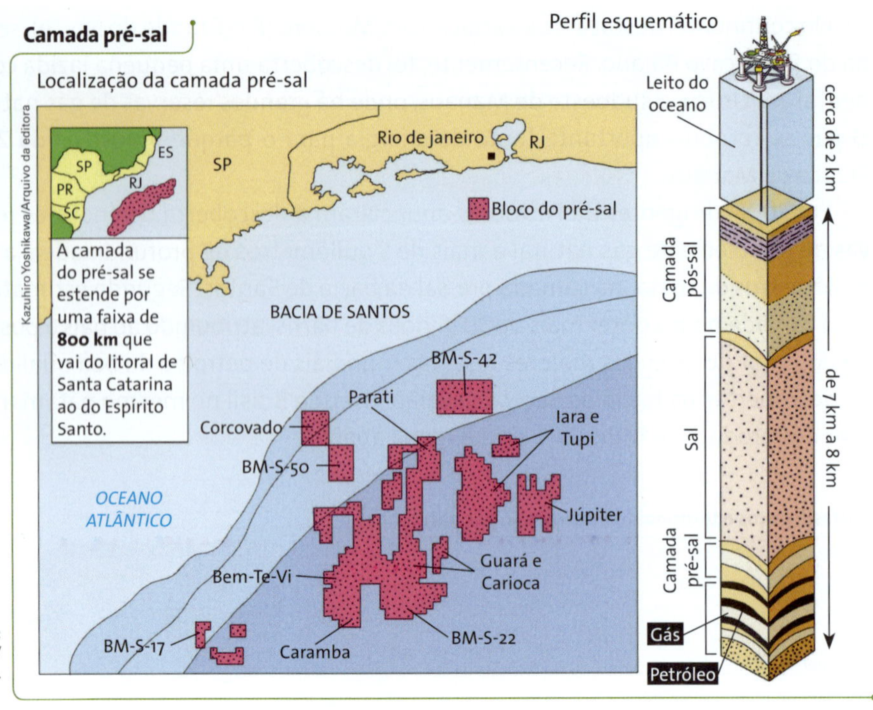

Adaptado de: *FOLHA de S.Paulo*. Disponível em: <www1.folha.uol.com.br/folha/dinheiro/ult91u440468.shtml>. Acesso em: 30 maio 2014.

Brasil: produção de gás natural – 2012

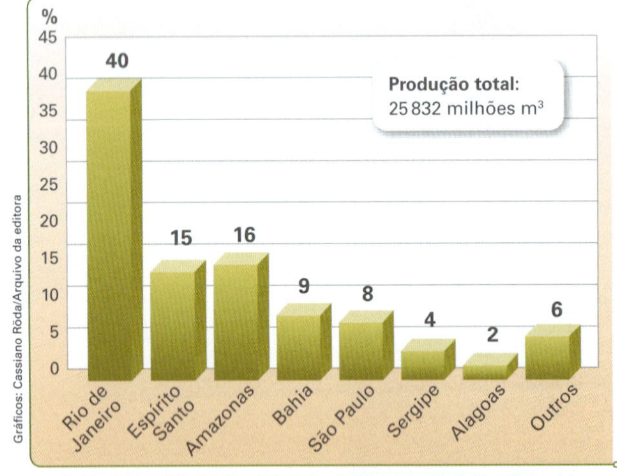

AGÊNCIA Nacional do Petróleo, Gás Natural e Biocombustíveis (Brasil). *Anuário estatístico brasileiro do petróleo, gás natural e biocombustíveis, 2013*. Disponível em: <http://www.cogen.com.br/paper/2013/Anuario_Estatistico_Brasileiro_Petroleo_Gas_Biocombustiveis_ANP_2013.pdf>. Acesso em: 30 maio 2014.

Brasil: produção de petróleo bruto – 2012

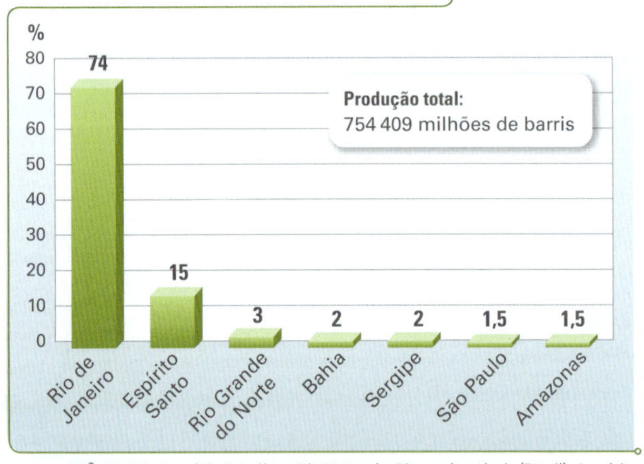

AGÊNCIA Nacional do Petróleo, Gás Natural e Biocombustíveis (Brasil). *Anuário estatístico brasileiro do petróleo, gás natural e biocombustíveis, 2013*. Disponível em: <http://www.cogen.com.br/paper/2013/Anuario_Estatistico_Brasileiro_Petroleo_Gas_Biocombustiveis_ANP_2013.pdf>. Acesso em: 30 maio 2014.

Brasil: extração de petróleo bruto – 2012

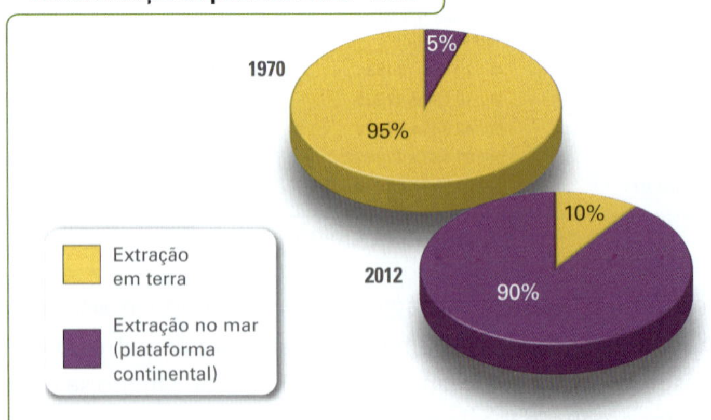

AGÊNCIA Nacional do Petróleo, Gás Natural e Biocombustíveis (Brasil). *Anuário estatístico brasileiro do petróleo, gás natural e biocombustíveis, 2013*. Disponível em: <http://www.cogen.com.br/paper/2013/Anuario_Estatistico_Brasileiro_Petroleo_Gas_Biocombustiveis_ANP_2013.pdf>. Acesso em: 30 maio 2014.

Para saber mais

O gás natural

- O gás natural é a fonte de energia que vem apresentando as maiores taxas de crescimento na participação da matriz energética brasileira.
- Entre 1998 e 2012, o gás natural teve um aumento de 3,7% para 7,2% do total de energia consumida no país.
- O Rio de Janeiro é o maior produtor, seguido pelo Espírito Santo e o Amazonas, e há uma parcela variável que é importada, principalmente da Bolívia.
- O gás natural tem substituído, principalmente, derivados de petróleo (GLP, óleo combustível, óleo *diesel* e gasolina) e tem sido usado na geração de termeletricidade.

Terminal de gás natural na cidade do Rio de Janeiro (RJ), em 2010.

J.L.Bulcão/Tyba

3 Carvão mineral

O enriquecimento do carvão mineral em altas temperaturas o transforma em coque siderúrgico, cuja queima aquece os altos-fornos em que ocorre a depuração do minério de ferro. Nessa etapa se produz o ferro-gusa, matéria-prima a partir da qual se fabricam o ferro fundido e o aço.

Até 1990, as companhias siderúrgicas eram legalmente obrigadas a utilizar uma mistura de 50% de carvão nacional com 50% de carvão importado. Com a revogação dessa obrigação, as empresas passaram a consumir somente o carvão importado, cuja qualidade é superior, e desde 2010 não há mais produção nacional de carvão metalúrgico.

Embora existam jazidas de carvão mineral em outros estados da federação, elas são pouco expressivas e pouco espessas. Apenas em Santa Catarina, Rio Grande do Sul e Paraná as camadas de carvão apresentam viabilidade econômica para exploração. Observe o mapa da página seguinte.

No Brasil, o consumo de carvão mineral representa apenas 0,4% do total mundial. Em 2010, cerca de 71% do carvão consumido no país era importado e apenas 29% era produzido internamente. O carvão importado é integralmente utilizado em usinas siderúrgicas; da produção nacional, 33% são consumidos em usinas termelétricas, e o restante em indústrias de celulose, cerâmica, cimento e carboquímicas. Em Santa Catarina estão 41% da produção do carvão energético e 100% do metalúrgico. No Rio Grande do Sul origina-se aproximadamente 58% do carvão energético, e no Paraná, cerca de 1% apenas do total de carvão produzido no país.

Na foto, Usina Termelétrica Presidente Médici, em Candiota (RS), em 2014. A jazida de Candiota no Rio Grande do Sul é considerada a maior do país, mas seu carvão tem baixo potencial calorífico e não compensa beneficiá-lo e transportá-lo a longas distâncias. É utilizado somente em usinas termelétricas locais.

Ale Ruaro/Pulsar Imagens

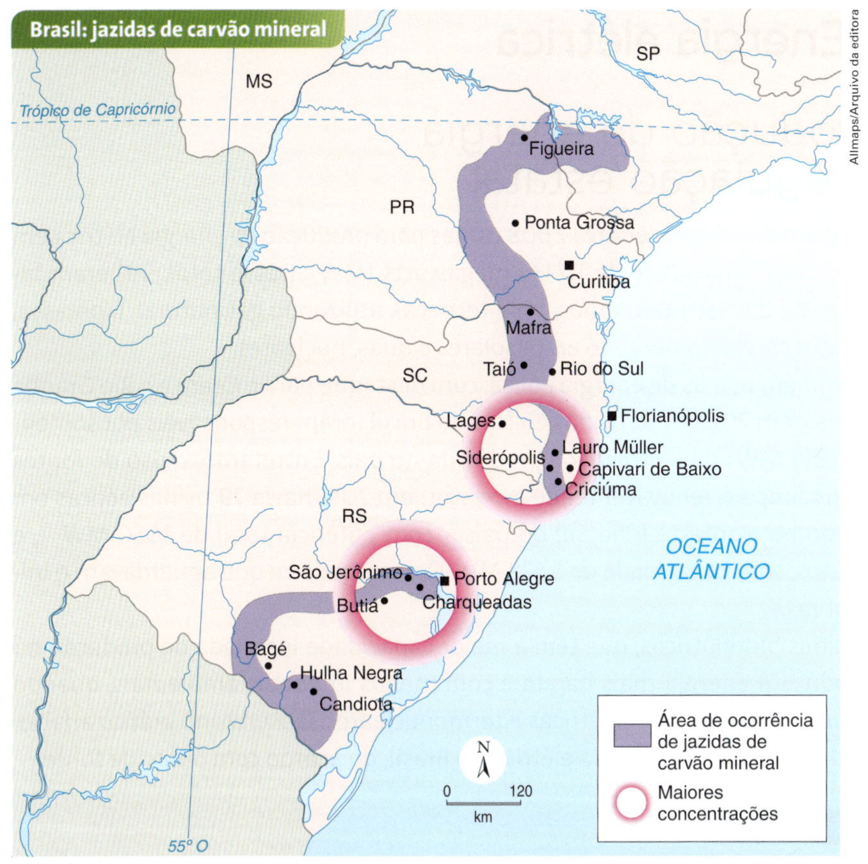

Allmaps/Arquivo da editora

Adaptado de: ROSS, J. L. S. (Org.). *Geografia do Brasil*. 6. ed. São Paulo: Edusp, 2011. p. 53. (Didática 3).

Eduardo Marques/Tempo Editorial

Na foto, termelétrica Capivari de Baixo (SC), em 2012. No Brasil, as usinas termelétricas movidas a carvão mineral quase sempre se localizam próximo às jazidas; as exceções são as localizadas nas zonas portuárias, como em São Luís (MA) e São Gonçalo do Amarante (CE).

4 Energia elétrica

A produção de energia e a regulação estatal

Em 2011, o Brasil apresentava 2 608 usinas para produção de energia elétrica em operação, com capacidade de 117 134 megawatts (MW). Desse total, 991 eram hidrelétricas de diversos tamanhos, 1 539 térmicas utilizando gás natural, biomassa, óleo *diesel* e carvão mineral, 76 eram solares e duas, nucleares.

Há também usinas de energia eólica, com destaque para o Ceará e o Rio Grande do Sul, mas, em 2012, as 82 usinas eólicas do Brasil foram responsáveis por somente 1,7% (1 814 MW) da eletricidade produzida no país. Entretanto, o uso de fontes de energia limpa e renovável tende a crescer: em 2012 havia 79 usinas eólicas em construção no Nordeste e no Sul do país – com potência total de 1 950 MW –, e 210 projetos, com capacidade de 5 678 MW, já outorgados e que aguardavam o início das obras.

As usinas hidrelétricas, que têm a maior capacidade instalada de produção no país, produzem energia mais barata e com menos impactos ambientais, quando comparadas às usinas termelétricas e termonucleares. Observe, no gráfico abaixo, o custo de produção de energia elétrica no Brasil, de acordo com o tipo de fonte.

Brasil: custos de produção de energia elétrica – 2008

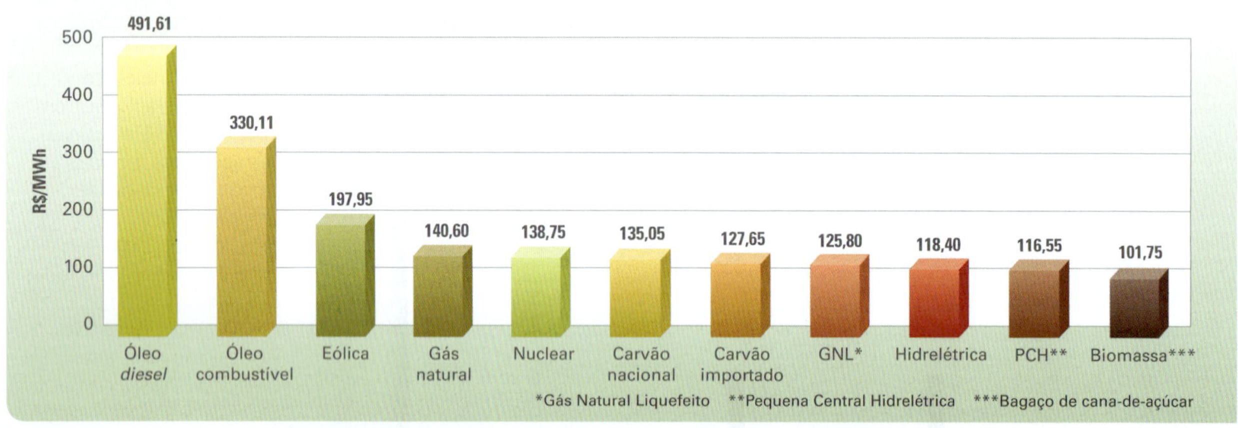

AGÊNCIA Nacional de Energia Elétrica (Aneel). *Atlas de energia elétrica do Brasil*. Disponível em: <www.aneel.gov.br>. Acesso em: 30 maio 2014.

Parque gerador de energia eólica na praia da Taíba, em São Gonçalo do Amarante (CE), em 2011, o primeiro do Brasil construído sobre dunas.

Noah Friedman-Rudovsky/The New York Times/Latinstock

Às margens do rio Paraná, está localizada a usina de Itaipu. Para a geração de energia, destacam-se também os rios Grande, Paranapanema, Iguaçu e Tietê. Eles drenam a região em que foi iniciado o processo brasileiro de industrialização e que, além da demanda mais elevada, conseguiu exercer maior pressão política na alocação de recursos investidos em infraestrutura.

Segundo o Ministério de Minas e Energia, o potencial hidrelétrico brasileiro é estimado em mais de 243 mil MW, e a capacidade nominal instalada de produção estava, em 2012, na casa dos 108 mil MW, ou seja, cerca de 44% do potencial disponível. Até o fim da década de 1980, as hidrelétricas produziam cerca de 90% da eletricidade consumida no país, mas em 2011 essa participação tinha recuado para cerca de 74%, principalmente por causa da construção de usinas termelétricas movidas a gás natural e biomassa. Observe no gráfico ao lado as fontes utilizadas para a produção de energia elétrica no Brasil.

O maior potencial hidrelétrico instalado no Brasil está na bacia do rio Paraná, da qual, em 2011, 72% da disponibilidade já havia sido aproveitada.

O maior potencial hidráulico disponível do país está localizado nas bacias do Amazonas, do qual somente 1% é aproveitado. Em Rondônia, no rio Madeira, duas usinas de médio porte estavam em construção em 2014: Santo Antônio (licitada em 2007) e Jirau (licitada em 2008), cada uma com cerca de 3 mil MW de potência. Nesse mesmo ano estava sendo construída a usina de Belo Monte, no rio Xingu, a maior delas, com potência de 11 233 MW (cerca de 2/3 da capacidade de Itaipu).

Brasil: oferta de energia elétrica segundo a fonte – 2012

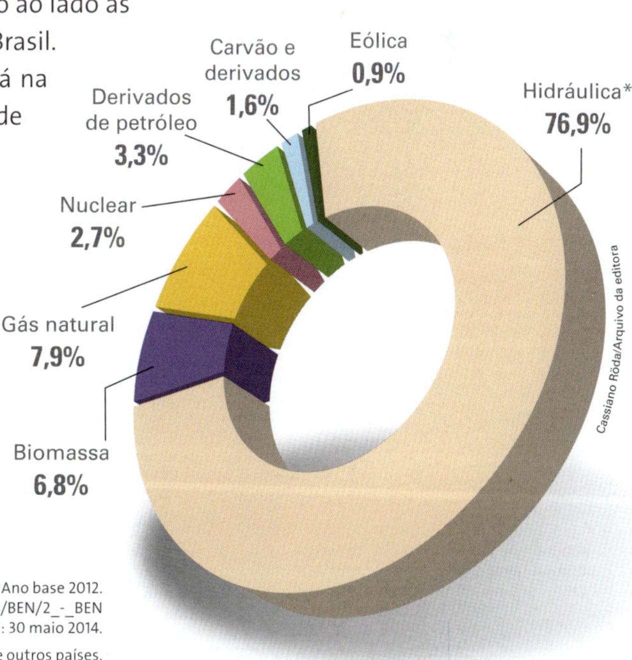

EMPRESA de Pesquisa Energética (Brasil). *Balanço Energético Nacional 2013*: Ano base 2012. Disponível em: <http://www.mme.gov.br/mme/galerias/arquivos/publicacoes/BEN/2_-_BEN_-_Ano_Base/1_-_BEN_Portugues_-_Inglxs_-_Completo.pdf>. Acesso em: 30 maio 2014.

* Inclui a energia hidrelétrica importada de outros países.

Construção da usina de Jirau, no rio Madeira (RO), em 2012. Este é um exemplo de usina a fio d'água, com pequena área de inundação e redução na quantidade de energia produzida durante os períodos mais secos.

O setor elétrico brasileiro (envolvendo a geração, a transmissão e a distribuição de eletricidade), que era quase totalmente controlado por empresas estatais federais e estaduais, começou a ser privatizado a partir de 1995.

Em 1995, o Governo Federal iniciou a privatização de parte das empresas controladas pela Eletrobras por intermédio do Programa Nacional de Desestatização, criado em 1990. Em 1996 foi criada a Agência Nacional de Energia Elétrica (Aneel), órgão regulador e fiscalizador do setor. Após o processo de privatização, as empresas de energia elétrica, incluindo algumas estatais não privatizadas, como a Cemig (cujo sócio majoritário é o governo de Minas Gerais), competem entre si para vender a energia produzida, que é transmitida por um sistema de alta-tensão para empresas que atuam exclusivamente na distribuição aos consumidores finais: residências, empresas, comércio, governos e outras instituições.

Brasil: principais usinas hidrelétricas em operação – 2011

Adaptado de: AGÊNCIA Nacional de Energia Elétrica (Aneel/Brasil). *Relatório Aneel 2011*. Disponível em: <http://www.aneel.gov.br/biblioteca/downloads/livros/Relatorio_Aneel_2011.pdf>. Acesso em: 30 maio 2014.

A crise de energia em 2001 e os “apagões” em 2009 e 2012

Desde a segunda metade da década de 1980, o Brasil investiu muito pouco na construção de novas hidrelétricas, e, a partir de 1994, com o Plano Real, aumentou o consumo residencial e industrial de energia. Além disso, nos últimos anos do século XX, houve uma sequência de verões com chuvas em volume inferior à média da estação, o que fez baixar significativamente o nível dos reservatórios, particularmente no Sudeste, e comprometeu o abastecimento. Por isso, foi lançado um programa de economia forçada de energia, sem o qual seria necessário recorrer ao racionamento, com exceção das regiões Norte e Sul, em que o fornecimento não estava comprometido.

O episódio mostrou que, além da carência de investimentos em geração, o setor de energia elétrica não apresentava linhas de transmissão unificando todo o território nacional. Caso existisse uma rede com densidade adequada, em 2001 o governo poderia ter evitado a interrupção na distribuição de energia elétrica conduzindo energia das usinas das regiões Sul e Norte para as regiões Sudeste, Nordeste e Centro-Oeste. Após a crise, o setor passou a receber investimentos, e atualmente o sistema é interligado em todo o território. Observe o mapa ao lado; ele mostra a interligação entre os sistemas produtores, formando o Sistema Integrado Nacional (SIN), que abrange todas as regiões. Somente a região Norte não está inteiramente integrada. Como os períodos de estiagem e de chuvas apresentam diferentes regimes entre as regiões do país, essa interligação permite que uma região em que as represas estejam cheias e se produz mais energia possa direcionar a energia excedente para outra em que os reservatórios estejam mais vazios.

Em 2009 e 2012 ocorreram outros problemas graves de transmissão que atingiram o fornecimento de energia elétrica e deixaram vários estados do país completamente no escuro por muitas horas.

Portal de Mapas/Arquivo da editora

Adaptado de: AGÊNCIA Nacional de Energia Elétrica (Aneel/Brasil). *Relatório Aneel 2011*. Disponível em: <www.aneel.gov.br>. Acesso em: 30 maio 2014.

Luiz Guarnieri/Futura Press

Ponto de ônibus na região central de São Paulo por volta das 22 horas do dia 10 de novembro de 2009.

A necessidade de diversificar a matriz energética

Rubens Chaves/Pulsar Imagens

A utilização de gasodutos barateia o transporte e permite melhor distribuição geográfica das usinas. Na foto, dutos no porto de Mucuripe, em Fortaleza (CE), em 2013.

Depois da crise de 2001, a Aneel e outros órgãos governamentais passaram, entre outras medidas, a incentivar a instalação de usinas termelétricas, principalmente nas localidades próximas a gasodutos.

Observe a localização dos principais gasodutos no mapa abaixo.

Allmapas/Arquivo da editora

PETROBRAS. Disponível em: <http://petrobras.com.br/pt/quem-somos/principais-operacoes/>. Acesso em: 30 maio 2014.

A instalação de termelétricas visa fornecer maior diversidade à matriz energética brasileira e evitar novas crises. As usinas hidrelétricas, que produzem energia mais barata, permanecem prioritárias no abastecimento, mas as termelétricas podem ser acionadas em períodos de pico no consumo ou quando é necessário preservar o nível de água nas represas.

Gerson Sobreira/Acervo do fotógrafo

Usina Termelétrica em Barra Bonita (SP), em 2011, movida com a queima do bagaço da cana-de-açúcar. Em razão da falta de planejamento, em 2012 muitas termelétricas estavam sendo usadas de forma permanente para garantir o abastecimento, o que provocou aumento no preço da energia para as residências, as indústrias e os estabelecimentos de serviços.

A opção pela diversificação da matriz energética que priorizava as usinas menores difere bastante da política adotada durante a década de 1970 e início da de 1980, quando foi dado um grande impulso ao setor energético por meio da construção de grandes usinas. Depois das crises do petróleo de 1973 e 1979, a produção de hidreletricidade passou a receber numerosos investimentos, por se tratar de uma fonte alternativa ao petróleo.

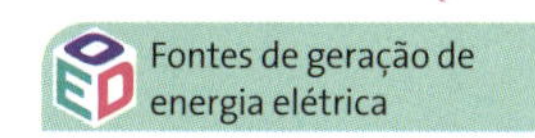

"Fala-se tanto da necessidade de deixar um planeta melhor para nossos filhos e esquece-se da urgência de se deixar filhos melhores para nosso planeta."

Chico Xavier (1910--2002), médium espírita nascido em Uberaba (MG).

Fabio Rossi/Agência O Globo

A política governamental estabeleceu como prioridade a construção de usinas com grandes represas, porque após a década de 1970 não havia exigência de aprovação dos projetos pelos órgãos ambientais, que passou a existir somente a partir de 1986. É o caso de Itaipu, a maior usina hidrelétrica brasileira, no rio Paraná (localizada na fronteira do Paraná com o Paraguai). No Norte, as principais usinas são Tucuruí (na foto de 2010), no rio Tocantins, e Balbina, no rio Uatumã, ao norte de Manaus. No Nordeste, recebem destaque Sobradinho e Xingó, no rio São Francisco.

Reveja o mapa das principais usinas na página 688.

As grandes obras de construção de hidrelétricas são polêmicas e algumas apresentam aspectos técnicos questionáveis. Usinas com o potencial de Itaipu, Tucuruí e Sobradinho exigem a construção de enormes represas, que causam danos sociais e ambientais irreversíveis: extinção de espécies endêmicas (que só existem nessa área), inundação de sítios arqueológicos, alteração da dinâmica de erosão e sedimentação do solo, deslocamento de populações que vivem em cidades, em reservas indígenas ou em comunidades quilombolas, entre outros danos.

Veja na tabela a seguir as diferenças entre área inundada e potência final das principais usinas hidrelétricas do Brasil. Observe que a usina de Paulo Afonso, localizada na divisa entre Bahia e Pernambuco, apresenta a melhor relação entre área inundada e potência final. Isso se explica pelo acentuado desnível do relevo do planalto da Borborema. Já a pior relação é a da usina de Balbina, localizada na planície Amazônica, cuja energia gerada abastece apenas 50% da necessidade de consumo de Manaus.

Thomaz Vita Neto/Pulsar Imagens

BRASIL: Principais usinas hidrelétricas em operação – 2000

Usina	Rio	Área inundada (km^2)	Potência final (MW)
Itaipu (PR)	Paraná	1350	12600*
Tucuruí (PA)	Tocantins	2430	4200
Paulo Afonso IV (BA)	São Francisco	4	3885
Ilha Solteira (SP)	Paraná	1197	3230
Itumbiara (MG)	Paranaíba	797	2280
Xingó (AL/SE)	São Francisco	60	2000
Salto Santiago (PR)	Iguaçu	175	1998
Porto Primavera	Paraná	2140	1814
São Simão (MG)	Paranaíba	665	1710
Itaparica (PE)	São Francisco	816	1500
Furnas (MG)	Grande	1443	1312
Emborcação (MG)	Paranaíba	48	1192
Sobradinho (BA)	São Francisco	4200	1050
Salto Osório (PR)	Iguaçu	40	1050
Balbina (AM)	Uatumã	2524	250

IBGE. *Anuário estatístico do Brasil 2006*. Rio de Janeiro, 2006. p. 1-34 a 1-36.

* Em 2012, a potência instalada era de 14 000 MW.

Aproveite para comparar os dados da tabela sobre a usina de Balbina com uma obra que usa tecnologia moderna: a usina de Belo Monte, que em 2012 estava sendo construída no rio Xingu, e tem previsão de alagar uma área de 516 km^2 e produzir 11233 MW.

O provável esgotamento das possibilidades de construção de grandes usinas hidrelétricas na região Sudeste e os investimentos feitos no Sistema Interligado Nacional levaram à descentralização da geração de energia para regiões que estiveram marginalizadas ao longo do século XX. Esse fato tem favorecido o investimento em novas fontes de energia (leia o boxe a seguir) e o desenvolvimento das atividades econômicas em regiões historicamente desprovidas de infraestrutura básica. Como vimos no capítulo 25, está ocorrendo uma desconcentração do parque industrial, principalmente em direção às regiões Sul, Nordeste e Norte.

Para saber mais

O programa nuclear

O programa nuclear brasileiro teve início em 1969, quando o Brasil adquiriu da empresa W. Westinghouse, dos Estados Unidos, a usina de Angra I, com capacidade de produção de 626 MW (5% da capacidade de Itaipu), sem que essa aquisição fosse acompanhada de transferência de tecnologia. A usina foi instalada na praia de Itaorna ("pedra podre", em tupi-guarani), em Angra dos Reis, sobre uma falha geológica, ou seja, uma área potencialmente sujeita a movimentos tectônicos (o que o topônimo criado pelos indígenas já alertava). Foi apelidada de "vaga-lume", tal a incidência de problemas técnicos que desde sua inauguração obrigaram a sucessivos desligamentos. Sua construção se iniciou em 1972, mas o fornecimento de eletricidade só teve início treze anos depois, em 1985. Meses mais tarde, entretanto, foi interditada, e só voltou a funcionar em 1987, sempre de forma intermitente. Somente a partir de 1995 seu funcionamento se tornou regular.

Em 1975, o Brasil assinou um acordo nuclear com a Alemanha por intermédio da empresa Siemens. Inicialmente foi prevista a construção de oito usinas, com transferência de tecnologia. Após consumir bilhões de dólares em compra e armazenagem de equipamentos, transferência de tecnologia, salários e outras despesas fixas, uma dessas usinas, Angra II, que deveria começar a funcionar em 1983, só ficou pronta em 2001, com capacidade de produção de 1 350 MW. A construção de Angra III, que também terá 1 350 MW de potência, foi paralisada durante muitos anos, mas em 2008 o Instituto Brasileiro do Meio Ambiente e Recursos Naturais (Ibama) expediu licença prévia autorizando a retomada das obras, cuja conclusão estava prevista para 2014. Em 2011, a participação das usinas Angra I e II na produção nacional de energia elétrica representava 2,7% do total, mas o estado do Rio de Janeiro é altamente dependente do fornecimento dessas usinas.

Com a crise de abastecimento de energia enfrentada em 2001, a redução do custo de produção de energia em usinas termonucleares e os compromissos assumidos pelo país no Acordo de Kyoto, o governo brasileiro incluiu a expansão do parque nuclear em suas estratégias de investimento, mas sem definição de novas usinas.

Luciana Whitaker/Pulsar Imagens

As usinas de Angra I (à esquerda) e Angra II, em Angra dos Reis (RJ), em 2012.

5 Os biocombustíveis

Biocombustíveis são derivados de biomassa, como cana-de-açúcar, oleaginosas, madeira e outras matérias orgânicas. Os mais utilizados são o etanol (álcool de cana, no caso brasileiro) e o *biodiesel* (oleaginosas), que podem ser usados puros ou adicionados aos derivados de petróleo, como gasolina e óleo *diesel*.

Os biocombustíveis apresentam vantagens em relação à sustentabilidade econômica, social e ambiental. O aumento de sua produção reduz o consumo de derivados de petróleo e consequentemente a poluição atmosférica, gera novos empregos em toda sua cadeia produtiva, promove a fixação de famílias no campo, aumenta a participação de fontes renováveis na matriz energética brasileira e ainda pode se tornar importante produto da pauta de exportações do país.

Entretanto, o crescimento da demanda por biocombustíveis no mercado mundial e a expansão na área cultivada com cana e outras culturas no país geraram preocupação com a possível diminuição do cultivo de alimentos, que poderia causar aumento nos preços e o desmatamento de áreas de vegetação nativa.

Delfim Martins/Pulsar Imagens

Em 2012, a biomassa (principalmente derivados da cana-de-açúcar e lenha) foi a segunda fonte de energia mais consumida no Brasil, com participação de 21,8% na nossa matriz energética, superada apenas por petróleo e gás natural, com soma de 51,8%. O Brasil apresenta condições muito favoráveis para a produção de etanol e *biodiesel*, pois tem grande extensão de áreas agricultáveis, com solo e clima favoráveis ao cultivo de oleaginosas e cana. Na foto, cultivo de cana-de-açúcar em Bebedouro (SP), em 2013.

Ale Ruaro/Pulsar Imagens

O Brasil apresenta um enorme estoque de áreas desmatadas e improdutivas, principalmente pastagens abandonadas, que podem ser utilizadas para a produção de energia sem comprometer o abastecimento alimentar ou o meio ambiente. Na foto, desmatamento em Altamira (PA), em 2011.

Biodiesel

O Brasil dispõe de várias espécies de plantas oleaginosas que podem ser usadas na produção de *biodiesel*, com destaque para mamona, palma (dendê), girassol, babaçu, soja e algodão, além de ser o segundo maior produtor mundial de etanol. Nos Estados Unidos – maior produtor mundial desse combustível – utiliza-se o milho na produção e a um custo superior ao obtido com a cana no Brasil.

A utilização de *biodiesel* no mercado brasileiro foi regulamentada pela lei n. 11.097 de 2005, que instituiu a obrigatoriedade da mistura do produto ao *diesel* de petróleo em percentuais crescentes que deveriam atingir 5% em 2013, meta alcançada já em 2009. Depois da promulgação dessa lei, a produção de *biodiesel* tem aumentado em ritmo muito acelerado, como mostra a tabela abaixo.

Produção de *biodiesel* puro (B100*) – 2011	
2007	404 329 m^3
2009	1 608 448 m^3
2011	2 672 760 m^3

AGÊNCIA NACIONAL DE PETRÓLEO, GÁS NATURAL E BIOCOMBUSTÍVEIS. *Anuário estatístico 2013.* Disponível em: <www.anp.gov.br>. Acesso em: 30 mai. 2014.

* A mistura de *biodiesel* ao óleo *diesel* recebe denominações que indicam o percentual utilizado. Por exemplo, a mistura de 2% é chamada B2, e assim sucessivamente, até o *biodiesel* puro – B100.

Também foi criado o Selo Combustível Social e introduzido um sistema de incentivos fiscais e subsídios para a produção de *biodiesel* realizada com matéria-prima cultivada em pequenas propriedades familiares do Norte e Nordeste, principalmente na região do Semiárido.

Entretanto, até 2013, ainda era limitada a possibilidade de a produção de *biodiesel* colaborar para a melhoria das condições de vida dos agricultores familiares. Naquele ano, cerca de 80% do *biodiesel* produzido no Brasil foi obtido da soja e 13% do sebo bovino.

Além de abastecer o mercado interno, parte da produção nacional de *biodiesel* é exportada, principalmente para a União Europeia.

Combustível Social, criado a partir do decreto n. 5.297, de 2004.

Pensando no Enem

1.

> O potencial brasileiro para gerar energia a partir da biomassa não se limita a uma ampliação do Proálcool. O país pode substituir o óleo *diesel* de petróleo por grande variedade de óleos vegetais e explorar a alta produtividade das florestas tropicais plantadas. Além da produção de celulose, a utilização da biomassa permite a geração de energia elétrica por meio de termelétricas a lenha, carvão vegetal ou gás de madeira, com elevado rendimento e baixo custo. Cerca de 30% do território brasileiro é constituído por terras impróprias para a agricultura, mas aptas à exploração florestal. A utilização de metade dessa área, ou seja, de 120 milhões de hectares, para a formação de florestas energéticas, permitiria produção sustentada do equivalente a cerca de 5 bilhões de barris de petróleo por ano, mais que o dobro do que produz a Arábia Saudita atualmente.
>
> Adaptado de: VIDAL, José Walter Bautista. Desafios internacionais para o século XXI. Seminário da Comissão de Relações Exteriores e de Defesa Nacional da Câmara dos Deputados, ago. 2002.

Para o Brasil, as vantagens da produção de energia a partir da biomassa incluem:

a) implantação de florestas energéticas em todas as regiões brasileiras com igual custo ambiental e econômico.
b) substituição integral, por *biodiesel*, de todos os combustíveis fósseis derivados do petróleo.
c) formação de florestas energéticas em terras impróprias para a agricultura.
d) importação de *biodiesel* de países tropicais, em que a produtividade das florestas seja mais alta.
e) regeneração das florestas nativas em biomas modificados pelo homem, como o Cerrado e a Mata Atlântica.

Resolução

A alternativa correta é a **C**. Segundo enunciado, "Cerca de 30% do território brasileiro é constituído por terras impróprias para a agricultura, mas aptas à exploração florestal".

2. A Lei Federal n. 11.097/2005 dispõe sobre a introdução do *biodiesel* na matriz energética brasileira e fixa em 5%, em volume, o percentual mínimo obrigatório a ser adicionado ao óleo *diesel* vendido ao consumidor. De acordo com essa lei, biocombustível é "derivado de biomassa renovável para uso em motores a combustão interna com ignição por compressão ou, conforme regulamento, para geração de outro tipo de energia que possa substituir parcial ou totalmente combustíveis de origem fóssil".

A introdução de biocombustíveis na matriz energética brasileira:

a) colabora na redução dos efeitos da degradação ambiental global produzida pelo uso de combustíveis fósseis, como os derivados do petróleo.
b) provoca uma redução de 5% na quantidade de carbono emitido pelos veículos automotores e colabora no controle do desmatamento.
c) incentiva o setor econômico brasileiro a se adaptar ao uso de uma fonte de energia derivada de uma biomassa inesgotável.
d) aponta para pequena possibilidade de expansão do uso de biocombustíveis, fixado, por lei, em 5% do consumo de derivados do petróleo.
e) diversifica o uso de fontes alternativas de energia que reduzem os impactos da produção do etanol por meio da monocultura da cana-de-açúcar.

Resolução

A alternativa correta é a **A**. A mistura de *biodiesel* ao óleo *diesel* derivado de petróleo favorece a redução na emissão de gases estufa na atmosfera, colaborando para o combate aos efeitos do aquecimento global.

Essas questões trabalham a **Competência 6 – Compreender a sociedade e a natureza, reconhecendo suas interações no espaço em diferentes contextos históricos e geográficos** – e as **Habilidades 27 – Analisar de maneira crítica as interações da sociedade com o meio físico, levando em consideração aspectos históricos e/ou geográficos** – e **28 – Relacionar o uso das tecnologias com os impactos socioambientais em diferentes contextos histórico-geográficos.**

Etanol (álcool)

Em 14 de novembro de 1975, na tentativa de amenizar as consequências do primeiro choque do petróleo, foi criado o Programa Nacional do Álcool (Proálcool).

Observe, no gráfico da próxima página, os enormes saltos na produção de álcool obtidos a partir de 1979.

O Proálcool levou a alterações na organização espacial do campo. Como não havia sido estabelecido um preço mínimo para a tonelada de cana-de-açúcar até 1989, o governo deixou os pequenos e médios produtores à mercê dos grandes usineiros, já que o governo compra apenas o álcool produzido nas usinas, mas não a cana. Quem não era dono de usina viu-se obrigado a vender a produção aos usineiros, que costumavam pagar muito pouco pela cana-de-açúcar, prejudicando milhares de pequenos e médios proprietários. Nas regiões em que foi implantado o Proálcool, os problemas relacionados à concentração de terras se agravaram: aumento do número de trabalhadores diaristas, incentivo à monocultura e êxodo rural.

A partir de 1989, o governo diminuiu os subsídios para a produção e o consumo de álcool combustível, o setor entrou em crise e o país passou a importá-lo da Europa.

Desde o início da década de 1990, quando houve falta de álcool e consequente perda de confiança, até 2002, os consumidores preferiram veículos movidos a gasolina. Por causa disso, no fim desse período, menos de 1% dos veículos fabricados tinham motor a álcool, enquanto em 1982 esse percentual chegava a 90%.

Para saber mais

Proálcool

Objetivos

- introduzir a mistura gasolina-álcool (álcool anidro);
- fabricar veículos movidos exclusivamente a álcool (álcool hidratado).

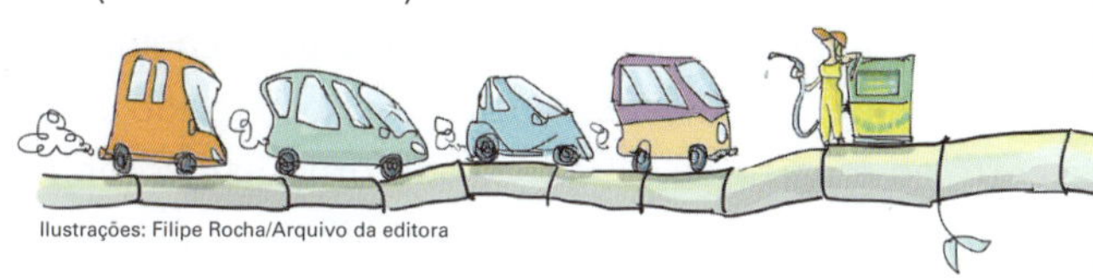

Ilustrações: Filipe Rocha/Arquivo da editora

Financiamento

- foram concedidos vultosos empréstimos aos maiores produtores de cana-de-açúcar, a juros subsidiados;
- em volumes menores, os investimentos foram concedidos a pequenos e médios produtores agrícolas, que substituíram suas culturas diversificadas por cana-de-açúcar e se tornaram fornecedores de matéria-prima aos usineiros.

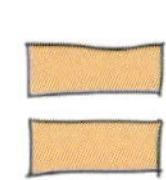

Fabio Colombini/Acervo do fotógrafo

Usina de Álcool em Chapadão do Céu (GO), em foto de 2014.

Atualmente, poucos veículos são movidos exclusivamente a álcool. Por determinação do Conselho Interministerial do Açúcar e do Álcool (Cima), o etanol é misturado à gasolina na proporção de 20% a 25%, o que garante a manutenção de sua produção. Se esse procedimento não fosse adotado, a qualidade do ar nos grandes centros urbanos pioraria muito, porque essa mistura reduz a emissão de gases poluentes e elimina a necessidade de adicionar chumbo (usado como moderador de explosão) à gasolina.

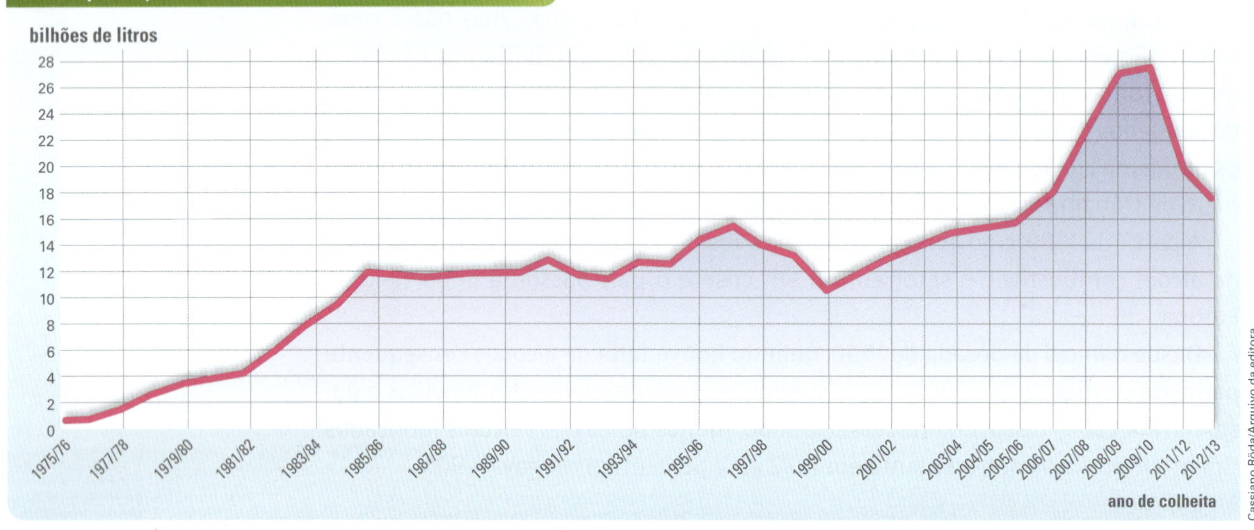

AGÊNCIA Nacional do Petróleo, Gás Natural e Biocombustíveis (Brasil). *Anuário estatístico brasileiro do petróleo, gás natural e biocombustíveis*: 2013. Disponível em: <http://www.cogen.com.br/paper/2013/Anuario_Estatistico_Brasileiro_Petroleo_Gas_Biocombustiveis_ANP_2013.pdf>. Acesso em: 30 maio 2014.

Embora o etanol seja uma fonte de energia eficiente, o programa foi implantado, em escala nacional, em uma época em que a produção e o consumo apresentavam custos maiores do que os da produção da gasolina – por isso houve a necessidade dos subsídios. Atualmente, entretanto, após o grande desenvolvimento tecnológico obtido no setor e os diversos aumentos no preço do barril de petróleo a partir de 1997, o álcool tornou-se economicamente viável. Além disso, desde 2002, a indústria automobilística passou a produzir carros com motores bicombustíveis (movidos a etanol e/ou a gasolina), o que contribuiu muito para o aumento do consumo de álcool. Em 2012, cerca de 90% dos carros zero-quilômetro vendidos no mercado eram "flex", como ficaram conhecidos os automóveis bicombustíveis.

Na foto de 2011, esteira para transporte de bagaço, que será queimado em usina termelétrica em Olímpia (SP).

Para saber mais

O transporte de cargas no Brasil

Como se pode observar na tabela desta página, na matriz brasileira de transportes de cargas predomina o modal rodoviário. Quando comparado com os modais ferroviário e hidroviário, o rodoviário é o que mais consome energia para transportar a mesma quantidade de carga em determinada distância.

Esse maior consumo de energia se reflete em maiores custos para o frete – prejudicando a atividade econômica e a sociedade em geral –, maior emissão de poluentes, maior risco de acidentes e maiores congestionamentos nas estradas, zonas portuárias e nos centros urbanos. Observe a ilustração da página seguinte, que mostra a comparação entre a capacidade de carga por modal de transporte.

Segundo o Ministério dos Transportes, em 2007, o Brasil apresentava 1735 612 km de rodovias, dos quais somente 218 641 km eram pavimentados, contra 30 784 km de ferrovias e 27 000 km de hidrovias (em 2006). Por falta de investimentos no setor, apenas 10 000 km são efetivamente utilizados. Como o país tem dimensões continentais, o modelo de transporte de cargas seria mais eficiente nas esferas econômica e ambiental se tivesse priorizado os sistemas ferroviário e hidroviário-marítimo, que consomem menos energia.

A opção política pelo sistema rodoviário se iniciou na segunda metade da década de 1920, ao longo do mandato de Washington Luís, cujo *slogan* de governo era: "Governar é abrir estradas". Ainda no século XX, Getúlio Vargas, promovendo a integração das regiões brasileiras, Juscelino Kubitschek, com seu Plano de Metas e a construção de Brasília, e os presidentes militares do período da ditadura, com o programa de integração do Norte e Centro-Oeste às demais regiões, também priorizaram as rodovias. Isso por causa de uma associação de fatores: é mais rápido e barato construir uma rodovia que uma ferrovia; o setor rodoviário e as indústrias automobilísticas são grandes geradoras de empregos diretos e indiretos e, historicamente, houve pressão política de empresas multinacionais, falta de planejamento estratégico de médio e longo prazos, e, até 1973, baixos preços do barril de petróleo.

Somente a partir do final do regime militar (principalmente após 1996, com o início do processo de privatização e **concessão** de exploração de portos, rodovias e ferrovias), os investimentos começaram a ser distribuídos de maneira mais equilibrada entre os vários modos de transporte.

Assim como a energia elétrica e o petróleo, os transportes terrestres e aquáticos são fiscalizados e regulamentados por agências: em 2001, foram criadas a Agência Nacional de Transportes Terrestres (ANTT) e a Agência Nacional de Transportes Aquaviários (Antaq).

As rodovias apresentam a vantagem da mobilidade, o que não se verifica nas ferrovias por dependerem de estações – nem nos portos, onde há um limite no número de embarcações que podem atracar. Além disso, o sistema rodoviário é insubstituível em trajetos de curta distância, pois é economicamente inviável a construção de estações ferroviárias e portos muito próximos uns dos outros.

Brasil: modal de transportes de cargas e passageiros – 2013

Modal	Brasil (%)
Rodoviário	61,1
Ferroviário	20,7
Aquaviário	13,6
Dutoviário	4,2
Aeroviário	0,4

CONFEDERAÇÃO Nacional do Transporte. *Boletim estatístico – abril/2014*. Disponível em: <www.cnt.org.br>. Acesso em: 30 maio 2014.

A estruturação de uma malha de transportes eficiente envolve uma associação entre os modais de transportes utilizados para deslocar as cargas a longas distâncias, conhecida como sistema intermodal ou multimodal. Nesse sistema, a carga é transportada por caminhões em viagens de curta distância até a estação ou o porto, e passa a ser transportada por trens ou navios em viagens de grandes distâncias.

Concessão: algo que é concedido, ou seja, oferecido, posto à disposição. No caso da infraestrutura e dos serviços públicos (como telefonia, rodovias, etc.), concede-se o direito de exploração por parte de empresas privadas.

Comparativo entre os modais de transporte

AGÊNCIA Nacional de Águas (ANA). *A navegação interior e os usos múltiplos da água.* Disponível em: <http://arquivos.ana.gov.br/planejamento/planos/pnrh/VF%20Navegacao.pdf>. Acesso em: 30 maio 2014.

Brasil: transportes – 2009

Adaptado de: SIMIELLI, M. E. *Geoatlas*. 34. ed. São Paulo: Ática, 2012. p. 128.

Atividades

Compreendendo conteúdos

1. Por que foram criadas as agências reguladoras (ANP, Aneel, ANTT, Antaq)?
2. Quais foram as estratégias utilizadas pelo governo brasileiro para enfrentar as crises de petróleo de 1973 e de 1979?
3. Comente a participação da termeletricidade na matriz energética brasileira.
4. Relacione os aspectos ambientais e socioeconômicos referentes ao consumo de etanol e de *biodiesel* como combustível.
5. Quais as consequências da implantação do sistema rodoviário como principal meio de transporte de cargas e passageiros no Brasil?

Desenvolvendo habilidades

6. Observe os gráficos a seguir e responda às questões.

Brasil: participação das fontes renováveis no total de energia produzida

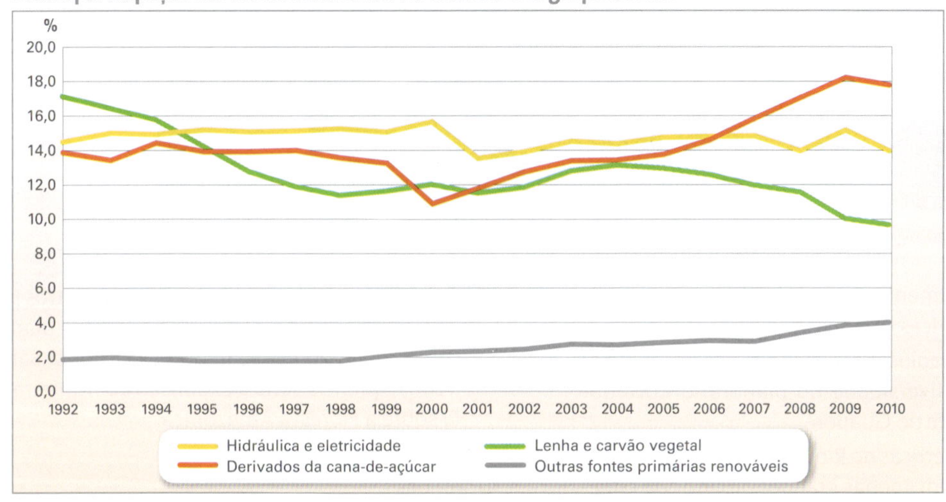

IBGE. *Indicadores de desenvolvimento sustentável – Brasil – 2012*. Disponível em: <ftp://geoftp.ibge.gov.br/documentos/recursos_naturais/indicadores_desenvolvimento_sustentavel/2012/ids2012.pdf>. Acesso em: 30 maio 2014.

Brasil: participação das fontes não renováveis no total de energia produzida

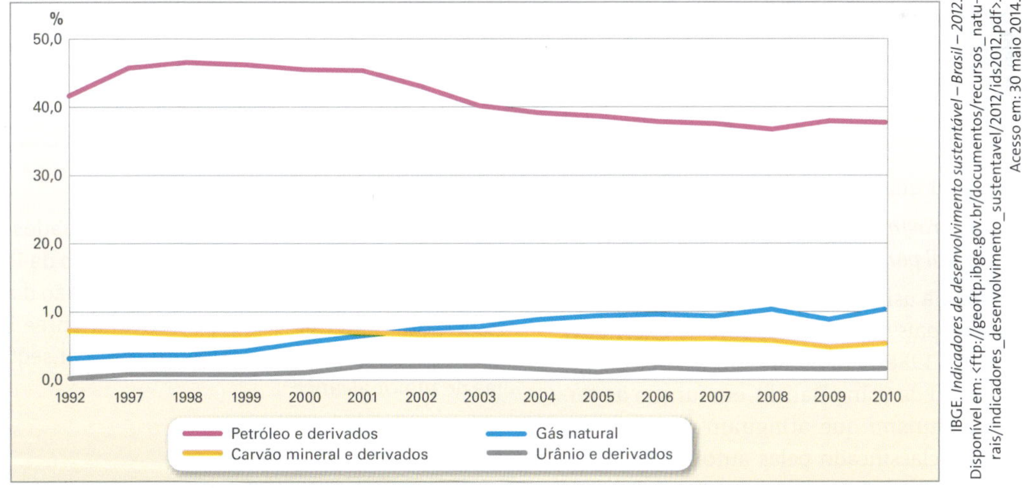

IBGE. *Indicadores de desenvolvimento sustentável – Brasil – 2012*. Disponível em: <ftp://geoftp.ibge.gov.br/documentos/recursos_naturais/indicadores_desenvolvimento_sustentavel/2012/ids2012.pdf>. Acesso em: 30 maio 2014.

a) Quais são as fontes renováveis que apresentaram maior participação no total de energia ofertada no Brasil nas últimas décadas?
b) Quais fontes não renováveis apresentaram menor participação?
c) Como você explica essa mudança nas participações das fontes renováveis e não renováveis no total de energia ofertada no Brasil nas últimas décadas? Você diria que está ocorrendo uma substituição?

Vestibulares de Norte a Sul

1. **S** (UFSM-RS) Campanha popular "Viva o Rio Madeira Vivo".

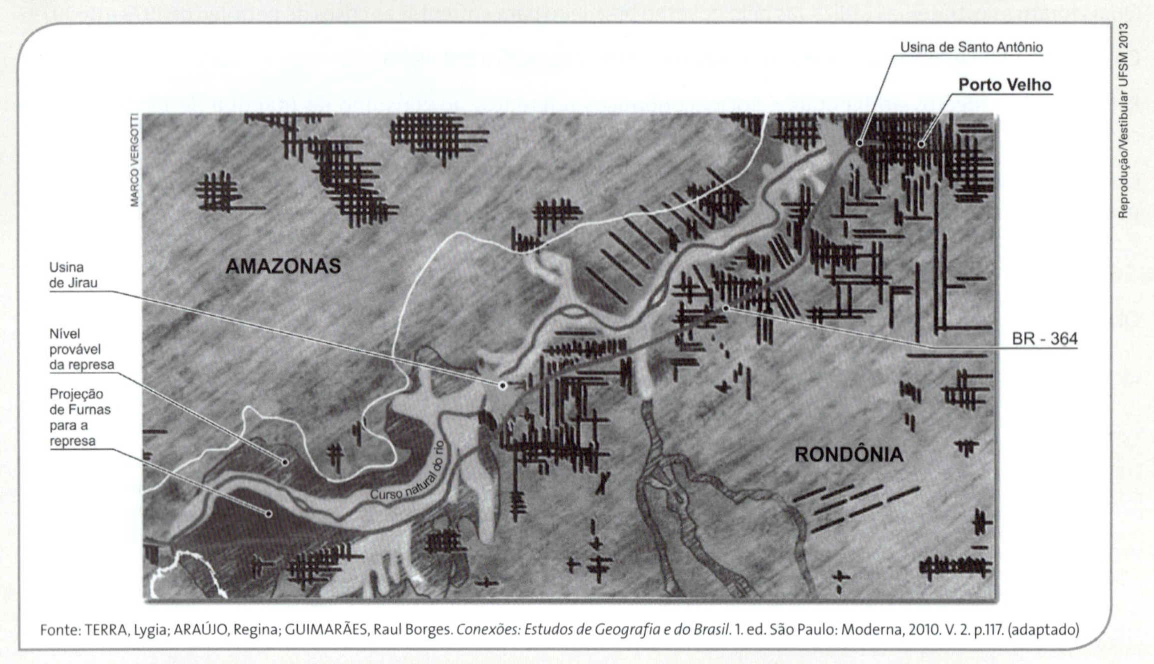

Fonte: TERRA, Lygia; ARAÚJO, Regina; GUIMARÃES, Raul Borges. *Conexões: Estudos de Geografia e do Brasil*. 1. ed. São Paulo: Moderna, 2010. V. 2. p.117. (adaptado)

Constitui(em) argumento(s) contrário(s) à construção das usinas hidrelétricas e da hidrovia do Rio Madeira:

I. As hidrelétricas colocariam em risco um dos redutos de grande biodiversidade do planeta: o Corredor Ecológico do Vale do Guaporé.

II. As usinas hidrelétricas do Rio Madeira, Santo Antônio e Jirau não seriam apenas grandes projetos de engenharia e arquitetura moderna; constituem parte de um grande projeto para o desenvolvimento sustentável da região, para a integração nacional e melhoria de vida da população.

III. Com a ideia de que, além da hidrovia, outros projetos de infraestrutura e de transporte foram planejados, como a pavimentação da rodovia Cuiabá-Santarém, a consequência seria a expansão da fronteira agrícola sobre a Floresta Amazônica.

Está(ão) correta(s)

a) apenas I.
b) apenas II.
c) apenas I e III.
d) apenas II e III.
e) I, II e III.

2. **NE** (UERN)

Japão vive pior acidente nuclear desde Chernobyl

População próxima ao local receberá doses de iodo, um elemento útil para prevenir câncer de tireoide.

O acidente na usina nuclear de Fukushima, no Japão, é o pior do país desde a catástrofe de Chernobyl, na Ucrânia, em 1986. A falha no sistema de refrigeração do reator 1 da usina Daiichi, em função do terremoto e do *tsunami* que atingiram o país nessa sexta-feira, foi classificado pelas autoridades como categoria 4. De acordo com a Escala Internacional de Sucessos Nucleares (INES), isso equivale a um "acidente com consequências de alcance local", informa o jornal *El Pais*, nesse sábado. Na classificação, 7 é a categoria máxima.

Apenas em duas ocasiões foram registrados acidentes piores, de acordo com a classificação da INES: Chernobyl (nível 7, "acidente grave") e a fusão do núcleo de um reator da central americana Three Mile Island, em 1979 (nível 5, "acidente com consequências de maior alcance").

Segundo a agência de notícias japonesa Jiji, três trabalhadores sofreram de exposição radioativa perto da usina de Fukushima. Para conter as consequências do acidente, o governo japonês tenta um método sem precedentes, segundo informou o porta-voz, Yukio Edano. Trata-se de um resfriamento do reator com água do mar, misturada com ácido bórico.

Além disso, a população próxima ao local receberá doses de iodo, um elemento útil para prevenir câncer de tireoide. Após o desastre de Chernobyl, milhares de casos de câncer de tireoide foram registrados em crianças e adolescentes, expostos no momento do acidente. Mais casos são esperados.

(http://veja.abril.com.br/noticia/internacional/japao-vive-pior-acidente-nuclear-desde-chernobyl)

"Por situações como essas descritas na notícia é que o mundo tem vivido um momento de aversão à energia nuclear. A Suécia decidiu, em plebiscito, fechar todas as suas usinas até 2010, sem contar que o mesmo foi decidido na Austrália e Itália. A Alemanha deverá fechar todas as suas usinas até 2021".

(James e Mendes, 2010: 216)

No contexto dos textos, considerando a matriz energética brasileira assinale a alternativa correta.

a) No Brasil, existe uma necessidade urgente de ampliação da produção de energia elétrica e a fissão nuclear é a alternativa mais viável para atender a essa demanda devido às limitações do território.
b) O complexo produtor de energia nuclear de Angra dos Reis é paradigma para todos os estados brasileiros, haja vista que a energia nuclear é o principal potencial energético do país depois do hidrelétrico, estando este em fase final de uso do potencial total do território nacional.
c) O programa de energia nuclear brasileiro deve sofrer um retrocesso nos próximos anos, fato que será viabilizado pelo grande potencial hidrelétrico e eólico, ainda não utilizado no país.
d) O governo brasileiro deve aproveitar a desvalorização da energia nuclear no mundo e a baixa dos custos para criar no país uma grande matriz energética nuclear, a fim de assegurar o crescimento da economia nacional.

3. **SE** (FGV-SP) A energia eólica passou a ser utilizada de forma sistemática para produção de eletricidade a partir da década de 1970, na Europa e depois nos Estados Unidos. No Brasil, essa energia

a) apresenta um forte potencial no litoral nordestino.
b) é largamente concentrada na Amazônia.
c) representa cerca de 10% da matriz energética.
d) tem maior produção concentrada no Sudeste.
e) concorre diretamente com fontes tradicionais como o carvão.

4. **N** (UEPA) O uso de energia e de tecnologias modernas de uso final levou a mudanças qualitativas na vida humana, proporcionando tanto o aumento da produtividade econômica quanto do bem-estar da população. No entanto, para que tal se concretize tem que ser observado de que forma o homem se apropria dos recursos naturais geradores de energia para que essa apropriação não se transforme em um ato de violência socioambiental. Nesse contexto é verdadeiro afirmar que:

a) no Brasil são modestos os recursos naturais que podem ser apropriados para o fornecimento de energia, principalmente a água, por isso a matriz energética brasileira é a termoeletricidade, considerada uma forma limpa e não agressora ao meio ambiente.
b) historicamente, o Brasil procurou depender de recursos energéticos não agressivos ao meio ambiente, a exemplo do urânio que é beneficiado para fins de produção de energia atômica de uso doméstico. Este tipo de energia é produzido nas Usinas de Angra I e II no Rio de Janeiro.
c) o uso de combustíveis fósseis no fornecimento de energia, a exemplo do Petróleo, tem aumentado no país devido principalmente ao crescimento da frota de carros e à diminuição significativa da produção de etanol obtido da cana-de-açúcar. Este último fato tem estreita relação com a dizimação de canaviais no Nordeste brasileiro devido à propagação de pragas agrícolas.
d) a região Amazônica vive atualmente a eminência da construção da Usina Hidrelétrica de Belo Monte, no Rio Xingu. Impactos ambientais são de várias ordens e têm sido motivo de muitas discussões, a exemplo da redução da vazão do rio, do processo de desterritorialização de vários grupos indígenas e de perdas de parte da floresta e de sua biodiversidade. Se o cenário da Hidrelétrica de Tucuruí agregou violações de direito e desastres ambientais, em Belo Monte não será diferente.
e) apesar de ser comum a presença de problemas ambientais e sociais em construções de hidrelétricas, a de Tucuruí (Rio Tocantins) representou uma exceção, pois raros foram os problemas causados com a sua construção. O único a acontecer esteve ligado à saúde das mulheres, uma vez que sua construção estimulou a imigração, a urbanização da região, e o nível de doenças sexualmente transmissíveis aumentaram, especialmente a AIDS.

População

As condições de vida de um povo são expressas por alguns de seus indicadores sociais, econômicos, culturais e políticos, e em todos os países existem desigualdades entre os diversos grupos sociais que os compõem.

Vamos refletir sobre vários temas ligados às condições de vida e à dinâmica das populações. Os direitos humanos são universais? Será que os indicadores sociais estão melhorando ou piorando pelo mundo? Nesta unidade, vamos estudar esses e muitos outros temas ligados à população mundial e à brasileira.

Rawpixel/Shutterstock/Glow Images

CAPÍTULO

28 Características e crescimento da população mundial

Rua em Istambul (Turquia), em 2011.

Atualmente, a dinâmica demográfica da população é muito desigual entre os países. Nas economias desenvolvidas, o crescimento demográfico é inexpressivo, sendo negativo em alguns casos. Já nos países pobres e emergentes, ocorrem as mais variadas situações: em algumas nações, o elevado crescimento populacional compromete a busca do desenvolvimento sustentável; em outras, a população tende a se estabilizar nas próximas décadas, como é o caso do Brasil. Estudaremos as teorias sobre o crescimento populacional e sua influência no desenvolvimento dos países.

Neste capítulo estudaremos também alguns conceitos importantes para compreender o tema, como população, povo, etnia e direitos humanos.

Segundo o Fundo de População das Nações Unidas (UNFPA), em 2013 o planeta Terra era habitado por mais de 7 bilhões de pessoas, distribuídas de maneira desigual pelos países e pelas regiões. Observe no mapa que existem regiões com elevada concentração de habitantes e outras em que a ocupação humana é muito esparsa.

Filipe Rocha/Arquivo da editora

Densidade demográfica* no mundo

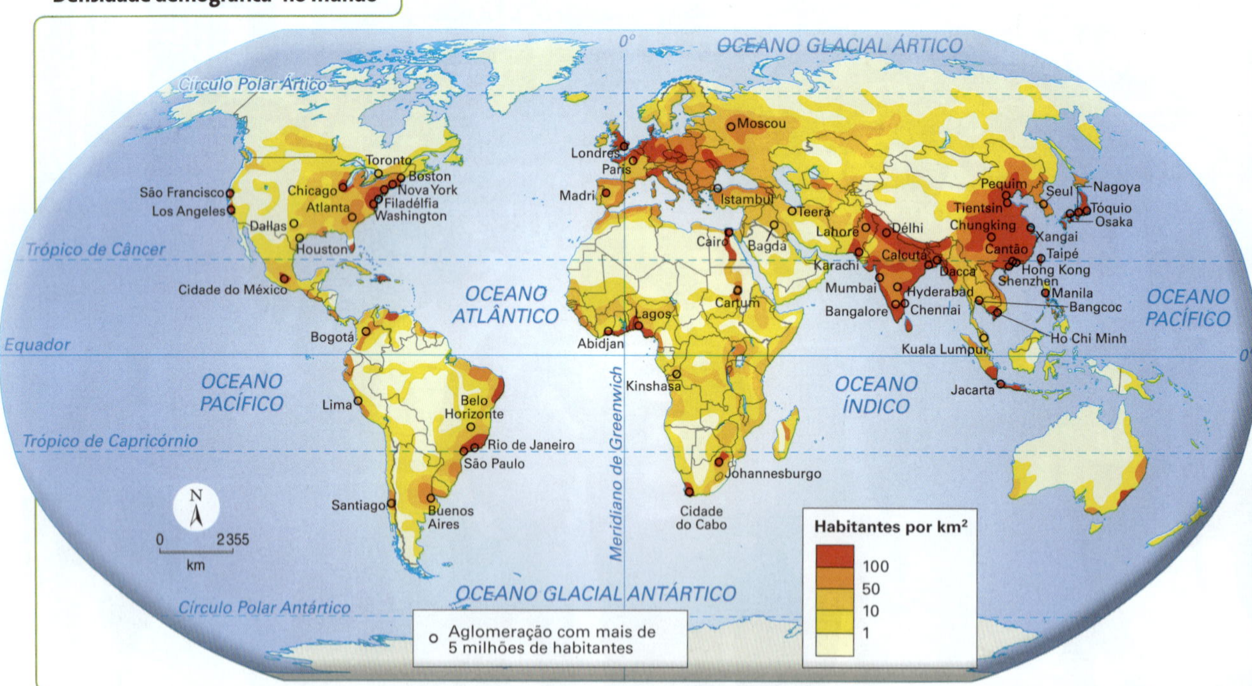

Portal de Mapas/Arquivo da editora

Adaptado de: CHARLIER, Jacques (Dir.). *Atlas du 21e siècle édition 2012*. Groningen: Wolters-Noordhoff; Paris: Éditions Nathan, 2011. p. 190.

* A densidade demográfica corresponde ao número de habitantes por quilômetro quadrado. Esse número, embora revele áreas de maior ou menor concentração populacional, mais ou menos povoadas, não revela as condições socioeconômicas e outros aspectos que permitiriam avaliar as condições de vida da população.

1 A população mundial

Entre os mais de 7 bilhões de habitantes do mundo, mais de 75% vivem em países pobres ou emergentes, cerca de 42% trabalham na agropecuária, **silvicultura** ou pesca e 774 milhões de pessoas (11,4%) com 15 anos de idade ou mais são analfabetas. Nos países desenvolvidos, 64% dos cidadãos têm acesso à internet, enquanto na América Latina e no Caribe esse número cai para 24%; no Sul e Sudeste Asiático o índice é 14%, e na África Subsaariana somente 4% da população tem acesso à rede mundial de comunicação.

Silvicultura: cultivo de árvores para obtenção de madeira ou recuperação de áreas desmatadas.

No entanto, muitos países apresentaram um expressivo crescimento econômico e suas populações melhoraram de qualidade de vida, principalmente durante a segunda metade do século XX e início do século XXI. De acordo com o Banco Mundial, em 1990 cerca de 1,9 bilhão de pessoas vivia em condições de pobreza extrema (com menos de US$ 1,25 por dia), número que se reduziu para aproximadamente 1,2 bilhão em 2010, apesar do crescimento populacional do período (veja a tabela na página seguinte).

O grande crescimento econômico da China retirou 507 milhões de pessoas da pobreza extrema, mas, nesse mesmo período, na África Subsaariana houve aumento de 295 milhões para 415 milhões de pessoas nessas condições. Entretanto, como podemos observar na tabela, na África Subsaariana reduziu-se o percentual de pobreza extrema em relação ao total da população, entre 1990 e 2010, fato que se explica pelas elevadas taxas de natalidade.

Pessoas e comércio ambulante em rua da cidade de Parintins (AM), em 2010, durante festival de folclore realizado anualmente.

Palê Zuppani/Pulsar Imagens

Número absoluto e relativo de pessoas vivendo com menos de US$ 1,25 por dia				
Região/país	1990		2010	
	Número de pobres (em milhões)	% sobre a população total da região/do país	Número de pobres (em milhões)	% sobre a população total da região/do país
Leste da Ásia e Pacífico	873	54,7	251	12,5
Europa e Ásia central	9	2,1	3	0,7
América Latina e Caribe	49	11,3	32	5,5
Oriente Médio e norte da África	10	4,3	8	2,4
Sul da Ásia	579	51,7	507	31,0
África Subsaariana	295	57,6	414	48,5
Total	**1816**	**42,0**	**1215**	**20,6**

WORLD development indicators 2013. Disponível em: <www.worldbank.org>. Acesso em: 30 maio 2014.

As disparidades não são apenas essas. Em 2013, segundo o UNFPA, nos países desenvolvidos, a esperança de vida média era de 74 anos para os homens e 81 anos para as mulheres; na América Latina e Caribe, 71 e 78; e, na África Subsaariana, 55 e 57 anos.

Tais diferenças se explicam pela deficiência ou, muitas vezes, pela completa falta de acesso à água potável, a uma alimentação adequada, à coleta e ao tratamento de esgoto, à educação de qualidade, às condições adequadas de habitação e, principalmente, a bons programas de saúde destinados à população, incluindo campanhas de vacinação, hospitais e maternidades de qualidade, entre outros.

Observe, na tabela abaixo, a esperança de vida ao nascer em países selecionados.

Esperança de vida ao nascer – 2010-2015					
País	Homens	Mulheres	País	Homens	Mulheres
Japão	80	87	Arábia Saudita	73	76
Espanha	79	85	Brasil	71	77
Reino Unido	78	82	Egito	72	76
Estados Unidos	76	81	Haiti	61	64
México	75	80	Moçambique	50	52
Argentina	72	80	Guiné-Bissau	47	50

FUNDO DE POPULAÇÃO DAS NAÇÕES UNIDAS (UNFPA). *Relatório sobre a situação da população mundial 2013*. Disponível em: <www.unfpa.org.br>. Acesso em: 30 maio 2014.

Filipe Rocha/Arquivo da editora

2 População, povo e etnia: conceitos básicos

População é o conjunto de pessoas que residem em determinada área, que pode ser um bairro, um município, um estado, um país ou até mesmo o planeta como um todo. Como se pode ver no gráfico e no mapa a seguir, ela pode ser caracterizada de acordo com vários aspectos: por gênero (masculino e feminino), faixa etária (jovens, adultos e idosos), religião, etnia, local de moradia (área urbana ou área rural) e atividade econômica (ativa ou inativa), entre outros. Além disso, as condições de vida e o comportamento da população são retratados por meio de indicadores sociais: taxas de natalidade e mortalidade, expectativa de vida, índices de analfabetismo, participação na renda, etc.

No Brasil, **população** e **povo** são conceitos que têm **distinção jurídica**. Como a população é o conjunto de todos os habitantes, ela engloba, por exemplo, estrangeiros residentes no país. Eles têm direitos assegurados por tratados internacionais e na própria Constituição Federal, mas não são cidadãos nem fazem parte do povo brasileiro. Somente os brasileiros natos e os estrangeiros naturalizados que, de forma regulamentada, têm direitos e deveres de participação na vida política do país, constituem o povo brasileiro no sentido jurídico-político do termo.

Línguas mais faladas no mundo

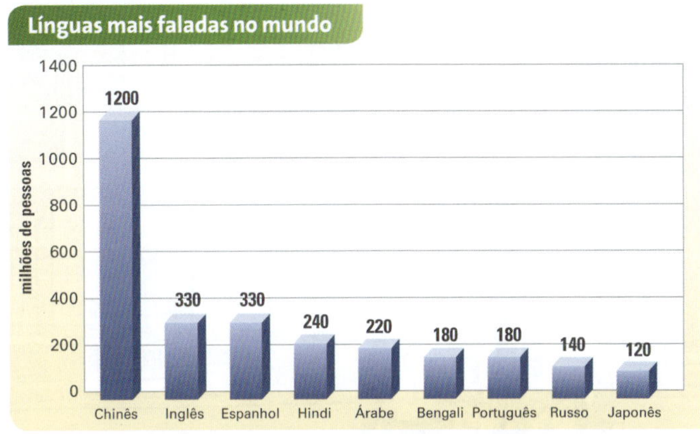

LE GRAND atlas encyclopedique du monde. Novara: Instituto Geográfico de Agostini, 2011. p. 44-45.

Mundo: religiões

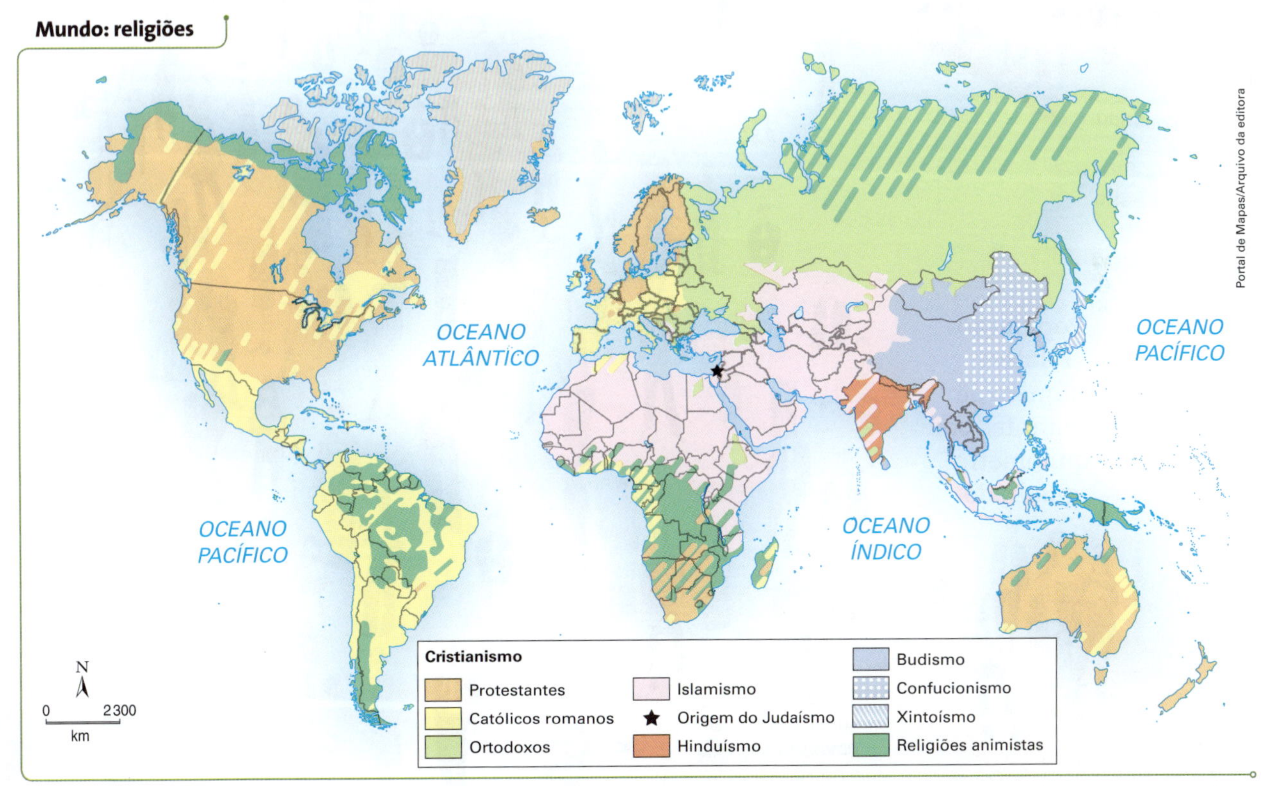

Adaptado de: CHARLIER, Jacques. (Dir.) *Atlas du 21e siècle édition 2012*. Groningen: Wolters-Noordhoff; Paris: Éditions Nathan, 2011. p. 188.

Quando nos referimos à população de um país, por exemplo, também podemos considerar os conceitos de **populoso** e **povoado**.

Infográfico

POPULOSO E POVOADO

Os países do mundo se diferem muito em número de habitantes e em extensão territorial, apresentando densidades demográficas muito variadas.
Veja a seguir alguns conceitos que tratam dessa relação.

População absoluta: número total de habitantes

Um país é considerado **populoso** quando o número absoluto de habitantes é alto.

População relativa: número de habitantes por quilômetro quadrado

Um país é considerado **povoado** quando o número de habitantes por quilômetro quadrado é alto.

IBGE. *Atlas geográfico escolar*. 6. ed. Rio de Janeiro: 2012. p. 114.

Os conceitos populoso e povoado devem ser interpretados com atenção. Um país não oferece melhores ou piores condições de vida aos seus cidadãos simplesmente pelo fato de ser pouco ou muito povoado. Os Países Baixos, apesar de terem elevada população relativa (400 hab./km²), apresentam uma estrutura econômica e de serviços públicos que atende às necessidades dos seus cidadãos. Já o Brasil, com uma baixa população relativa, apresenta muitos problemas na área social por causa da carência de serviços públicos de qualidade, de empregos com salários dignos, de habitações adequadas, etc. Em última instância, o que conta é a análise das condições de vida da população, e não apenas a análise dos números demográficos. Daí a importância de se considerar, além das condições socioeconômicas, o acesso aos direitos humanos universais estabelecidos pela ONU.

Os direitos humanos universais

O texto a seguir, que trata da importância dos direitos humanos fundamentais, foi escrito, em 1998, pelo jurista Dalmo de Abreu Dallari, quando se comemoravam os cinquenta anos da Declaração Universal dos Direitos Humanos.

Outras leituras

O que são direitos humanos

Direitos humanos: noção e significado

Para entendermos com facilidade o que significam direitos humanos, basta dizer que tais direitos correspondem às necessidades essenciais da pessoa humana. Trata-se daquelas necessidades que são iguais para todos os seres humanos e que devem ser atendidas para que a pessoa possa viver com a dignidade que deve ser assegurada a todas as pessoas. Assim, por exemplo, a vida é um direito humano fundamental, porque sem ela a pessoa não existe. Então a preservação da vida é uma necessidade de todas as pessoas humanas. Mas, observando como são e como vivem os seres humanos, vamos percebendo a existência de outras necessidades que são também fundamentais, como a alimentação, a saúde, a moradia, a educação, e tantas outras coisas.

Pessoas com valor igual, mas indivíduos e culturas diferentes

Não é difícil reconhecer que todas as pessoas humanas têm aquelas necessidades e por esse motivo, como todas são iguais – uma não vale mais do que a outra, uma não vale menos do que a outra –, reconhecemos também que todos devem ter a possibilidade de satisfazer aquelas necessidades.

Um ponto deve ficar claro, desde logo: a afirmação da igualdade de todos os seres humanos não quer dizer igualdade física nem intelectual nem psicológica. Cada pessoa humana tem sua individualidade, sua personalidade, seu modo próprio de ver e de sentir as coisas. Assim, também os grupos sociais têm sua cultura própria, que é resultado de condições naturais e sociais. Um grupo humano que sempre viveu perto do mar será diferente daquele que vive, tradicionalmente, na mata, na montanha ou numa região de planícies. Do mesmo modo, os costumes e as relações sociais da população de uma grande metrópole não serão os mesmos da população de uma cidadezinha pobre do interior, distante e isolada dos grandes centros. Da mesma forma, ainda, a cultura de uma população predominantemente católica será diferente da cultura de uma população muçulmana ou budista.

Em tal sentido as pessoas são diferentes, mas continuam todas iguais como seres humanos, tendo as mesmas necessidades e faculdades essenciais. Disso decorre a existência de direitos fundamentais, que são iguais para todos.

DALLARI, Dalmo de Abreu. *Direitos humanos e cidadania*. São Paulo: Moderna, 1998. p. 7-8. (Polêmica). Dalmo de Abreu Dallari é jurista e professor titular da Faculdade de Direito da Universidade de São Paulo.

Mahmoud Khaled/ Agência France-Presse

A Declaração Universal dos Direitos Humanos foi elaborada pela ONU em 1948. Na foto, de 2012, mulheres egípcias aguardam em fila para votar a nova Constituição, com ampliação da influência das regras islâmicas sobre o ordenamento jurídico do país.

Observe as fotografias. A humanidade é constituída por diversas etnias, modos de vida e pessoas com diferenças sociais, econômicas, culturais e psicológicas, mas todos devem ter garantidos os direitos humanos estabelecidos pela ONU.

Abaixo, à esquerda, católicos na praça de São Pedro (Vaticano, 2013) aguardando o resultado do conclave que elegeu o papa Francisco; à direita, celebração budista em Saraburi, perto de Bangcoc (Tailândia, 2011).

Polaris/Other Images Press/Other Images

Andreas Solaro/Agência France-Presse

O que é nação e etnia?

O texto de Dalmo Dallari nos remete ao conceito de nação, importante nos estudos da geografia da população. Esse conceito será aqui utilizado, em seu sentido antropológico, como sinônimo de etnia, definindo um grupo de pessoas que apresentam uma história comum e vivenciam um padrão cultural que lhes assegura uma identidade coletiva. Assim, a população de um país pode conter várias nações ou etnias, como é bastante evidente na Rússia, na Índia, na China e na Indonésia. Podemos dizer, portanto, que há países multinacionais ou multiétnicos.

Edson Sato/Pulsar Imagens

Mesmo o Brasil é composto de diversas nações indígenas minoritárias – os Kaiapó, os Munduruku, os Kadiwéu, os Guarani, além de outras 215 etnias (sem contar os mais de oitenta povos isolados sobre os quais a Funai afirma ainda não haver informações objetivas). Em sentido antropológico, muitas vezes a palavra povo também é utilizada como sinônimo de nação e etnia, daí falar em povo Kaiapó, povo Guarani, etc. A Funai, por exemplo, utiliza a expressão "povos indígenas" em seus textos e em suas atividades. Na foto, indígenas Yanomami em Barcelos (AM), em 2012.

"O senhor... mire, veja: o mais importante e bonito, do mundo, é isto: que as pessoas não estão sempre iguais, ainda não foram terminadas – mas que elas vão sempre mudando. Afinam ou desafinam, verdade maior. É o que a vida me ensinou. Isso que me alegra montão."

João Guimarães Rosa (1908-1967), escritor brasileiro.

Jung Yeon-Je/Agência France-Presse

Na foto, militar sul-coreano em barricada na fronteira entre as Coreias do Norte e do Sul, em 2013. Neste caso, temos uma nação dividida em dois Estados, como herança de uma guerra (1950-1953).

É importante destacar que na população de um país, mesmo que as pessoas tenham ideais comuns e formem realmente uma nação, existe a necessidade da ação do Estado para intermediar os conflitos de interesses.

Quanto mais acentuadas as diferenças sociais e a concentração de renda, maior é a distância entre a média dos indicadores socioeconômicos da população e a realidade em que vive a maioria dos cidadãos. No Brasil, como mostra a tabela abaixo, a taxa de analfabetismo funcional da população que recebe até meio salário mínimo por mês é quase seis vezes superior à parcela que recebe mais de dois salários mínimos.

Portanto, diante de uma tabela ou gráfico contendo quaisquer indicadores sociais de uma população, temos de considerar como está distribuída a renda do país para podermos avaliar a confiabilidade da média obtida.

Taxa de analfabetismo funcional por classe de rendimento mensal familiar *per capita* (em %) – 2009

Até ½ salário mínimo	De ½ a 1 salário mínimo	De 1 a 2 salários mínimos	Mais de 2 salários mínimos
31,0	25,9	16,1	5,3

IBGE. *Síntese de Indicadores Sociais 2010*. Rio de Janeiro, 2010. Disponível em: <www.ibge.gov.br>. Acesso em: 30 maio 2014.

3 A discriminação de gênero

No que se refere à igualdade entre as pessoas como direito humano fundamental, é importante destacar que em muitos países ainda existe forte discriminação de gênero, isto é, as mulheres não têm as mesmas condições de vida e oportunidades que são oferecidas aos homens em relação a educação, atuação no mercado de trabalho e participação política. Nos países desenvolvidos, principalmente nos da Europa ocidental, nos Estados Unidos, no Canadá e na Austrália, tem havido grande avanço na redução das desigualdades de gênero, e as mulheres obtiveram muitas conquistas. Embora em nível menor, o avanço também vem ocorrendo em países emergentes como o Brasil, a Argentina, o Chile, a Índia, a Turquia e a África do Sul. Entretanto, em alguns outros emergentes e em muitos países e regiões mais pobres do mundo, principalmente na África Subsaariana e no Oriente Médio, as mulheres ainda sofrem grande discriminação e apresentam taxas de escolarização, participação política e condições de emprego bem inferiores às da população masculina, além de serem submetidas a frequentes maus-tratos.

A participação das mulheres no mercado de trabalho e no sistema de educação é uma das condições mais importantes para a busca do desenvolvimento sustentável e o terceiro item dos Objetivos do Milênio estabelecidos pela ONU: promover a igualdade entre gêneros e a autonomia das mulheres. Observe o mapa abaixo e depois leia o texto do UNFPA, que demonstra a relação entre a cultura e a desigualdade de gênero.

Desigualdade entre homens e mulheres no emprego e na educação

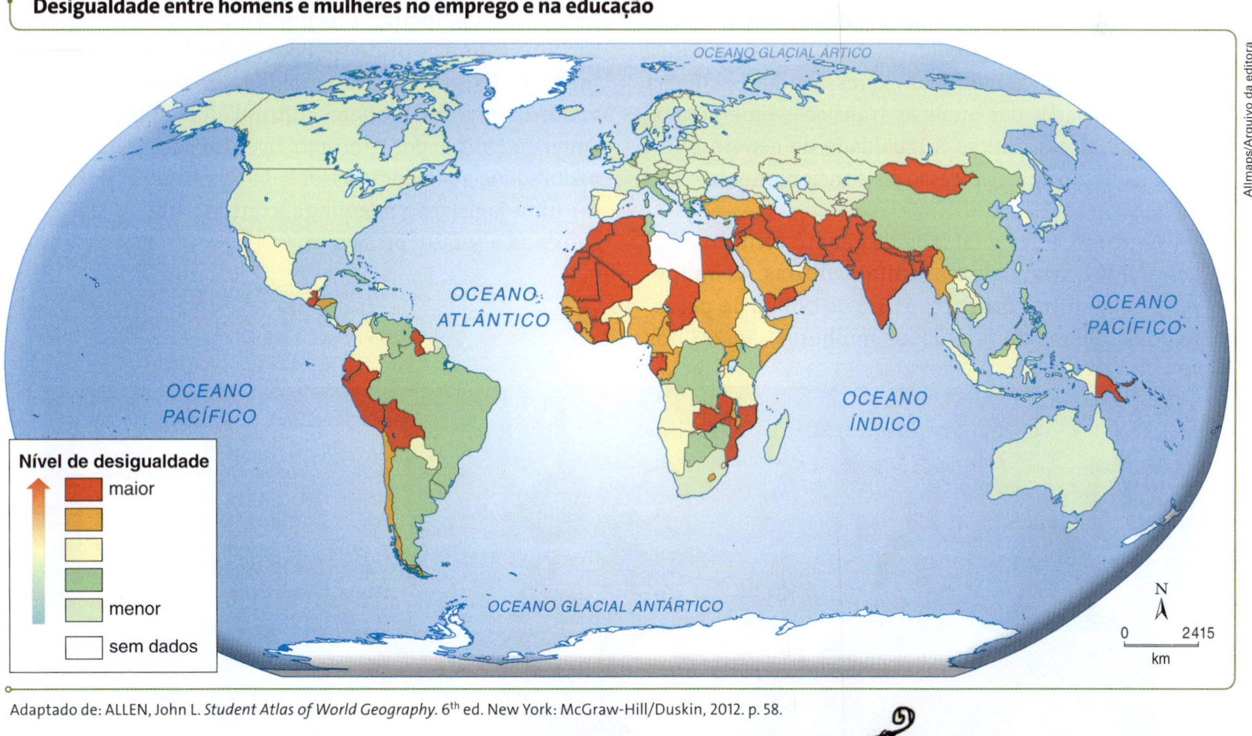

Allmaps/Arquivo da editora

Adaptado de: ALLEN, John L. *Student Atlas of World Geography*. 6th ed. New York: McGraw-Hill/Duskin, 2012. p. 58.

Filipe Rocha/Arquivo da editora

Cultura, gênero e direitos humanos

[...]

A cultura – padrões herdados de significados compartilhados e de entendimentos comuns – influencia o modo como as pessoas regem suas vidas e oferece uma lente por meio da qual podem interpretar sua sociedade. As culturas afetam a forma como as pessoas pensam e agem, mas não produzem uniformidade de pensamento ou de comportamento.

As culturas devem ser vistas em seu contexto mais amplo: elas influenciam e são influenciadas por circunstâncias externas e, em resposta a elas, se modificam. As culturas não são estáticas; as pessoas estão continuamente envolvidas em remodelá-las, embora alguns aspectos da cultura continuem a influenciar escolhas e estilos de vida por períodos muito longos.

Os costumes, normas, comportamentos e atitudes culturais são tão variados quanto ambíguos e dinâmicos. É arriscado generalizar e é particularmente perigoso julgar uma cultura pelas normas e valores de outra. Tal simplificação excessiva pode levar à presunção de que todo membro de uma cultura pensa de forma idêntica. Isso não somente se trata de uma percepção equivocada, mas ignora um dos acionadores da mudança cultural, que são as múltiplas expressões da resistência interna, a partir das quais as transições emergem. O movimento em direção à igualdade de gênero é um bom exemplo desse processo em funcionamento.

[...]

Contudo, a desigualdade de gênero continua disseminada e arraigada em muitas culturas. As mulheres e as meninas constituem 3/5 do bilhão de pessoas mais pobres do mundo: as mulheres são 2/3 dos 960 milhões de adultos em todo o mundo que não sabem ler, e as meninas representam 70% dos 130 milhões de crianças que não vão para a escola. Algumas normas e tradições culturais e sociais perpetuam a violência associada ao gênero, e tanto os homens como as mulheres podem aprender a fazer "vista grossa" ou aceitar a situação. De fato, as mulheres podem defender as estruturas que as oprimem.

O poder opera dentro das culturas por meio da coerção que pode ser visível, oculta nas estruturas do governo e da legislação, ou estar enraizada nas percepções que as pessoas têm delas mesmas. As relações de poder são, portanto, o cimento que liga e molda a dinâmica de gênero e fundamenta o raciocínio e a maneira como as culturas interagem e se manifestam. Práticas como o casamento de crianças (que é uma das principais causas da fístula obstétrica e da mortalidade materna) e a mutilação ou excisão genital feminina (que tem consequências gravíssimas para a saúde) continuam a existir em muitos países apesar de haver leis proibindo-as. As mulheres podem até ajudar a perpetuar tais práticas, na crença de que são uma forma de proteção para seus filhos e para elas mesmas. Os avanços na igualdade de gênero nunca vieram sem um embate cultural. As mulheres da América Latina, por exemplo, tiveram sucesso ao dar visibilidade à violência associada ao gênero e assegurar uma legislação adequada, contudo sua aplicação continua a ser um problema.

FUNDO DE POPULAÇÃO DAS NAÇÕES UNIDAS (UNFPA). *Relatório sobre a situação da população mundial 2008*. Disponível em: <www.unfpa.org.br/Arquivos/swop2008.pdf>. Acesso em: 30 jun. 2014.

Safin Hamed/Agência France-Presse

Consulte a indicação dos endereços eletrônicos do **Fundo de Desenvolvimento das Nações Unidas para a Mulher** (Unifem) e sobre os direitos das mulheres na mídia mundial. Veja orientações na seção **Sugestões de leitura, filmes e *sites***.

Mulheres com crianças em campo de refugiados no Iraque, em 2014.

 Crescimento populacional ou demográfico

Segundo a ONU, do início dos anos 1970 até 2012, o crescimento da população mundial caiu de 2,1% para 1,1% ao ano, o número de mulheres em idade reprodutiva que utilizam algum método anticoncepcional aumentou de 10% para 63%, e o número médio de filhos por mulher (taxa de fecundidade) caiu de 6 para 2. Ainda assim, esse ritmo continua elevado e, caso se mantenha, a população do planeta saltará de mais de 7 bilhões, em 2012, para 9 bilhões em 2050.

Os países em desenvolvimento abrigavam 5,7 bilhões de pessoas em 2011 e, em 2050, deverão ter 7,9 bilhões. Já nos países desenvolvidos o crescimento nesse mesmo período será bem menor, com a população absoluta aumentando de 1,24 para 1,28 bilhão de pessoas e, caso não se considerasse o ingresso de imigrantes, haveria redução para 1,15 bilhão.

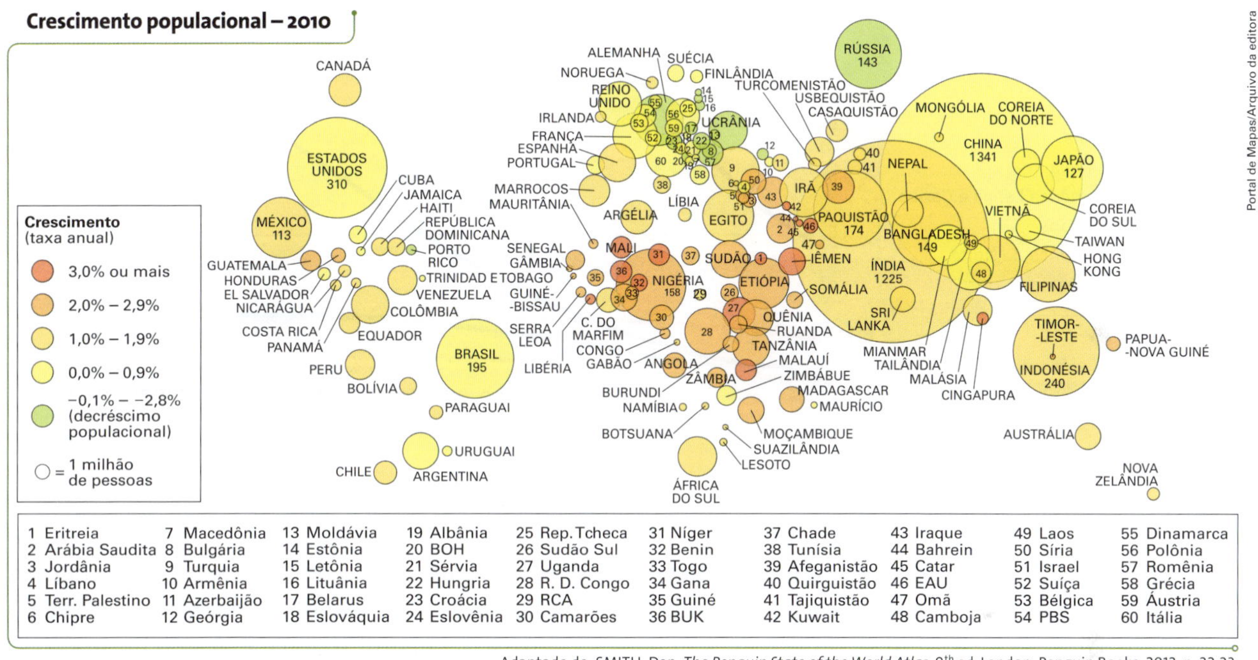

Adaptado de: SMITH, Dan. *The Penguin State of the World Atlas*. 9th ed. London: Penguin Books, 2012. p. 22-23.

Idosos em jogo de bocha em Milão (Itália), em 2011.

Os dez países mais populosos – 2013

País	Milhões de pessoas
China	1 385,6
Índia	1 252,1
Estados Unidos	320,1
Indonésia	249,9
Brasil	200,4
Paquistão	182,1
Nigéria	173,6
Bangladesh	156,6
Rússia	142,8
Japão	127,1

FUNDO DE POPULAÇÃO DAS NAÇÕES UNIDAS (UNFPA). *Relatório sobre a situação da população mundial 2013*. Disponível em: <www.unfpa.org.br>. Acesso em: 30 maio 2014.

Na China e na Índia, respectivamente, com mais de 1,3 bilhão e 1,2 bilhão de habitantes em 2013, vivem aproximadamente 36% da população mundial. Já a proporção das pessoas que vivem nos países desenvolvidos diminuirá de 17% em 2013 para 14% em 2050 por causa da redução em seu ritmo de crescimento vegetativo. Em contrapartida, a população africana, que representava 9% da população mundial em 1950, deverá representar 21% em 2050. Veja no gráfico abaixo uma projeção para o crescimento da população mundial.

Estimativa do crescimento da população mundial

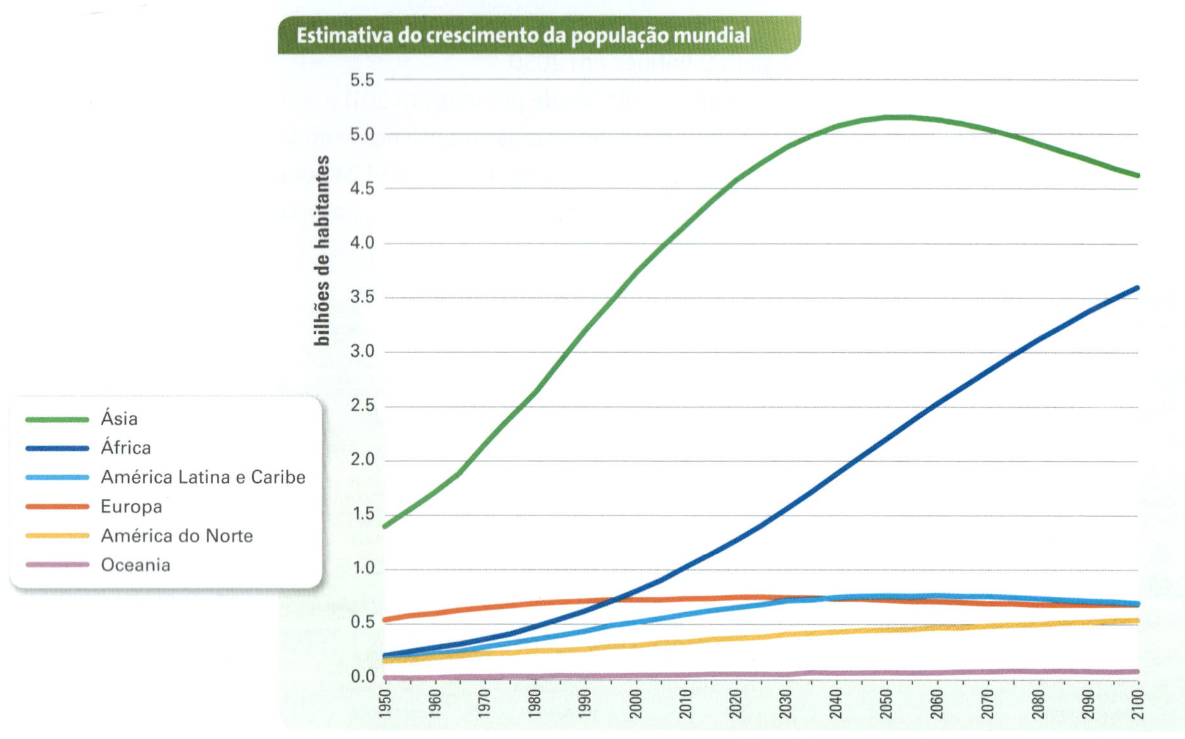

ONU. World Population Prospects: the 2012 Revision. In: *Population Division*. Disponível em: <http://un.org/esa/population>. Acesso em: 30 maio 2014.

O crescimento demográfico de uma determinada área (seja bairro, cidade, estado, país, grupo de países, continente) está ligado a dois fatores: ao **crescimento natural** e à **taxa de migração**. O primeiro, também denominado **crescimento vegetativo**, corresponde à diferença entre nascimentos (natalidade) e óbitos (mortalidade) verificada em uma população; o segundo corresponde à diferença entre a entrada e a saída de pessoas da área considerada. Tendo como referência essas duas taxas, o crescimento populacional poderá ser positivo ou negativo.

A partir do século XVIII, com o desenvolvimento do capitalismo, o crescimento populacional passou a ser encarado como um fato positivo, uma vez que, quanto mais pessoas houvesse, mais consumidores também haveria. Nessa época, foi publicada a primeira teoria demográfica de grande repercussão, formulada pelo economista inglês Thomas Robert Malthus (1766-1834), que será analisada a seguir.

Teoria de Malthus

Em 1798, Malthus publicou sua obra *Ensaio sobre a população*, na qual desenvolveu uma teoria demográfica que se apoiava basicamente em dois postulados:

- Se não ocorrerem guerras, epidemias, desastres naturais, entre outros eventos, a população tenderia a duplicar a cada 25 anos. Cresceria, portanto, em progressão geométrica (2, 4, 8, 16, 32...) e constituiria um fator variável, que aumentaria sem parar.

- O crescimento da produção de alimentos ocorreria apenas em progressão aritmética (2, 4, 6, 8, 10...) e possuiria certo limite de produção, por depender de um fator fixo: a própria extensão territorial dos continentes.

Ao considerar esses dois postulados, Malthus concluiu que o ritmo de crescimento populacional seria mais acelerado que o da produção de alimentos. Previu também que um dia as possibilidades de aumento da área cultivada estariam esgotadas, pois todos os continentes estariam plenamente ocupados pela agropecuária e, no entanto, a população mundial ainda continuaria crescendo. A consequência disso seria a falta de alimentos e, para evitar esse flagelo, Malthus propunha que as pessoas só tivessem filhos se possuíssem terras cultiváveis para poder alimentá-los.

Nos dias atuais, verifica-se que suas previsões não se concretizaram: o ritmo de crescimento da população do planeta desacelerou e a produção de alimentos aumentou em virtude da elevação da produtividade (quantidade produzida por área) obtida com o desenvolvimento tecnológico.

Essa teoria, quando foi elaborada, parecia muito consistente. Os erros de previsão estão ligados principalmente às limitações tecnológicas da época para a coleta de dados, já que Malthus chegou às suas conclusões partindo da observação do comportamento demográfico em uma determinada região, com população predominantemente rural, e as considerou válidas para todo o planeta no decorrer da História. Não previu os efeitos decorrentes da urbanização na evolução demográfica e do progresso tecnológico aplicado à agricultura.

Desde que Malthus apresentou sua teoria, são comuns os discursos que relacionam de forma simplista a ocorrência da fome no mundo ao crescimento populacional.

Observe as fotografias a seguir.

Doação de alimentos na Etiópia, em 2014.

Vlad Karavaev/Shutterstock/Glow Images

Tasso Marcelo/Agência Estado

Pessoas vasculham o lixo em São Gonçalo (RJ), em 2012. A absoluta falta de renda degrada a condição humana. Algumas propostas que vêm sendo introduzidas nas esferas federal, estaduais e municipais como resposta a esse problema são programas assistenciais, como os programas de renda mínima, fornecimento de merenda e transporte escolar, aposentadoria rural, habitação e saúde, seguro-desemprego e outros, que garantem melhores condições de vida aos mais pobres e aos desempregados.

Teoria neomalthusiana

Em 1945, com o término da Segunda Guerra, foi realizada a Conferência de São Francisco (Estados Unidos), na qual foram discutidas estratégias de desenvolvimento para evitar a eclosão de um novo conflito militar em escala mundial. Havia apenas um ponto de consenso entre os participantes: a paz depende da harmonia entre os povos e, portanto, da diminuição das desigualdades econômicas no planeta. Esses países buscaram identificar a raiz de seus problemas na colonização de exploração realizada em seus territórios e na desigualdade das relações comerciais que caracterizaram o colonialismo e o imperialismo. Por isso, passaram a propor amplas reformas nas relações econômicas, em escala planetária. Nesse contexto histórico, foi formulada a teoria demográfica neomalthusiana, uma tentativa de explicar a ocorrência da fome e do atraso em muitos países. Essa teoria era defendida por setores das sociedades e dos governos dos países desenvolvidos – e por alguns setores dos países em desenvolvimento – com o objetivo de se esquivarem das questões socioeconômicas centrais.

Essa teoria pregava que uma numerosa população jovem, resultante das elevadas taxas de natalidade que eram verificadas em quase todos os países pobres, necessitaria de grandes investimentos sociais em educação e saúde. Com isso, sobrariam menos recursos para ser investidos em infraestrutura e nos setores agrícola e industrial. Ainda segundo os neomalthusianos, quanto maior o número de habitantes de um país, menor a renda *per capita* e a disponibilidade de capital a ser utilizado pelos agentes econômicos.

Verifica-se que essa teoria, embora com postulados diferentes daqueles utilizados por Malthus, chega à mesma conclusão: o crescimento populacional é o responsável pela ocorrência da pobreza. Seus defensores passaram a propor, então, programas de controle de natalidade nos países em desenvolvimento mediante a disseminação de métodos anticoncepcionais. Tratava-se de uma tentativa de enfrentar problemas socioeconômicos com programas de controle da natalidade e de acobertar os efeitos danosos dos baixos salários e das péssimas condições de vida que vigoram naqueles países. Além disso, era muito simplista afirmar que, naquela época, os países subdesenvolvidos desperdiçavam em investimentos sociais um dinheiro que deveria ser destinado ao setor produtivo. Alguns países, como a Alemanha (onde foi introduzido o primeiro sistema educacional do mundo, no início do século XIX), o Japão (onde a contribuição da educação foi decisiva para a rápida recuperação após a Segunda Guerra) e, mais recentemente, a Coreia do Sul (que atualmente passou a ser considerada um país desenvolvido), entre outros, evidenciam que investimentos sociais, especialmente em educação, são um poderoso motor do desenvolvimento econômico.

Na foto, representantes de duas gerações – idosa e criança – passam em frente ao serviço do governo chinês, em Qingdao (China), em 2011.

Huang Jiexian/Imagine China/Agência France-Presse

Teoria demográfica reformista

Na mesma Conferência de São Francisco, representantes dos países então chamados subdesenvolvidos elaboraram a teoria reformista, que chega a uma conclusão inversa à das duas teorias demográficas mencionadas.

Uma população jovem numerosa, em virtude de elevadas taxas de natalidade, não é causa, mas consequência do subdesenvolvimento. Em países desenvolvidos, com elevado desenvolvimento humano, o controle da natalidade ocorreu de maneira simultânea à melhoria da qualidade de vida. Além disso, os cuidados com o controle de natalidade foram transmitidos espontaneamente de uma geração a outra, à medida que foram se alterando os modos de vida e os projetos pessoais dos membros das famílias. Com o passar do tempo, as famílias passaram a ter menos filhos ao longo do século XX.

A falta de investimentos em educação gerou um imenso contingente de mão de obra sem qualificação, que continuamente ingressa no mercado de trabalho, além de muitos que não conseguem uma vaga e sobrevivem do subemprego. Tal realidade tende a rebaixar o nível médio de produtividade por trabalhador, assim como os salários dos que estão empregados, e a empobrecer enormes parcelas da população desses países. Para a dinâmica demográfica entrar em equilíbrio, é necessário enfrentar, em primeiro lugar, as questões sociais e econômicas.

Os defensores da corrente reformista afirmam que a tendência de controle espontâneo da natalidade é facilmente verificável ao se comparar a taxa de natalidade entre as famílias pobres e as de maior poder aquisitivo (veja o gráfico da página seguinte). À medida que as famílias melhoram suas condições de vida – educação, assistência médica, acesso à informação, etc. –, elas tendem a ter menos filhos.

O cotidiano de milhões de famílias, principalmente nos países em desenvolvimento, transcorre em condições de extrema pobreza e a maioria não tem consciência das determinações econômicas e sociais às quais está submetida, vivendo de **subempregos**, em submoradias, subalimentada e sem acesso a informações e serviços de planejamento familiar.

Subemprego: todo tipo de trabalho ou prestação de serviços remunerados, como o de vendedores ambulantes, guardadores de carros, trabalhadores domésticos sem registro em carteira, boias-frias, etc., que compõe a economia informal, aquela que não aparece nas cifras oficiais, pois não conta com nenhum tipo de registro e não recolhe impostos.

Owen Franken/Corbis/Latinstock

Uma população jovem numerosa só se tornou empecilho ao desenvolvimento das atividades econômicas nos países subdesenvolvidos porque não foram realizados investimentos sociais, principalmente em educação e saúde. Mais pessoas com acesso a educação e com renda em alta significa um maior mercado consumidor, o que estimula o desenvolvimento econômico. Esse é um dos motores do elevado crescimento econômico chinês desde 1980. Na foto, de 2011, adolescentes se comunicam usando um *notebook*.

Enfim, a teoria reformista é a mais abrangente entre as três, por analisar os problemas econômicos, sociais e demográficos de forma integrada, partindo de situações concretas do cotidiano das pessoas. Os investimentos em educação são fundamentais para as condições de trabalho e melhoria de todos os indicadores sociais. No mundo inteiro, quanto maior a escolaridade e a qualidade de vida da mulher, menores tendem a ser o número de filhos e a taxa de mortalidade infantil. Observe o gráfico.

Número médio de filhos, por região (2010 – 2015)

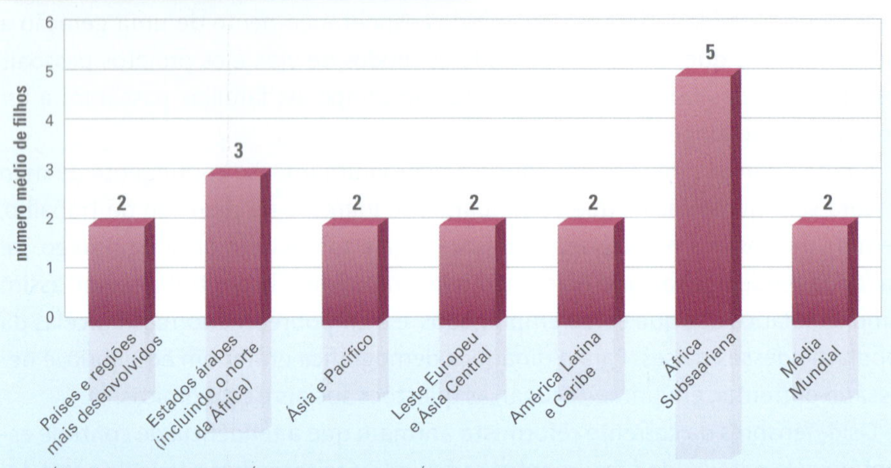

A África Subsaariana e os Estados Árabes (incluído o norte da África) apresentam número médio de filhos superior a 2, mas seu contingente populacional abrange somente cerca de 15% do total mundial e não é suficiente para provocar alteração significativa na média mundial. Aproximadamente 85% da população mundial apresenta média de 2 filhos por mulher.

FUNDO DE POPULAÇÃO DAS NAÇÕES UNIDAS (UNFPA). *Relatório sobre a situação da população mundial 2013*. Disponível em: <www.unfpa.org.br>. Acesso em: 30 maio 2014.

Cassiano Röda/Arquivo da editora

Fabio Teixeira/Futura Press

Elisa Rodrigues/Futura Press

Muitas crianças que trabalham, por exemplo, vendendo produtos nas ruas, estão ajudando no sustento familiar, mas comprometendo seu próprio futuro ao não frequentar a escola. Na foto acima, menino vendendo balas na cidade de Piracicaba (SP); à esquerda, meninos engraxando sapatos no centro de São Paulo (SP). Fotos de 2011.

Pensando no Enem

Um fenômeno importante que vem ocorrendo nas últimas quatro décadas é o baixo crescimento populacional na Europa, principalmente em alguns países como Alemanha e Áustria, onde houve uma brusca queda na taxa de natalidade. Esse fenômeno é especialmente preocupante pelo fato de a maioria desses países já ter chegado a um índice inferior ao "nível de renovação da população", estimado em 2,1 filhos por mulher. A diminuição da natalidade europeia tem várias causas, algumas de caráter demográfico, outras de caráter cultural e socioeconômico.

Adaptado de: OLIVEIRA, P. S. *Introdução à sociologia*. São Paulo: Ática, 2004.

1. As tendências populacionais nesses países estão relacionadas a uma transformação:
   a) na estrutura familiar dessas sociedades, impactada por mudanças nos projetos de vida das novas gerações.
   b) no comportamento das mulheres mais jovens, que têm imposto seus planos de maternidade aos homens.
   c) no número de casamentos, que cresceu nos últimos anos, reforçando a estrutura familiar tradicional.
   d) no fornecimento de pensões de aposentadoria, em queda diante de uma população de maioria jovem.
   e) na taxa de mortalidade infantil europeia, em contínua ascensão, decorrente de pandemias na primeira infância.

Resolução

A alternativa correta é a **A**. A redução das taxas de fertilidade em vários países da Europa e de outros continentes está relacionada a uma série de fatores, entre os quais se destacam o custo de criação dos filhos e a maior participação das mulheres no mercado de trabalho.

2. Qual dos *slogans* a seguir poderia ser utilizado para defender o ponto de vista dos reformistas?
   a) "Controle populacional já, ou país não resistirá."
   b) "Com saúde e educação, o planejamento familiar virá por opção!"
   c) "População controlada, país rico!"
   d) "Basta mais gente, que o país vai pra frente!"
   e) "População menor, educação melhor!"

Resolução:

A alternativa correta é a **B**. A teoria reformista afirma que a melhoria nas condições de vida das famílias promove redução no número de filhos porque, entre outros fatores, os avanços obtidos na escolaridade e no acesso ao sistema de saúde permitem melhor planejamento no número de filhos e redução no número de gravidezes não planejadas.

3. Qual dos *slogans* a seguir poderia ser utilizado para defender o ponto de vista neomalthusiano?
   a) "Controle populacional – nosso passaporte para o desenvolvimento"
   b) "Sem reformas sociais o país se reproduz e não produz"
   c) "População abundante, país forte!"
   d) "O crescimento gera fraternidade e riqueza para todos"
   e) "Justiça social, sinônimo de desenvolvimento"

Resolução

A alternativa correta é a **A**. A teoria neomalthusiana propõe o controle da natalidade como fator de redução da pobreza. De acordo com a teoria, a redução no número de filhos permite ter mais acesso aos serviços básicos de educação e saúde e melhores condições de consumo de bens para as famílias.

Jon Arnold/JAI/Corbis/Latinstock

Essas questões trabalham a **Competência de área 5 – Utilizar os conhecimentos históricos para compreender e valorizar os fundamentos da cidadania e da democracia, favorecendo uma atuação consciente do indivíduo na sociedade** – e **Habilidade 25 – Identificar estratégias que promovam formas de inclusão social.**

5 Índices de crescimento populacional

Segundo a ONU, a taxa média de fecundidade necessária para a reposição da população sem que haja decréscimo no total é de 2,1 filhos por mulher. Os números da tabela da página seguinte mostram que, enquanto em muitos países a taxa supera esse valor, em outros ela é inferior. Nesses casos, ou esses países incentivam a natalidade e aceitam a entrada de imigrantes, ou suas populações tendem a diminuir.

Caso a projeção da ONU se mantenha, entre 2010 e 2050 a população de 31 países pobres (Níger, Afeganistão e outros) vai duplicar ou aumentar ainda mais, enquanto em 45 países desenvolvidos ou emergentes (Alemanha, Rússia e outros), a população vai decrescer no mesmo período.

Atualmente, o que se verifica na média mundial é uma queda dos índices de natalidade e mortalidade, embora em alguns países as taxas ainda se mantenham muito elevadas. O êxodo rural (saída de pessoas do campo para se fixarem nas cidades) e suas consequências no comportamento demográfico de uma população crescentemente urbana auxiliam a explicar essa queda.

Veja no infográfico da página 726 algumas consequências do êxodo rural no comportamento demográfico de uma população urbana.

Livia Alina Lazar/FlickrVision/Getty Images

Grupo de pessoas idosas em Sibiu, na Romênia, em 2013. A Romênia e vários outros países do Leste Europeu têm taxa negativa de crescimento populacional e grande número de pessoas idosas na população.

Taxa de crescimento populacional		
País	**Taxa de crescimento da população 2010-2015 (% ao ano)**	**Taxa de fecundidade (2010-2015)**
Níger	3,5	6,9
Afeganistão	3,1	6,0
Arábia Saudita	2,1	2,6
Índia	1,3	2,5
Estados Unidos	0,9	2,1
Brasil	0,8	1,8
China	0,4	1,6
Países Baixos	0,3	1,8
Rússia	(–) 0,1	1,5
Japão	(–) 0,1	1,4
Alemanha	(–) 0,2	1,5
Romênia	(–) 0,2	1,4

FUNDO DE POPULAÇÃO DAS NAÇÕES UNIDAS (UNFPA). *Relatório sobre a situação da população mundial 2013.* Disponível em: <www.unfpa.org.br>. Acesso em: 30 maio 2014.

A partir da Segunda Guerra, os avanços na ciência médica – principalmente a descoberta dos antibióticos e o desenvolvimento de vacinas – aliados à urbanização acarretaram uma grande queda nas taxas de mortalidade, mesmo em países pobres. O crescimento vegetativo aumentou em todo o planeta até a década de 1970. A partir daí, as taxas de mortalidade, em condições normais – excluindo-se, portanto, os países que enfrentaram guerras, epidemias ou grandes desastres – tenderam a estabilizar-se em níveis próximos a 0,6% nos países desenvolvidos e a continuar apresentando pequenas quedas nos países em desenvolvimento.

Alexandre Tokitaka/Pulsar Imagens

Campanha de vacinação em São Paulo (SP), em 2012.

Marisa Cauduro/Folhapress

Viviane Senna, criadora e presidente do Instituto Ayrton Senna, em São Paulo (SP), 2011. Com a entrada no mercado de trabalho, as mulheres estão ocupando postos cada vez mais importantes e influentes nas empresas e na sociedade.

Infográfico

ALGUNS ASPECTOS DA VIDA NAS GRANDES CIDADES

Nas últimas décadas, em função da crescente urbanização em todo o mundo, de maneira geral, houve grande queda dos índices de natalidade e de mortalidade das populações.

Alguns aspectos que contribuíram para essa queda podem ser vistos a seguir.

PhotoSky/Shutterstock/Glow Images

Mulher trabalhando em laboratório na África do Sul.

Vista aérea de Seul (Coreia do Sul), em 2013.

Trabalho feminino extradomiciliar

No meio urbano, aumenta o percentual de mulheres que trabalham fora e desenvolvem uma carreira profissional. Essas mulheres optam por priorizar suas carreiras e adiam a maternidade.

Jens Kalaene/dpa/Corbis/Latinstock

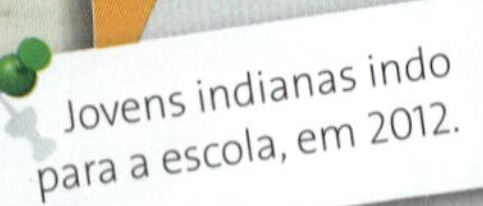

Jovens indianas indo para a escola, em 2012.

Maior custo de vida

Nas cidades o custo de vida é mais alto, pois inclui gastos maiores com alimentação, moradia, transporte, educação, etc.

Acesso à assistência médica, saneamento básico e programas de vacinação

Nas cidades, a expectativa de vida é maior que no campo. Com a urbanização, principalmente nos países em desenvolvimento, caem as taxas de mortalidade, pois as pessoas têm mais acesso a hospitais, farmácias e postos de saúde.

Idoso recebendo tratamento médico em Lille (França), em 2013.

Alguns métodos anticoncepcionais.

Grávida aguardando trem em Riomaggiore (Itália), em 2013.

Acesso a métodos anticoncepcionais

Com a urbanização, as pessoas passaram a ter mais informação e acesso a pílulas anticoncepcionais e outros métodos contraceptivos, o que permitiu um planejamento familiar.

Atividades

Compreendendo conteúdos

1. Explique a diferença entre população, povo e etnia.
2. Por que, em países pobres e em alguns emergentes, os indicadores demográficos não refletem as condições de vida da maioria da população?
3. Que fatores influenciam o crescimento populacional?
4. Por que, com a urbanização, há uma queda nos índices de natalidade e mortalidade?
5. Sobre as teorias demográficas:
   a) Compare a teoria de Malthus com a teoria neomalthusiana, citando os pontos convergentes e divergentes.
   b) Faça uma síntese da teoria reformista.

Desenvolvendo habilidades

6. Na legenda do mapa da página 706, que mostra a densidade demográfica no mundo, é possível observar que esse indicador, embora demonstre áreas de maior ou menor concentração populacional, não revela as condições socioeconômicas e outros aspectos que permitiriam avaliar as condições de vida da população. Escreva no caderno um pequeno texto citando exemplos de alguns países e regiões do mundo que ilustrem essa afirmação.
7. Releia o texto "Cultura, gênero e direitos humanos" (página 716) e responda às questões propostas.
   a) O que é cultura?
   b) Por que é possível afirmar que a cultura de um povo é sempre dinâmica? Dê exemplos.
   c) Você concorda com a frase: "Os avanços na igualdade de gênero nunca vieram sem um embate cultural."? Explique.

Marc Dozier/Corbis/Latinstock

Ritual de povo nativo em Papua-Nova Guiné, em 2010.

Vestibulares de Norte a Sul

1. **SE** (FGV-SP)

> **Província russa tem feriado para casais procriarem**
>
> O governador de uma das províncias da Rússia Ocidental instituiu a data de 12 de setembro para incentivar os casais a pensar em procriação em um dia livre do trabalho.
>
> www.noticias.uol.com.br (acesso em 12.09.2008)

Esse tipo de iniciativa evidencia:

a) a questão demográfica alarmante da Rússia, que apresenta uma taxa de natalidade muito baixa e registra, atualmente, um crescimento natural negativo.

b) a necessidade de o governo russo demonstrar a superioridade étnica dos eslavos frente a grupos étnicos minoritários, como os tchetchenos.

c) o esforço do Estado para associar o crescimento demográfico com o econômico, pois ambos ainda se ressentem do período de transição política.

d) a preocupação geopolítica russa com os grandes espaços vazios a serem povoados, principalmente nas áreas de fronteira com os outros países da CEI.

e) a nova política demográfica do governo russo, voltada para recuperar a posição que tinha até o final da década de 1980, de país populoso.

2. **SE** (Fuvest-SP) As previsões catastrofistas dos “neomalthusianos” sobre o crescimento demográfico e sua pressão sobre os recursos naturais não se confirmaram, notadamente, porque:

a) o processo de globalização permitiu o acesso voluntário e universal a meios contraceptivos eficazes, impactando, sobretudo, os países em desenvolvimento.

b) a nova onda de “revolução verde”, propiciada pela introdução dos transgênicos, afastou a ameaça de fome epidêmica nos países mais pobres.

c) as ações governamentais e a urbanização implicaram forte queda nas taxas de natalidade, exceto em países muçulmanos e da África Subsaariana, entre outros.

d) o estilo de vida consumista, maior responsável pela degradação dos recursos naturais, vem sendo superado desde a Conferência Rio-92.

e) os fluxos migratórios de países pobres para aqueles ricos que têm crescimento vegetativo negativo compensaram a pressão sobre os recursos naturais.

3. **NE** (UFAL) Desde o século XIX, as taxas de mortalidade de vários países da Europa começaram a diminuir. Esse processo só chegou aos países subdesenvolvidos após a Segunda Guerra Mundial. Essa rápida queda da taxa de mortalidade

a) foi acompanhada na mesma intensidade pela diminuição das taxas de natalidade e de fecundidade.

b) promoveu um forte crescimento populacional que os neomalthusianos denominaram explosão demográfica.

c) deu início à transição demográfica adotada pela maior parte dos países africanos e asiáticos.

d) deu início à estabilização da população mundial que passou a crescer menos desde os anos de 1960.

e) representou mudanças na estrutura etária da população dos países pobres que passaram a ter altas porcentagens de velhos.

TEXTO PARA AS PRÓXIMAS DUAS QUESTÕES:

Texto I

> Thomas Malthus (1766-1834) assegurava que, se a população não fosse de algum modo contida, dobraria de 25 em 25 anos, crescendo em progressão geométrica, ao passo que, dadas as condições médias da terra disponíveis em seu tempo, os meios de subsistência só poderiam aumentar, no máximo, em progressão aritmética.

Texto II

> A ideia de um mundo famélico assombra a humanidade desde que Thomas Malthus previu que no futuro não haveria comida em quantidade suficiente para todos.
>
> Organismos internacionais – Organização das Nações Unidas, Banco Mundial e Fundo Monetário Internacional – chamaram a atenção para a gravidade dos problemas decorrentes da alta dos alimentos. O Banco Mundial prevê que 100 milhões de pessoas poderão submergir na linha que separa a pobreza da miséria absoluta devido ao encarecimento da comida.
>
> (Adaptado: FRANÇA, R. O fantasma de Malthus. *Veja*. 23 abr. 2008.)

4. **S** (UEL-PR) Assinale a alternativa que identifica os fatores causadores da escassez de alimentos apontados pelos textos I e II, respectivamente.

a) Limites naturais e crescimento demográfico acelerado.

b) Elevação dos custos de produção dos alimentos e empobrecimento da população.

c) Pauperização dos solos e subdesenvolvimento.

d) Controle de natalidade e explosão demográfica.

e) Produção insuficiente de alimentos e elevação dos preços dos alimentos.

5. S (UFRGS-RS) Observe a figura ao lado.

Essa representação gráfica denomina-se anamorfose, isto é, trata-se de um planisfério no qual as áreas dos países possuem tamanho proporcional à variável ou dado que se pretende mostrar.

A variável ou dado considerado nessa anamorfose da figura anterior corresponde aos países de maior

a) Índice de Desenvolvimento Humano (IDH).
b) Produto Interno Bruto (PIB).
c) contingente populacional.
d) biodiversidade.
e) potencial hídrico.

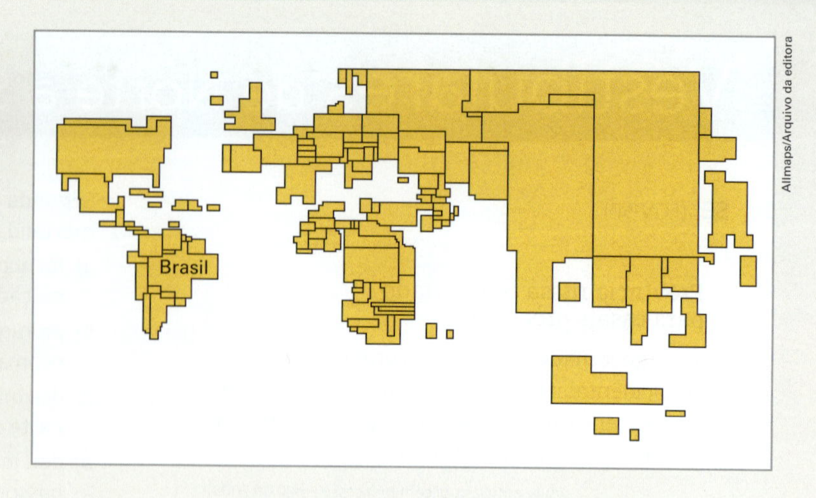

6. S (UEL-PR) Com base nos textos I e II e nos conhecimentos sobre o tema da fome no mundo, considere as afirmativas.

I. Nas previsões sobre o problema da fome, contidas nos textos I e II, estão excluídas considerações sobre a heterogeneidade socioespacial desse problema na escala mundial.
II. No texto I, a explicação sobre as causas da escassez de alimentos baseia-se em uma combinação de fatores dentre os quais está ausente a evolução da produtividade no setor primário da economia.
III. No texto II, o crescimento populacional que culminará no aumento de 100 milhões de pessoas pobres no mundo é apontado como o responsável pela expansão da fome.
IV. No texto II, para os organismos internacionais, as previsões de Malthus se confirmaram, pois a atual expansão do número de famélicos se deve à insuficiência estrutural da produção mundial de alimentos.

Assinale a alternativa CORRETA.

a) Somente as afirmativas I e II são corretas.
b) Somente as afirmativas I e IV são corretas.
c) Somente as afirmativas III e IV são corretas.
d) Somente as afirmativas I, II e III são corretas.
e) Somente as afirmativas II, III e IV são corretas.

7. SE (FGV-SP)

> Dentre os 50 países mais pobres do mundo, classificados segundo o Índice de Desenvolvimento Humano (IDH) do Programa das Nações Unidas para o Desenvolvimento (PNUD), 33 estão situados nessa região. Desnutrição, pobreza, analfabetismo e condições sanitárias precárias exemplificam o lado perverso da globalização, que amplia o crescimento das desigualdades no mundo.
>
> Adaptado de: <http://www.monde-diolomatique.fr/cartes/pauvreteindimdv51>.

O texto refere-se

a) ao Sudeste Asiático.
b) à Ásia Meridional.
c) à África Subsaariana.
d) à América Latina.
e) à África do Norte.

8. NE (UFPE) Leia atentamente o texto a seguir.

> A população, sem limitações, aumenta em proporção geométrica. Os meios de subsistência aumentam em proporção aritmética. Um pequeno conhecimento dos números mostrará a imensidade do primeiro poder em comparação com o segundo. Pela lei de nossa natureza que torna o alimento necessário à vida do homem, os efeitos dessas forças desiguais devem ser mantidos em pé de igualdade.

O texto acima refere-se a uma concepção:

a) neoliberal.
b) neomarxista.
c) possibilista.
d) marxista-leninista.
e) malthusiana.

9. SE (FGV-SP) Para indicar o estágio de desenvolvimento de um país, usam-se diversos índices ou indicadores, como, por exemplo, a situação da renda *per capita*. Acerca do uso da renda *per capita* como indicador de desenvolvimento, pode-se fazer a seguinte observação:

a) É um critério que permite conhecer a real situação da renda num país.
b) É o melhor indicador para configurar economicamente um país subdesenvolvido.
c) O resultado que oferece é distorcido, pois oculta a má distribuição da renda.
d) Como indicador, sua aplicação deve se restringir aos países desenvolvidos.
e) O valor desse índice não é abrangente, pois deixa de indicar a qualidade do trabalho.

CAPÍTULO

29 Os fluxos migratórios e a estrutura da população

nui7711/Shutterstock/Glow Images

Centro de Hong Kong, em 2012.

O *Relatório de Desenvolvimento Humano 2009* abordou a migração e o desenvolvimento humano, apresentando informações importantes: o deslocamento de pessoas dos países pobres e emergentes em direção aos desenvolvidos corresponde a uma pequena parcela do total de migrantes do planeta e a maioria se desloca dentro de seu próprio país de origem. Na maioria dos casos, quando o lugar de origem dos migrantes é pobre, o deslocamento melhora seu rendimento e as condições de vida. Em contrapartida, o deslocamento pode ocasionar a possibilidade de ser hostilizado pelos habitantes do novo lugar de residência, de perder o emprego ou adoecer e não ter apoio de parentes e amigos, entre outras adversidades.

Você já pensou sobre o que leva uma pessoa ou uma família a migrar? Todas as migrações ocorrem livremente? Qual é a importância do estudo da estrutura da população de um determinado território para o planejamento socioeconômico? Ao longo do capítulo, estudaremos esses e outros temas.

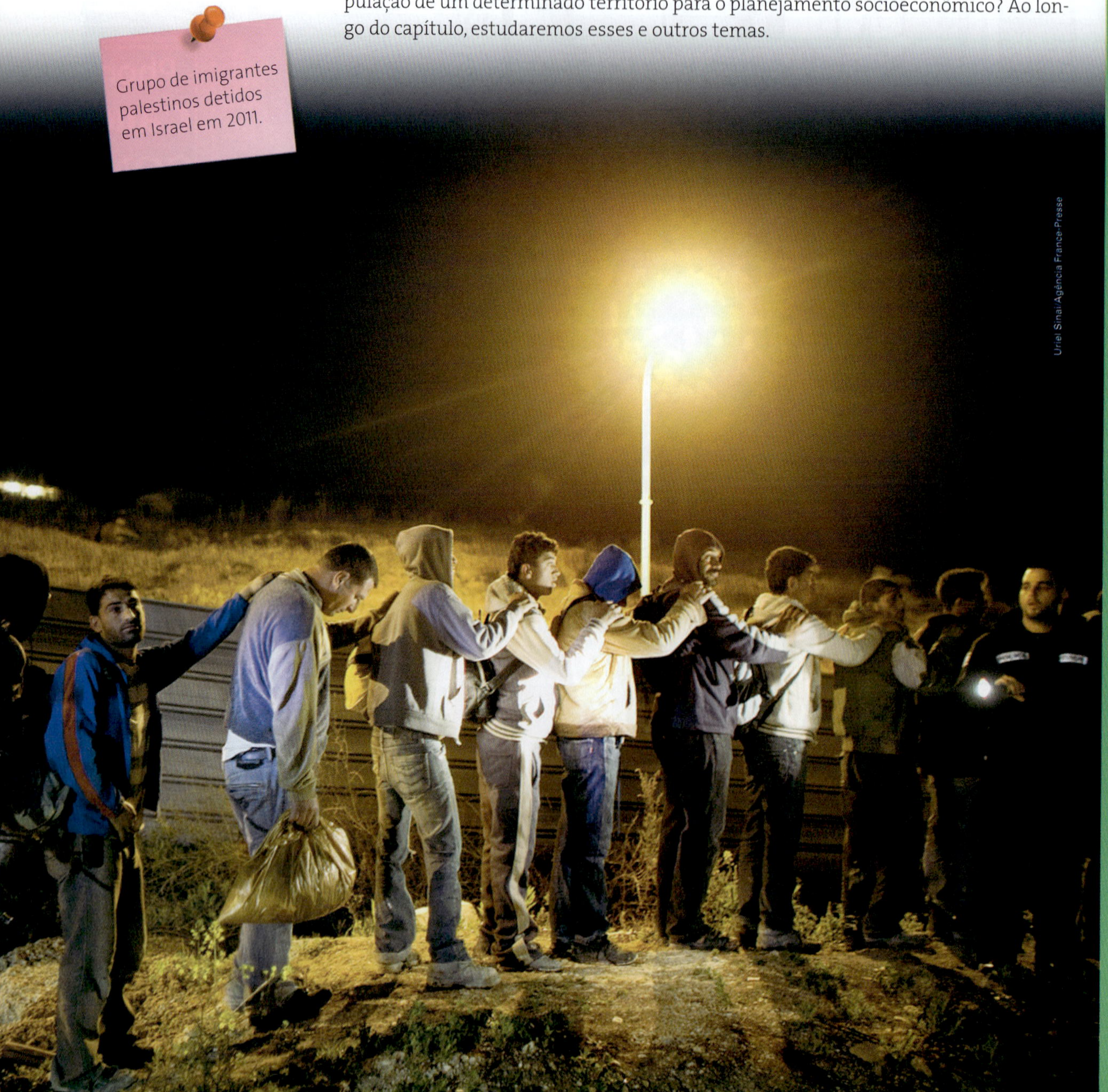

Grupo de imigrantes palestinos detidos em Israel em 2011.

Uriel Sinai/Agência France-Presse

Movimentos populacionais

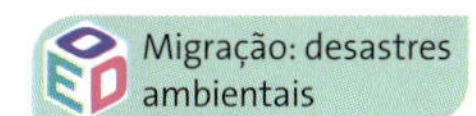

Migração: desastres ambientais

O deslocamento de pessoas entre países, regiões e cidades é um fenômeno antigo, amplo e complexo, pois envolve as mais variadas classes sociais, culturas e religiões. Os motivos que levam a tais deslocamentos são diversos e apresentam consequências positivas e negativas, dependendo das condições e dos diferentes contextos socioeconômicos, culturais e ambientais em que ocorrem.

Existem causas religiosas, naturais, político-ideológicas, psicológicas e também as guerras, entre outras, associadas a esses movimentos populacionais. O que se verifica ao longo da História é que predominam os fatores de ordem econômica. Nas áreas de **repulsão populacional**, observam-se crescente desemprego, subemprego e baixos salários; já nas áreas de **atração populacional**, vislumbram-se melhores perspectivas de emprego e salário e, portanto, melhores condições de vida. É o caso da emigração em direção aos países-membros da Organização para Cooperação e Desenvolvimento Econômico (OCDE), com destaque para os Estados Unidos, Canadá, Japão, alguns países da Europa ocidental e Austrália. Observe o infográfico nas páginas 736 e 737.

Os movimentos populacionais podem ser classificados em:

- **voluntário** – quando o movimento é livre;
- **forçado** – como nos casos de escravidão e de perseguição religiosa, étnica ou política;
- **controlado** – quando o Estado controla numérica ou ideologicamente a entrada e/ou saída de migrantes.

Qualquer deslocamento de pessoas acarreta consequências demográficas (o número de habitantes aumenta nas áreas de atração e diminui nas de repulsão) e culturais (influências em relação a língua, religião, culinária, arquitetura, artes e tradições em geral), que costumam ser positivas, pois os deslocamentos promovem a troca e o enriquecimento dos diferentes valores em contato.

Fila de pessoas no controle de imigração em Londres, foto de 2014.

Oli Scarff/Getty Images

Alexsey Nichukchin/RIA Novosti/Agência France-Presse

Na foto de 2013, fiscal russo verifica os documentos de passageiros em estação de trem em Moscou para evitar o ingresso de imigrantes ilegais.

> “Não somos generosos. Somos humanitários.”
>
> *David Blunkett – Ministro do Interior da Grã-Bretanha em 2012, referindo-se ao fato de seu país dar asilo a imigrantes.*

Em 2011, segundo dados da ONU, cerca de 227 milhões de pessoas residiam fora de seu país de origem, o que supera o total da população brasileira (194 milhões em 2012) e equivale a 3,2% da população mundial, percentual que duplicou desde 1970. Parte do aumento do percentual de imigrantes na população mundial está ligada, principalmente, ao desmembramento político-territorial da União Soviética (1991). Antes da fragmentação territorial havia 2,4 milhões de imigrantes na antiga superpotência; em 2000, cerca de 29 milhões de pessoas, ou 16% do total mundial, eram imigrantes em países que fizeram parte da União Soviética. Dessa forma, o desmembramento das repúblicas que a compunham em 15 países independentes levou a um aumento de quase 27 milhões de imigrantes no total mundial. Há muitos russos vivendo na Ucrânia, no Casaquistão, entre outros dos 15 países, mas sobretudo há muitas pessoas de diversas nacionalidades que compunham a antiga superpotência vivendo na Rússia.

Os países desenvolvidos abrigam 60% dos imigrantes do planeta e, portanto, 40% residem em países em desenvolvimento. A Europa é a maior receptora de imigrantes (72 milhões em 2013, segundo a ONU), seguida pela Ásia (71 milhões) e pela América do Norte (53 milhões). Por países, como veremos, a maior recepção de imigrantes é a dos Estados Unidos (46 milhões em 2013).

> Consulte a indicação dos filmes **Indo e vindo** e **Jean Charles**. Veja orientações na seção **Sugestões de leitura, vídeos e *sites***.

Em muitos casos, os emigrantes são responsáveis por importante ingresso de capital em seus países de origem. Ainda de acordo com a ONU, em 2010, eles repatriaram cerca de US$ 325 bilhões, com a intenção de ajudar suas famílias ou realizar poupança que lhes permitisse regressar no futuro; em contrapartida, os países de onde saem os emigrantes enfrentam a perda de trabalhadores, muitos deles qualificados, que poderiam contribuir para o crescimento econômico e a melhoria das condições de vida.

> Consulte a indicação dos *sites* do **Alto Comissariado das Nações Unidas para Refugiados** (Acnur) e da **Organização Mundial para as Migrações**. Veja orientações na seção **Sugestão de livros, filmes e *sites***.

No fim de 2012, havia no mundo 45,2 milhões de pessoas deslocadas de seu lugar de origem por perseguição – 28,8 milhões refugiadas em seu próprio país de origem. Os países que mais originaram refugiados no ano de 2012 foram o Afeganistão (2,5 milhões), a Somália (1,1 milhão), o Iraque (0,7 milhão) e a Síria (0,7 milhão).

Michele Sibiloni/Agência France - Press

Campo de refugiados em Uganda, que abriga mais de 35 mil congolenses (foto de 2013).

Segundo o Estatuto do Refugiado, elaborado durante uma convenção da ONU realizada em 1951, "Um refugiado ou uma refugiada é toda pessoa que, por causa de fundados temores de perseguição devido à sua raça, religião, nacionalidade, associação a determinado grupo social ou opinião política, encontra-se fora de seu país de origem e que, por causa dos ditos temores, não pode ou não quer regressar ao mesmo". Veja o mapa.

Países de origem dos refugiados – 2012

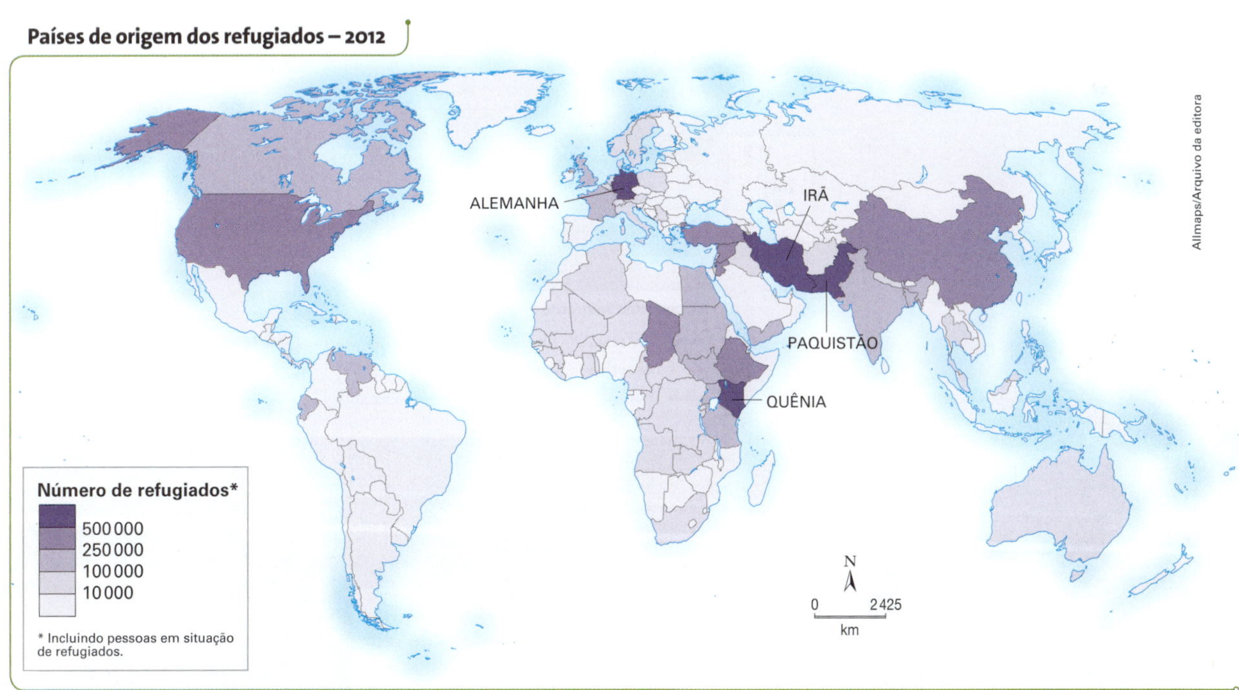

Allmaps/Arquivo da editora

AGÊNCIA DA ONU PARA OS REFUGIADOS (ACNUR). *Tendências globais 2012*. Disponível em: <www.unhcr.org>. Acesso em: 26 mar. 2014.

INDO E VINDO

A tendência de crescimento demográfico acelerado em países pobres e a redução no ritmo de crescimento populacional nos países desenvolvidos e em muitos em desenvolvimento devem aumentar o fluxo de migrantes que buscam melhores condições de vida.

ANUALMENTE **740** MILHÕES DE PESSOAS SE DESLOCAM DENTRO DO PRÓPRIO PAÍS*

ANUALMENTE **232** MILHÕES DE PESSOAS SE DESLOCARAM DE UM PAÍS PARA OUTRO EM 2013

* ONU: dados de 2010.

Ilustrações: Eduardo Asta/Arquivo da editora

PRINCIPAIS ROTAS MIGRATÓRIAS

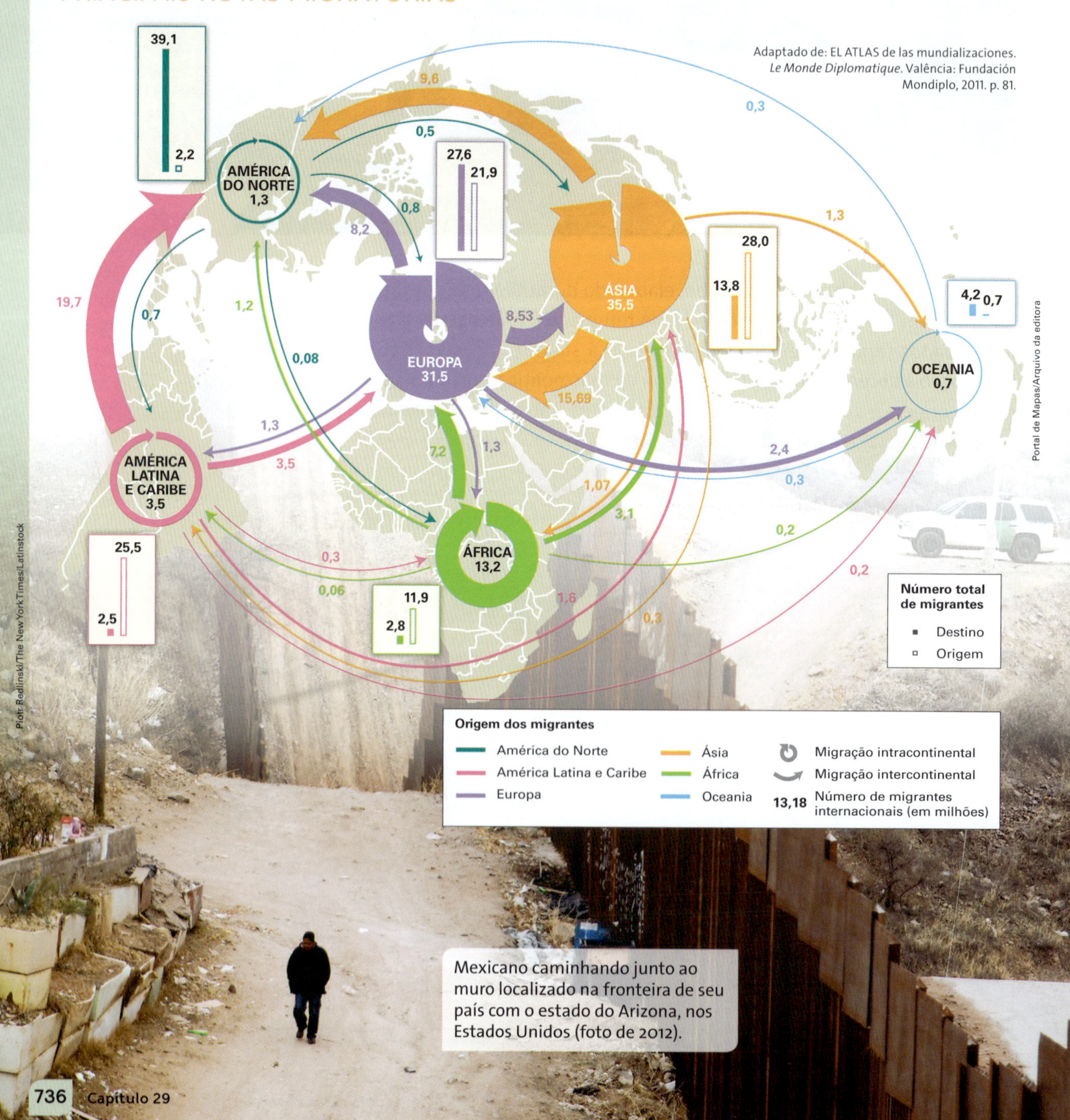

Adaptado de: EL ATLAS de las mundializaciones. *Le Monde Diplomatique*. Valência: Fundación Mondiplo, 2011. p. 81.

Portal de Mapas/Arquivo da editora

Mexicano caminhando junto ao muro localizado na fronteira de seu país com o estado do Arizona, nos Estados Unidos (foto de 2012).

Piotr Redlinski/The New York Times/Latinstock

PAÍSES COM MAIOR NÚMERO DE IMIGRANTES – 2013 (EM MILHÕES)

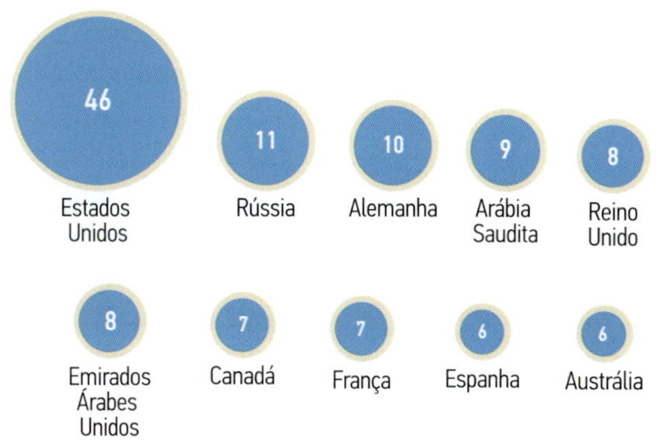

ORGANIZAÇÃO das Nações Unidas (ONU). *International Migration 2013*. Disponível em: <www.un.org/esa/population>. Acesso em: 30 maio 2014.

DINÂMICA ATUAL

Atualmente, os dois principais movimentos migratórios ocorrem de países em desenvolvimento para outros países em desenvolvimento (genericamente agrupados como países do Sul) e de países em desenvolvimento para países desenvolvidos (Norte).

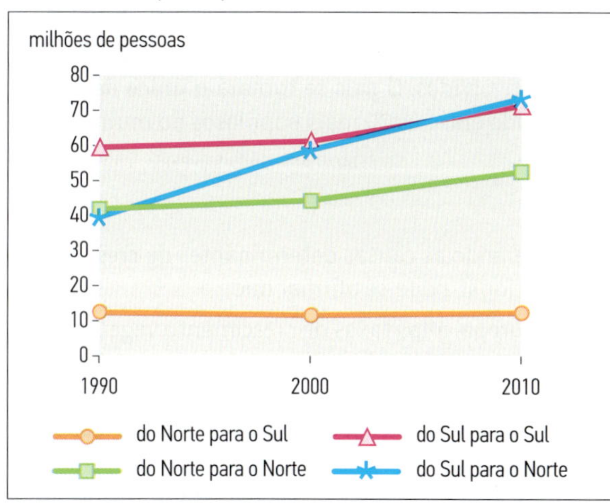

Origem e destino dos migrantes

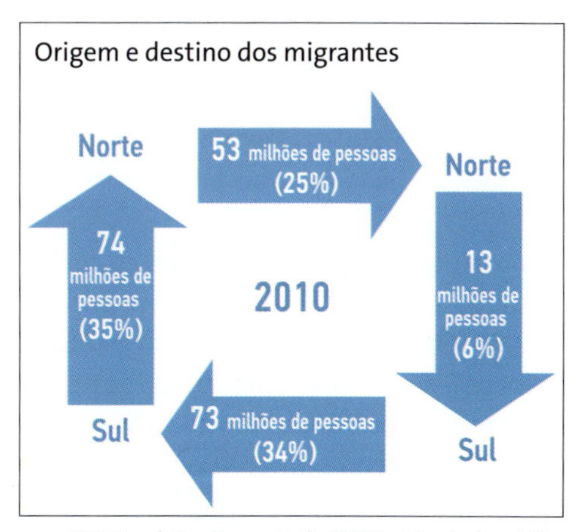

ONU. Population Prospects: the 2010 Revision. In: *Population Division*. Disponível em: <www.un.org/esa/population>. Acesso em: 30 maio 2014.

PIB DO PAÍS DE ORIGEM E RENDA NO PAÍS DE DESTINO

Os migrantes que se deslocam de países em desenvolvimento, principalmente dos mais pobres, para os desenvolvidos têm rendimento maior que a média vigente em seu país de origem. Já os que migram de um país desenvolvido para outro também aumentam seu rendimento anual, mas a diferença percentual nos ganhos é bem menor.

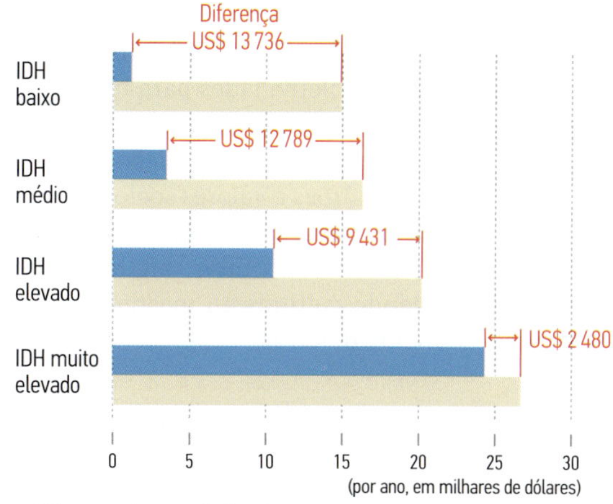

PROGRAMA DAS NAÇÕES UNIDAS PARA O DESENVOLVIMENTO (PNUD). *Relatório de Desenvolvimento Humano 2011*. Disponível em: <www.pnud.com.br>. Acesso em: 30 maio 2014.

PERCENTUAL DE IMIGRANTES

Percentual de imigrantes em relação ao total da população

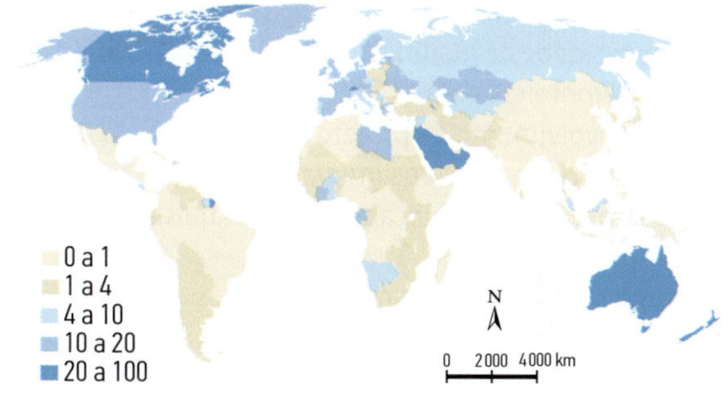

ORGANIZAÇÃO DAS NAÇÕES UNIDAS (ONU). *International Migration 2013*. Disponível em: <http://www.un.org/en/development/desa/population/publications/pdf/migration/migration-wallchart2013GraphsMaps.pdf>. Acesso em: 30 maio 2014.

NO BRASIL

Dados do IBGE, de 2010, revelaram que os maiores percentuais de população não natural, em relação à população total, foram encontrados nas regiões Centro-Oeste e Norte do país, destacando-se os estados de Rondônia, Roraima, Mato Grosso, Goiás, Tocantins e Mato Grosso do Sul. Essa distribuição espacial dos migrantes indica que há forte atração nos municípios localizados em áreas de expansão recente das fronteiras agropecuárias e de instalação de outras atividades econômicas, secundárias e terciárias.

porcentagem de migrantes
0 a 10
11 a 20
21 a 40
mais de 40

Fonte: IBGE. *Censo Demográfico 2010*. Nupcialidade, fecundidade e migração. Resultado da amostra. Disponível em: <www.ibge.gov.br>. Acesso em: 30 maio 2014.

Pensando no Enem

> As migrações transnacionais, intensificadas e generalizadas nas últimas décadas do século XX, expressam aspectos particularmente importantes da problemática racial, visto como dilema também mundial. Deslocam-se indivíduos, famílias e coletividades para lugares próximos e distantes, envolvendo mudanças mais ou menos drásticas nas condições de vida e trabalho, em padrões e valores socioculturais. Deslocam-se para sociedades semelhantes ou radicalmente distintas, algumas vezes compreendendo culturas ou mesmo civilizações totalmente diversas.
>
> IANNI, O. *A era do globalismo*. Rio de Janeiro: Civilização Brasileira, 1996.

1. A mobilidade populacional da segunda metade do século XX teve um papel importante na formação social e econômica de diversos estados nacionais. Uma razão para os movimentos migratórios nas últimas décadas e uma política migratória atual dos países desenvolvidos são:

a) a busca de oportunidades de trabalho e o aumento de barreiras contra a imigração.

b) a necessidade de qualificação profissional e a abertura das fronteiras para os imigrantes.

c) o desenvolvimento de projetos de pesquisa e o acautelamento dos bens dos imigrantes.

d) a expansão da fronteira agrícola e a expulsão dos imigrantes qualificados.

e) a fuga decorrente de conflitos políticos e o fortalecimento de políticas sociais.

Resolução

A alternativa correta é a letra **A**. O principal fator de deslocamento populacional é o econômico, levando pessoas e famílias a buscarem melhores condições de vida e trabalho no novo local. Em muitos países desenvolvidos, foram criadas fortes barreiras ao ingresso de migrantes clandestinos, como a construção de muro na fronteira entre os Estados Unidos e o México e o controle de embarcações clandestinas no mar Mediterrâneo, entre outros.

De acordo com reportagem sobre resultados recentes de estudos populacionais,

> ... a população mundial deverá ser de 9,3 bilhões de pessoas em 2050. Ou seja, será 50% maior que os 6,1 bilhões de meados do ano 2000. [...] Essas são as principais conclusões do relatório Perspectivas da População Mundial – Revisão 2000, preparado pela Organização das Nações Unidas (ONU). [...] Apenas seis países respondem por quase metade desse aumento: Índia (21%), China (12%), Paquistão (5%), Nigéria (4%), Bangladesh (4%) e Indonésia (3%).
>
> Esses elevados índices de expansão contrastam com os dos países mais desenvolvidos. Em 2000, por exemplo, a população da União Europeia teve um aumento de 343 mil pessoas, enquanto a Índia alcançou esse mesmo crescimento na primeira semana de 2001. [...] Os Estados Unidos serão uma exceção no grupo dos países desenvolvidos. O país se tornará o único desenvolvido entre os 20 mais populosos do mundo.
>
> *O ESTADO de S. Paulo*, São Paulo, 3 mar. 2001.

2. Considerando as causas determinantes de crescimento populacional, pode-se afirmar que:

a) na Europa, altas taxas de crescimento vegetativo explicam o seu crescimento populacional em 2000.

b) nos países citados, baixas taxas de mortalidade infantil e aumento da expectativa de vida são as responsáveis pela tendência de crescimento populacional.

c) nos Estados Unidos, a atração migratória representa um importante fator que poderá colocá-lo entre os países mais populosos do mundo.

d) nos países citados, altos índices de desenvolvimento humano explicam suas altas taxas de natalidade.

Resolução

A alternativa correta é a **C**. Na Europa, o crescimento vegetativo é baixo; nos países citados no primeiro parágrafo a mortalidade infantil é alta e o IDH, baixo e médio; os Estados Unidos recebem centenas de milhares de imigrantes, anualmente, o que explica seu elevado ritmo de crescimento populacional.

Essas questões trabalham a **Competência de Área 2 – Compreender as transformações dos espaços geográficos como produto das relações socioeconômicas e culturais de poder** – e **Habilidade 8 – Analisar a ação dos estados nacionais no que se refere à dinâmica dos fluxos populacionais e no enfrentamento de problemas de ordem econômico-social**.

2 Estrutura da população

A estrutura da população mundial deve ser analisada considerando-se sua distribuição por sexo, número, idade, ocupação, renda, educação, saúde e outros indicadores que expressam os aspectos quantitativos e qualitativos da organização social, importantes para ações de planejamento de investimentos, tanto governamental quanto privado. Para fins didáticos, vamos dividir o estudo da estrutura da população em quatro categorias, que nos mostram informações sobre demografia, atividade econômica e qualidade de vida.

- número, sexo e faixa etária dos habitantes: esses dados, obtidos pelo censo demográfico, são expressos por um gráfico chamado pirâmide etária;
- atividades econômicas (primárias, secundárias e terciárias);
- distribuição da renda e do consumo;
- crescimento econômico e desenvolvimento social.

Pirâmide etária

A pirâmide etária, ou pirâmide de idades, é um gráfico que mostra o número de habitantes (em números absolutos ou relativos) e sua distribuição por sexo e idade. Pode retratar dados da população mundial, de um país, estado, município. Sua simples visualização permite concluir algumas questões referentes à taxa de natalidade e à expectativa de vida da população.

Observe as pirâmides a seguir.

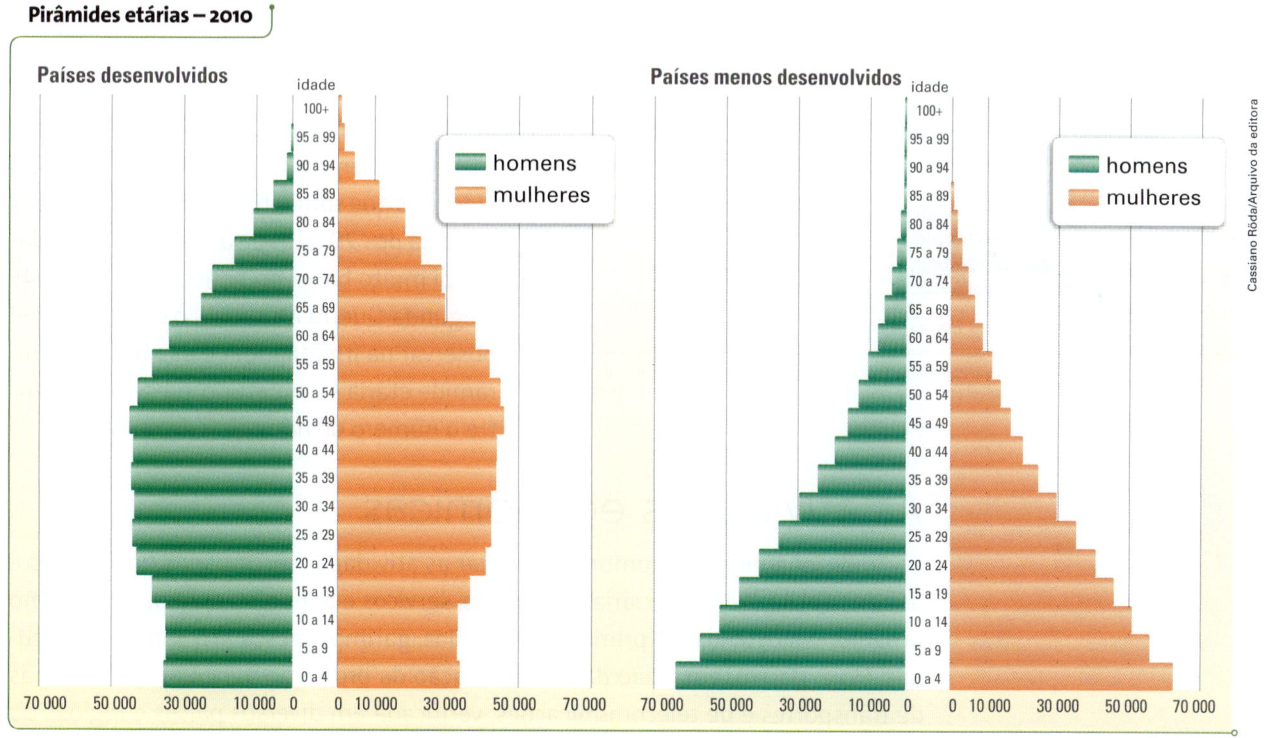

ONU. Population Prospects: the 2012 Revision. In: *Population Division*. Disponível em: <www.un.org/esa/population>. Acesso em: 30 maio 2014.

Se a pirâmide apresenta um aspecto triangular, o percentual de jovens no conjunto da população é alto. A base larga indica que a taxa de natalidade é alta. O topo estreito indica uma pequena participação percentual de idosos no conjunto total da população e, portanto, que a expectativa de vida é baixa. Alta taxa de natalidade e baixa expectativa de vida caracterizam países com menor nível de desenvolvimento. Ao contrário, se a pirâmide não apresentar grande diferença da base ao topo, pode-se concluir que a população recenseada apresenta baixa taxa de natalidade e alta expectativa de vida, características de países desenvolvidos e de alguns emergentes.

Até a década de 1960, era possível classificar o nível de desenvolvimento de um país observando-se apenas sua pirâmide etária. Os países em desenvolvimento – exceto a Argentina e o Uruguai – apresentavam altas taxas de natalidade e baixa expectativa de vida, caracterizando uma pirâmide com aspecto triangular. No entanto, com o intenso processo de urbanização e melhores resultados do planejamento familiar, muitos países em desenvolvimento – como o Brasil – passaram a apresentar forte redução das taxas de natalidade e significativo aumento na esperança de vida.

Rússia: pirâmide etária (2010)

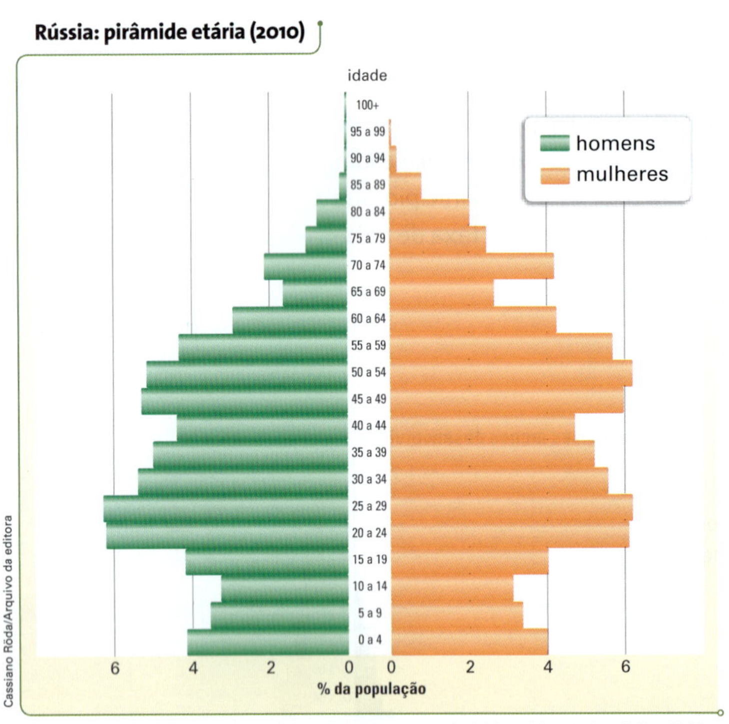

ONU. World Population Prospects: the 2012 Revision. In: *Population Division*. Disponível em: <http://un.org/esa/population>. Acesso em: 30 maio 2014.

Desse modo, não se pode mais caracterizar as condições de desenvolvimento de um país apenas pela análise de sua pirâmide etária. Essa classificação exige um estudo mais complexo, que considere vários indicadores sociais e econômicos, como vem sendo feito pela ONU desde 1990, com a divulgação do Índice de Desenvolvimento Humano (vamos estudar o IDH da população brasileira no capítulo 31).

Ao observar uma pirâmide etária, é necessário considerar, ainda, a história da população recenseada, para conhecer a causa de alguma configuração incomum no gráfico. Veja o exemplo na pirâmide da Rússia ao lado, país que sofreu muitas baixas de jovens na faixa dos 20 anos e sua taxa de natalidade foi muito baixa no período de 1939-1945 (Segunda Guerra Mundial), o que é possível observar na irregularidade das barras da pirâmide etária e, sobretudo, na diferença entre o número de homens e de mulheres.

As atividades econômicas

Tradicionalmente, é comum classificar as atividades secundárias (industriais e de construção civil) e terciárias (comércio, serviços e administração pública) como urbanas, e as atividades primárias (agrícolas, garimpo, pesca artesanal) como rurais. Hoje, porém, em razão da modernização da produção agrícola, dos sistemas de transportes e de telecomunicações, verificada em diversos países e regiões do planeta, ampliaram-se as possibilidades de industrialização e oferta de serviços no campo. Nas modernas agroindústrias, as atividades industriais (operação e manutenção das máquinas) e de serviços (informática, *marketing*, etc., muitas vezes realizados em escritórios localizados nas cidades) empregam mais pessoas do que as atividades agrícolas ou primárias (preparo do solo, plantio e colheita).

Também o setor industrial passou por muitas transformações ao longo das últimas décadas. Até o fim dos anos 1970 e começo dos 1980, a maioria dos trabalhadores das indústrias trabalhava na linha de montagem, operando e cuidando da manutenção das máquinas, embalando produtos e realizando diversas outras atividades mecânicas e repetitivas. Atualmente, nas indústrias de alta tecnologia, a linha de montagem tem elevados índices de robotização e informatização da produção utilizando um número reduzido de trabalhadores. Já as atividades administrativas, jurídicas, de publicidade, vendas, alimentação, segurança, limpeza e várias outras empregam um número crescente de trabalhadores. Assim, a maioria dos empregados das indústrias de alta tecnologia está, na realidade, prestando serviços.

Ernesto Reghran/Pulsar Imagens

Fábrica de suco de laranja em Uraí (PR), em 2014.

Em razão da crescente inter-relação das atividades econômicas, as estatísticas que mostram a distribuição da População Economicamente Ativa (PEA) nos três setores da economia (primário, secundário e terciário), ainda muito utilizadas, já não dão conta de analisar a complexidade da realidade atual. Considerando essas mudanças, muitos institutos de pesquisa que coletam dados em escala mundial agrupam as atividades econômicas em três setores: agropecuária, indústria e serviços, como podemos observar na tabela a seguir.

Distribuição da população economicamente ativa (PEA) em países selecionados

País	PEA total (em milhões de pessoas)	Agropecuária (%)	Indústria (%)	Serviços (%)
Reino Unido	31,7	1,4	18,2	80,4
Estados Unidos	153,6	0,7	20,3	79,0
Alemanha	43,6	1,6	24,6	73,8
Japão	65,9	3,9	26,2	69,8
Arábia Saudita	7,6	36,7	21,4	71,9
Brasil	104,7	15,7	13,3	71,0
Filipinas	40,0	32,0	15,0	53,0
China	795,5	34,8	29,5	35,7
Índia	487,6	53,0	19,0	28,0
Uganda	16,0	82,0	5,0	13,0

CIA. *The World Factbook*. Disponível em: <www.cia.gov>. Acesso em: 30 maio 2014.

A observação dos dados da tabela permite chegar a algumas conclusões sobre a economia dos países. Se o número de trabalhadores na agropecuária for elevado, correspondendo, por exemplo, a 25% da PEA, isso indica que a produtividade do setor é baixa, já que um quarto dos trabalhadores abastece a si mesmo e aos outros 75% alocados em outras atividades. A relação na PEA é, nesse caso, de um trabalhador agrícola para três em outros setores.

A modernização da agropecuária é induzida por vários fatores: processo de industrialização-urbanização, competitividade no setor de exportação, concorrência de produtos importados, necessidade de preservação das condições ecológicas e de utilização racional dos recursos naturais (desenvolvimento sustentável). Na foto, colheita de soja em Santa Maria (RS) em 2013.

De outro lado, se o número de trabalhadores for baixo, por exemplo, 5%, a produtividade no setor é alta, já que eles abastecem a si mesmos e aos outros 95%; a relação é de um trabalhador agrícola para cada 19 em outros setores. Pode-se afirmar que esse país apresenta uma atividade agropecuária com elevada utilização de adubos, fertilizantes, sistemas de irrigação e mecanização.

As condições econômicas refletidas na distribuição da mão de obra por atividade econômica, salvo em casos excepcionais, como em áreas desérticas ou montanhosas, devem ser analisadas sempre tendo como base a **agropecuária**. A participação da PEA em atividades industriais não reflete a produtividade e o tipo de indústria recenseado. Por exemplo, com a simples informação de que 20% ou 30% da PEA atua em indústrias, não sabemos se esse percentual produz computadores ou goiabada, aviões ou chinelos. No entanto, se as atividades agrícolas apresentam alta produtividade, pode-se concluir que a indústria do país é predominantemente moderna, já que é ela que fornece os adubos, os fertilizantes, os sistemas de irrigação, as máquinas e os tratores utilizados no campo.

Distribuição da renda

Não basta consultar a pirâmide etária e saber quantas crianças atingirão a idade escolar no próximo ano para planejar o número de vagas nas escolas da rede pública. Também é necessário saber como será a distribuição dessas crianças nas redes pública e privada, o que envolve a análise não apenas da qualidade do ensino oferecido pelo Estado, mas também das condições econômicas dos estudantes e do suporte que deve ser oferecido – material escolar, merenda, transporte e outros.

Assim, se o planejamento governamental não considerar a distribuição da renda nacional, suas políticas de educação, saúde, habitação, transporte, abastecimento, lazer, etc. correm sério risco de fracassarem. Da parte da iniciativa privada, o planejamento do atendimento às demandas do mercado tem, necessariamente, de considerar não apenas o número, o sexo e a idade dos consumidores, mas sobretudo seu poder aquisitivo.

A análise dos indicadores de distribuição de renda mostra que nos países em desenvolvimento e em alguns emergentes há grande concentração do rendimento nacional bruto em mãos de pequena parcela da população, enquanto nos desenvolvidos ela está mais bem distribuída. O que ocasiona isso?

Além dos baixos salários que vigoram nos países pobres e em alguns emergentes e da dificuldade de acesso à propriedade regular (urbana ou rural), há basicamente dois fatores que explicam a concentração de renda: o sistema tributário – os impostos pesam mais para os mais pobres – e a inflação – quase sempre não repassada integralmente aos salários, como vimos no capítulo 25.

Observe nos gráficos desta página como está distribuída a carga tributária nas três esferas do governo (municipal, estadual e federal) e a comparação entre a carga tributária em alguns países.

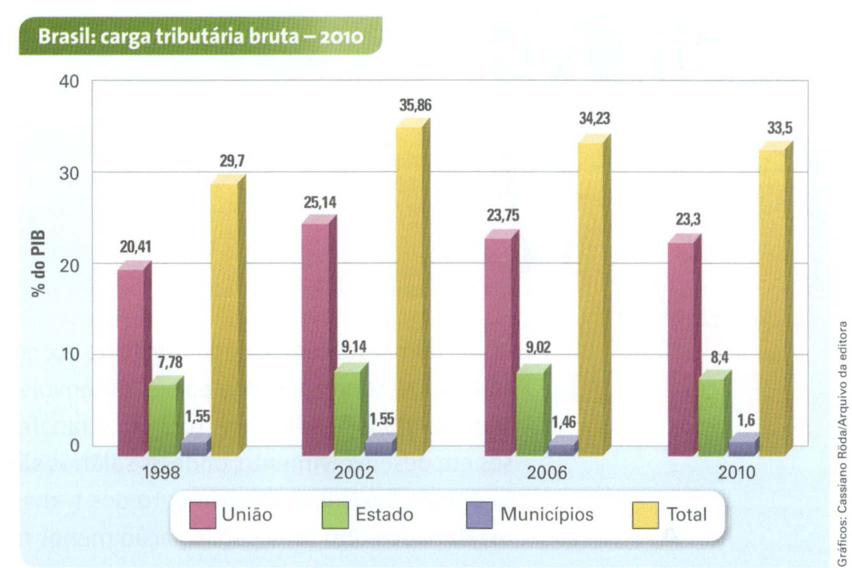

RECEITA FEDERAL. *Carga tributária no Brasil – 2010*. Disponível em: <www.receita.fazenda.gov.br>. Acesso em: 30 maio 2014.

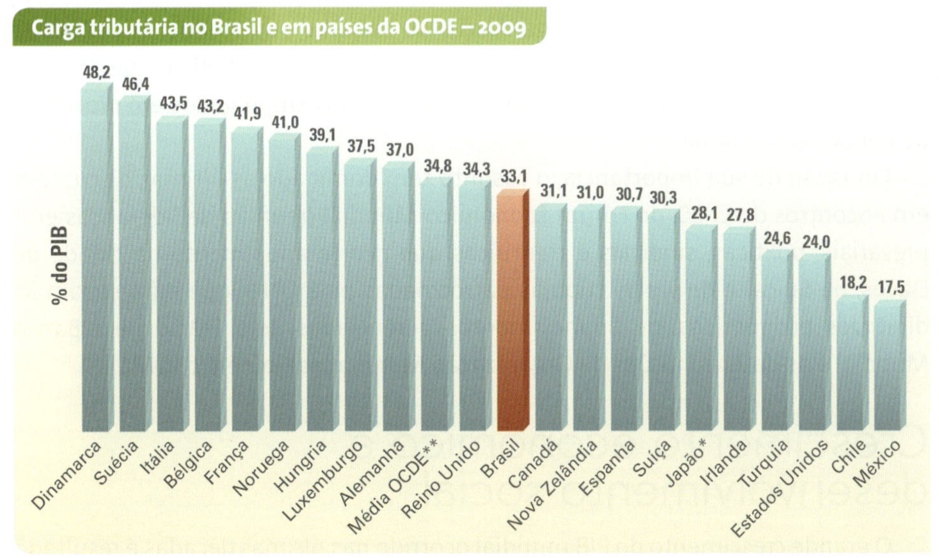

RECEITA FEDERAL. *Carga tributária no Brasil – 2010*. Disponível em: <www.receita.fazenda.gov.br>. Acesso em: 30 maio 2014.

*O dado de Japão refere-se a 2008. **Média dos países da OCDE que constam no gráfico.

Observe que, junto a um grande aumento da carga tributária total, houve maior concentração de recursos nos cofres da União (Governo Federal). A carga tributária brasileira, além de ser uma das maiores do mundo, está mal distribuída entre as três esferas de governo, e os serviços públicos continuam insuficientes quantitativa e qualitativamente.

Outro fator preponderante é que, nos países em desenvolvimento, os serviços públicos em geral são muito precários, prevalecendo um mecanismo perverso de reprodução da pobreza. Filhos de trabalhadores de baixa renda dificilmente têm acesso a sistemas eficientes de educação, constituindo, na maioria dos casos, mão de obra sem qualificação e, como consequência, mal remunerada, o que dificulta o rompimento desse círculo vicioso.

Vista de Estocolmo, na Suécia, em 2011.

Atualmente, com a globalização da economia, a situação dos trabalhadores assalariados, sobretudo dos países desenvolvidos, tem se deteriorado ainda mais. Tem-se intensificado a abertura ou a transferência de filiais de empresas para países em desenvolvimento, onde os salários são mais baixos e a legislação trabalhista é mais flexível, em detrimento dos trabalhadores. Em muitos desses países os assalariados têm uma participação menor na renda nacional e podem ser demitidos sem muitos encargos para as empresas.

Acrescente-se a isso o desemprego estrutural (redução de postos de trabalho em virtude das novas formas de organização do trabalho e da produção), verificado em países cujas empresas investem em informatização e robótica, que tende a fragilizar a ação dos sindicatos e a diminuir a força dos empregados em processos de negociação salarial.

Em razão de sua importância, o assunto tem dominado as últimas discussões em encontros do G-20, do Fórum Econômico Mundial (reunião de lideranças empresariais, políticas, sindicais e científicas que ocorre anualmente na cidade de Davos, na Suíça) e de várias cúpulas patrocinadas pela ONU, que influenciam as diretrizes econômicas, os financiamentos gerenciados pelo FMI e pelo Banco Mundial e as determinações da Organização Mundial de Comércio (OMC).

Crescimento econômico e desenvolvimento social

O grande crescimento do PIB mundial ocorrido nas últimas décadas é resultado do desenvolvimento de novas tecnologias aplicadas à produção agrícola e industrial e às atividades terciárias. Apesar de o crescimento da população mundial ter se mantido constante, o crescimento do PIB apresentou grandes variações anuais, como se verifica no gráfico "Crescimento do PIB mundial", na próxima página. Embora em alguns anos esse indicador apresente um crescimento superior ao da população, o aumento da renda mundial pouco beneficia os habitantes das regiões e dos países mais pobres do planeta, assim como não beneficia por igual a população dos países mais ricos.

Entre outubro de 2008, quando eclodiu uma crise econômica nos Estados Unidos (que depois se espalhou para o mundo), e o fim de 2009, em muitos países houve recessão e em outros o ritmo de crescimento se desacelerou. Em escala mundial, ocorreu queda do PIB e aumento nos índices de desemprego, mas no fim de 2009 a economia mundial já demonstrava sinais de recuperação.

A partir da década de 1970, mais e mais governos passaram a vincular as questões ambientais à análise dos problemas sociais, o que amplia a abordagem das teorias demográficas estudadas no capítulo anterior. No enfoque encaminhado pela ONU, população, meio ambiente e desenvolvimento devem ser analisados conjuntamente por serem variáveis cada vez mais interdependentes.

Luciana Whitaker/Folhapress

Durante a Conferência das Nações Unidas sobre Meio Ambiente e Desenvolvimento, realizada no Rio de Janeiro em 1992 (foto), houve um consenso de que tais questões estão intimamente vinculadas. Esse foi o encaminhamento ratificado na Conferência Mundial sobre População e Desenvolvimento, realizada no Cairo em 1994, e na Cúpula do Milênio, em 2000. Em 2000, foram estabelecidas oito metas – os objetivos de desenvolvimento do milênio –, que deveriam ser atingidas até 2015, mas nem todas serão alcançadas igualmente em todos os países e regiões do mundo.

Índice de crescimento econômico e número de países com a economia em recessão

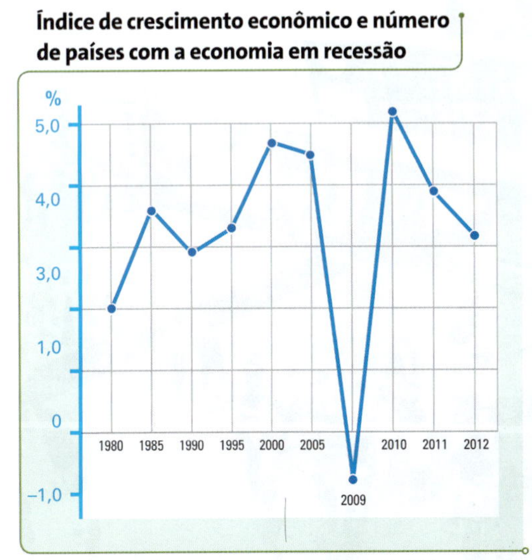

ORGANIZAÇÃO INTERNACIONAL DO TRABALHO (OIT). *Tendencias mundiales del empleo de 2011*. Disponível em: <www. oit.org.br>. Acesso em: 30 maio 2014.

Crescimento do PIB mundial

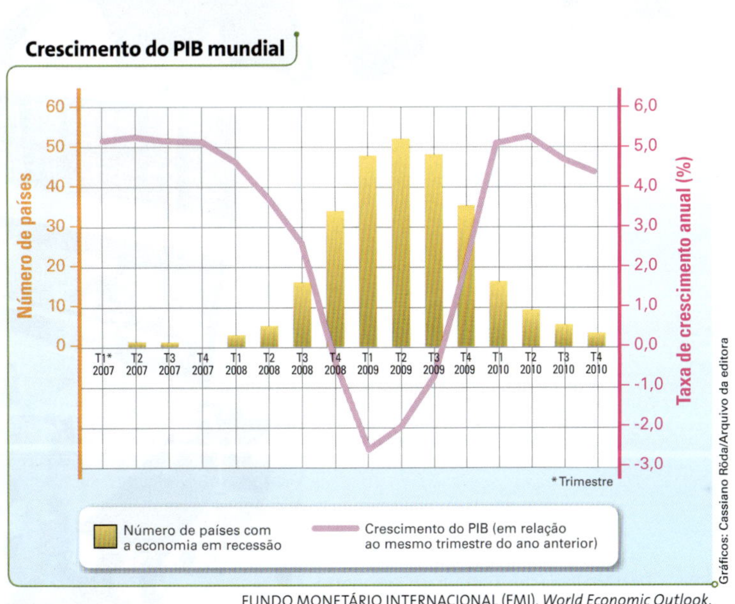

Gráficos: Cassiano Röda/Arquivo da editora

FUNDO MONETÁRIO INTERNACIONAL (FMI). *World Economic Outlook*. Disponível em: <www.imf.org>. Acesso em: 30 maio 2014.

Atividades

Compreendendo conteúdos

1. Explique quais são as principais causas e os principais efeitos dos movimentos populacionais.
2. Observando o mapa do infográfico da página 736, como você justificaria as principais rotas migratórias no mundo atual, considerando os países que acolhem imigrantes e as regiões de partida?
3. De que maneira as informações das pirâmides etárias e da distribuição da renda podem auxiliar no planejamento e na introdução de políticas públicas? Dê um exemplo.
4. Explique de que maneira o sistema tributário pode ser utilizado como mecanismo de distribuição da renda nacional.

Desenvolvendo habilidades

5. Leia novamente a epígrafe deste capítulo e redija um texto considerando sua ideia principal e a importância do respeito aos direitos humanos, com destaque ao direito à nacionalidade.
6. Observe novamente as pirâmides etárias de países desenvolvidos e menos desenvolvidos da página 739 e responda:
   a) O que se pode concluir ao comparar a base e o topo das duas pirâmides?
   b) Em qual pirâmide há maior percentual de população adulta, que concentra a PEA dos países? Que consequências econômicas isso pode acarretar?

Joel Silva/Folhapress

Embarque Internacional no Aeroporto Internacional Governador André Franco Montoro, em Guarulhos (SP), em 2012.

John Harper/Corbis/Latinstock

Portão de desembarque no aeroporto de Hong Kong, em 2013.

Vestibulares de Norte a Sul

1. CO (UFG-GO) Um dos principais traços da dinâmica demográfica mundial é a migração internacional, que recria conflitos espaciais de diferentes ordens. Esse tipo de migração é explicado

   a) pela incorporação de valores ocidentais no Oriente e de valores orientais no Ocidente, diminuindo as fronteiras simbólicas.
   b) pela facilidade do fluxo de trabalhadores condicionados pelos novos meios de comunicação e transportes.
   c) pela aprendizagem de idiomas dos países ricos como forma de incorporação às novas demandas da indústria.
   d) pelo livre acesso dos indivíduos no interior dos países signatários de acordos de livre comércio e cooperação.
   e) pelo aumento global do desemprego, que gera miséria nas nações de baixo índice de desenvolvimento humano.

2. CO (UEG-GO) Os deslocamentos populacionais que ocorrem em decorrência da procura de melhores condições de vida e a fuga de regiões em conflitos representam um dos efeitos colaterais da globalização. A propósito dessa temática, é INCORRETO afirmar:

   a) A Ásia pode ser identificada como uma área de repulsão, uma vez que o continente concentra o maior contingente absoluto de pobres do mundo por causa das injustas estruturas econômicas e sociais, do sistema de castas e de questões religiosas.
   b) Cada lugar é carregado de cultura e tradições, por isso as regiões marcadas pela entrada de imigrantes desenvolvem a xenofobia, fruto da intolerância e do medo da perda de identidade.
   c) A falta de políticas públicas e investimentos na área de pesquisa e tecnologia nos países subdesenvolvidos provoca as migrações conhecidas como "evasão de cérebros", representando entraves para o desenvolvimento técnico-científico.
   d) Migrações provocadas por guerras locais têm sido constantes e crescentes. Entre os diversos locais do mundo, é no continente asiático que se desencadeia a maior quantidade de movimentos migratórios decorrentes de guerras civis, com legiões de refugiados vagando em busca de abrigo e fugindo das guerras tribais.

3. SE (Unifesp) A União Europeia adotou leis que dificultam a imigração nos últimos anos. Porém, no passado, a Europa:

   a) Recepcionou comunistas e anarquistas perseguidos pelos bolcheviques, após a Revolução Russa.
   b) Abrigou milhares de refugiados políticos japoneses, que fugiram após a Segunda Guerra.
   c) Extraditou judeus do continente para Israel, durante a supremacia do período nazifascista.
   d) Expulsou nórdicos para as franjas do continente europeu, apesar do calor na faixa mediterrânea.
   e) Enviou milhares de europeus pobres a outras partes do mundo, em especial para a América.

4. SE (UFMG) Considerando-se os reflexos das migrações internacionais na organização do espaço mundial, é INCORRETO afirmar que, na atualidade, há

   a) um aumento de ações decorrentes da xenofobia que caracteriza parcela da população dos países receptores de imigrantes.
   b) um crescimento do contingente de imigrantes ilegais, o que tem favorecido a criação de leis que dificultam e criminalizam a presença deles nos países receptores.
   c) uma plena integração cultural e socioeconômica, no país receptor, das gerações posteriores de imigrantes, tornadas cidadãos nacionais.
   d) uma tendência à mudança do perfil étnico, nos países receptores, em razão do número de imigrantes recebidos e de seu comportamento demográfico diferenciado.

5. NE (UFPE) O fenômeno das migrações foi sempre um marco na história da humanidade. Segundo a ONU, o deslocamento populacional cresceu significativamente nos últimos 25 anos. Com relação a este movimento de pessoas, analise as proposições seguintes.

   ( ) Pessoas com elevado grau de formação profissional, especializadas, de países periféricos e emergentes, são chamadas para assumirem postos de trabalho em países centrais. Esse tipo de migração é chamado de "migração de cérebros" ou "fuga de cérebros".
   ( ) O nordestino brasileiro continua a ser visto como uma "ave de arribaçã", em função de viver se deslocando para outras áreas do país. Exemplo disso é a migração atual de trabalhadores para o Centro-Sul, a fim de atuarem na agroindústria canavieira.
   ( ) A crise econômica que assolou a Europa, nos anos de 1970, provocou uma forte retração no movimento migratório. Contudo, nos anos de 1980, houve uma retomada desse movimento, principalmente por parte de pessoas oriundas do Leste Europeu, que se deslocaram em direção à Europa Ocidental.
   ( ) O êxodo rural, que bem caracterizou as migrações no Brasil, nos anos de 1960 e 1970, continua a ocorrer e até mesmo com mais intensidade nessa primeira década do Século XXI, em função do poder de atração que têm as metrópoles.
   ( ) A migração de garimpeiros da região Norte brasileira para Venezuela, Guiana, Suriname, Guiana Francesa pode ser classificada, quanto ao espaço, em migração externa continental.

6. S (PUC-RS) O planisfério retrata um fenômeno muito significativo e cada vez mais preocupante no mundo globalizado. O movimento representado pelo sentido das flechas se concretiza por razões diversas, mas com repercussões importantes em grandes extensões do espaço geográfico. É mais provável que a situação representada no mapa seja

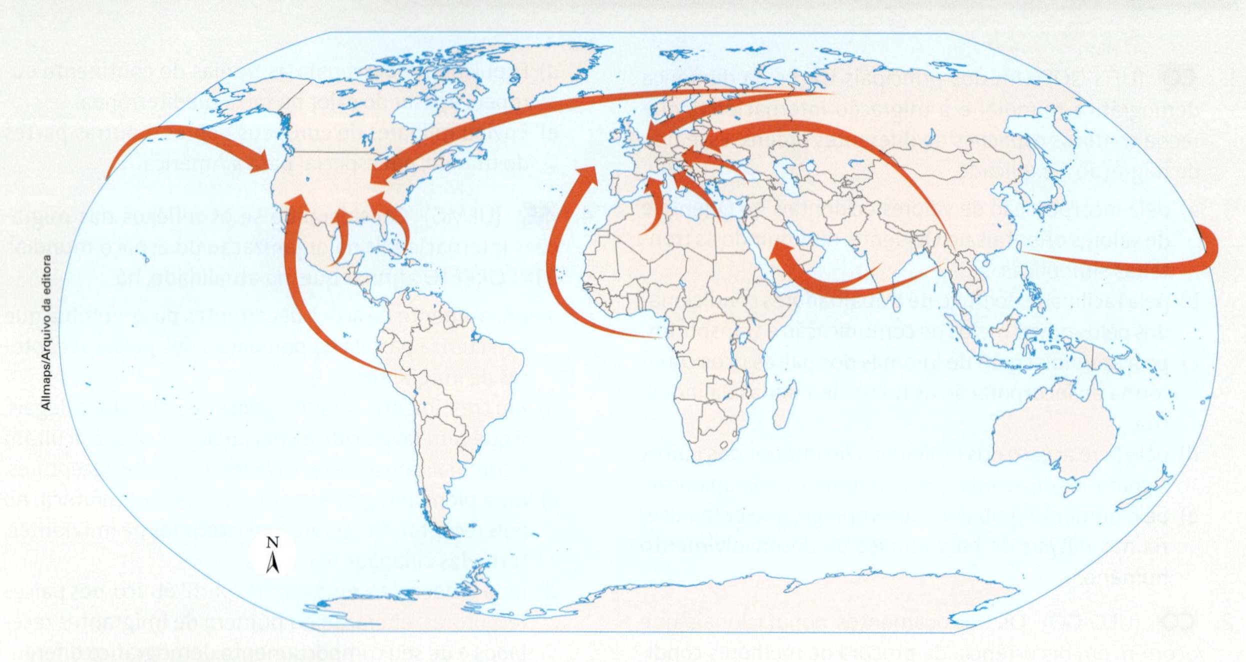

a) o movimento de terroristas responsáveis por atentados em áreas urbanas no hemisfério norte.
b) a transferência de tecnologia referente ao uso de células-tronco.
c) os fluxos migratórios atuais.
d) o comércio ilegal de armamentos nucleares.
e) a produção e consumo de biogás.

7. S (UFSM-RS)

No mundo contemporâneo, enquanto alguns muros caem, outros são erguidos; porém, continuam a separar pessoas e a delimitar territórios. Sobre esse assunto, considere as seguintes afirmativas:

SALGADO, S. *Êxodos*. São Paulo: Cia. das Letras, 2000. p. 28.

I. Na fronteira com o México, barreira foi erguida a fim de impedir que latino-americanos migrassem ilegalmente para os EUA em busca de trabalho e de melhores condições de vida.
II. O "muro de proteção" construído por Israel na Cisjordânia é uma forma de dificultar a passagem dos palestinos e proteger os colonos judeus nos territórios ocupados.
III. A União Europeia busca formas de impedir a entrada dos "bárbaros do sul", provenientes da África, que entram em maior número pelo sul do continente, o que pode ser exemplificado pela cerca erguida para separar do Marrocos as cidades espanholas de Ceuta e Melilla.

Está(ão) correta(s)
a) apenas I.
b) apenas II.
c) apenas III.
d) apenas I e II.
e) I, II e III.

CAPÍTULO

30 A formação e a diversidade cultural da população brasileira

Hans Von Manteuffel/Opção Brasil Imagens

Carnaval em Olinda (PE), em 2012.

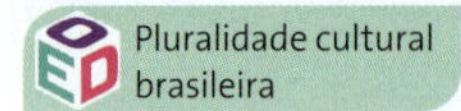

Ao longo dos dois primeiros séculos de colonização portuguesa, a população do Brasil foi constituída principalmente de indígenas, africanos e portugueses. Mas no mesmo período ainda contou com uma pequena participação de franceses, holandeses e britânicos nessa composição.

A partir de meados do século XIX até os dias atuais, a população brasileira teve influência de outros povos que imigraram para o país: italianos, espanhóis, alemães, poloneses, japoneses, árabes, latino-americanos, chineses, coreanos e africanos de vários países. Essas pessoas compõem os novos grupos que chegam em busca de melhores condições de vida.

Neste capítulo, vamos estudar a formação e a diversidade étnico-cultural da população brasileira, os períodos principais de movimentação populacional e as correntes migratórias internas e internacionais.

Na foto, de 2012, procissão católica do Círio de Nazaré em Belém (PA).

Paulo Santos/Reuters/Latinstock

Os primeiros habitantes

A quantidade de indígenas que ocupava o que é hoje o território brasileiro antes da chegada dos portugueses ainda não é consenso entre os pesquisadores. O historiador Ronaldo Vainfas afirma, no livro *Brasil: 500 anos de povoamento*, que as estimativas variam entre 1 milhão e 6,8 milhões de nativos, pertencentes a várias etnias. As etnias com maiores populações, e que ocupavam as maiores extensões territoriais, eram a Jê e a Tupi-Guarani.

Entretanto, é inquestionável que, de 1500 aos dias atuais, os indígenas sofreram intenso **genocídio**, principalmente por transmissão de doenças trazidas pelos europeus e para as quais não tinham imunidade. Ocorreram também muitas guerras contra os colonizadores que, na tentativa de aprisionar os nativos, ocasionavam milhares de mortes. Havia ainda guerras entre diferentes nações indígenas, que se intensificavam quando alguns grupos fugiam das regiões ocupadas pelos europeus em direção a terras de outros povos, ou quando alguns grupos se aliavam militarmente a portugueses, franceses e holandeses para lutar contra nações inimigas. Muitos povos também sofreram etnocídio (destruição da cultura), pois passaram a adotar hábitos dos colonizadores, como falar outra língua, professar uma nova religião e alterar o próprio modo de vida e os costumes, como a vestimenta e a alimentação.

Genocídio: extermínio físico de um grupo nacional, étnico ou religioso.

De acordo com a Funai e o Censo demográfico do IBGE, em 2010, os descendentes indígenas estavam reduzidos a 897 mil indivíduos (0,4% da população total do país), distribuídos entre 505 terras indígenas e algumas áreas urbanas, concentrados principalmente nas regiões Norte e Centro-Oeste. Essas estimativas revelaram também que há 82 referências (32 confirmadas) de grupos isolados, isto é, que não estabeleceram contato com a sociedade brasileira.

Somente a partir da metade do século XX verificou-se uma tendência de aumento desse contingente, principalmente em razão da demarcação de terras indígenas, que em 2012 ocupavam 12,5% do território brasileiro.

O francês Jean-Baptiste Debret (1768-1848) registrou cenas da vida brasileira da época em desenhos e aquarelas.

Coleção particular/Arquivo da editora

Em 2010, 36% dos indígenas viviam em áreas urbanas e 64%, na zona rural. A taxa de crescimento da população indígena, de 3,5% ao ano, era bem superior à média da população não indígena, de 0,8%. Entre as 305 etnias existentes no país, os Yanomami (em foto 2012) ocupam a terra indígena mais populosa, com 25,7 mil habitantes, distribuídos entre os estados do Amazonas e de Roraima. A etnia Tikuna (AM) é a mais numerosa, com 46 mil pessoas distribuídas por várias terras esparsas, seguida pelos Guarani Kaiowá (MS), com 43 mil membros. Os grupos indígenas isolados não foram contabilizados no Censo 2010 em razão da política de preservação cultural.

Edson Sato/Pulsar Imagens

Consulte a indicação do endereço eletrônico da **Fundação Nacional do Índio** (Funai) e do **Museu do Índio**. Veja orientações na seção **Sugestões de leitura, filmes e *sites***.

Observe o mapa e leia o texto a seguir.

Brasil: terras indígenas – 2013

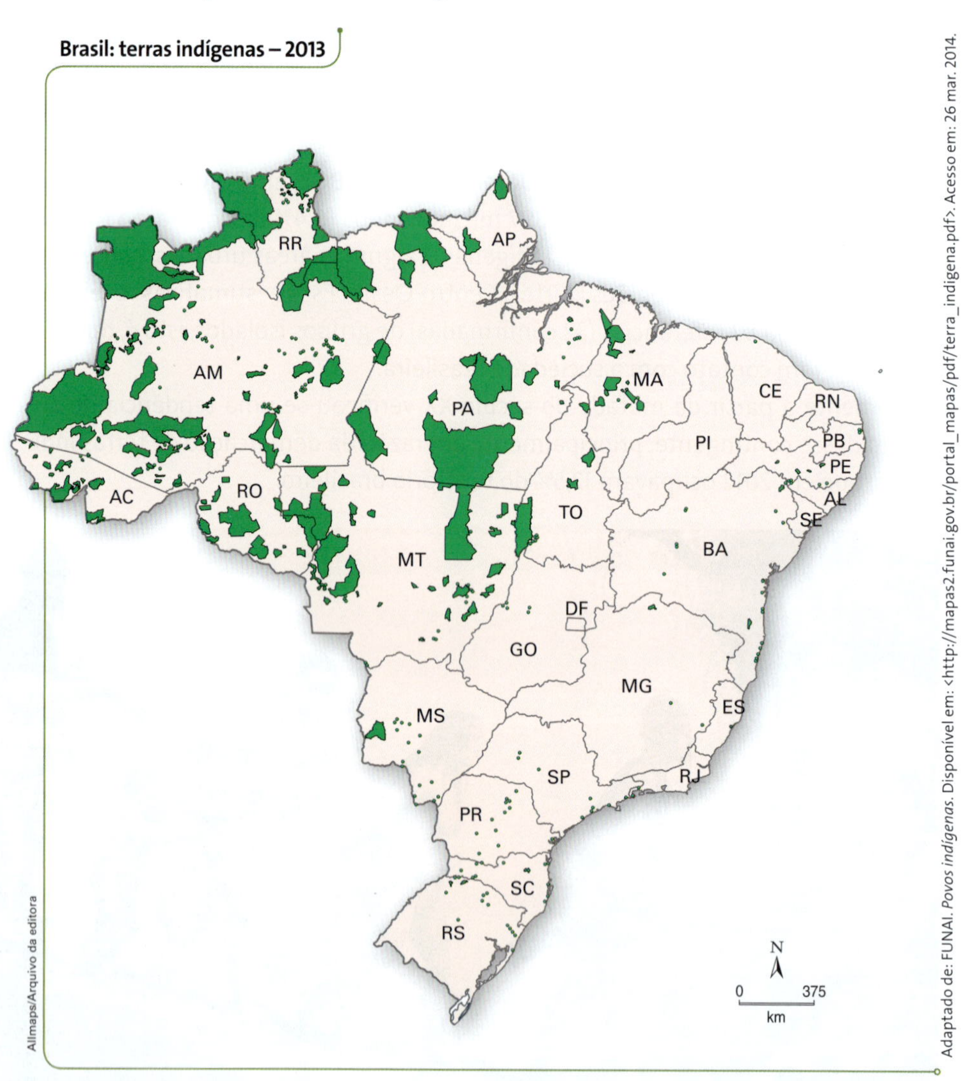

Adaptado de: FUNAI. *Povos indígenas*. Disponível em: <http://mapas2.funai.gov.br/portal_mapas/pdf/terra_indigena.pdf>. Acesso em: 26 mar. 2014.

A Constituição Federal assegura aos indígenas o direito à terra: "Art. 231. São reconhecidos aos índios sua organização social, costumes, línguas, crenças e tradições, e os direitos originários sobre as terras que tradicionalmente ocupam, competindo à União demarcá-las, proteger e fazer respeitar todos os seus bens".

Povos indígenas: condições de vida

A criação de parques e terras indígenas onde ficam asseguradas as condições de vida em comunidade dos povos nativos constitui o reconhecimento do direito de existência de culturas diferenciadas, com valores, tradições e costumes próprios. O princípio que embasa a demarcação dessas terras é o fato de os indígenas terem sido os primeiros habitantes desse território.

Esse tipo de garantia é importante por causa da visão de mundo de diversas nações indígenas que considera a terra como a base do grupo, por ser o lugar onde reproduzem a cultura, desenvolvem sua organização social e onde jazem os ancestrais dos indígenas.

Outras leituras

O Censo 2010 investigou pela primeira vez o número de etnias indígenas (comunidades definidas por afinidades linguísticas, culturais e sociais). Foram encontradas cerca de 305 etnias, das quais a maior é a Tikuna, com 6,8% da população indígena. Também foram identificadas 274 línguas indígenas. Dos indígenas com 5 anos ou mais de idade, 37,4% falavam uma língua indígena e 76,9% falavam português.

Mesmo com uma taxa de alfabetização mais alta que em 2000, a população indígena ainda tem nível educacional mais baixo que o da população não indígena, especialmente na área rural. Nas terras indígenas, nos grupos etários acima dos 50 anos, a taxa de analfabetismo é superior à de alfabetização.

[...]

Entre as crianças indígenas nas áreas urbanas, as taxas são próximas às da população em geral, ambas acima dos 90%.

A análise de rendimentos comprovou a necessidade de se ter um olhar diferenciado sobre os indígenas: 52,9% deles não tinham qualquer tipo de rendimento, proporção ainda maior nas áreas rurais (65,7%); porém, vários fatores dificultam a obtenção de informações sobre o rendimento dos trabalhadores indígenas: muitos trabalhos são feitos coletivamente, lazer e trabalho não são facilmente separáveis e a relação com a terra tem enorme significado, sem a noção de propriedade privada.

Em 2010, 83,0% das pessoas indígenas de 10 anos ou mais de idade recebiam até um salário mínimo ou não tinham rendimentos, sendo o maior percentual encontrado na região Norte (92,6%), onde 25,7% ganhavam até um salário mínimo e 66,9% eram sem rendimento. Em todo o país, 1,5% da população indígena com 10 anos ou mais de idade ganhava mais de cinco salários mínimos, percentual que caía para 0,2% nas terras indígenas.

Somente 12,6% dos domicílios eram do tipo "oca ou maloca", enquanto, no restante, predominava o tipo "casa". Mesmo nas terras indígenas, ocas e malocas não eram muito comuns: em apenas 2,9% das terras, todos os domicílios eram desse tipo e, em 58,7% das terras, elas não foram observadas.

IBGE. *Censo 2010*. Disponível em: <www.ibge.gov.br>. Acesso em: 26 mar. 2014.

Escola indígena Yanomami, na aldeia de Kolulú (Roraima), fronteira do Brasil com a Venezuela (foto de 2010).

Edson Sato/Pulsar Imagens

2 A formação da população brasileira

Desde o século XVI, início da colonização, os portugueses foram se fixando no Brasil. Entre 1532 e 1850, os africanos foram transferidos forçadamente para o Brasil, porque eram escravos. A partir de 1870, aumentou a imigração livre de europeus, asiáticos e latino-americanos, que povoaram o território e tiveram filhos entre si, com afrodescendentes e indígenas. Os descendentes de todos esses povos formam a população brasileira atual. Leia o texto a seguir.

Outras leituras

O povo brasileiro

Surgimos da confluência, do entrechoque e do caldeamento do invasor português com índios silvícolas e campineiros e com negros africanos, uns e outros aliciados como escravos.

Nessa confluência, que se dá sob a regência dos portugueses, matrizes raciais díspares, tradições culturais distintas, formações sociais defasadas se enfrentam e se fundem para dar lugar a um povo novo (Ribeiro, 1970), num novo modelo de estruturação societária. Novo porque surge como uma etnia nacional, diferenciada culturalmente de suas matrizes formadoras, fortemente mestiçada, dinamizada por uma cultura sincrética e singularizada pela redefinição de traços culturais dela oriundos. Também novo porque se vê a si mesmo e é visto como uma gente nova, um novo gênero humano diferente de quantos existam. Povo novo, ainda, porque é um novo modelo de estruturação societária, que inaugura uma forma singular de organização socioeconômica, fundada num tipo renovado de escravismo e numa servidão continuada ao mercado mundial. Novo, inclusive, pela inverossímil alegria e espantosa vontade de felicidade, num povo tão sacrificado, que alenta e comove a todos os brasileiros.

[...]

Essa unidade étnica básica não significa, porém, nenhuma uniformidade, mesmo porque atuaram sobre ela três forças diversificadoras. A ecológica, fazendo surgir paisagens humanas distintas onde as condições do meio ambiente obrigaram a adaptações regionais. A econômica, criando formas diferenciadas de produção, que conduziram a especializações funcionais e aos seus correspondentes gêneros de vida. E, por último, a imigração, que introduziu, nesse magma, novos contingentes humanos, principalmente europeus, árabes e japoneses. Mas já o encontrando formado e capaz de absorvê-los e abrasileirá-los, apenas estrangeirou alguns brasileiros ao gerar diferenciações nas áreas ou nos estratos sociais onde os imigrantes mais se concentram.

RIBEIRO, Darcy. *O povo brasileiro*: a formação e o sentido do Brasil. São Paulo: Companhia das Letras, 1995. p. 9-21.
Darcy Ribeiro (1922-1997) foi antropólogo, professor universitário, ministro do governo João Goulart, vice-governador do Rio de Janeiro e senador por esse estado.

“Por mais terras que eu percorra,
Não permita Deus que eu morra
Sem que eu volte para lá...”

Gonçalves Dias (1823-1864), poeta, advogado e jornalista maranhense.

Cesar Diniz/Pulsar Imagens

A miscigenação da população brasileira

Como podemos observar na tabela abaixo, segundo o IBGE, os números percentuais de pessoas que se consideram brancas e afrodescendentes têm caído, e o número das que se consideram pardas, aumentado, o que demonstra que continua havendo diversificação da população brasileira.

É importante destacar que, embora essa diversificação seja uma realidade histórica, os dados da tabela refletem a pesquisa do Censo 2010, que se baseou na forma como as pessoas se viam. Nem sempre os mestiços ou os pardos se declaravam como tal, havendo muitos mulatos que se declaravam como pretos, enquanto outros se declaravam brancos; mestiços de brancos com indígenas se declaravam indígenas, enquanto outros se declaravam brancos. Além disso, existem muitas pessoas que, por particularidades culturais, não se identificam com nenhuma das cinco opções oferecidas para enquadramento da resposta (branca, preta, amarela, parda e indígena). Na Pesquisa Nacional por Amostra de Domicílios (Pnad), realizada pelo IBGE em anos diferentes dos anos do Censo demográfico, são visitados apenas alguns domicílios.

A espécie humana é única: não existem raças. O conceito de raça (ou mesmo cor, que seria expressão fenotípica de um indivíduo), como ainda aparece nas pesquisas do IBGE, não tem embasamento científico. O texto a seguir explica que, geneticamente, a espécie humana não pode ser dividida em raças. O racismo é uma construção histórica e ideológica, que precisa ser desconstruída.

População residente (%)			
Cor	**1950**	**1980**	**2010**
Branca	61,7	54,7	47,5
Negra	11,0	5,9	7,5
Parda	26,5	38,5	43,4
Amarela	0,6	0,6	1,1
Indígena*	–	–	0,4
Sem declaração	0,2	0,3	0,1

IBGE. *Anuário estatístico do Brasil 1998*. Rio de Janeiro, 1999. v. 58; *Censo demográfico 2010*. Disponível em: <www.ibge.gov.br>. Acesso em: 26 mar. 2014.

* O IBGE passou a coletar dados sobre a população indígena somente a partir da década de 1990.

Torcedores assistindo ao jogo entre Brasil e Chile durante a copa de 2014, no centro de São Paulo.

Consulte a indicação do filme **Quilombo** e do *site* da revista **ComCiência**. Veja orientações na seção **Sugestões de leitura, filmes e *sites*.**

O DNA do racismo

Colunista conta como as raças foram inventadas e destaca que agora é nosso dever desinventá-las

Parece existir uma noção generalizada de que o conceito de raças humanas e sua indesejável consequência, o racismo, são tão velhos como a humanidade. Há mesmo quem pense neles como parte essencial da "natureza humana". Isso não é verdade. Pelo contrário, as raças e o racismo são uma invenção recente na história da humanidade.

Nas civilizações antigas não são encontradas evidências inequívocas da existência de racismo (que não deve ser confundido com rivalidade entre comunidades). É certo que havia escravidão na Grécia, em Roma, no mundo árabe e em outras regiões. Mas os escravos eram geralmente prisioneiros de guerra e não havia de maneira alguma a ideia de que eles fossem "naturalmente" inferiores aos seus senhores. A escravidão era mais conjuntural que estrutural – se o resultado da guerra tivesse sido outro, os papéis de senhor e escravo estariam invertidos.

A emergência do racismo e a cristalização do conceito de raças coincidiram historicamente com dois fenômenos da era moderna: o início do tráfico de escravos da África para as Américas e o esvanecimento do tradicional espírito religioso em favor de interpretações científicas da natureza.

[...]

Diversidade humana

Antes de prosseguirmos, proponho ao leitor um simples experimento. Dirija-se a um local onde haja grande número de pessoas – uma sala de aula, um restaurante, o saguão de um edifício comercial ou mesmo a calçada de uma rua movimentada. Agora observe cuidadosamente as pessoas ao redor.

Deverá logo saltar aos olhos que somos todos muito parecidos e, ao mesmo tempo, muito diferentes. Realmente, podemos ver grandes similaridades no plano corporal, na postura ereta, na pele fina e na falta relativa de pelos, características da espécie humana que nos distinguem dos outros primatas.

Por outro lado, serão evidentes as extraordinárias variações morfológicas entre as diferentes pessoas: sexo, idade, altura, peso, massa muscular e distribuição de gordura corporal, comprimento, cor e textura dos cabelos (ou ausência deles), cor e formato dos olhos, formatos do nariz e lábios, cor da pele, etc. Estas variações são quantitativas, contínuas, graduais. [...]

Taxonomia da humanidade

Vejamos agora, em nítido contraste com as conclusões do experimento de observação empírica acima, a rigidez da classificação da humanidade feita pelo naturalista sueco Carl Linnaeus (1707-1778) na edição de 1767 do seu *Systema Naturae* ("Sistema da natureza"). Ele apresentou, pela primeira vez na esfera científica, uma divisão taxonômica da espécie humana. Linnaeus distinguiu quatro raças principais (além de uma quinta, mitológica, que não levaremos em consideração) e qualificou-as de acordo com o que ele considerava suas características principais:

- *Homo sapiens europapaeus*: Branco, sério, forte
- *Homo sapiens asiaticus*: Amarelo, melancólico, avaro
- *Homo sapiens afer*: Negro, impassível, preguiçoso
- *Homo sapiens americanus*: Vermelho, mal-humorado, violento

[...]

Esse tipo de associação fixa de características físicas e psicológicas, que incrivelmente ainda persiste na atualidade, não faz absolutamente nenhum sentido do ponto de vista genético e biológico! O genoma humano tem cerca de 20 mil genes e sabemos que poucas dúzias deles controlam a pigmentação da pele e a aparência física dos humanos. Está 100% estabelecido que esses genes não têm nenhuma influência sobre qualquer traço comportamental ou intelectual.

[...]

O genial poeta Chico Buarque de Holanda sugere na canção "Apesar de você": "Você que inventou a tristeza, / Ora, tenha a fineza / De desinventar...". Parafraseando-o, podemos dizer que, se a cultura ocidental inventou o racismo e as raças, temos, agora, o dever de desinventá-los!

Não será tarefa fácil; alguns diriam mesmo impossível, pois as categorias raciais estão entranhadas nas nossas instituições sociais. Para levá-la a cabo, devemos nos alinhar com uma proposta do grande político americano Robert Kennedy (1925-1968): "Há aqueles que veem as coisas como elas são e perguntam por quê. Eu sonho com coisas que nunca foram e pergunto: por que não?".

PENA, Sérgio Danilo. O DNA do racismo. *Ciência Hoje*. Disponível em: <http://cienciahoje.uol.com.br/colunas/deriva-genetica/o-dna-do-racismo>. Acesso em: 26 mar. 2014.

Sérgio Danilo Pena é professor titular do Departamento de Bioquímica e Imunologia da Universidade Federal de Minas Gerais.

3 As correntes imigratórias

Como a Coroa portuguesa não fazia registros oficiais, não existem dados de quantos negros africanos escravizados ingressaram no Brasil, quais foram os anos de maior fluxo, por qual porto entraram e de que lugar da África vieram. O gráfico a seguir mostra apenas a entrada de imigrantes livres a partir de 1808 e não considera a corrente africana, a mais importante até 1850. Segundo as estimativas expostas no livro *Brasil: 500 anos de povoamento*, ingressaram no país pelo menos 4 milhões de africanos entre 1550 e 1850, a maioria proveniente de Angola, da Ilha de São Tomé e da Costa do Marfim.

Entre as correntes imigratórias especificadas no gráfico, a mais importante foi a portuguesa, que se iniciou efetivamente em 1530, se estendeu até os anos 1980 e voltou a acontecer a partir da crise econômica mundial que se iniciou em 2008, com a vinda de profissionais qualificados em busca de emprego. Além de serem numericamente mais significativos, os imigrantes portugueses espalharam-se por todo o território nacional.

A segunda maior corrente de imigrantes livres foi a italiana; a terceira, a espanhola; e a quarta, a alemã. A partir de 1850, a expansão dos cafezais pelo Sudeste e a necessidade de efetiva colonização da região Sul levaram o governo brasileiro a criar medidas de incentivo à vinda de imigrantes europeus para substituir a mão de obra escravizada. Algumas das principais medidas adotadas e divulgadas na Europa foram o financiamento da passagem e a suposta garantia de emprego, com moradia, alimentação e pagamento anual de salários.

Embora atraente, essa propaganda governamental revelou-se enganosa e escondia uma realidade perversa: a escravidão por dívida.

A saída do imigrante da fazenda somente seria permitida quando a dívida fosse quitada. Como não tinha condições de pagar o que devia, ele ficava aprisionado no latifúndio, vigiado por capangas. Na prática, tratava-se de uma escravidão por dívida, comum até hoje em vários estados do Brasil, sobretudo na Amazônia.

O imigrante, ao fim de um período de trabalho duro nas lavouras de café, quando deveria receber seu pagamento, era informado de que seu salário não fora suficiente para pagar moradia e alimentos consumidos ao longo do ano. Muitas vezes, o salário não dava sequer para pagar as despesas de transporte – que, segundo a propaganda do governo, seria gratuito. Na foto, imigrantes italianos trabalhando em plantação de café no interior de São Paulo.

Reprodução/Museu Paulista da USP, São Paulo, SP.

Brasil: entrada de imigrantes

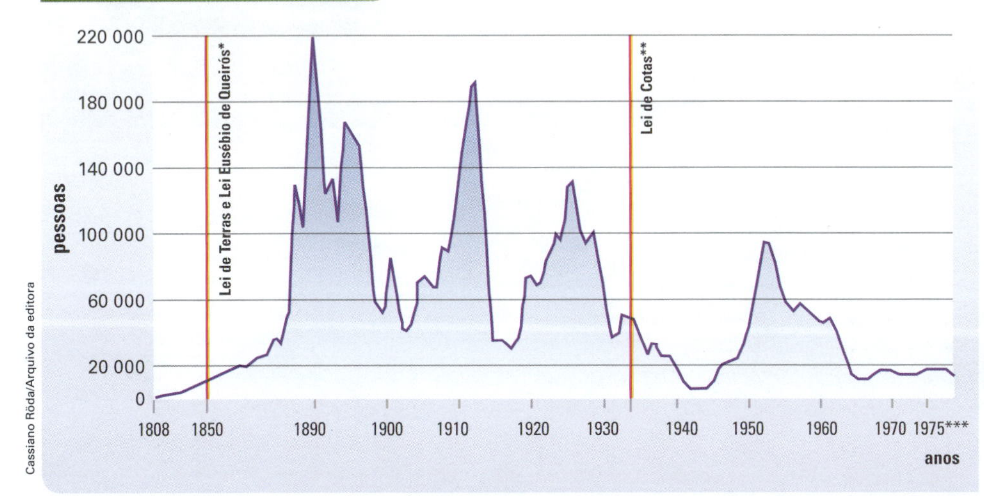

Cassiano Röda/Arquivo da editora

* Em 1850, a Lei de Terras limitou o acesso à compra de imóveis rurais ao instituir que essa compra só se realizaria por meio de leilões, e a Lei Eusébio de Queirós proibiu o tráfico de escravos para o Brasil.

** Em 1934, a Lei de Cotas limitou o ingresso de imigrantes a 2% do total que havia ingressado nos últimos cinquenta anos, por nacionalidade.

*** Estimativa

Adaptado de: AZEVEDO, A. de. *Brasil, a terra e o homem*. São Paulo: Nacional, 1970. [s.p., tabela 4.]. v. II.

Além dos cafezais da região Sudeste, outra grande área de atração de imigrantes europeus, com destaque para portugueses, italianos e alemães, foi o Sul do país. Nessa região, os imigrantes ganhavam a propriedade da terra, onde fundaram colônias de povoamento. Observe o quadro a seguir.

Caxias do Sul, Garibaldi e Bento Gonçalves (RS), fundadas por italianos.
Porto Alegre (RS) e Florianópolis (SC), fundadas por portugueses.
Joinville e Blumenau (SC), fundadas por alemães.
Gerson Gerloff/Pulsar Imagens
Palê Zuppani/Pulsar Imagens
Zig Koch/Pulsar Imagens
Acervo Iconographia/Reminiscências

Colônias de povoamento

Pequenas e médias propriedades, com mão de obra familiar e produção policultora destinada ao abastecimento interno, que prosperaram bastante. Muitas dessas colônias, com o tempo, se transformaram em importantes cidades.

Casa de madeira antiga de estilo colonial italiano em Bento Gonçalves (RS), 2013.

Centro histórico do bairro Santo Antônio de Lisboa, de cultura açoriana, em Florianópolis (SC), em 2014.

Moradia no estilo enxaimel, em Blumenau (SC), em 2014.

Casa-sede de fazenda de café em Bauru (SP), foto de 1915.

Natasha Iwanicki/kino.com.br

A cidade de Gramado (RS) foi fundada por imigrantes alemães com base na colonização de povoamento. Na foto, vista do centro da cidade com construções em estilo arquitetônico alemão, em 2012.

Os espanhóis não fundaram cidades; em vez disso espalharam-se pelos grandes centros urbanos de todo o Centro-Sul brasileiro, principalmente São Paulo e Rio de Janeiro.

Em 1908, aportou em Santos a primeira embarcação trazendo colonos japoneses. O destino de quase todos foram as lavouras de café do oeste do estado de São Paulo e norte do Paraná; alguns se instalaram no vale do Ribeira (SP) e ao redor de Belém (PA). Da década de 1980 até 2008/2009, porém, alguns descendentes de japoneses passaram a fazer o caminho inverso de seus ancestrais, emigrando em direção ao Japão como trabalhadores (os chamados decasséguis), e passaram a ocupar postos de trabalho desprezados por cidadãos japoneses, geralmente em linhas de produção industrial. Com a crise econômica mundial que se iniciou em 2008 e o aumento do desemprego no Japão, esse fluxo se estagnou e muitos decasséguis retornaram ao Brasil.

Consulte a indicação do filme **Gaijin**. Veja orientações na seção **Sugestões de leitura, filmes e *sites***.

Alexandre Tokitaka/Pulsar Imagens

Postes de iluminação com características japonesas em rua do bairro da Liberdade, no centro de São Paulo (foto de 2012).

As correntes imigratórias de menor expressão incluem judeus (espalhados pelo Brasil e oriundos de diversos países, principalmente europeus), árabes (sírios e libaneses, também distribuídos pelo país), chineses e coreanos (mais concentrados em São Paulo) e eslavos (sobretudo poloneses, lituanos e russos, mais concentrados em Curitiba e outras cidades paranaenses). Há também sul-americanos (argentinos, uruguaios, paraguaios, bolivianos e chilenos), a maioria na Grande São Paulo.

4 Os principais fluxos migratórios

Federação: arranjo político-territorial, como é o caso da Federação Russa, do Brasil, dos Estados Unidos, da Alemanha, entre outros países, no qual as unidades internas não têm autonomia completa, portanto, devem reportar-se a órgãos centrais de decisão política.

Segundo dados do IBGE, em 2011, 40% dos habitantes do país não eram naturais do município em que moravam, e cerca de 16% deles não eram procedentes da unidade da **federação** em que viviam.

Esses dados revelam que predominam movimentos migratórios dentro do estado de origem e que há um crescimento dos fluxos urbano-urbano e intrametropolitano, isto é, aumenta o número de pessoas que migram de uma cidade para outra no mesmo estado ou em determinada região metropolitana em busca de melhores condições de vida. No entanto, continuam ocorrendo os movimentos migratórios interestaduais, como mostra o mapa a seguir.

Analisando a história brasileira, percebemos que, desde o tempo da colonização, os movimentos migratórios estão associados a fatores econômicos. Quando terminou o ciclo da cana-de-açúcar no Nordeste e se iniciou o do ouro em Minas Gerais, houve um grande deslocamento de pessoas e um intenso processo de urbanização no novo centro econômico do país.

Brasil: principais fluxos migratórios – 2008

Adaptado de: SANTOS, Milton. *Atlas nacional do Brasil 2010* Rio de Janeiro: IBGE, 2010. p. 139.

Mais tarde, com o ciclo do café e o processo de industrialização, o eixo São Paulo-Rio de Janeiro se tornou o grande polo de atração de migrantes, que saíam da região de origem em busca de emprego ou de melhores salários. Somente a partir da década de 1970, por causa do processo de desconcentração da atividade industrial e da criação de políticas públicas de incentivo à ocupação das regiões Norte e Centro-Oeste, a migração para o Sudeste começou a apresentar uma queda significativa.

Se determinada região do país começar a receber investimentos produtivos, públicos ou privados, que aumentem a oferta de emprego, em pouco tempo ela se torna polo de atração para pessoas dispostas a preencher os novos postos de trabalho. É o que acontece atualmente com as cidades do interior do estado de São Paulo.

Cesar Diniz/Pulsar Imagens

As cidades médias e grandes do interior – como Campinas (em foto de 2012), Ribeirão Preto, São José dos Campos, Sorocaba e São José do Rio Preto, e algumas menores – apresentam índices de crescimento econômico maiores que os da Grande São Paulo, o que gera aumento populacional. Isso se deve ao desenvolvimento dos sistemas de transportes, energia e telecomunicações.

Consulte a indicação dos filmes **O homem que virou suco** e **O caminho das nuvens**. Veja orientações na seção **Sugestões de leitura, filmes e *sites***.

Atualmente, as cidades de São Paulo e Rio de Janeiro são as capitais cuja população menos cresce no Brasil. Em primeira posição, estão algumas capitais de estados da região Norte, com destaque para Palmas (TO), Macapá (AP) e Rio Branco (AC), localizadas em áreas de expansão das atuais fronteiras agrícolas do país. Em seguida, vêm as capitais nordestinas e, depois, as capitais da região Sul do país.

Ricardo Azoury/Pulsar Imagens

O crescimento populacional de Rio Branco (AC) resulta da expansão da agropecuária e de outras atividades na periferia da Amazônia. Na foto, vista do centro histórico dessa cidade, em 2012.

Êxodo rural e migração pendular

Em 1920, apenas 10% da população brasileira vivia em cidades. Em 1970, esse percentual já era de 56%. De acordo com o Censo 2010, hoje quase 85% da população brasileira é urbana (veja a tabela a seguir; no capítulo 33 vamos analisar esses dados de forma mais aprofundada). Estima-se que, entre 1950 e 2000, 50 milhões de pessoas migraram do campo para as cidades, fenômeno conhecido como **êxodo rural**.

Fernando Pereira/Arquivo da editora

É importante lembrar que, na maioria dos casos, os migrantes se deslocaram para as cidades com pouquíssimo dinheiro e em condições muito precárias, consequência de uma política agrária que modernizou o trabalho do campo e concentrou a posse da terra. Esse processo, aliado à industrialização que permanecia concentrada nas principais regiões metropolitanas, tornavam as grandes cidades muito atrativas. Na foto, migrantes nordestinos no Terminal Rodoviário Tietê, São Paulo (SP), em 1991.

No entanto, as cidades receptoras desse enorme contingente populacional não receberam investimentos públicos suficientes em obras de infraestrutura urbana e não tiveram um processo planejado de urbanização. Esses fatores fizeram com que as cidades passassem a crescer de forma acelerada e desordenada, com autoconstruções, o erguimento de submoradias e a formação de loteamentos (em grande parte clandestinos) nas periferias.

Esse processo reduziu os vazios demográficos que existiam entre uma cidade e outra e, somado a outros fatores, colaborou para a formação de **regiões metropolitanas** (veremos sua definição e distribuição pelo território no capítulo 33). Nessas regiões ocorre um deslocamento diário da população, movimento conhecido como **migração pendular**. A existência de um eficiente sistema de transporte coletivo é fundamental para quem migra pendularmente entre a moradia, muitas vezes situada na periferia distante, e o local de trabalho. Como o sistema de transporte público das metrópoles brasileiras em geral é ineficiente, o deslocamento diário dos trabalhadores é penoso e consome muito tempo.

Brasil: população urbana e rural – 1970 a 2010

Ano	Urbana		Rural		Total
	Milhões de habitantes	%	Milhões de habitantes	%	
1970	52,1	55,92	41,1	44,08	93,2
1980	80,5	67,57	38,6	32,43	119,1
1991	108,1	74,00	38,0	26,00	146,1
2000	137,9	81,22	31,8	18,88	169,8
2010	160,2	84,40	30,5	15,60	190,7

IBGE. *Anuário estatístico do Brasil 1997/Brasil em números 2002: Síntese de indicadores sociais 2007.* Rio de Janeiro, 2009; *Censo demográfico 2010.* Disponível em: <www.ibge.gov.br>. Acesso em: 26 mar. 2014.

5 A emigração

Como vimos no capítulo anterior, os movimentos de população sempre estão associados a fatores de repulsão e de atração e, muitas vezes, os emigrantes saem contrariados de seu país de origem. A partir da década de 1980, o Brasil começou a se tornar um país com fluxo imigratório negativo – número de emigrantes maior que o de imigrantes (veja o gráfico a seguir).

Do início da década de 1980 até a crise mundial que se iniciou em 2008, muitos brasileiros se mudaram para os Estados Unidos, Japão e Europa (sobretudo Portugal, Inglaterra, Espanha e França), entre outros destinos, em busca de melhores condições de vida. Os motivos para isso são: os salários muito baixos pagos no Brasil, se comparados aos desses países, e os índices de desemprego e subemprego que costumam ser mais elevados.

Clayton de Souza/Agência Estado

Há também um grande número de brasileiros estabelecidos no Paraguai, quase todos produtores rurais que para ali se dirigiram em busca de terras baratas e de uma carga tributária menor que a brasileira. Na foto, pequeno produtor rural brasileiro em Santa Rita (Paraguai), em 2013.

Desde a eclosão da crise econômica que se iniciou em 2008, o Brasil passou a receber muitos imigrantes de países latino-americanos, com destaque para Bolívia, Peru e Paraguai, e de alguns países europeus, principalmente Portugal e Espanha. Além disso, muitos brasileiros que moravam no exterior voltaram para o país. Dessa forma, nos últimos anos o Brasil deixou de ser um país onde predominava a emigração e passou a receber muitos estrangeiros.

Tradicionalmente, os principais destinos dos emigrantes de países da América do Sul e Central são os Estados Unidos e a Espanha. Porém, como a economia brasileira conseguiu enfrentar a crise com muito mais vigor que a de muitos países desenvolvidos e há grande facilidade de deslocamento terrestre para cá, muitos emigrantes latinos trocaram de destino.

Brasileiros residentes no exterior – 2010 (em %)

País	%
Estados Unidos	23,8
Portugal	13,4
Espanha	9,4
Japão	7,4
Itália	7,0
Inglaterra	6,2
França	3,6
Alemanha	3,4
Suíça	2,5
Austrália	2,2
Canadá	2,1
Argentina	1,8
Bolívia	1,6
Irlanda	1,3
Bélgica	1,1
Holanda	1,1
Paraguai	1,0
Guiana Francesa	0,8
Angola	0,8
Suriname	0,7
Demais países	8,9

Total: **491645** pessoas*

* Número oficial do Censo 2010. Segundo estimativas do Ministério das Relações Exteriores, de 2 a 3,7 milhões de pessoas são emigrantes, mas os números do Censo permitem comparações entre os países de destino.

IBGE. *Censo demográfico 2010.* Disponível em: <www.ibge.gov.br>. Acesso em: 28 nov. 2013.

Atividades

Compreendendo conteúdos

1. Por que a criação de parques e terras indígenas contribui para a preservação da identidade cultural de diversos povos nativos?

2. Quais foram os principais períodos e correntes imigratórias para o Brasil? Caracterize-os.

3. Estabeleça as relações entre êxodo rural e migração pendular.

4. Quais são os principais países de destino dos emigrantes brasileiros? Quais são os principais objetivos desses imigrantes nesses países?

Desenvolvendo habilidades

5. Procure em jornais, revistas e na internet notícias que mostrem as principais regiões brasileiras e países do mundo que concentram os maiores movimentos populacionais. Em seguida, faça o que se pede.
   a) Destaque as causas de repulsão e os fatores de atração dos migrantes nos lugares mencionados nas notícias pesquisadas.
   b) A região onde você mora está entre esses lugares de repulsão ou atração?
   c) Faça uma breve entrevista com familiares ou pessoas que moram em seu bairro que tenham emigrado, imigrado ou migrado. Procure saber quais foram os motivos do deslocamento e verifique se correspondem aos mesmos motivos noticiados.

6. Leia o texto "O DNA do racismo" (página 756) e responda: quais são os argumentos utilizados para mostrar que o racismo é uma construção social que se desenvolveu em períodos recentes da História e não tem nenhum embasamento científico?

Fábio Cortez/D.A Press

Na foto, usuários prejudicados em dia de greve de motoristas de ônibus em Natal (RN), em 2011.

Vestibulares de Norte a Sul

1. **S** (UEPG-PR) Com relação aos movimentos de população no Brasil e no Paraná, assinale o que for correto.

01) Em território paranaense, os contingentes migratórios se fazem das grandes cidades em direção aos pequenos municípios criados recentemente, principalmente no noroeste e no oeste do estado.

02) Migrantes do Sul do Brasil foram atraídos para a região Centro-Oeste na expansão da fronteira agrícola brasileira e, hoje, a Amazônia se tornou um grande polo de atração migratória.

04) Nas migrações internas do Brasil, os maiores contingentes de migrantes partiram do Nordeste, ou em direção à Brasília (construção da capital na década de 1950), ou para as grandes cidades do Sudeste, principalmente São Paulo (entre os anos de 1950 e 1980), ou para a Amazônia (a partir da década de 1970).

08) A Região Metropolitana de Curitiba é a que menos cresce populacionalmente no estado do Paraná, visto não se constituir em um polo de atração para outras áreas dentro e fora do estado.

16) No litoral paranaense a cidade de Antonina é a de maior atrativo populacional em vista das atividades portuárias da região, em franca expansão, e da oferta de empregos.

2. **S** (UESC-SC) Em relação à dinâmica e à mobilidade da população, no território brasileiro, é correto afirmar:

a) A desigualdade na distribuição geográfica da população resulta da combinação de diversos fatores, todavia os de ordem natural exercem um peso determinante por estarem relacionados ao processo de ocupação do território.

b) O maior contingente de refugiados procede do Oriente Médio, sendo formados por grupos de palestinos da faixa de Gaza, que escolheram viver nas zonas rurais do sul do país.

c) O atual perfil etário evidencia um processo de envelhecimento caracterizado pela queda da mortalidade infantil e pelo aumento do crescimento vegetativo.

d) O processo de transição demográfica se assemelha ao dos países europeus, ou seja, ocorreu de forma rápida, em função da melhoria na qualidade de vida.

e) A tendência de imigrar para o Sudeste sofreu uma retração, nas últimas décadas do século passado, todavia esse quadro vem se revertendo, devido à criação de novos empregos.

3. **SE** (UFTM-MG) No ano de 2010, realizou-se, a partir de 1º de agosto, o 12º Censo Demográfico do Brasil. Sobre ele, leia o seguinte texto do IBGE:

> O Censo 2010 vai-nos dizer quem somos, onde estamos, quantos somos e como vivemos. Para conseguir todas essas informações, o IBGE vai utilizar dois tipos de questionário na coleta de dados: o da amostra e o básico. Apenas uma parte dos domicílios irá responder às questões exclusivas dos questionários da amostra. Mas as perguntas do questionário básico serão respondidas por todos, inclusive aqueles domicílios que fazem parte da amostra. Mas que perguntas básicas são essas? E por que todo mundo precisa respondê-las?
>
> As perguntas do questionário básico são subdivididas em temas. Algumas questões são referentes ao domicílio como um todo e outras investigam características individuais de cada morador. Conheça quais os assuntos que compõem o questionário básico:
>
> - domicílio;
> - emigração internacional;
> - arranjos familiares;
> - características dos moradores;
> - registro de nascimento;
> - educação;
> - rendimento.

O Censo Demográfico de 2010 possibilitou conhecer os dados

a) detalhados da população brasileira, pois todos os domicílios responderam ao censo de amostra.

b) da população residente para a elaboração de políticas públicas a partir de 2015.

c) exclusivamente estatísticos da população residente.

d) da população residente, incluindo os emigrados.

e) da população relativa do país, pois em todos os domicílios foram aplicados os dois tipos de questionários.

4. **NE** (UFAL-AL)

> "O desenvolvimento econômico marcou as grandes transformações ocorridas no solo brasileiro entre os Censos de 1940 e 2000."
>
> (Tendências Demográficas. IBGE, 2007).

Com base nessa afirmação, e considerando-se outros conhecimentos sobre esse tema, é correto admitir que:

1) a partir da década de 1930, impulsiona-se o processo de repulsão populacional na Região Nordeste, levando a que milhões de nordestinos se deslocassem, à busca por oportunidades de trabalho nos grandes centros urbanos.
2) a distribuição da população no espaço brasileiro passa por grandes transformações a partir da década de 1940, com expressivos deslocamentos de trabalhadores agrícolas, motivados pela modernização da agricultura do Sudeste e abertura de novas fronteiras agrícolas.
3) no período de 1940 a 2000, a densidade demográfica do Brasil cresceu quatro vezes, mas foi a Região Centro-Oeste que revelou o maior crescimento.
4) a densidade demográfica da Região Sudeste é muito superior à das demais regiões brasileiras, tanto no censo em 1940 quanto no de 2000.

a) 1 apenas.
b) 3 apenas.
c) 1 e 4 apenas.
d) 2, 3 e 4 apenas.
e) 1, 2, 3 e 4.

5. **CO** (UFG-GO) Leia a letra de música a seguir.

Iracema Voou

Iracema voou/Para a América
Leva roupa de lã/E anda lépida
Vê um filme de quando em vez
Não domina o idioma inglês
Lava chão numa casa de chá
Tem saído ao luar/Com um mímico
Ambiciona estudar/Canto lírico
Não dá mole pra polícia
Se puder, vai ficando por lá
Tem saudade do Ceará/Mas não muita
Uns dias, afoita/Me liga a cobrar
É Iracema da América

BUARQUE, Chico. *As cidades*. São Paulo: BMG. 1998. 1 CD. Faixa 2.

A migração se expressa por meio de deslocamentos no espaço decorrentes de diferentes motivações e contextos, alterando, em diversos aspectos, as áreas de origem e destino dos migrantes.

Considerando o tipo de migração e seus efeitos, conclui-se que a música apresentada aborda o tema da migração:

a) pendular, que provoca alteração na rede de transporte e impacta o tempo diário do trabalhador.
b) pioneira, que ocasiona convivência com diferentes culturas, religiões e miscigenação étnica.
c) sazonal, que cria condições de trabalho vulneráveis e contribui para a desestruturação familiar.
d) internacional, que gera enfrentamento de posturas restritivas e adaptação a novos costumes.
e) rural-urbano, que causa inchaço nas cidades a partir do surgimento de favelas e saudades da terra natal.

6. **S** (UEL-PR)

O surgimento da bioética coincidiu com o clamor generalizado levantado pelos horrores da Segunda Guerra Mundial, reação que culminou com a Declaração Universal dos Direitos Humanos. O objetivo primordial da bioética se baseia no princípio humanista de afirmar a primazia do ser humano e defender a dignidade e a liberdade inerentes ao mero fato de pertencer à espécie.

(Adaptado de: BERGEL, S. Desafios da bioética. *Planeta*. ano 40, 472. ed., jan. 2012, p. 70.)

No Brasil, os fluxos migratórios no século XIX e início do século XX marcaram a política de construção de uma "identidade brasileira" que se assentava na ideia de "branqueamento da raça".

Com relação à influência dos processos migratórios desse período na formação populacional brasileira, atribua V (verdadeiro) ou F (falso) às afirmativas a seguir.

( ) As políticas migratórias oficiais, na segunda metade do século XIX, ressaltaram o interesse de preservar a ascendência europeia na composição étnica da população.
( ) As políticas migratórias pautavam-se por um "modelo ideal de trabalhador", no qual predominava a forma capitalista de produção.
( ) As imigrações europeia e asiática tiveram como propósito a ocupação das vagas ociosas na indústria nascente, diante da ausência de qualificação dos ex-escravos.
( ) A imigração japonesa no Paraná foi favorecida pela fácil adaptação dos japoneses aos costumes ocidentais e por serem habituados ao trabalho com as monoculturas.
( ) O direcionamento dos fluxos migratórios fez com que existisse maior concentração de afrodescendentes nas regiões Sul e Centro-Oeste.

Assinale a alternativa que contém, de cima para baixo, a sequência correta.

a) V, V, F, F, F.
b) V, F, V, V, F.
c) V, F, F, F, V.
d) F, V, F, V, V.
e) F, F, V, V, F.

CAPÍTULO

31 Aspectos demográficos e estrutura da população brasileira

Leo Drummond/Nitro

Alunos da Escola Municipal Carmela Dramis Malaguti, em Itau de Minas (MG).

Censo 2010

O Brasil tem passado por mudanças estruturais em sua composição demográfica, e essa transformação provoca grandes impactos na sociedade e na economia. Você já imaginou quais são os resultados da redução do número de pessoas jovens e do aumento do número de idosos no conjunto da população?

Neste capítulo, vamos estudar as causas e as consequências da redução da fecundidade e do aumento da expectativa de vida, a estrutura da população de acordo com a idade e o sexo, a distribuição da população economicamente ativa (PEA) e o Índice de Desenvolvimento Humano (IDH).

Baile da terceira idade no Sesc Pompeia, em São Paulo (SP). Foto de 2010.

Sérgio Neves/Agência Estado

Crescimento vegetativo e transição demográfica

> Consulte a indicação do *site* da **Biblioteca Virtual de Saúde Reprodutiva**. Veja orientações na seção **Sugestões de leitura, filmes e *sites***.

A sociedade brasileira tem vivido uma grande mudança na taxa de fecundidade (número médio de filhos que uma mulher pode ter), o que gera reflexos diretos no crescimento populacional. Em 2010, a taxa de fecundidade da mulher brasileira era 1,8 (leia o gráfico ao lado), nível inferior aos 2,1 considerados pela ONU como nível de reposição da população. A redução do número de filhos por mulher é consequência de uma série de fatores, com destaque para a urbanização, o avanço nos métodos anticoncepcionais, a melhora nos índices de educação, opção por um melhor planejamento familiar, maior ingresso das mulheres no mercado de trabalho e mudanças nos valores socioculturais, como a maior autonomia das mulheres em relação aos homens.

Entre 1950 e 1980, a população brasileira cresceu em média 2,8% ao ano, índice que projetava sua duplicação a cada 25 anos. Já em 2010, o crescimento populacional caiu para 0,8% ao ano, e a projeção para a população duplicar aumentou para 87 anos.

Paralelamente à redução acentuada da natalidade, a esperança de vida ao nascer tem aumentado, como mostra o segundo gráfico.

Por causa desse movimento paralelo, dizemos que o Brasil está passando por uma **transição demográfica**, que se intensificou no começo de 1980. Como podemos observar no gráfico à direita, a participação de crianças tem diminuído, e a de jovens, adultos e idosos aumentado, fruto da redução da fecundidade e do aumento da esperança de vida.

Brasil: taxa de fecundidade

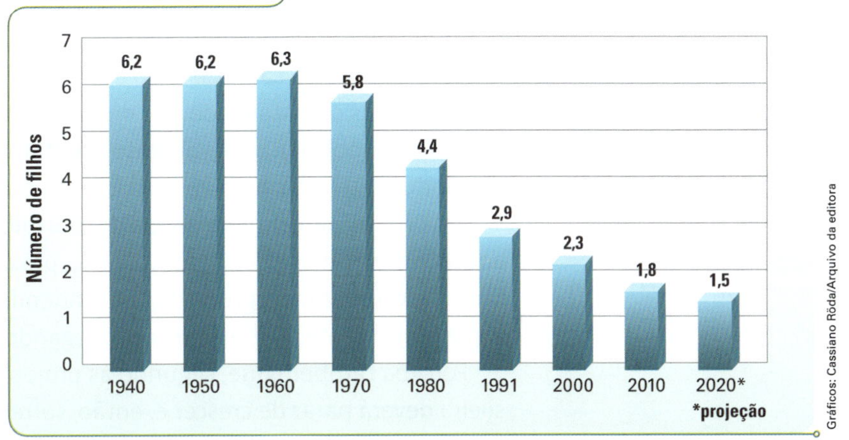

IBGE. Disponível em: <www.ibge.gov.br>. Acesso em: 30 ago. 2014.

Gráficos: Cassiano Róda/Arquivo da editora

Brasil: esperança de vida ao nascer

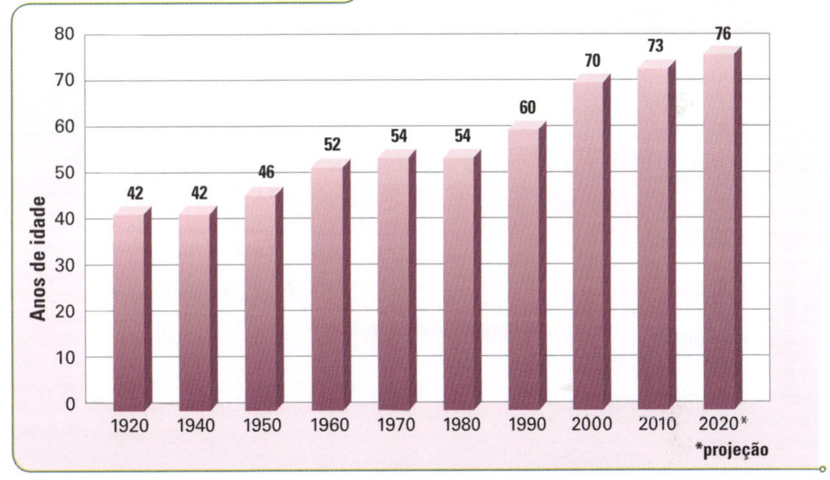

IBGE. Disponível em: <www.ibge.gov.br>. Acesso em: 30 ago. 2014.

Evolução da participação dos grupos de idade na população brasileira

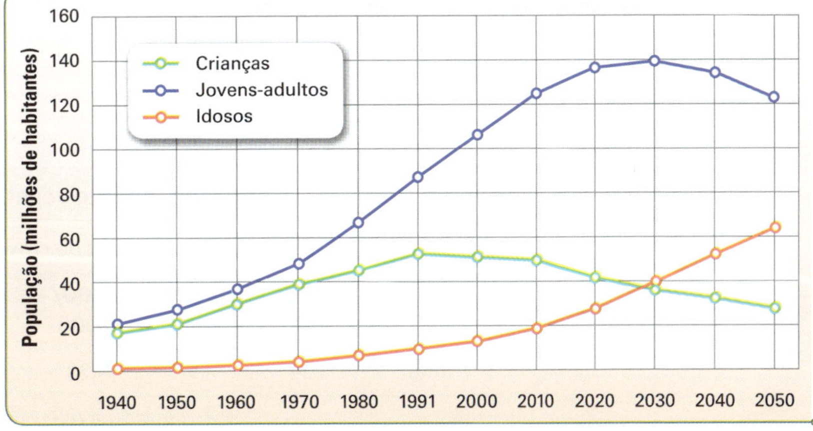

IBGE. *Indicadores sociodemográficos e de saúde no Brasil*. Disponível em: <www.ibge.gov.br>. Acesso em: 2 jun. 2014.

Essas alterações na composição etária da população mostram que o Brasil ingressou no período de passagem da chamada "janela demográfica". Isso acontece quando há predomínio de adultos no conjunto total da população, o que diminui a razão de dependência. Isso é fruto da redução da participação percentual de crianças (0 a 14 anos) e idosos (65 anos ou mais), que são segmentos definidos como economicamente dependentes da população ativa, de 15 a 64 anos de idade. O percentual de população em idade ativa deve aumentar até 2025 e depois começará a diminuir, conforme demonstra o gráfico da página anterior.

Como vimos no capítulo 28, o crescimento vegetativo corresponde à diferença entre as taxas de natalidade e as de mortalidade. O gráfico a seguir mostra os nascimentos, os óbitos e o crescimento vegetativo, em números absolutos. O aumento dos óbitos está associado ao crescimento e ao envelhecimento populacional.

Em termos percentuais, a taxa de mortalidade brasileira já atingiu um patamar equivalente ao de países desenvolvidos, próximo a 6‰. Isso significa que seis habitantes morrem a cada grupo de mil, tendendo a se estabilizar por algumas décadas e, posteriormente, voltar a crescer, chegando a 8 ou 9‰.

Perceba também que, segundo as projeções, a partir de 2036 a população brasileira deverá parar de crescer e, então, sofrer redução, porque o número de óbitos provavelmente será maior do que o de nascimentos.

Brasil: nascimentos, óbitos e crescimento vegetativo

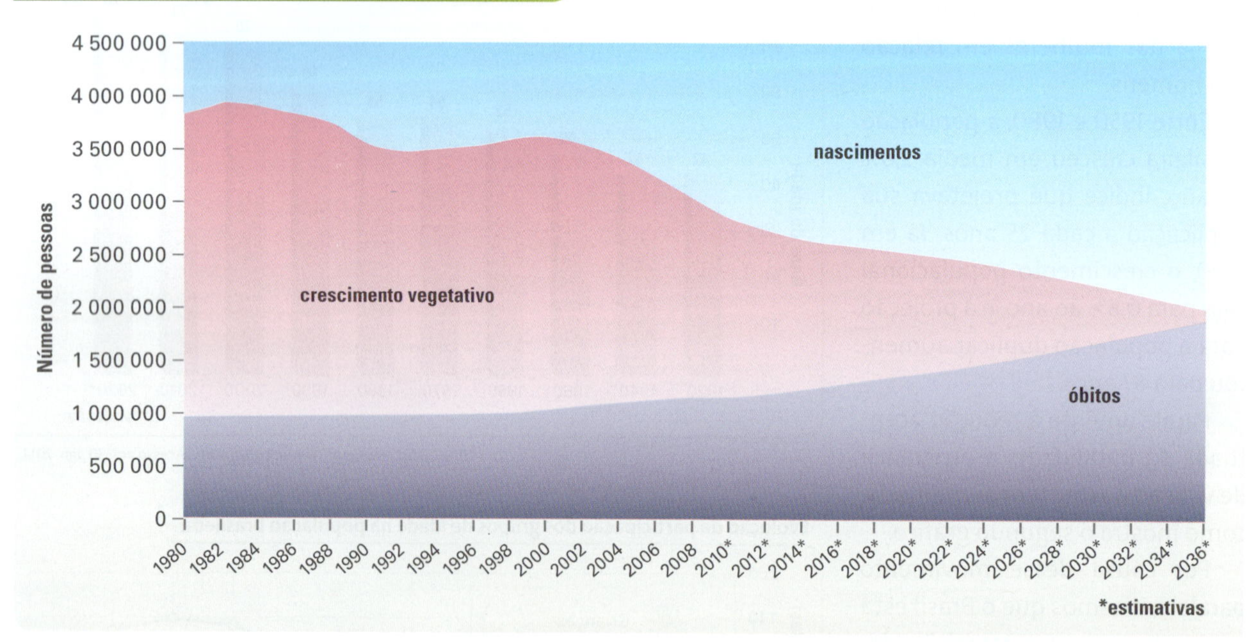

IBGE. *Projeção da população do Brasil por sexo e idade para o período 1980-2050* – Revisão 2008. Disponível em: <www.ibge.gov.br>. Acesso em: 30 ago. 2014.

Brasil: crescimento vegetativo – 1980/2050

Grupos de idade	Taxa média geométrica de crescimento anual da população total (%)						
	1980/ 1990	1990/ 2000	2000/ 2008	2008/ 2010*	2010/ 2020*	2020/ 2030*	2030/ 2050*
Total	2,14	1,57	1,28	0,96	0,70	0,44	(-) 0,05

IBGE. *Projeção da população do Brasil por sexo e idade para o período 1980-2050* – Revisão 2008. Disponível em: <www.ibge.gov.br>. Acesso em: 2 jun. 2014. * Projeções.

Essas mudanças no comportamento demográfico possibilitam aos governos – federal, estadual e municipal – estabelecer planos de investimentos em educação e saúde muito mais favoráveis do que na década de 1970, quando o ritmo de crescimento da população beirava os 3% ao ano.

A necessidade de aumento acelerado do número de vagas nas escolas e de leitos hospitalares, por exemplo, foi acompanhada de uma grande deterioração da qualidade dos serviços prestados nessas áreas. Os investimentos públicos e as políticas sociais do período não garantiram a qualidade desses serviços. Nessa época, 52% da população tinham menos de 20 anos, e o discurso oficial sobre o controle da natalidade chamava a atenção para as consequências negativas de uma explosão demográfica.

O crescimento da população com idade acima de 60 anos exige, cada vez mais, maiores investimentos no sistema de saúde, pois os idosos requerem mais cuidados médicos, tanto na medicina preventiva como na curativa.

Art. 212. A União aplicará, anualmente, nunca menos de dezoito, e os Estados, o Distrito Federal e os Municípios vinte e cinco por cento, no mínimo, da receita resultante de impostos, compreendida a proveniente de transferências, na manutenção e desenvolvimento do ensino.

Muitos idosos continuam trabalhando após a aposentadoria para complementar a renda familiar e/ou para se manter em atividade. O aumento percentual de idosos em relação à PEA tem provocado desequilíbrios no sistema público de previdência social, já que diminui, proporcionalmente, o número de trabalhadores na ativa que devem contribuir com a arrecadação previdenciária repassada para as aposentadorias. Na foto, idoso com sua produção de quitutes mineiros em São João Batista do Glória (MG), em 2011.

João Prudente/Pulsar Imagens

Para saber mais

Esperança de vida e mortalidade infantil

A esperança de vida ao nascer e a taxa de mortalidade infantil são importantes indicadores da qualidade de vida da população de um país porque refletem fatores como escolaridade, saneamento básico, serviços de saúde, campanhas de vacinação, atenção ao pré-natal, aleitamento materno, nutrição e outros fatores. Ao analisar os dados da tabela e do gráfico a seguir, constatamos que os contrastes regionais são muito acentuados no Brasil. Em 2009, no Sul, a expectativa de vida ao nascer era 4,8 anos maior que a do Nordeste, onde o índice de mortalidade infantil, embora tenha apresentado grande redução entre 2000 e 2010, continua elevado em relação às outras regiões. Esses indicadores correspondem a uma média e, portanto, não revelam as variações entre as classes sociais de cada região.

Embora tenha caído de aproximadamente 100‰ para 16‰ entre 1970 e 2010, a mortalidade infantil no Brasil ainda é alta se comparada com a de outros países com nível de desenvolvimento semelhante. Nessas décadas, na Argentina a taxa era de 10,5‰ e no Chile, 7,3‰. Com relação aos países desenvolvidos, a distância é ainda maior: Noruega, 3,5‰, e Japão, 2,2‰. Nesses países, os fatores da mortalidade infantil independem de políticas de infraestrutura social; já no caso do Brasil, o percentual de mortes associadas à carência de serviços públicos essenciais ainda é elevado.

Esperança de vida ao nascer (anos) – 2012

Regiões	Total	Homens	Mulheres
Norte	71,3	68,0	75,0
Nordeste	71,9	67,8	76,1
Sudeste	76,2	72,9	79,6
Sul	76,5	73,1	80,0
Centro-Oeste	74,2	70,9	77,7
Brasil	**74,5**	**70,9**	**78,2**

IBGE. *Síntese de indicadores sociais 2013*. Rio de Janeiro, 2013. Disponível em: <www.ibge.gov.br>. Acesso em: 2 jun. 2014.

Brasil: taxa de mortalidade infantil

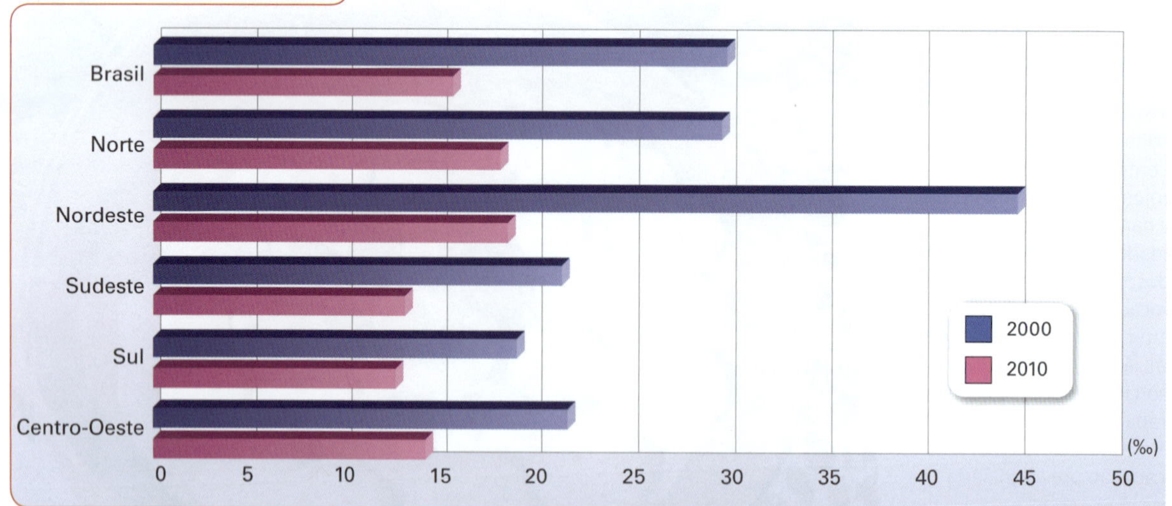

IBGE. *Indicadores de desenvolvimento sustentável 2012*. Disponível em: <www.ibge.gov.br>. Acesso em: 30 ago. 2014.

Observe que, apesar de a maior queda no índice de mortalidade infantil ter ocorrido nas regiões Nordeste e Norte, elas continuam a apresentar as maiores taxas do país.

2 A estrutura da população brasileira

O aumento da esperança de vida da população brasileira ao nascer e a queda das taxas de natalidade e mortalidade vêm provocando mudança na pirâmide etária. Está ocorrendo um significativo estreitamento em sua base, que corresponde aos jovens, e o alargamento do meio para o topo, por causa do aumento da participação percentual de adultos e idosos. Quanto à distribuição da população brasileira por gênero, o país se enquadra nos padrões mundiais: nascem cerca de 106 homens para cada 100 mulheres; no entanto, a taxa de mortalidade infantil e juvenil masculina é maior e a expectativa de vida, menor. Assim, embora nasçam mais homens que mulheres, é comum as pirâmides apresentarem uma parcela ligeiramente maior de população feminina. Segundo o IBGE, em 2012, o Brasil tinha 95,8 milhões de homens (48,7%) e 101,0 milhões de mulheres (51,3%).

Brasil: pirâmides etárias

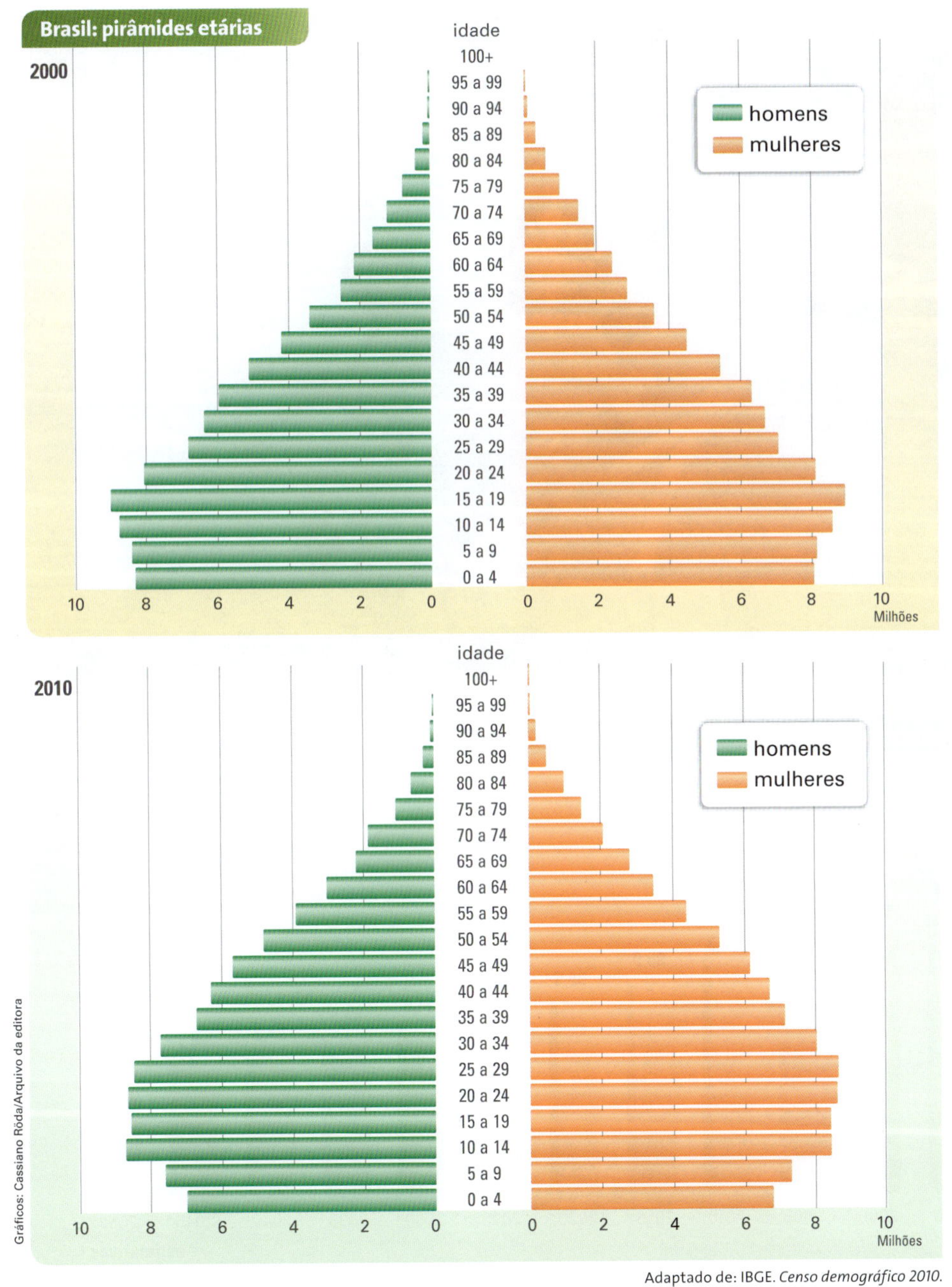

Adaptado de: IBGE. *Censo demográfico 2010.* Disponível em: <www.censo2010.ibge.gov.br/sinopse/webservice/>. Acesso em: 2 jun. 2014.

A mortalidade de jovens e adultos

Um aspecto demográfico da população brasileira que vem se tornando cada vez mais preocupante é o aumento das mortes de adolescentes e adultos jovens do sexo masculino por causas externas, como assassinatos e acidentes automobilísticos causados por excesso de velocidade, imprudência ou uso de álcool. Isso provoca impactos na distribuição etária da população e na proporção entre os sexos, além de trazer implicações socioeconômicas. Segundo o IBGE, se não ocorresse mortes prematuras da população masculina, a esperança de vida média dos brasileiros seria maior em dois ou três anos. Como resultado dessa realidade, tem aumentado o predomínio de mulheres na população total, como podemos observar no gráfico. Em 1980, havia 98,7 homens para cada grupo de 100 mulheres. Em 2010, esse índice reduziu para 96,3 homens para cada grupo de 100 mulheres.

Aula de hidroginástica para mulheres em São Pedro (SP), em 2013.

Felix Lima/Folhapress

Brasil: evolução da porcentagem de homens em relação ao número de mulheres

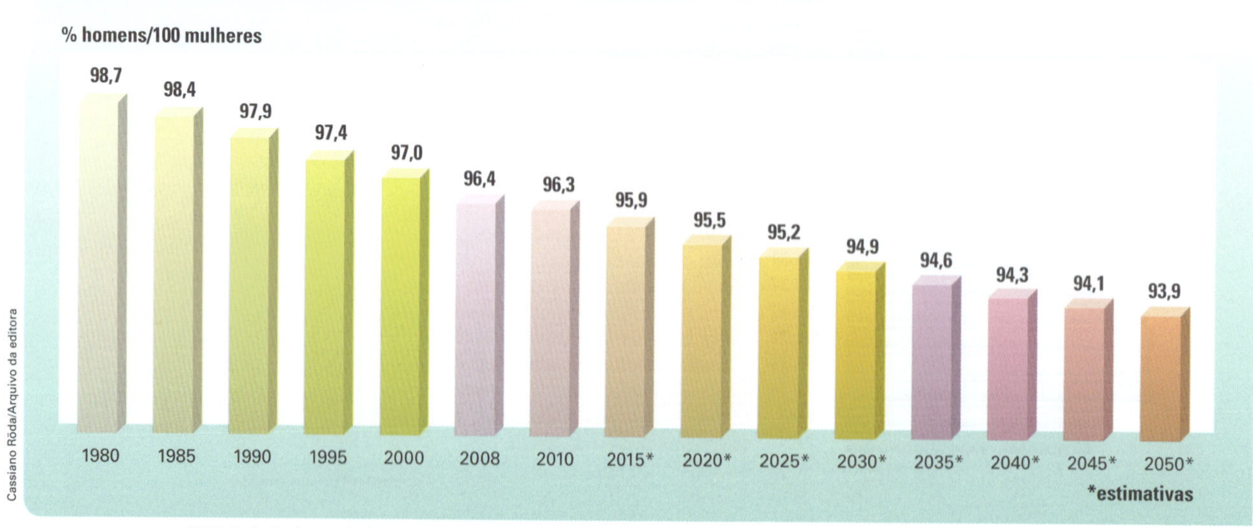

Cassiano Röda/Arquivo da editora

IBGE. *Projeção da população do Brasil por sexo e idade para o período 1980-2050* – Revisão 2008. Disponível em: <www.ibge.gov.br>. Acesso em: 30 ago. 2014.

Para saber mais

Desnutrição e obesidade

Até pouco tempo atrás, a desnutrição era um problema sério entre a população mais pobre no Brasil (como o cantor Caetano Veloso menciona na canção “Gente”, gravada em 1977; leia trecho na epígrafe, na página 780). No entanto, ao observarmos os dados do gráfico a seguir, verificamos que atualmente a obesidade é um problema de saúde pública que afeta proporcionalmente mais que o dobro de pessoas que sofrem com desnutrição e fome. A obesidade aumenta o risco de doenças associadas ao acúmulo de gordura subcutânea e no sangue, afeta os sistemas circulatório e respiratório, predispõe ao surgimento de diabetes, hipertensão, dores nas articulações. Se considerarmos o sobrepeso em conjunto com a obesidade, os números indicam que em 2009 quase 64% da população estava nessa situação, contra 2,7% de pessoas com *deficit* de peso.

Brasil: *deficit* de peso, excesso de peso e obesidade* na população com 20 anos ou mais de idade (em %)

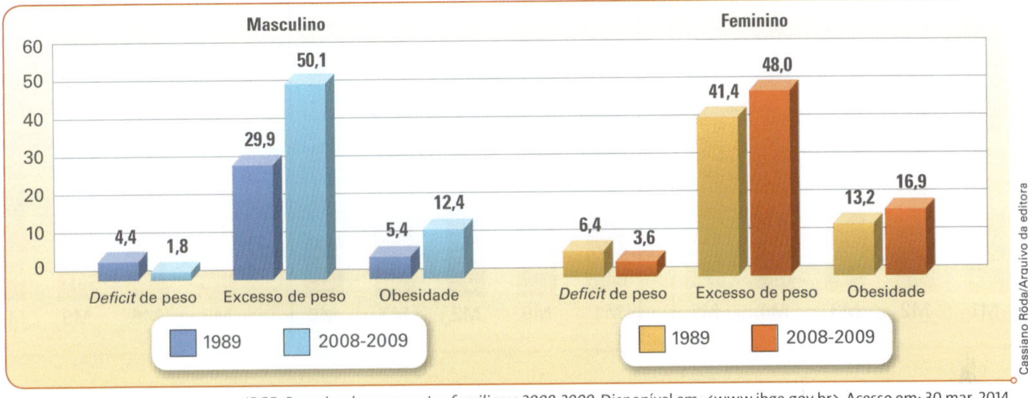

IBGE. *Pesquisa de orçamentos familiares 2008-2009*. Disponível em: <www.ibge.gov.br>. Acesso em: 30 mar. 2014.

* A Organização Mundial da Saúde (OMC) utiliza uma fórmula para calcular a obesidade. É o índice de massa corporal (IMC), obtido dividindo-se o peso (em quilogramas) pela altura (em metros) ao quadrado. Dessa forma, classificam-se os indivíduos em: normais (IMC de 18,5 a 24,9), com sobrepeso (aqueles com IMC de 25,0 a 29,9) e obesos (aqueles com valor do IMC igual ou superior a 30,0). Existe ainda a obesidade mórbida, que cria o risco de óbito quando o IMC é superior a 40,0.

Segundo nota oficial divulgada com a Pesquisa de Orçamentos Familiares 2002-2003, já naquela época a população adulta brasileira não apresentava sinais de desnutrição. Isso porque a taxa de 4% está dentro dos padrões internacionais: uma proporção de pessoas é magra pela própria constituição genética. A melhora nas condições de alimentação provocou aumento na altura média dos brasileiros. Segundo a pesquisa Saúde Brasil 2008, do Ministério da Saúde, a população brasileira está ficando mais alta: entre 1994 e 2008, a altura média das mulheres adultas aumentou 3,3 cm (1,55 para 1,58 m), e a dos homens, 1,2 cm (1,68 para 1,70 m).

Ismar Ingber/Pulsar Imagens

Na foto, pessoas praticando atividade física em Belo Horizonte (MG), em 2013.

Pensando no Enem

- A figura a seguir apresenta dados percentuais que integram os Indicadores Básicos para a Saúde, relativos às principais causas de mortalidade de pessoas do sexo masculino.

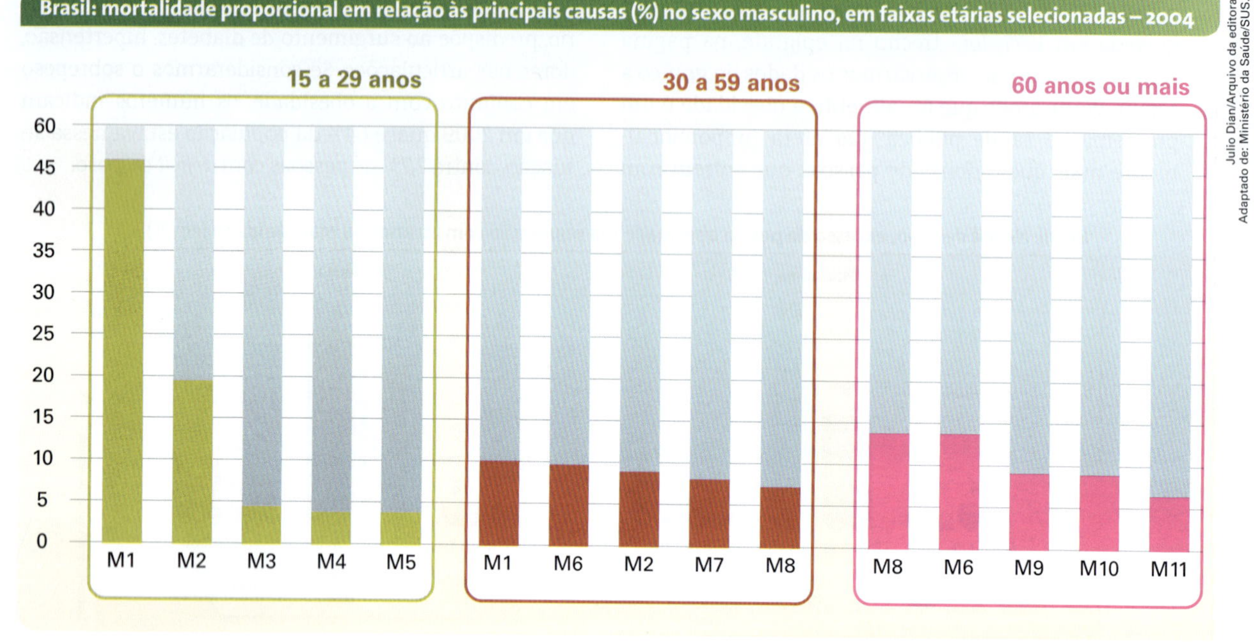

Causas externas
- M1 agressões
- M2 acidentes de trânsito
- M3 causas externas de intenção indeterminada
- M4 lesões autoprovocadas voluntariamente
- M5 afogamentos e submersões acidentais

Doenças do aparelho circulatório
- M6 doenças isquêmicas do coração
- M8 doenças cardiovasculares
- M9 outras doenças cardíacas

Doenças do aparelho respiratório
- M10 doenças crônicas das vias aéreas inferiores
- M11 pneumonia

Doenças do aparelho digestivo
- M7 doenças do fígado

Adaptado de: <http://tabnet.datasus.gov.br>.

Com base nos dados, conclui-se que:

a) a proporção de mortes por doenças isquêmicas do coração é maior na faixa etária de 30 a 59 anos que na faixa etária dos 60 anos ou mais.

b) pelo menos 50% das mortes na faixa etária de 15 a 29 anos ocorrem por agressões ou por causas externas de intenção indeterminada.

c) as doenças do aparelho circulatório causam, na faixa etária de 60 anos ou mais, menor número de mortes que as doenças do aparelho respiratório.

d) uma campanha educativa contra o consumo excessivo de bebidas alcoólicas teria menor impacto nos indicadores de mortalidade relativos às faixas etárias de 15 a 59 anos que na faixa etária de 60 anos ou mais.

e) o Ministério da Saúde deve atuar preferencialmente no combate e na prevenção de doenças do aparelho respiratório dos indivíduos na faixa etária de 15 a 59 anos.

Resolução:

A alternativa correta é a **B**. O índice de mortalidade da população masculina na faixa de 15 a 29 é muito maior que o da população feminina da mesma faixa etária e está associada a fatores como violência, criminalidade, acidentes automobilísticos e uso de entorpecentes.

Essa questão trabalha a **Competência de Área 2 – Compreender as transformações dos espaços geográficos como produto das relações socioeconômicas e culturais de poder** – e **Habilidades 8** e **10 – Analisar a ação dos estados nacionais no que se refere à dinâmica dos fluxos populacionais e no enfrentamento de problemas de ordem econômico-social; Reconhecer a dinâmica da organização dos movimentos sociais e a importância da participação da coletividade na transformação da realidade histórico-geográfica.**

3 A PEA e a distribuição de renda no Brasil

O gráfico ao lado mostra a distribuição da população economicamente ativa no Brasil. Ao observá-lo, é possível perceber que uma parcela significativa da PEA (14,1%) trabalha em atividades agrícolas. Embora esse número venha diminuindo em razão da modernização e da mecanização agrícola em algumas localidades, a agricultura ainda é praticada de forma tradicional e ocupa muita mão de obra nas regiões mais pobres do país.

O setor industrial brasileiro, incluindo a construção civil, absorve 22,7% da PEA, número comparável ao de países desenvolvidos. Após a abertura econômica, iniciada na década de 1990, o parque industrial brasileiro se modernizou, e algumas empresas dos setores petroquímico, extrativo mineral, siderúrgico, máquinas e equipamentos, construção civil, aeronáutico, entre outros, ganharam projeção internacional, com transnacionais como a Petrobras, a Vale, a Gerdau, a WEG, a Odebrecht e a Embraer atuando, respectivamente, nos setores mencionados.

Brasil: distribuição da população ocupada, por ramo de atividade – 2012

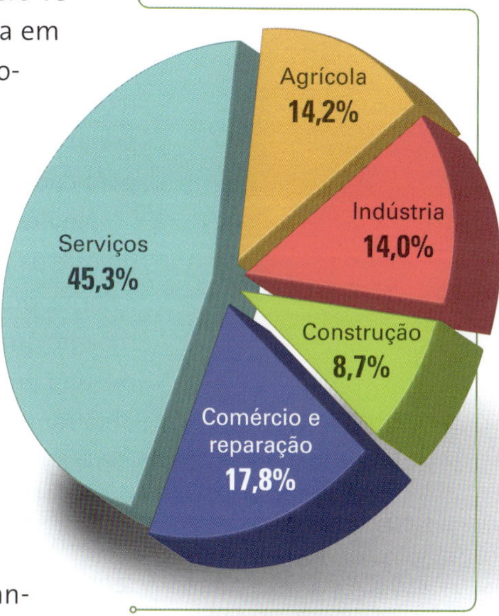

IBGE. *Pesquisa nacional por amostra de domicílios 2012*. Disponível em: <www.ibge.gov.br>. Acesso em: 2 jun. 2014.

Já as atividades terciárias apresentam diversos problemas, uma vez que englobam maiores níveis de subemprego, porque são compostas de atividades informais (camelôs, flanelinhas, vendedores ambulantes, etc.) sem garantia de direitos trabalhistas, como férias e décimo terceiro salário, além de não contribuírem para a aposentadoria.

No Brasil, 63% da PEA exercem atividades terciárias. No setor formal de serviços (como escolas, hospitais, repartições públicas, transportes, etc.), as condições de trabalho e nível de renda são muito contrastantes: há instituições avançadas administrativa e tecnologicamente, ao lado de outras bastante atrasadas. Por exemplo, ao compararmos o ensino oferecido nas escolas públicas com as privadas, percebemos grandes diferenças de qualidade, o que ocorre também com os hospitais.

Tiago Queiroz/Agência Estado

Renato Soares/Pulsar Imagens

As fotos mostram duas formas de trabalho: acima, equipe de redação de jornal em São Paulo (foto de 2010), e à direita, comércio ambulante no centro histórico de Curitiba (foto de 2012).

A participação das mulheres na PEA e nos rendimentos

Quanto à composição da PEA por gênero, é possível notar certa desproporção: em 2012, 43,4% dos trabalhadores eram do sexo feminino. Nos países desenvolvidos, essa participação é mais igualitária, com índices próximos de 50%. O aumento da participação feminina na PEA ganhou grande impulso com os movimentos feministas das décadas de 1970 e 1980, que passaram a reivindicar igualdade de gênero no mercado de trabalho, nas atividades políticas e em outras esferas da vida social. Além disso, as mulheres ingressaram cada vez mais no mercado de trabalho para complementar a renda familiar.

No Brasil, as mulheres apresentam melhores indicadores na área de educação do que os homens, mas no mercado de trabalho, muitas vezes, elas se sujeitam a salários menores – o salário delas corresponde, em média, a 70% do dos homens –, mesmo quando exercem a mesma função, com o mesmo nível de qualificação e na mesma empresa. Isso tem feito com que parte dos empresários prefira a mão de obra feminina. Além disso, há predominância feminina em empregos de qualificação e salários baixos, como é o caso do trabalho doméstico e o das operadoras de *telemarketing*. Observe no gráfico abaixo que o número de mulheres no mercado de trabalho é maior somente na faixa de até um salário mínimo e dos que não têm rendimento; nas demais faixas, os homens predominam.

Quando se analisa o perfil das pessoas desocupadas também se verifica que alguns grupos têm maior dificuldade de inserção no mercado de trabalho. O gráfico da próxima página mostra que quase 60% das mulheres com 15 anos de idade ou mais estavam desocupadas, superando o percentual dos que nunca tinham trabalhado, dos jovens entre 18 e 24 anos de idade, dos pretos e/ou pardos e dos que não tinham completado o Ensino Médio.

Nas sociedades em que a democracia está mais consolidada e a cidadania mais desenvolvida, existe igualdade de oportunidades de trabalho entre homens e mulheres. A redução da discriminação por gênero é um importante fator de combate à pobreza.

Brasil: distribuição da população ocupada por classes de rendimento médio mensal – 2012

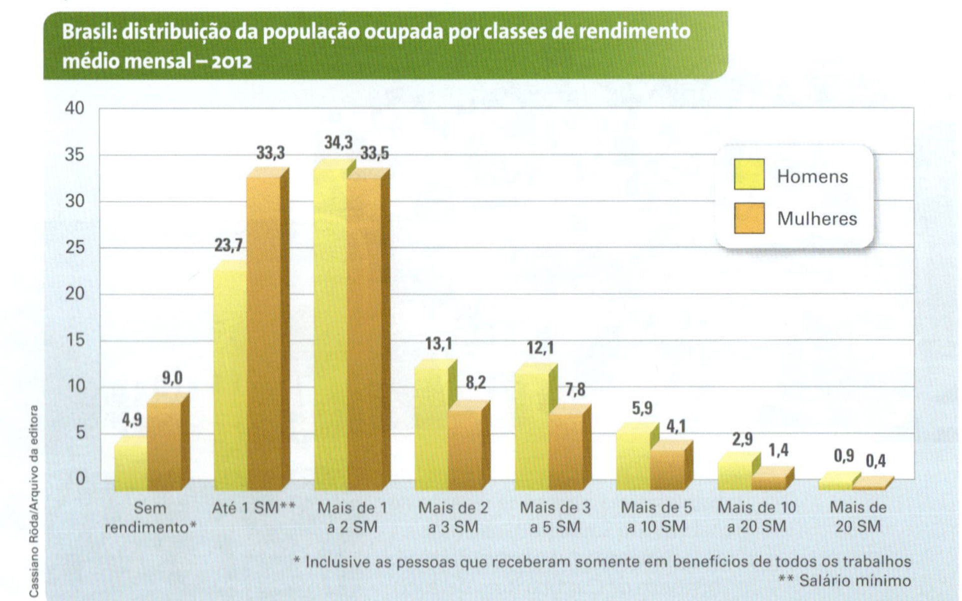

IBGE. *Pesquisa nacional por amostra de domicílios*. Síntese de indicadores 2012. Disponível em: <www.ibge.gov.br>. Acesso em: 2 jun. 2014.

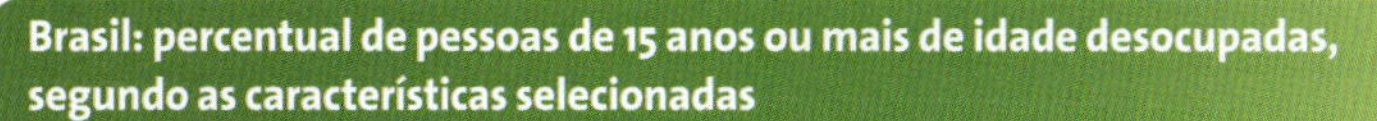

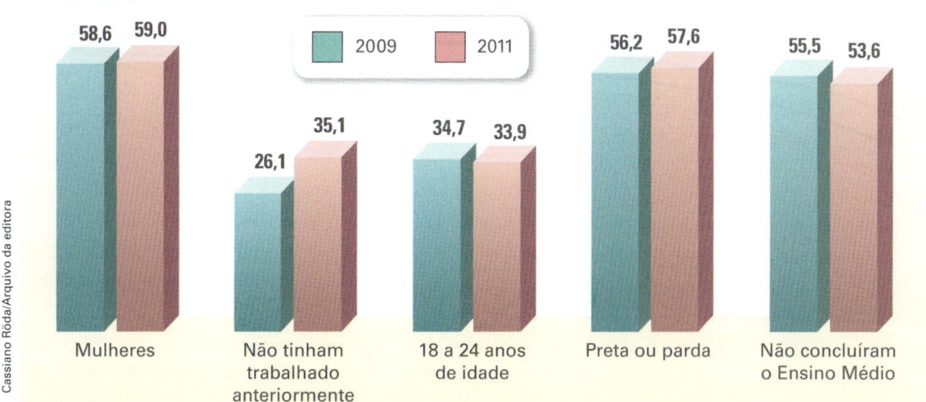

IBGE. *Pesquisa nacional por amostra de domicílios*. Síntese de indicadores 2011. Disponível em: <www.ibge.gov.br>. Acesso em: 15 dez. 2012.

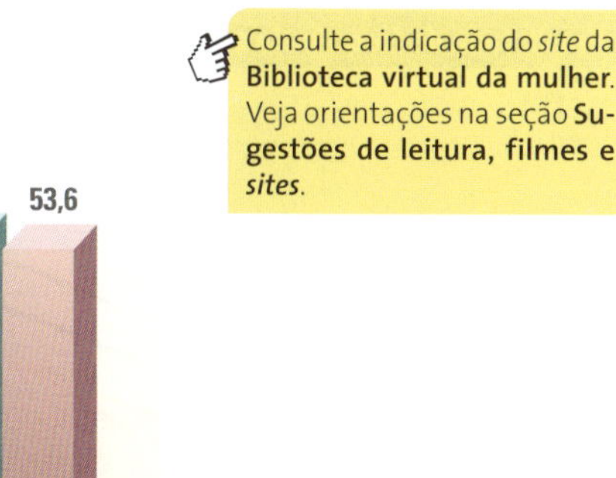

A participação dos afrodescendentes na renda nacional

Para a avaliação do nível de desenvolvimento de um país, não basta considerar apenas o crescimento econômico, é fundamental também considerar como se ocorre a distribuição das riquezas entre sua população. Segundo o IBGE, em 2009, as diferenças de rendimento por cor ou raça eram maiores do que as que vimos por gênero, com as pessoas classificadas como pretas e pardas e recebendo aproximadamente 57% do rendimento da população classificada como branca. Observe o gráfico.

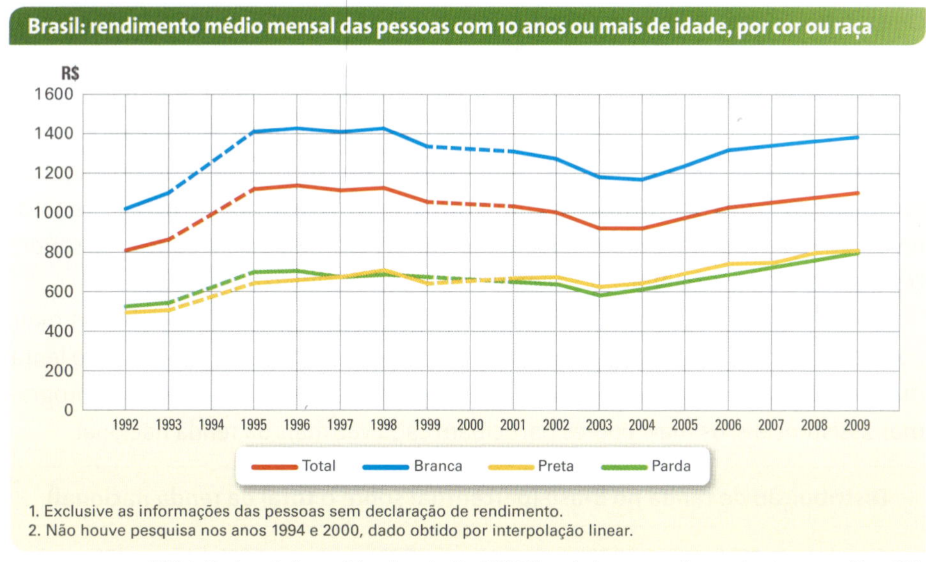

1. Exclusive as informações das pessoas sem declaração de rendimento.
2. Não houve pesquisa nos anos 1994 e 2000, dado obtido por interpolação linear.

IBGE. *Indicadores de desenvolvimento sustentável 2012*. Disponível em: <www.ibge.gov.br>. Acesso em: 2 jun. 2014.

Embora as desigualdades entre os gêneros e entre a cor ou raça tenham reduzido desde a década de 1970, elas ainda são muito acentuadas, e combater essas diferenças é um dos fatores fundamentais para diminuir a pobreza no país. Observe, no gráfico da página seguinte, que a diferença na taxa de frequência escolar dos adolescentes brancos e pretos de 15 a 17 anos de idade caiu cerca de 13% para 3% entre 1992 e 2009, e que a melhora do índice foi crescente para todas as cores ou raças da população brasileira.

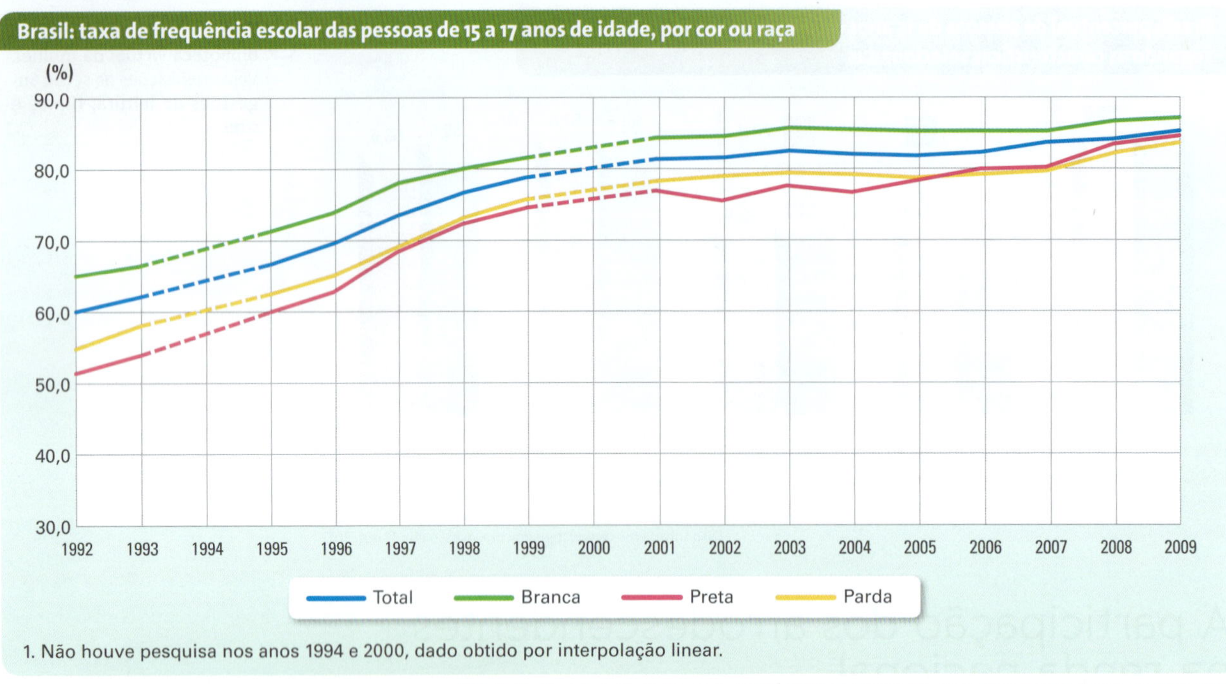

IBGE. *Indicadores de desenvolvimento sustentável 2012*. Disponível em: <www.ibge.gov.br>. Acesso em: 2 jun. 2014.

Consulte a indicação do *site* do **Núcleo de Estudos Negros**.
Veja orientações na seção **Sugestões de leitura, filmes e *sites***.

"Gente é pra brilhar, não pra morrer de fome"

VELOSO, Caetano. Gente. In: Bicho *(LP). Philips, 1977.*

A distribuição de renda

Quanto à distribuição de renda, o Brasil apresenta um dos piores índices do mundo. A tabela a seguir mostra que a participação dos mais pobres na renda nacional é muito pequena, e a dos mais ricos é muito expressiva. Esse mecanismo de concentração de renda, com resultados perversos para a maioria da população, foi construído principalmente no processo inflacionário de preços nas décadas de 1980 e 1990. Como vimos no capítulo 25, os reajustes da inflação nunca foram totalmente repassados aos salários. Naquele período, sucessivos governos agravaram o processo de concentração de renda ao aplicar recursos em benefício de setores ou atividades privadas, em detrimento dos investimentos em educação, saúde, transporte coletivo, habitação, saneamento e outros serviços públicos.

Entretanto, como podemos observar na tabela a seguir, a participação dos mais pobres na renda nacional é ainda muito baixa, e esse índice vem apresentando lenta melhora. Como vimos no capítulo 25, a partir de 1994, com o Plano Real e os programas assistenciais, os mais pobres participam cada vez mais da renda nacional.

Distribuição de renda no Brasil (percentual sobre o total da renda nacional)

Ano da pesquisa	10% mais pobres	20% mais pobres	60% intermediários	20% mais ricos	10% mais ricos
1989	0,7	2,1	30,4	67,5	51,3
2007	1,1	3,0	38,3	58,7	43,0
2009	0,8	2,9	38,5	58,6	42,9

BANCO MUNDIAL. Relatório sobre o desenvolvimento mundial 1996. Washington, D.C., 1996. p. 214-215; THE WORLD BANK. *World development indicators 2009*. Washington, D.C., 2009. p. 72-74; THE WORLD BANK. *World development indicators 2013*. Disponível em: <www.worldbank.org>. Acesso em: 2 jun. 2014.

4 O Índice de Desenvolvimento Humano (IDH)

Segundo o Relatório de Desenvolvimento Humano 2007-2008, do Programa das Nações Unidas para o Desenvolvimento (Pnud), a partir de 2005, o Brasil passou a fazer parte dos países com desenvolvimento humano elevado, ocupando o último lugar desse grupo (70º lugar). Segundo o Relatório de Desenvolvimento Humano 2013, em 2012 o país estava no 85º lugar.

Das três variáveis consideradas no cálculo do IDH (longevidade, educação e renda – veja gráfico ao lado), a que apresentou a maior contribuição para a melhora do índice brasileiro foi o avanço na educação. Em contrapartida, a renda foi a variável que menos contribuiu. No item longevidade, que permite avaliar as condições gerais de saúde da população, os avanços também foram significativos.

Veja o que aconteceu com um dos indicadores ao longo das décadas de 1990 e 2000:

Brasil: IDHM* e seus subíndices 1991, 2000, 2010

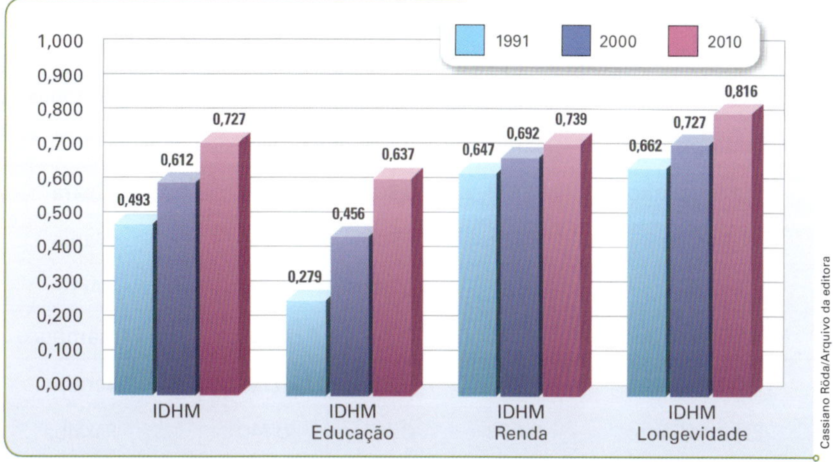

PROGRAMA DAS NAÇÕES UNIDAS PARA O DESENVOLVIMENTO (PNUD). *Relatório de desenvolvimento humano no Brasil. Valores e desenvolvimento.* Disponível em: <www.pnud.org.br>. Acesso em: 2 jun. 2014.

* IDHM: Índice de Desenvolvimento Humano Municipal; o índice estadual corresponde à média obtida nos municípios que compõem a unidade da federação. Classificação segundo o IDHM de 2000.

Observe que, embora baixo, o índice de educação (0,637) foi o que apresentou maior avanço nas últimas décadas, mas é o único que se localiza abaixo de 0,700, na faixa de médio desenvolvimento humano.

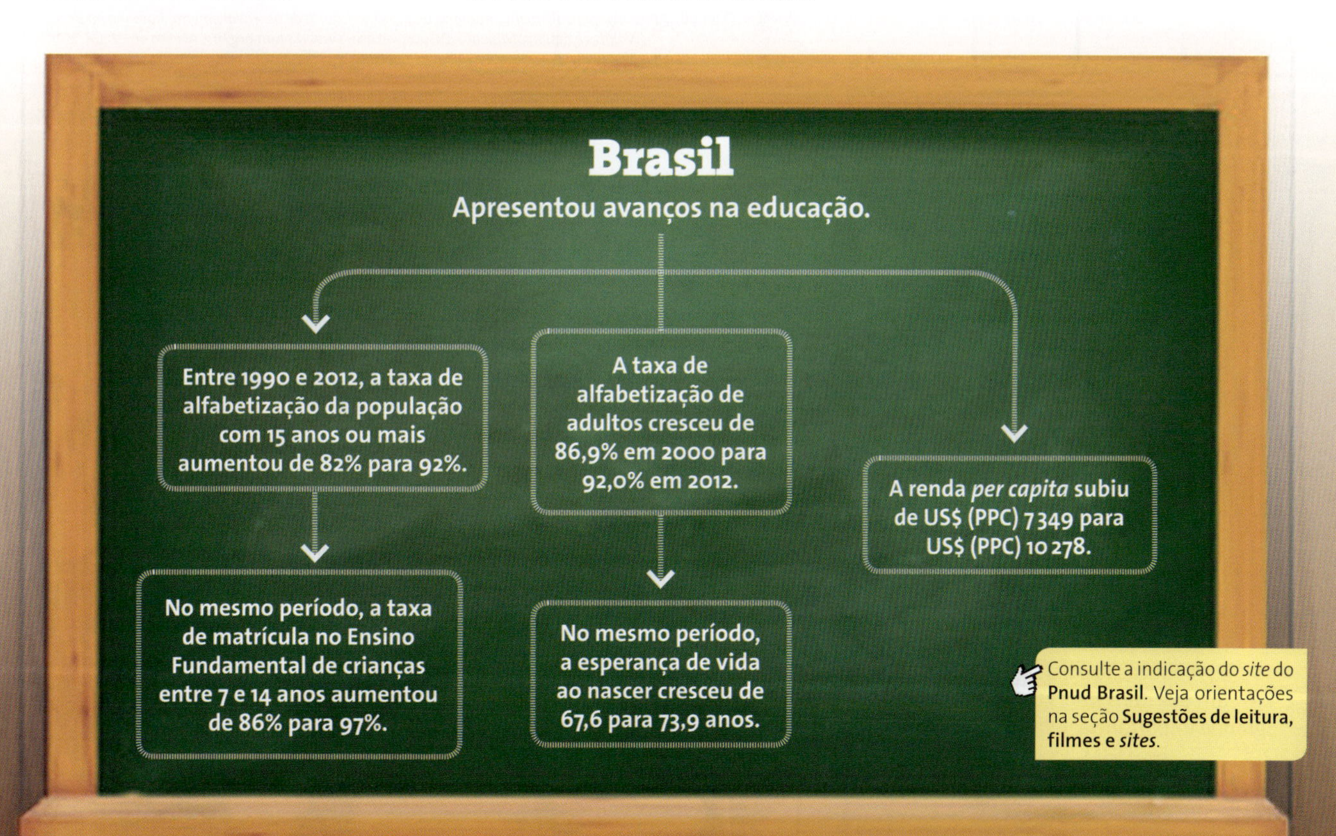

Brasil
Apresentou avanços na educação.
Entre 1990 e 2012, a taxa de alfabetização da população com 15 anos ou mais aumentou de 82% para 92%.
No mesmo período, a taxa de matrícula no Ensino Fundamental de crianças entre 7 e 14 anos aumentou de 86% para 97%.
A taxa de alfabetização de adultos cresceu de 86,9% em 2000 para 92,0% em 2012.
No mesmo período, a esperança de vida ao nascer cresceu de 67,6 para 73,9 anos.
A renda *per capita* subiu de US$ (PPC) 7349 para US$ (PPC) 10278.

Consulte a indicação do *site* do **Pnud Brasil**. Veja orientações na seção **Sugestões de leitura, filmes e *sites***.

Observe, na tabela, que os estados brasileiros apresentaram variação positiva no IDH ao longo das décadas de 1990 e 2010, embora algumas posições tenham se alterado.

Brasil: classificação das unidades da federação segundo o IDHM

Posição/UF	IDHM em 1991	IDHM em 2000	IDHM em 2010	Posição/UF	IDHM em 1991	IDHM em 2000	IDHM em 2010
Distrito Federal	0,798	0,844	0,824	Tocantins	0,635	0,721	0,699
São Paulo	0,773	0,814	0,783	Pará	0,663	0,720	0,646
Rio Grande do Sul	0,757	0,809	0,746	Amazonas	0,668	0,717	0,674
Santa Catarina	0,740	0,806	0,774	Rio Grande do Norte	0,618	0,702	0,684
Rio de Janeiro	0,750	0,802	0,761	Ceará	0,597	0,699	0,682
Paraná	0,719	0,786	0,749	Bahia	0,601	0,693	0,660
Goiás	0,707	0,770	0,735	Acre	0,620	0,692	0,663
Mato Grosso do Sul	0,712	0,769	0,729	Pernambuco	0,614	0,692	0,673
Mato Grosso	0,696	0,767	0,725	Sergipe	0,607	0,687	0,665
Espírito Santo	0,698	0,767	0,740	Paraíba	0,584	0,678	0,658
Minas Gerais	0,698	0,766	0,731	Piauí	0,587	0,673	0,646
Amapá	0,691	0,751	0,708	Maranhão	0,551	0,647	0,639
Roraima	0,710	0,749	0,707	Alagoas	0,535	0,633	0,631
Rondônia	0,655	0,729	0,690				

PROGRAMA DAS NAÇÕES UNIDAS PARA O DESENVOLVIMENTO (Pnud). *Atlas do desenvolvimento humano no Brasil. Relatório de desenvolvimento humano no Brasil. Valores e desenvolvimento*. Disponível em: <www.pnud.org.br>. Acesso em: 2 jun. 2014.

A educação é um dos itens de grande importância no IDHM. Na foto, alunos estudam em escola municipal de Sobral (CE), em 2013.

Eduardo Zappia/Pulsar Imagens

Atividades

Compreendendo conteúdos

1. Explique por que o Brasil está passando por um período de transição demográfica.
2. Qual é o significado da expressão "janela demográfica"?
3. Quais são os fatores e as consequências do aumento da mortalidade de adolescentes e adultos jovens do sexo masculino?
4. Caracterize as condições de subnutrição e obesidade da população brasileira.
5. Quais indicadores mostram as desigualdades entre os gêneros e a cor ou raça na população brasileira? Quais são as principais consequências dessas desigualdades?

Desenvolvendo habilidades

6. Observe novamente, na página 779, os dados estatísticos sobre as diferenças entre cor ou raça nos rendimentos. Em seguida, analise os dados do gráfico abaixo e responda:

Brasil: rendimento familiar *per capita* por cor ou raça

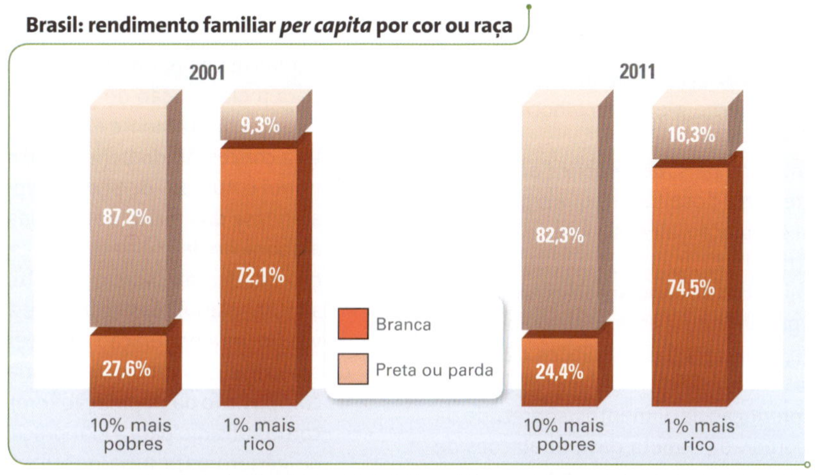

IBGE. *Síntese de indicadores sociais 2012*. Disponível em: <www.ibge.gov.br>. Acesso em: 2 jun. 2014.

a) Como foi a evolução do rendimento familiar *per capita* por cor ou raça entre 2001 e 2011?
b) Quais são as causas e as principais consequências dessas desigualdades?

7. Em grupo ou individualmente, faça uma lista das principais atividades econômicas realizadas no bairro ou no município onde você mora, com base em suas observações cotidianas. Em seguida, responda às questões:
a) Quais atividades econômicas precisam mais e menos mão de obra?
b) O nível de escolaridade mínimo exigido para exercer cada uma delas é diferente?
c) Há mais homens ou mulheres trabalhando?
d) Nessas atividades econômicas há participação igualitária de brancos, pardos e pretos? Ou há atividades que concentram mais determinado grupo do que outro? Justifique sua resposta com exemplos.

8. Agora, pense na profissão que você gostaria de exercer e responda às questões.
a) Qual é o nível de escolaridade exigido para quem exerce essa função?
b) Quais são os melhores cursos ou faculdades que preparam esses profissionais?
c) Onde se localizam essas escolas e qual é a duração do curso?
d) Como está a procura por esses profissionais no mercado de trabalho e qual é seu salário médio?

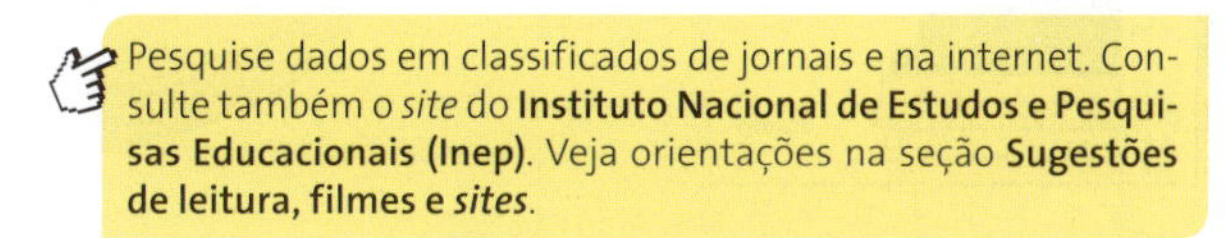

Pesquise dados em classificados de jornais e na internet. Consulte também o *site* do **Instituto Nacional de Estudos e Pesquisas Educacionais (Inep)**. Veja orientações na seção **Sugestões de leitura, filmes e *sites***.

Vestibulares de Norte a Sul

1. **CO** (UEG-GO) Considere o quadro a seguir:

Brasil: mortalidade infantil (por 1000 nascidos vivos) 1990-2010

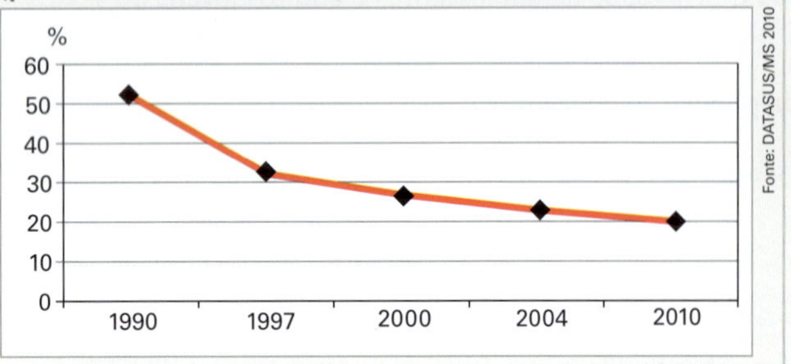

Parte da queda da taxa de mortalidade infantil observada no quadro é resultado

a) da adoção de políticas públicas de saneamento básico e de um conjunto de programas sociais, visando à saúde da população, como as campanhas de vacinação e aleitamento materno, além da melhoria na qualidade de vida das famílias.

b) de altos investimentos na saúde pública através da construção de creches e hospitais, os quais passaram a atender toda a população, além de inserir a mulher no mercado de trabalho.

c) do processo de migração da população do campo para a cidade, o que possibilitou a esta população acesso a mais emprego, melhoria das condições de vida e aumento salarial.

d) do aumento da produção de alimentos, sobretudo da soja, que foi incorporada à dieta das populações de baixa renda, eliminando assim a fome e a desnutrição.

2. **N** (UFT-TO) Observe os gráficos abaixo:

Brasil: população por faixa etária (1980)

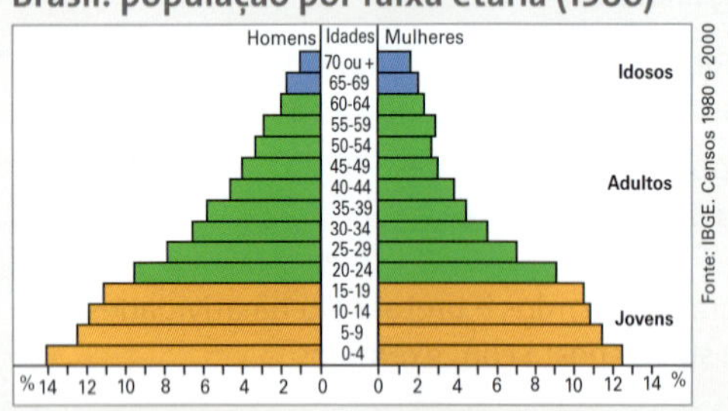

Brasil: população por faixa etária (2000)

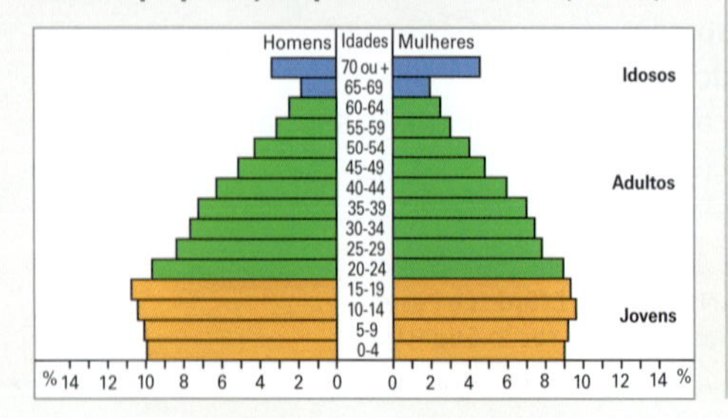

Os gráficos dizem respeito às pirâmides etárias brasileiras organizadas de acordo com os dados divulgados nos censos de 1980 e 2000 realizados pelo IBGE. Na comparação, observa-se que a base da pirâmide etária da população brasileira está se tornando cada vez mais estreita e o ápice mais largo. Verifica-se também que o corpo está cada vez maior, o que reflete a diminuição das taxas de crescimento vegetativo, o que provocou uma mudança no perfil da pirâmide etária brasileira nessa comparação entre 1980 e 2000.

A respeito da análise das pirâmides etárias apresentadas, é correto afirmar que

a) a análise das pirâmides etárias permite verificar a composição etária de uma população e seu reflexo na estrutura da População Economicamente Ativa (PEA), a qual é formada por pessoas que exercem atividades remuneradas.

b) a análise das pirâmides etárias serve como subsídio para a elaboração de políticas previdenciárias e influencia diretamente em questões que dizem respeito à concessão de benefícios, na medida em que diminui o número de pessoas aposentadas.

c) a análise das pirâmides etárias subsidia o Estado na elaboração de políticas públicas nas áreas de educação, saúde, saneamento e cultura, de modo que possam ser elaboradas ações que atendam às expectativas de uma população cada vez mais jovem.

d) a análise das pirâmides etárias permite verificar a composição da população feminina brasileira e serve como subsídio para a elaboração de políticas públicas de gênero para uma população feminina cada vez mais jovem.

e) a análise das pirâmides etárias auxilia o Estado na elaboração de programas sociais que objetivam a inclusão social e a distribuição de renda na intenção de corrigir as distorções do crescimento desigual entre a população brasileira.

3. **SE** (FGV-SP) Analise a distribuição da PEA (População Economicamente Ativa) por setor de atividade e assinale a alternativa que melhor explique seu significado.

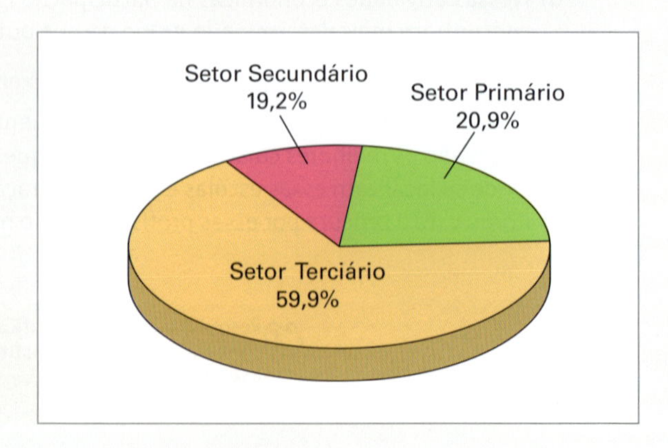

a) Com maior contingente de trabalhadores no setor primário do que no secundário, pode-se afirmar que o Brasil, a despeito do crescimento econômico, ainda se mantém como uma economia agroexportadora.
b) O setor secundário emprega cerca de um terço do que emprega o setor terciário, o que indica que a economia brasileira é assentada mais pelo capital especulativo do que pelo capital produtivo.
c) O grande contingente de trabalhadores no setor terciário é típico de um país urbanizado, dado que as atividades deste setor são mais intensas em cidades.
d) O setor primário emprega 20,9% da PEA, o que indica que seu desenvolvimento é orientado por uma estrutura agrícola tradicional que demanda mão de obra numerosa.
e) Os setores primário e secundário empregam percentuais bem inferiores da PEA, em relação ao terciário, o que é um indicador de *deficit* na balança comercial, na medida em que demonstra que o país não produz a maior parte dos produtos industriais e agrícolas para atender à demanda interna.

4. **SE** (Unicamp-SP) Os gráficos abaixo apresentam as expectativas de vida de homens e de mulheres nascidos nos anos de 1920 a 2000 no Brasil e de 1830 a 1990, na França.

Expectativa de vida – Brasil (1920-2000)

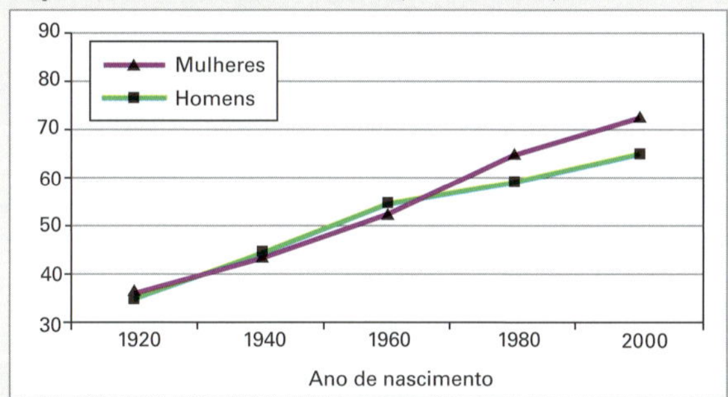

Fonte: Censo IBGE.

Expectativa de vida – França (1830-1990)

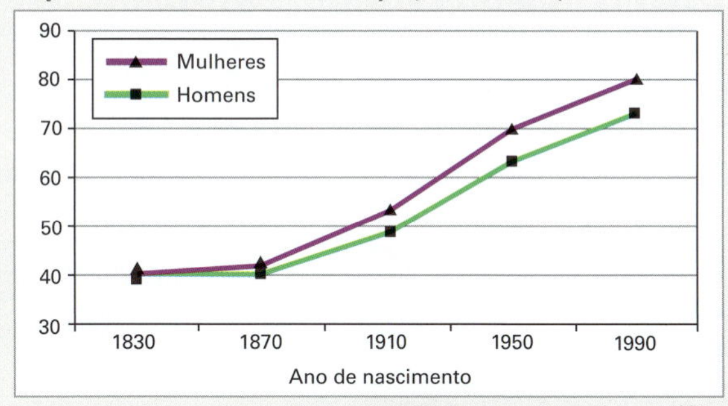

Fonte: *Mortalidade, sexo e gênero.* Jacques Vallin.

A partir desses gráficos, podemos concluir que a diferença verificada na expectativa de vida entre os gêneros, na segunda metade do século XX,

a) foi uma característica dos países mais industrializados, como a França.
b) diminuiu quando os países se industrializaram, uma vez que as mulheres passaram a ter mais direitos e oportunidades.
c) ocorreu apenas em países com altas taxas de criminalidade entre jovens adultos do sexo masculino, como o Brasil.
d) aumentou quando a expectativa de vida alcançou níveis mais altos.

5. **NE** (UFPB) A inserção da mulher no mercado de trabalho é um fenômeno mundial, sendo que a tendência é que essa participação aumente cada vez mais. Essa realidade permite garantir e consolidar a independência da condição feminina junto ao conjunto total da sociedade. No Brasil, observa-se que, de forma geral, essa dinâmica se repete. No entanto, verifica-se que a participação da mulher no mercado de trabalho nacional é desigual, quando comparada às diferentes unidades da federação, conforme mapa a seguir.

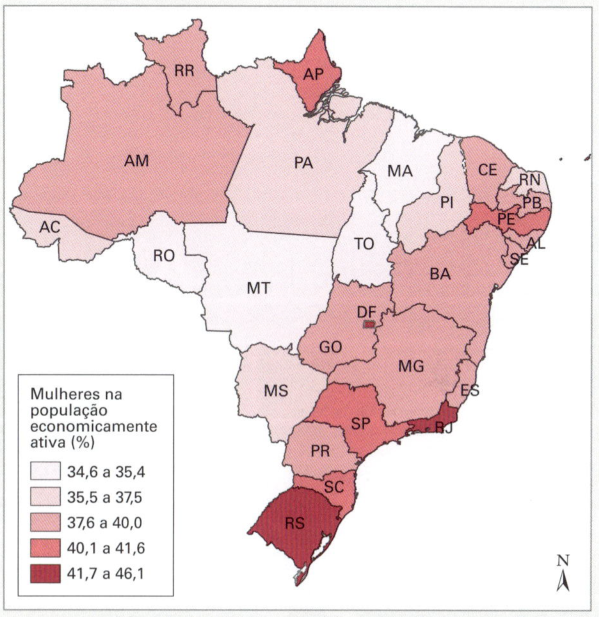

Adaptado de: IBGE. *Atlas geográfico escolar.* Rio de Janeiro, 2004. p. 131.

Com base no exposto e na literatura sobre o tema, é correto afirmar:

a) São Paulo é o mais rico, industrializado, e mais importante estado da Federação, o que lhe favorece apresentar as mais baixas taxas de participação feminina no mercado de trabalho.
b) O Amapá apresenta elevada participação feminina no mercado de trabalho, por possuir um território muito populoso e bastante urbanizado.
c) O Rio de Janeiro apresenta altas taxas de industrialização e de urbanização, o que determina baixa participação de mulheres em seu mercado de trabalho.
d) O Rio Grande do Sul apresenta alto índice de participação de mulheres no conjunto do mercado de trabalho, pelo fato de esse estado ser o mais industrializado e urbanizado do Brasil.
e) O Distrito Federal apresenta território de dimensão limitada, porém denso e fortemente urbanizado, onde a elevada taxa de mão de obra feminina, no conjunto da população economicamente ativa, é absorvida especialmente no ramo dos serviços.

O espaço urbano e o processo de urbanização

Atualmente o mundo é repleto de cidades de todos os tamanhos, desde as pequenas até as gigantescas aglomerações urbanas de milhões de habitantes. No entanto, o mundo é predominantemente urbano apenas há poucos anos.

Os países desenvolvidos praticamente completaram seu processo de urbanização, mas o crescimento urbano tem sido acelerado em diversos países em desenvolvimento, provocando grandes transformações nas paisagens das principais cidades e profundas mudanças socioeconômicas. Essa tendência, se de um lado oferece novas oportunidades de negócios, de empregos, de formação profissional, de lazer, de outro gera muitos problemas urbanos.

Por que a urbanização é relativamente recente na história humana e por que se acelerou recentemente? Quais são os problemas trazidos pela urbanização acelerada? São questões que estudaremos nesta unidade.

Laborant/Shutterstock/Glow Images

CAPÍTULO

32 O espaço urbano no mundo contemporâneo

Shenzhen, localizada na província de Guangdong (China), possui 10,6 milhões de habitantes (foto de 2012). Até os anos 1970, era um pequeno vilarejo, mas a partir de 1979, ao tornar-se uma zona econômica especial, cresceu em média 11,9% ao ano, a mais alta taxa do mundo.

No fim do século XVIII, no início da Primeira Revolução Industrial, a taxa de urbanização da população mundial era de apenas 3%, percentual que subiu para 29%, em 1950, 52%, em 2010, e deverá chegar a 67% em 2050, segundo dados e previsão da Divisão de População da ONU.

O que mudou no espaço geográfico nacional e mundial com a aceleração do processo de urbanização? Quais foram as consequências socioeconômicas mais importantes desse processo? É o que estudaremos neste capítulo e no próximo.

Hans Georg Roth/Corbis/Latinstock

Ao lado, vista das ruas de Daca, capital de Bangladesh, em 2010. Abaixo, vista panorâmica da cidade em 2009. Segundo a ONU, essa aglomeração urbana tinha 2,2 milhões de habitantes em 1975 e estava na 65ª posição entre as maiores do mundo. Em 2011, possuía 15,4 milhões de moradores (9ª posição entre as megacidades), e a previsão é que atingirá 22,9 milhões (8ª posição) em 2025. Observe os contrastes típicos das metrópoles dos países pobres. Em Daca, há cerca de 3,5 milhões de pessoas que vivem em aproximadamente 5 mil favelas.

Munir Uz Zaman/AFP/Getty Images

Observe no gráfico que, por volta de 2008, as linhas que representam a evolução da população urbana e rural se cruzam, o que significa que a partir desse ano a população mundial passou a ser predominantemente urbana.

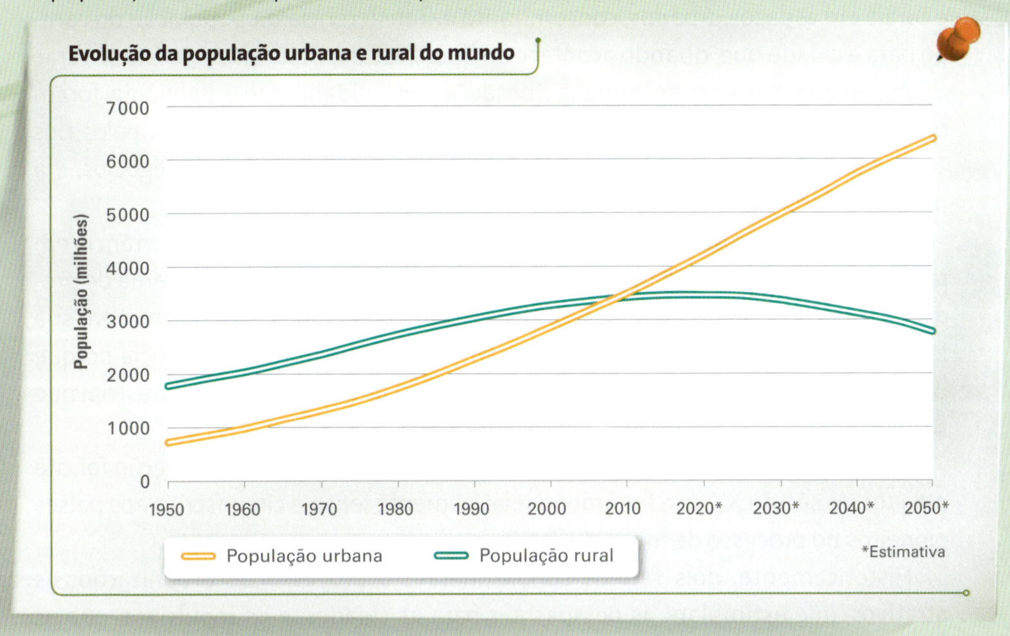

UNITED NATIONS. Department of Economic and Social Affairs/ Population Division. *World Urbanization Prospects:* the 2009 revision. Nova York, 2009. p. 2. Disponível em: <http://esa.un.org/unpd/wup/Documents/WUP2009_Highlights_Final.pdf>. Acesso em: 31 mar. 2014.

Quando analisamos os dados sobre urbanização dos diversos países, percebemos que ela é bastante desigual, uma vez que há alguns países muito urbanizados e outros ainda predominantemente rurais. Observe o gráfico ao lado e a tabela a seguir.

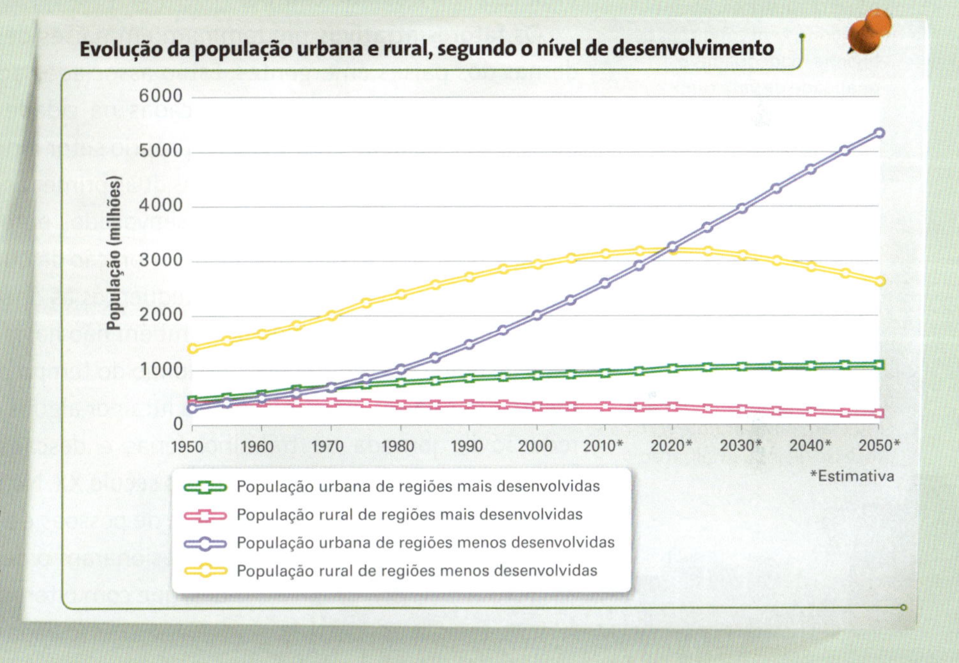

UNITED Nations Department of Economic and Social Affairs / Population Division. *World Urbanization Prospects:* the 2009 Revision. Nova York: United Nations, 2009. p. 3. Disponível em: <http://esa.un.org/unpd/wup/Documents/WUP2009_Highlights_Final.pdf>. Acesso em: 31 mar. 2014.

Taxa de urbanização – porcentagem sobre a população total			
Regiões	**1950**	**2010**	**2050**
Mundo	29,4	51,6	67,2
América do Norte	63,9	82,0	88,6
América Latina e Caribe	41,4	78,8	86,6
Europa	51,3	72,7	82,2
Oceania	62,4	70,7	73,0
Ásia	17,5	44,4	64,4
África	14,4	39,2	57,7

UNITED Nations Department of Economic and Social Affairs/Population Division. *World Urbanization Prospects:* the 2011 Revision. Disponível em: <http://esa.un.org/unpd/wup/index.htm>. Acesso em: 31 mar. 2014.

1 O processo de urbanização

O processo de urbanização corresponde à transformação de paisagens naturais e rurais em espaços urbanos, concomitante à transferência da população do campo para a cidade que, quando acontece em larga escala, é chamada de êxodo rural.

As cidades vêm sendo erguidas desde a Antiguidade: Ur e Babilônia foram construídas há cerca de 5 mil anos na Mesopotâmia, planície drenada pelos rios Tigre e Eufrates, no atual Iraque. Elas eram centros de poder e de negócios, e a maioria da população vivia no campo.

Durante a Idade Média, sob o feudalismo, as cidades perderam importância em razão da descentralização político-econômica, característica desse sistema de produção e da consequente redução das trocas comerciais. Sob o capitalismo, em sua fase comercial, as cidades passaram a ganhar cada vez mais importância porque voltaram a ser o centro dos negócios. Mas foi a partir do capitalismo industrial que se iniciou um processo de urbanização contínuo.

Embora tenha se acelerado com as revoluções industriais, a urbanização foi, até meados do século XX, um fenômeno relativamente lento e circunscrito aos países pioneiros no processo de industrialização.

Historicamente, dois fatores condicionaram o processo de urbanização: os **atrativos**, que estimulam as pessoas a ir para as cidades, e os **repulsivos**, que as impulsionam a sair do campo.

Os **fatores atrativos** predominam em países desenvolvidos e em regiões modernas dos países emergentes. Estão associados ao processo de industrialização, ou seja, às transformações provocadas na cidade pela indústria, notadamente quanto à geração de empregos no próprio setor industrial e no de serviços.

Nos séculos XVIII e XIX, durante as duas primeiras Revoluções Industriais, as principais cidades dos atuais países desenvolvidos europeus tiveram um crescimento muito rápido, com a consequente deterioração da qualidade de vida. Os trabalhadores moravam em **cortiços** e eram frequentes as doenças e epidemias pela falta de saneamento básico e de higiene. Também não havia legislação trabalhista e o nível geral de renda era muito baixo. Ao longo do tempo passou a haver um lento crescimento dos salários, paralelamente à luta por alguns direitos fundamentais, como a redução da jornada de trabalho, férias e descanso semanal remunerado, que, no entanto, só foram conquistados no século XX. No início do processo de industrialização, a circulação de mercadorias e de pessoas e a desconcentração da produção industrial ocasionaram o desenvolvimento de outras cidades, que com o tempo formaram uma densa e articulada rede urbana.

Cortiço: não há uma conceituação oficial para cortiço, que pode ser informalmente definido como moradia, em geral localizada em zonas degradadas das cidades, na qual os membros de duas ou mais famílias pobres dividem os espaços coletivos da residência, como cozinha, banheiro e tanque de lavar roupa; a infraestrutura quase sempre é precária e há uma superlotação dos cômodos, com condições de higiene inadequadas e qualidade de vida ruim.

Na foto, praça Piccadilly, em Manchester, Reino Unido, em 1880. Além de Londres, a capital, as cidades das regiões carboníferas britânicas cresceram rapidamente com o processo de industrialização.

Francis Frith/Getty Images

Os **fatores repulsivos** são típicos de alguns países em desenvolvimento, qualquer que seja seu nível de industrialização. Estão associados às péssimas condições de vida na zona rural, por causa da **estrutura fundiária** bastante concentrada, dos baixos salários, da falta de apoio aos pequenos agricultores e do arcaísmo das técnicas de cultivo. O resultado é o êxodo rural, que provoca, nas grandes metrópoles, o agravamento dos problemas urbanos por causa do aumento abrupto da população.

Estrutura fundiária: número, tamanho e distribuição dos imóveis rurais.

Após a Segunda Guerra, a urbanização se acelerou em muitos países em desenvolvimento que ainda eram agrícolas, mas estavam em processo de industrialização, principalmente na América Latina. Em contrapartida, a África e a Ásia, apesar da aceleração recente, ainda são continentes pouco urbanizados (reveja a tabela da abertura deste capítulo).

Nos países desenvolvidos e em alguns emergentes tem havido um processo de transferência de indústrias das grandes para as médias e pequenas cidades, o que vem promovendo um processo de desconcentração urbano-industrial. Por causa dessas transformações nas regiões do mundo consideradas modernas, já não se pode estabelecer a clássica separação entre campo e cidade, uma vez que atividades antes exclusivamente urbanas se disseminaram no meio rural.

Ao longo da história, devido à combinação de fatores naturais, econômicos, culturais e políticos, muitas cidades se especializaram em determinadas funções, o que lhes atribui características particulares, enquanto outras são multifuncionais. Por exemplo, nas cidades portuárias a característica natural (proximidade de mar ou rio) é determinante para essa função, embora não seja exclusiva: nenhum porto vai se desenvolver se não houver mercadorias a serem transportadas. Nas cidades político-administrativas, quase sempre essa função é fruto de uma decisão política. Brasília, por exemplo, foi erguida para ser a capital do país por decisão do governo brasileiro, então sob a presidência de Juscelino Kubitschek (1956-1961). Observe o quadro a seguir.

Luciano Mortula/Shutterstock/Glow Images

As grandes metrópoles, especialmente as que são cidades globais e têm muitas conexões com o mundo, como Paris (França), são multifuncionais. Na foto, Torre Eiffel vista a partir do rio Sena, em 2012.

Função mais importante de algumas cidades

Político-administrativa	Religiosa	Turística ou lazer	Portuária	Industrial	Múltiplas funções
Brasília (DF)	Aparecida (SP)	Porto de Galinhas, Ipojuca (PE)	Paranaguá (PR)	Camaçari (BA)	São Paulo (SP)
Pretória (África do Sul)	Meca (Arábia Saudita)	Cancún (México)	Roterdã (Países Baixos)	Novosibirsk (Rússia)	Nova York (Estados Unidos)
Canberra (Austrália)	Jerusalém (Israel)	Las Vegas (Estados Unidos)	Busan (Coreia do Sul)	Córdoba (Argentina)	Paris (França)
Ottawa (Canadá)	Fátima (Portugal)	Bariloche (Argentina)	Hamburgo (Alemanha)	Düsseldorf (Alemanha)	Tóquio (Japão)

Organizado pelos autores.

Para saber mais

Aglomerações urbanas

Segundo a Divisão de População da ONU, aglomeração urbana "refere-se à população contida no interior de um território contíguo, habitado em níveis variáveis de densidade, sem levar em conta os limites administrativos das cidades". Em outras palavras, é um conjunto de cidades em grande parte conurbadas, isto é, interligadas pela expansão periférica da malha urbana de cada uma delas ou pela integração socioeconômica comandada historicamente pelo processo de industrialização e atualmente, cada vez mais, pelo desenvolvimento dos serviços.

No Brasil, as maiores aglomerações urbanas têm sido legalmente reconhecidas como regiões metropolitanas, que também costumam ser chamadas de metrópoles. Nelas, há sempre um município-núcleo, com maior capacidade polarizadora e que lhe dá nome, como, por exemplo, São Paulo, Salvador, Curitiba, Belém, etc. As regiões metropolitanas foram criadas por lei para facilitar o planejamento urbano dos municípios que as compõem. Essa planificação é executada por órgãos especialmente criados para esse fim, como a Empresa Paulista de Planejamento Metropolitano S.A. (Emplasa), encarregada do planejamento urbano das regiões metropolitanas de São Paulo: Campinas, Baixada Santista, Vale do Paraíba e Litoral Norte — que, juntas com as aglomerações urbanas de Jundiaí, Piracicaba e Sorocaba, formam a **Macrometrópole Paulista**, na terminologia dessa empresa.

Uma megalópole é formada quando os fluxos de pessoas, capitais, informações, mercadorias e serviços entre duas ou mais metrópoles estão fortemente integrados por modernas redes de transportes e telecomunicações.

A primeira megalópole a se estruturar no mundo, denominada informalmente de Boswash, abrange um cordão de cidades no nordeste dos Estados Unidos que se estende de Boston até Washington, tendo Nova York como a cidade mais importante (observe o mapa).

Ainda nos Estados Unidos, há San-San, que se estende de San Francisco a San Diego, passando por Los Angeles, na Califórnia; e Chipitts (também conhecida como megalópole dos Grandes Lagos), que vai de Chicago a Pittsburgh e se estende até o Canadá por cidades como Toronto, a maior daquele país.

A megalópole japonesa situa-se no sudeste da Ilha de Honshu, no eixo que se estende de Tóquio até o norte da Ilha de Kyushu, passando por Osaka e Kobe.

Na Europa, a megalópole se desenvolveu no noroeste, englobando as aglomerações do Reno-Ruhr, na Alemanha, as áreas metropolitanas de Paris, na França, e de Londres, no Reino Unido; portanto, é transnacional.

No Brasil, a megalópole nacional é formada pelas duas maiores metrópoles do país: abrange a Macrometrópole Paulista, cuja cidade mais importante é São Paulo, inclui o Vale do Paraíba e o Litoral Norte, estendendo-se até a região metropolitana do Rio de Janeiro.

O capitalismo em sua atual fase, a informacional, provocou uma descentralização mundial do poder econômico, político, cultural e financeiro. Nesse contexto, muitos centros urbanos, metrópoles ou não, elevaram-se à condição de cidades globais pelo importante papel que passaram a desempenhar na rede urbana mundial. Com a intensificação da globalização, essas cidades, localizadas principalmente nos países desenvolvidos, assumiram importância primordial na rede mundial de fluxos.

Macrometrópole Paulista: é formada por 173 municípios (27% do total do estado de São Paulo). Em 2010, abrigava uma população de 30,5 milhões de habitantes (74% do total estadual e 16% do nacional). Em 2009, foi responsável por um PIB de 897 bilhões de reais (83% do PIB estadual e 28% do nacional).

A megalópole de Boswash, nos Estados Unidos

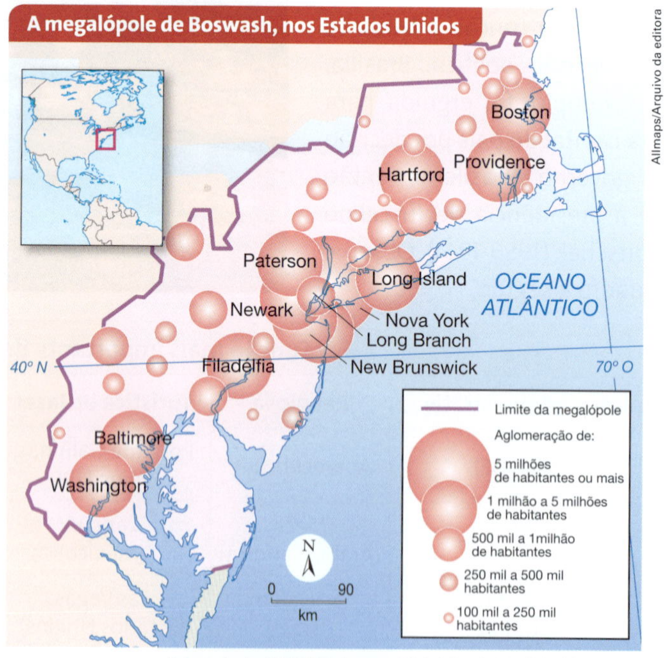

Adaptado de: CHARLIER, Jacques (Dir.). *Atlas du 21e siècle édition 2012*. Groningen: Wolters-Noordhoff; Paris: Éditions Nathan, 2011. p. 144.

Embora as zonas urbanas concentrem um percentual cada vez maior da população mundial, a proporção de pessoas que vivem nas grandes aglomerações urbanas continua pequena. Como mostra a tabela, embora as aglomerações de mais de 10 milhões de habitantes venham crescendo, a maioria dos moradores urbanos ainda se concentra em pequenas e médias cidades, situadas na faixa de menos de 500 mil habitantes.

Distribuição da população, segundo o tamanho das cidades (em porcentagem)

Faixa populacional das áreas urbanas	1970	2011	2025
10 milhões ou mais	2,9	9,9	13,6
5 a 10 milhões	8,0	7,8	8,7
1 a 5 milhões	18,0	21,4	24,3
500 mil a 1 milhão	9,4	10,1	11,1
Menos de 500 mil	61,6	50,9	42,3

UNITED NATIONS. Department of Economic and Social Affairs/Population Division. *World Urbanization Prospects:* the 2011 revision. Disponível em: <http://esa.un.org/unpd/wup/index.htm>. Acesso em: 31 mar. 2014.

A taxa de urbanização varia muito de um país para outro. A maioria dos países desenvolvidos e alguns emergentes apresentam altas taxas de urbanização. Isso ocorre porque o fenômeno industrial, sobretudo no início, não se desvincula do urbano; com exceção da China e da Índia, de industrialização recente, que possuem as maiores populações do planeta, mas apresentam baixas taxas de urbanização. Porém, também há países que têm índices muito baixos de industrialização e outros que não chegam a dispor de um parque industrial, mas, ainda assim, são fortemente urbanizados. O extremo oposto também ocorre: há países muito pobres que ainda são predominantemente rurais. Observe os gráficos.

Consulte o *site* da **Divisão de População das Nações Unidas**. Veja orientações na seção **Sugestões de leitura, filmes e *sites***.

Taxa de urbanização em países industrializados – 2010

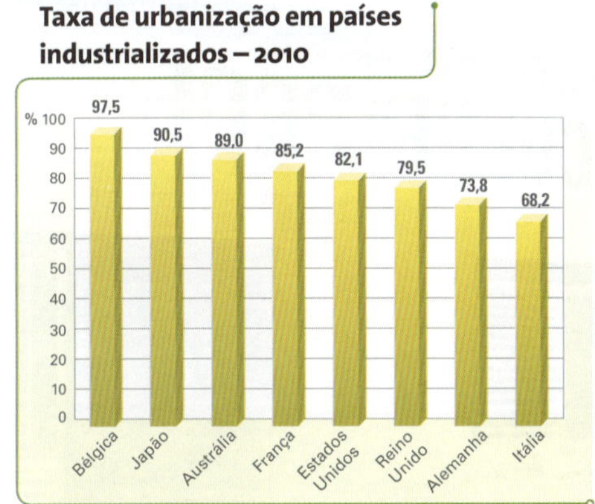

Taxa de urbanização em países recentemente industrializados – 2010

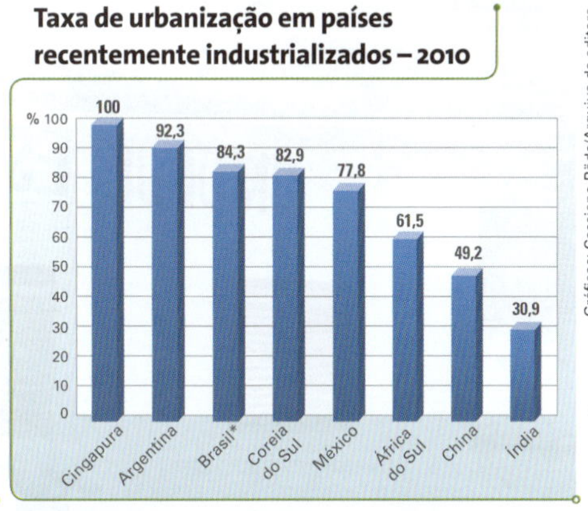

Gráficos: Cassiano Röda/Arquivo da editora

*No capítulo 33 será explicado por que a taxa de urbanização do Brasil é mais elevada do que a de muitos países desenvolvidos.

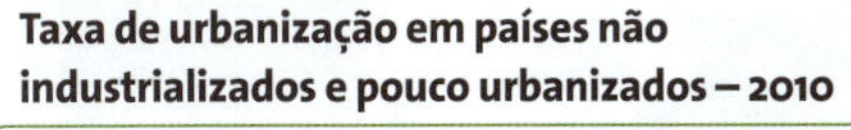
Taxa de urbanização em países não industrializados e pouco urbanizados – 2010

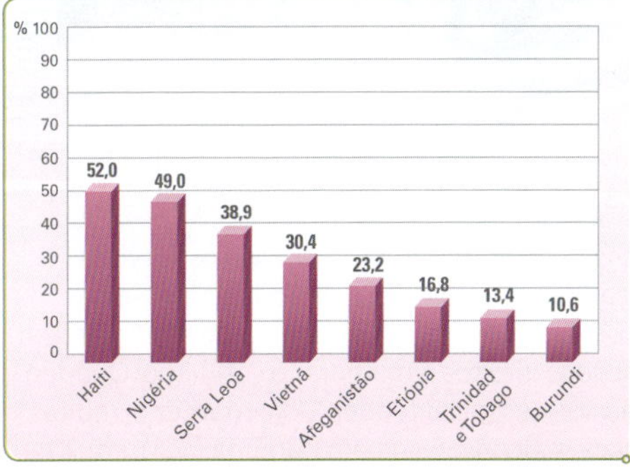

Taxa de urbanização em países não industrializados e muito urbanizados – 2010

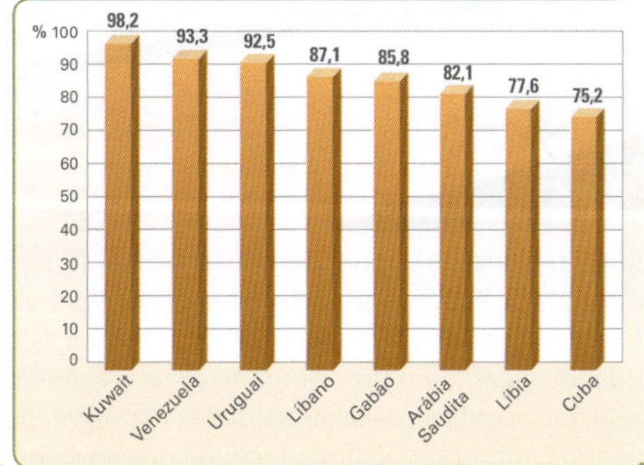

UNITED Nations. Department of Economic and Social Affairs/Population Division. *World Urbanization Prospect:* the 2011 revision. Disponível em: <http://esa.un.org/unpd/wup/index.htm>. Acesso em: 31 mar. 2014.

"Muitos dos problemas sobre os quais se fala nas cidades não são especificamente urbanos, mas sim da sociedade."
Horacio Capel (1941), geógrafo espanhol, professor da Universidade de Barcelona.

Segregação socioespacial: separação das classes sociais em diferentes bairros das cidades. O custo da terra leva as pessoas com maior renda a morar nos bairros mais bem equipados e melhor localizados no espaço urbano; já as de menor renda, geralmente, vivem em bairros carentes de equipamentos e de serviços urbanos e mal localizados, em geral, habitam as periferias distantes. A atual tendência de construção de condomínios fechados em diversas cidades, incluindo as menores, só acentua a segregação socioespacial urbana.

2 Os problemas sociais urbanos

Desigualdades e segregação socioespacial

Em qualquer grande cidade do mundo, o espaço urbano é fragmentado. Sua estrutura assemelha-se a um quebra-cabeça em que as peças, embora formem um todo, têm sua própria forma e função. As grandes cidades apresentam centros comerciais, financeiros, industriais, residenciais e de lazer. Entretanto, é comum que funções diferentes coexistam num mesmo bairro. Por isso, essas cidades são **policêntricas**.

Essa fragmentação, quase sempre associada a um intenso crescimento urbano, impede os habitantes de vivenciarem a cidade como um todo, e se atêm, em vez disso, apenas aos fragmentos que fazem parte do dia a dia. O local de moradia, trabalho, estudo ou lazer é onde se estabelecem as relações pessoais e sociais. Entretanto, em uma metrópole, esses locais tendem a não ser coincidentes, o que provoca grandes deslocamentos e o aumento dos congestionamentos. Pode-se dizer, então, que a grande cidade não é um **lugar**, mas um **conjunto de lugares**, e que as pessoas a vivenciam parcialmente.

As desigualdades sociais se materializam na paisagem urbana, como vimos na foto da introdução do capítulo. Quanto mais acentuadas forem as disparidades de renda entre os diferentes grupos e classes sociais, maiores são as desigualdades de moradia, de acesso aos serviços públicos e, portanto, de oportunidades culturais e profissionais. Consequentemente, a **segregação socioespacial** e os **problemas urbanos** são maiores também.

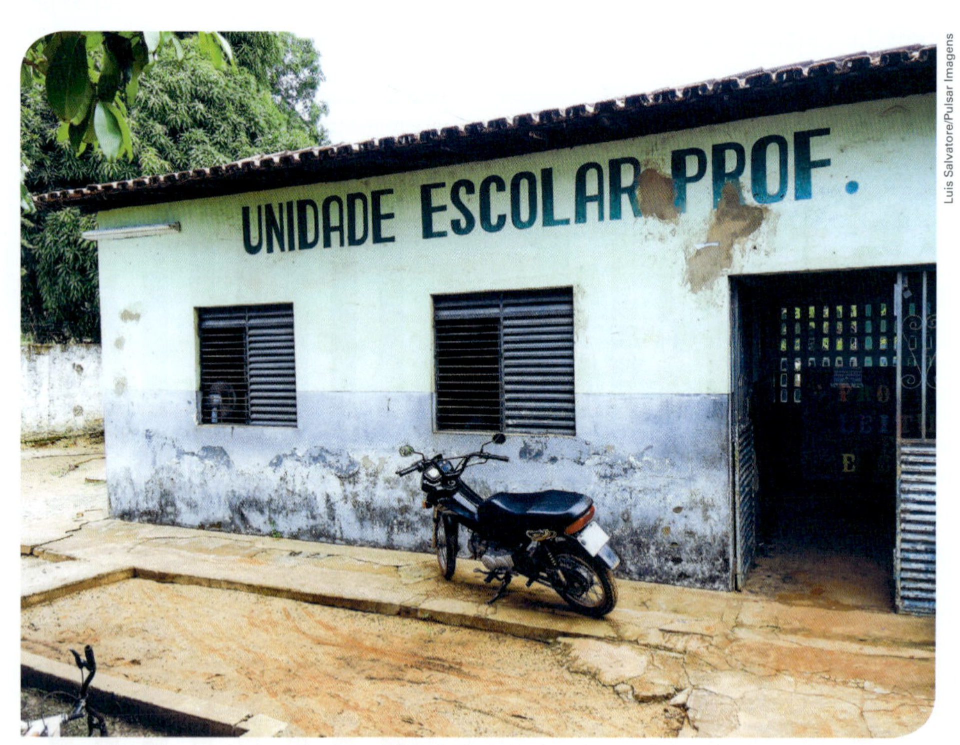

Luis Salvatore/Pulsar Imagens

Em um bairro de população pobre, a qualidade de vida pode ser melhorada, caso os serviços públicos de educação, saúde, transporte coletivo, saneamento básico, entre outros, passem a funcionar de forma satisfatória. São mudanças positivas que têm mais chances de se concretizar quando a comunidade se organiza para reivindicar seus direitos e melhorar o cotidiano. Quando isso não acontece, as desigualdades e a segregação socioespacial tendem a se manter e, muitas vezes, a aumentar. Na foto, fachada de escola pública malconservada em Carolina (MA), em 2013.

Luciana Whitaker/Pulsar Imagens

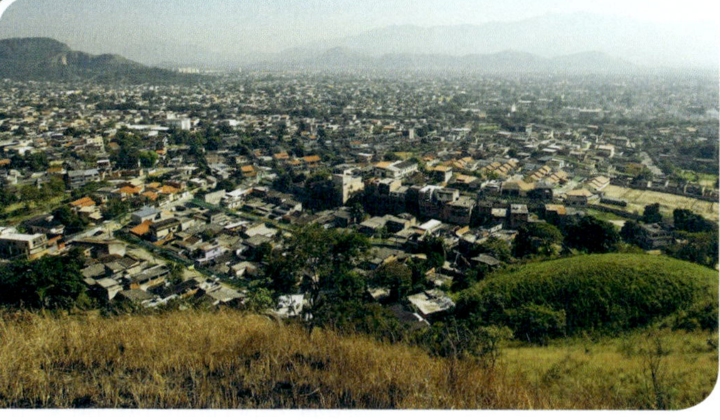

Marcos de Paula/Agência Estado

É possível que uma pessoa viva na Zona Sul do Rio de Janeiro (na foto de 2012, acima, à esquerda vista aérea da praia de Ipanema com a lagoa Rodrigo de Freitas e o Jardim Botânico, ao fundo) sem conhecer bairros de subúrbios distantes, como Bangu, na Zona Oeste (foto de 2010, ao lado, à direita). As dificuldades de locomoção e a fragmentação das funções urbanas na metrópole têm grande influência nessa segregação socioespacial.

O medo da violência urbana vem impulsionando a criação de condomínios fechados, especialmente nas metrópoles, mas o mesmo ocorre nas médias e até nas pequenas cidades. Buscando segurança e tranquilidade, muitas pessoas de alto e médio poder aquisitivo se mudam para esse tipo de conjunto residencial. Esse fenômeno acentua a segregação socioespacial e reduz os espaços urbanos públicos, uma vez que propicia o crescimento de espaços privados e de circulação restrita. Além disso, muitos bairros, ao perderem habitantes, sofrem um processo de deterioração urbana, caso de algumas áreas do centro de grandes cidades, como São Paulo, Rio de Janeiro, Salvador, Recife, Belém, entre outras. Muitas prefeituras buscam recuperar as áreas degradadas das cidades por meio de **incentivos fiscais** para atrair comerciantes e prestadores de serviços. Veja as fotos.

Incentivo fiscal: redução na cobrança de impostos. Estados e municípios usam esse recurso para atrair investimentos.

Dorival Moreira/Pulsar Imagens

Rogério Reis/Pulsar Imagens

A primeira foto, de 2004, mostra prédios degradados em torno da praça do Marco Zero, em Recife (PE). A segunda, de 2013, mostra os mesmos prédios após a restauração. Por exemplo, o edifício Arnaldo Dubeaux (prédio à direita) foi construído em 1912: no início abrigou a filial de um banco inglês, depois foi sede da antiga Bolsa de Valores de Pernambuco e, desde 2010, após a restauração, abriga a Caixa Cultural Recife, centro cultural mantido pela Caixa Econômica Federal.

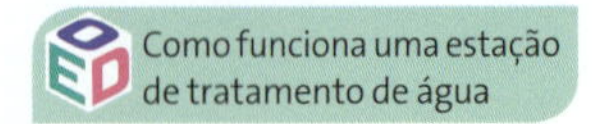
Como funciona uma estação de tratamento de água

Moradias precárias

As maiores cidades dos países em desenvolvimento não tiveram capacidade de absorver a grande quantidade de pessoas que em pouco tempo migraram da zona rural e das cidades menores; por isso aumentou o número de desempregados. Para sobreviver, muitas pessoas se submetem ao subemprego e à economia informal. Como os rendimentos, mesmo para os trabalhadores da economia formal, em geral são baixos, muitos não têm condições de comprar nem de alugar um imóvel em bairros com infraestrutura adequada (rede de esgoto, água encanada, boa oferta de serviços), pois são itens que encarecem o imóvel. Por causa disso, formaram-se favelas em várias cidades, principalmente nas maiores. Essa é a face mais visível do crescimento desordenado das cidades e da segregação socioespacial.

Os governos de muitos países em desenvolvimento têm grande parcela de responsabilidade nesse processo, porque não implantaram políticas públicas adequadas, especialmente no setor habitacional, para enfrentar o problema. Nos países em que as políticas públicas foram adequadas, paralelamente ao aumento da oferta de empregos e à elevação da renda, o que possibilitou uma melhoria das condições de vida, as submoradias foram bastante reduzidas ou até mesmo erradicadas.

Um dos melhores exemplos disso aconteceu em Cingapura. De acordo com o Banco Mundial, em 1965, quando o país se tornou independente, 70% de sua população vivia em submoradias, em condições muito precárias: a renda *per capita* era de 2 700 dólares ao ano, e o desemprego atingia 14% da população economicamente ativa (PEA). Quatro décadas depois, elevados investimentos públicos não apenas em habitação, mas em infraestrutura urbana e em serviços públicos de qualidade, possibilitaram rápido crescimento econômico, elevação e melhor distribuição da renda, erradicação das submoradias e, consequentemente, melhoria da qualidade de vida da população. Em 2012, segundo o FMI, Cingapura tinha uma renda *per capita* de 51 162 dólares, e o desemprego atingia 2% da PEA.

Edifícios residenciais construídos pelo Estado no distrito de Toa Payoh, Cingapura, em 2012. 86% da população vive em moradias como as da foto, pelas quais pagam um aluguel social.

Sam Kang Li/Bloomberg/Getty Images

A carência de habitações seguras e confortáveis é um problema existente no mundo todo, mas é muito mais grave nos países em desenvolvimento, especialmente nos mais pobres, notadamente da África Subsaariana. Segundo o Programa das Nações Unidas para Assentamentos Humanos (agência da ONU sediada em Nairobi, Quênia, mais conhecida como UN-Habitat), em 2010, havia 820 milhões de pessoas vivendo em favelas, o que representava 32,6% da população urbana dos países em desenvolvimento.

Não há um conceito único de favela; a publicação *Slums of the World* da UN-Habitat apresenta descrições e definições para trinta cidades espalhadas pelo mundo. A própria agência da ONU reconhece que o termo inglês *slum* é utilizado para definir uma grande diversidade de tipos de assentamentos urbanos precários espalhados por vários países. No Brasil, utilizamos o termo favela, mas nem todas elas são iguais.

De acordo com a UN-Habitat, uma ou mais das seguintes características define esse tipo de moradia precária:

Silva Júnior/Folhapress

Habitações precárias à beira do córrego em São Paulo (SP), em 2012.

Rio de Janeiro e São Paulo, as duas cidades brasileiras com maior número de pessoas que vivem em favelas, aparecem entre as trinta cidades da lista da UN-Habitat e em ambas constam a definição dada pelo IBGE: "Aglomerado subnormal: grupo de cinquenta ou mais moradias, construídas de maneira adensada e desordenada, em terreno pertencente a terceiros, e carente de infraestrutura e serviços públicos".

Gerson Gerloff/Pulsar Imagens

Em muitas cidades, especialmente nas maiores, à medida que a urbanização se adensa e o solo é valorizado, a tendência é que novas ocupações irregulares ocorram na periferia, em áreas distantes das zonas centrais onde estão as maiores ofertas de trabalho e lazer. Porém, a população encontra dificuldades para se deslocar. Por isso, muita gente decide morar em cortiços nas regiões centrais em vez de ir para a periferia distante. Na foto, bairro pobre na periferia de Santa Maria (RS), em 2013.

Historicamente, as favelas proliferaram onde havia terrenos disponíveis nos interstícios das cidades, muitas vezes em áreas inadequadas para ocupação, como morros e margens de rios e córregos, por isso, menos valorizadas.

Em razão de seu rápido crescimento econômico, China e Índia estão reduzindo significativamente a pobreza e o número de pessoas que vivem em habitações precárias, mas ainda são os países com maior número absoluto de moradores em favelas. Entretanto, o maior número relativo de favelados do mundo aparece em países da África Subsaariana: em alguns deles mais de três quartos da população urbana vivem em favelas. Observe a tabela a seguir.

Moradores de favelas no mundo – 2009

Posição/País	Países com maior número absoluto de pessoas vivendo em favelas		Posição/País	Países com maior número relativo de pessoas vivendo em favelas	
	Total de moradores de favela (em milhões)	% do total da população urbana		Total de moradores de favela (em milhões)	% do total da população urbana
1. China	180,6	29,1	1. República Centro-Africana	1,6	95,9
2. Índia	104,7	29,4	2. Chade	2,7	89,3
3. Nigéria	47,6	62,7	3. Níger	2,1	81,7
4. Brasil	44,9	26,9	4. Moçambique	6,9	80,5
5. Paquistão	30,0	46,6	5. Etiópia	10,4	76,4
6. Bangladesh	27,5	61,6	6. Madagascar	4,5	76,2
7. Indonésia	23,3	23,0	7. Somália	2,5	73,6
8. Filipinas	18,3	40,9	8. Haiti	3,6	70,1
9. República Democrática do Congo	14,1	61,7	9. Benin	2,6	69,8
10. México	11,9	14,4	10. Malauí	2,0	68,9
Países em desenvolvimento*	820,0	32,6			

UNITED Nations. Human Settlements Programme (UN-Habitat). *State of the World's Cities 2012/2013*. Nairobi: UN-Habitat, 2012. p. 124-125. * Os dados regionais são de 2010; os dados por países são de 2009. Não há dados para os países desenvolvidos.

Sol Neelman/Corbis/Latinstock

Em 2009, a China tinha 180 milhões de pessoas vivendo em favelas. Era o país com maior população de favelados em termos absolutos. Na foto de 2008, moradores de hutongs (como este tipo de habitação precária é conhecido nesse país), em Beijing (Pequim). Durante a realização dos Jogos Olímpicos de 2008, o governo instalou tapumes para que os turistas não vissem cenas de pobreza como esta.

Thierry Messongo/Xinhua/Zumapress/Keystone

Em 2009, a República Centro-Africana tinha 96% da população urbana vivendo em favelas; era o país com maior população de favelados em números relativos. Na foto de 2013, favela em Bangui, capital do país.

Na tentativa de encaminhar soluções para o problema das moradias precárias, aconteceu em Istambul, na Turquia, em 1996, a Conferência das Nações Unidas sobre Assentamentos Humanos – *Habitat II* (a primeira reunião, *Habitat I*, realizou-se em Vancouver, Canadá, em 1976; a *Habitat III* está marcada para 2016).

Burhan Ozbilici/AP Photo/Glow Images

O *Habitat II* reuniu representantes dos países-membros da ONU e de diversas ONGs. Foram discutidos, entre outros problemas urbanos, a questão da moradia. Ficou decidido que os governos deveriam criar condições para que o acesso à moradia segura, habitável, salubre e sustentável fosse universalizado. Porém, diversos governos, entre os quais o brasileiro, foram contra a proposta de que a habitação fosse considerada um direito universal do cidadão e que, portanto, deveria ser garantida pelo Estado. Na foto, o então presidente turco Suleiman Demirel (centro) segura a mão do gambiano Wally N'Dow, secretário-geral da *UN Habitat II* (à sua direita), e do egípcio Boutros Boutros Ghali, secretário-geral da ONU (1992-1996), na abertura da *Habitat II*.

Em diversas cidades do mundo, tanto nos países em desenvolvimento quanto nos desenvolvidos, os sem-teto se organizam para lutar pelo direito à moradia urbana adequada e por melhores condições de vida. Uma ou outra dessas organizações tem atuação nacional, como o Movimento dos Trabalhadores Sem-Teto (MTST), no Brasil, mas a maioria delas tem atuação local. Há também organizações com atuação internacional, como a TETO (ou TECHO, em espanhol, ONG criada no Chile em 1997), que atua em quase toda a América Latina.

Consulte o *site* do **TETO Brasil** e o do **Observatório de Favelas**, e também a indicação do filme **Quem quer ser um milionário?**. Veja orientações na seção **Sugestões de leitura, filmes e *sites***.

Spencer Platt/Getty Images

Nos países desenvolvidos, embora quase não haja favelas, é grande o número de pessoas que dormem em abrigos públicos ou mesmo nas ruas ou vivem em residências precárias, os cortiços, localizados em áreas deterioradas das cidades. A crise financeira/imobiliária que eclodiu em 2008 piorou essa situação. Segundo a ONG *Coalition for the homeless*, em novembro de 2013 havia mais de 60 mil pessoas sem teto na cidade de Nova York (Estados Unidos), um recorde desde a depressão dos anos 1930. Na foto de 2012, sem-teto vasculha cesto de lixo em Manhattan, Nova York.

Rodrigo Saenz/Agência France-Presse

Juan Manuel Santos, presidente da Colômbia, posa para foto ao lado de membros da ONG TETO em visita à sua sede em Santiago (Chile), em 2013.

Violência urbana

A violência – roubos, assaltos, sequestros, homicídios, etc. – atinge milhões de pessoas no mundo inteiro, sobretudo nas cidades, faz muitas vítimas e gera medo e insegurança. O indicador mundialmente considerado para medir a violência é o homicídio.

A violência contra a pessoa não está necessariamente associada à pobreza, como muitas vezes se acredita. Por exemplo, há países mais pobres que o Brasil, como a Índia e o Egito, que apresentam índices significativamente menores de violência. Ela é mais grave em países marcados por acentuada desigualdade socioeconômica, entre os quais o Brasil, o México, a África do Sul, a Colômbia e vários países da América Central e também está muito associada ao tráfico de drogas, presente nesses países. A violência também é muito associada às grandes cidades, mas isso nem sempre é verdadeiro. Como mostram os dados da tabela, Mumbai, sétima maior metrópole do mundo, e especialmente Tóquio, a maior delas, apresentam índices de violência baixíssimos, e as taxas de homicídio das maiores cidades de muitos países são mais baixas do que a média nacional: o índice de São Paulo, por exemplo, é metade da média brasileira.

Violência contra a pessoa em países selecionados

País	Homicídios por 100 mil habitantes (2010-2011)	Principal cidade do país	Homicídios por 100 mil habitantes (2007-2010)
Honduras	91,6	Tegucigalpa	72,7
El Salvador	70,2	San Salvador	94,6
Colômbia	33,2	Bogotá	17,1
África do Sul	30,9	Cidade do Cabo	59,9
México	23,7	Cidade do México	8,4
Brasil	21,8	São Paulo	10,8
Rússia	9,7	Moscou	4,6
Argentina	5,5	Buenos Aires	3,9
Estados Unidos	4,7	Nova York	5,6
Índia	3,5	Mumbai	1,3
Egito	3,3	Cairo	0,6
China	1,0	*	*
Alemanha	0,8	Berlim	1,1
Japão	0,3	Tóquio	0,4

UNITED Nations Office on Drugs and Crime. *UNODC Homicide Statistics*. Disponível em: <www.unodc.org/unodc/en/data-and-analysis/homicide.html>. Acesso em: 28 fev. 2014. * Não há dado disponível.

Nos países desenvolvidos, o nível de violência é desigual: como vimos na tabela, os Estados Unidos apresentam índices de violência mais elevados do que países de igual nível de desenvolvimento e mesmo do que países bem mais pobres. Isso ocorre porque o país tem os maiores níveis de desigualdade no mundo desenvolvido, permite a livre comercialização de armas de fogo e nele impera uma cultura belicista em diversos setores da população.

No interior de qualquer país, a violência também é desigual do ponto de vista social (inclusive de gênero) e territorial. Na maioria dos países, inclusive no Brasil, as maiores vítimas de homicídio são jovens pobres de 15 a 24 anos do sexo masculino. Em termos territoriais, há estados, municípios e bairros mais violentos que outros. No território brasileiro, a violência contra a vida é maior nas regiões metropolitanas, onde vive grande parcela da população e a desigualdade social é mais acentuada. Por exemplo, os municípios da região metropolitana comandada pela capital do estado de São Paulo são mais violentos do que grande parte das pequenas cidades brasileiras. No entanto, como vimos, seria um erro concluir que as metrópoles são sempre mais violentas e as pequenas cidades, sempre tranquilas.

Angelo Pontes/Agência A Tarde/Agência Estado

Entre 2008 e 2010, a cidade mais violenta do Brasil, em termos relativos, foi Simões Filho, na região metropolitana de Salvador (BA). Naquele período, esse município de 116 mil habitantes registrou 170 assassinatos (em média), o que resultou numa taxa média de 146 homicídios por 100 mil habitantes. Na foto, parentes e amigos no enterro de Laércio de Souza, ocorrido em 4 de janeiro de 2012, no cemitério dessa cidade. O radialista, que trabalhava na Rádio Sucesso de Camaçari, foi morto a tiros por traficantes no dia anterior em sua casa no Jardim Renatão, considerado um dos mais violentos de Simões Filho, por causa do narcotráfico.

São Paulo, a maior cidade do país, com 11 milhões de habitantes, embora tenha o terceiro maior número absoluto de assassinatos do país, como mostra a tabela a seguir, apresentou, em 2010, uma taxa de 13 homicídios por 100 mil habitantes (em 2011 caiu para 10/100 mil), a menor dentre todas as capitais brasileiras.

Brasil: os dez municípios mais violentos em termos absolutos – 2010

Posição/Município	Número de homicídios	Taxa de homicídios por 100 mil habitantes
1. Rio de Janeiro (RJ)	1535	24
2. Salvador (BA)	1484	56
3. São Paulo (SP)	1460	13
4. Fortaleza (CE)	1125	46
5. Maceió (AL)	1025	110
6. Curitiba (PR)	979	56
7. Recife (PE)	890	58
8. Brasília (DF)	880	34
9. Manaus (AM)	842	47
10. Belo Horizonte (MG)	830	35

WAISELFISZ, Julio Jacobo. *Mapa da violência 2012*: os novos padrões da violência homicida no Brasil. São Paulo: Instituto Sangari, 2011. p. 28-29.

Em uma metrópole, o índice de violência também é desigual, e mesmo dentro de um município, há bairros com diferentes índices de violência. Os bairros bem equipados com infraestrutura urbana e bem policiados, em geral os mais centrais, tendem a ter um índice menor de violência do que os bairros mal servidos, em sua maioria localizados na periferia. Por exemplo, em 2008, o Jardim Paulista, um bairro central da cidade de São Paulo, teve um índice de homicídio de 1,3 por 100 mil habitantes; no outro extremo, em Marsilac, localizado na periferia distante da Zona Sul da cidade, o índice foi de 40,6 por 100 mil. Como mostra o mapa, isso é verdadeiro mesmo para cidades globais muito ricas e, no geral, mais bem equipadas, como Nova York.

Na discussão sobre as causas da violência, os especialistas enfatizam, cada vez mais, a importância das redes de solidariedade de uma comunidade – família, escola, igrejas, associações de bairro, centros de esporte e lazer, etc. Quando essas redes são amplas e bem articuladas, as pessoas sentem-se amparadas, socialmente inseridas e há pouca propensão às ações criminais. Entretanto, quando essas redes são pouco articuladas, as pessoas ficam sem perspectivas, e muitas acabam sendo cooptadas por organizações criminosas, sobretudo as envolvidas com o tráfico de drogas.

Consulte a indicação do filme **Tiros em Columbine**. Veja orientações na seção **Sugestões de leitura, filmes e *sites*.**

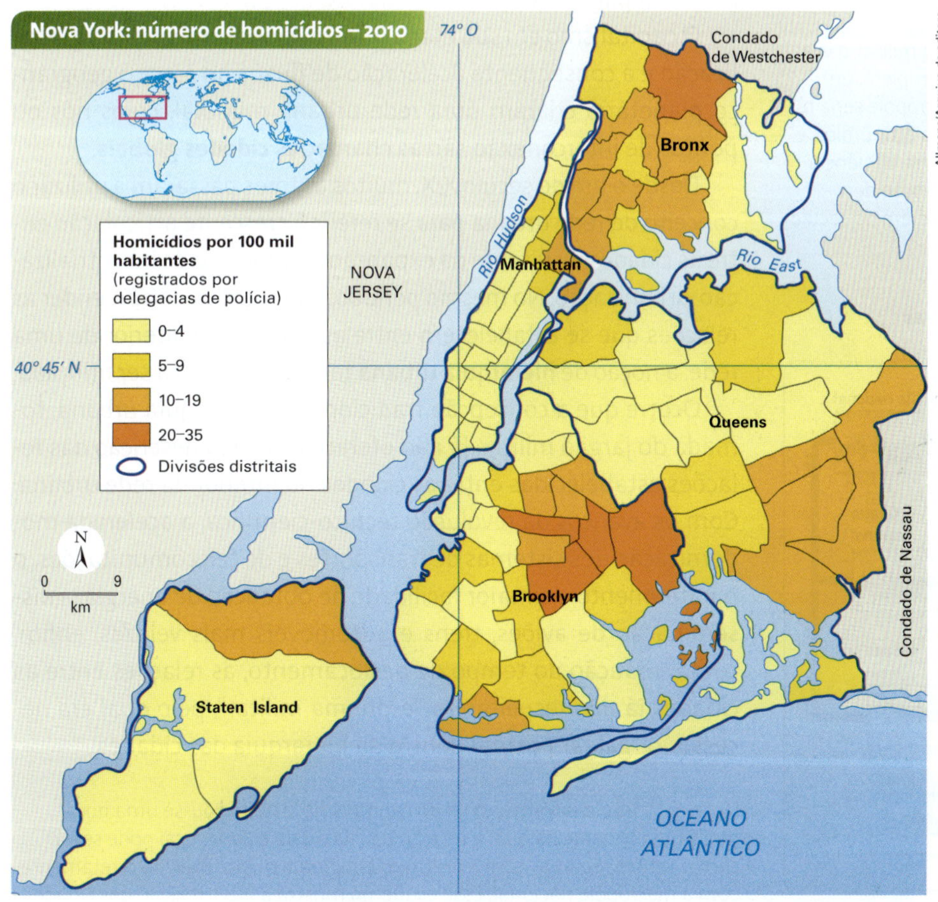

Adaptado de: DEPARTAMENTO de Polícia da Cidade de Nova York. In: United Nations Office on Drugs and Crime (UNODC). 2011 *Global Study on Homicide*. Vienna: UNODC, 2011. p. 81.

Observe que os bairros mais violentos da cidade localizam-se na periferia: no Bronx e no Brooklyn. A região central, onde está Manhattan, é um dos lugares mais tranquilos de Nova York (veja a média para toda a cidade na tabela da página 801). A renda dos habitantes do Bronx e do Brooklyn é, em média, 50% menor do que a dos moradores de Manhattan.

3 Rede e hierarquia urbanas

Esquema clássico de relações entre as cidades em uma rede urbana

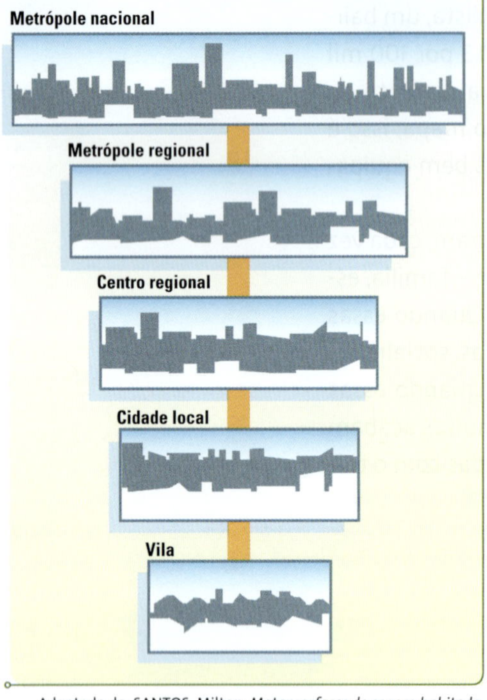

Adaptado de: SANTOS, Milton. *Metamorfoses do espaço habitado*. 5. ed. São Paulo: Hucitec, 1997. p. 55.

Em uma analogia com a hierarquia militar, a vila seria um soldado e a metrópole completa, um general, a posição mais alta. A metrópole seria o nível máximo de poder e influência econômica, e a vila, o nível mais baixo, que sofreria influência de todas as outras. Essa foi a concepção de hierarquia urbana utilizada desde o fim do século XIX até meados da década de 1970.

Esquema atual de relações entre as cidades em uma rede urbana

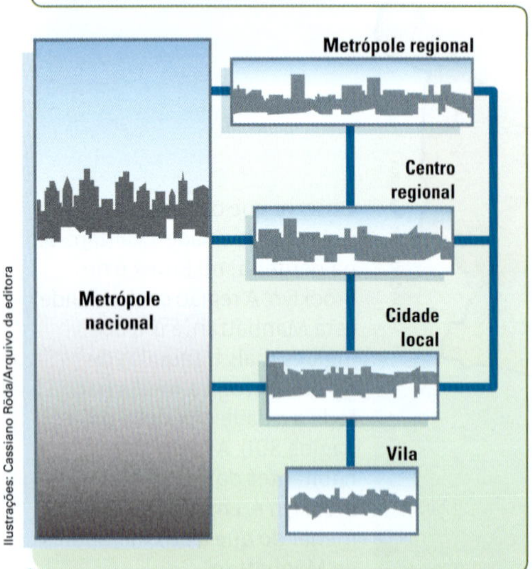

Adaptado de: SANTOS, Milton. *Metamorfoses do espaço habitado*. 5. ed. São Paulo: Hucitec, 1997. p. 55.

Ilustrações: Cassiano Röda/Arquivo da editora

A **rede urbana** é formada pelo conjunto de cidades – de um mesmo país ou de países vizinhos –, que se interligam umas às outras por meio de sistemas de transportes e de telecomunicações, através dos quais se dão os fluxos de pessoas, mercadorias, informações e capitais. As redes urbanas dos países desenvolvidos são mais densas e articuladas por causa dos altos índices de industrialização e de urbanização, da economia diversificada e dinâmica, dos mercados internos com alta capacidade de consumo e dos grandes investimentos em transportes e telecomunicações. De forma geral, quanto mais complexa a economia de um país ou de uma região, maiores são a taxa de urbanização e a quantidade de cidades, mais densa é a rede urbana e maiores são os fluxos que as interligam. As redes urbanas de muitos países em desenvolvimento, particularmente daqueles de baixo nível de industrialização e urbanização, são bastante desarticuladas, e as cidades estão dispersas no território.

As redes de cidades mais densas e articuladas se desenvolveram nas regiões do planeta onde se encontram as megalópoles: nordeste e costa oeste dos Estados Unidos, porção ocidental da Europa e sudeste da ilha de Honshu, no Japão, embora haja importantes redes em outras regiões, como aquelas polarizadas por Cidade do México, São Paulo e Buenos Aires (veja novamente o mapa na página 706).

O capitalismo em sua etapa informacional, o avanço da globalização e a consequente aceleração de fluxos no espaço geográfico planetário criaram uma rede urbana mundial, cujos nós ou pontos de interconexão são as chamadas **cidades globais**.

Desde o fim do século XIX, muitos autores passaram a utilizar o conceito de rede urbana para se referir à crescente articulação entre as cidades resultante da expansão do processo de industrialização-urbanização. No mesmo período, na tentativa de apreender as relações que se estabelecem entre as cidades no interior de uma rede, a noção de **hierarquia urbana** também passou a ser utilizada.

Ocorre que a concepção tradicional de hierarquia urbana, tomada do jargão militar, já não oferece uma boa descrição das relações estabelecidas entre as cidades no interior da rede urbana. Com os avanços da revolução técnico-científica, a acelerada modernização dos sistemas de transportes e de telecomunicações, o barateamento e a maior facilidade de obtenção de energia, a disseminação de aviões, trens e automóveis mais velozes, enfim, com a redução do tempo de deslocamento, as relações entre as cidades já não respeitam o "esquema militar", pelo qual era necessário "galgar postos" dentro da hierarquia das cidades.

No atual estágio informacional do capitalismo, estruturou-se uma nova hierarquia urbana, na qual a relação da vila ou da cidade local pode se dar com o centro regional, com a metrópole regional ou até mesmo diretamente com a metrópole nacional. Esse esquema mostra a inter-relação das cidades no interior da rede urbana de uma forma mais próxima da realidade atual.

Atualmente, uma pessoa com boa renda pode residir em uma chácara ou em um sítio, na zona rural, ou em uma pequena cidade, em lugares distantes de um grande centro, e estar mais integrada à vida urbana do que outra pessoa pobre que resida nesse mesmo centro. Se a pessoa vive, por exemplo, em uma chácara, a quilômetros da grande cidade, mas tem à sua disposição telefone, computador, conexão com a internet, antena parabólica e automóvel, está mais integrada do que outra que mora na cidade, mas em um cortiço ou favela e sem acesso a todos esses bens e serviços. Portanto, o que define a integração ou não das pessoas à moderna sociedade capitalista é a maior ou menor disponibilidade de renda – e, consequentemente, a possibilidade de acesso às novas tecnologias, aos conhecimentos, aos bens e serviços –, e não mais as distâncias que as separam dos lugares.

Ao lado, sem-teto abrigado debaixo do elevado Presidente Costa e Silva, mais conhecido como Minhocão, em São Paulo (SP), em 2010. Abaixo, casa com antena parabólica e carro na garagem na zona rural do município de Lorena (SP), a 190 quilômetros da capital paulista, em 2012.

Claudio Edinger/Tyba

Cesar Diniz/Pulsar Imagens

Quais dessas pessoas têm mais acesso aos bens e serviços oferecidos pela vida urbana?

As cidades na economia global

No século XVI, a viagem da esquadra comandada por Pedro Álvares Cabral demorou 44 dias para atravessar o oceano Atlântico, desde Lisboa até o litoral brasileiro, nos arredores de onde atualmente está Porto Seguro (BA). Nos dias atuais, o mesmo percurso, de avião, é feito em cerca de oito horas. A famosa carta de Pero Vaz de Caminha, que descrevia suas impressões sobre a nova terra, teve de fazer a travessia do oceano, a bordo de um navio que retornou à Europa, até chegar às mãos do rei de Portugal semanas depois.

Durante longo período da história humana, a informação circulava à mesma velocidade das pessoas e das mercadorias, ou seja, a comunicação dependia dos meios de transporte e só começou a se dissociar deles a partir da invenção do telégrafo, no século XIX. Atualmente, o avanço tecnológico, além de acelerar todas as modalidades de circulação, diferenciou o tempo necessário ao transporte da informação (veiculada, por exemplo, na forma de *bits*) do tempo do transporte da matéria (pessoas e mercadorias). Atualmente, as informações circulam praticamente à velocidade da luz. Se fosse hoje, Caminha enviaria sua carta por *e-mail* e ela chegaria ao destino quase que imediatamente ou, como se diz, em "tempo real".

FooTToo/Shutterstock/Glow Images

Tsyhun/Shutterstock/Glow Images

Igor Klimov/Shutterstock/Glow Images

Bloom Design/Shutterstock/Glow Images

Fongfong/Shutterstock/Glow Images

AVANÇOS TECNOLÓGICOS SÃO A BASE DA GLOBALIZAÇÃO

- Possibilitaram a dispersão da produção pelos lugares.
- Oferecem mais possibilidades de lucro às empresas e integração dos mercados, das finanças e das Bolsas de Valores.
- Contribuem para a expansão da infraestrutura urbana e da rede global de cidades.
- Contribuem para reforçar o papel de comando de algumas cidades globais na fase histórica atual.

A desconcentração das indústrias, que rumam para cidades médias, pequenas e até mesmo para a zona rural, ao contrário do que muitos pensam, tem contribuído para reforçar o papel de comando de muitas das grandes cidades, e mesmo de algumas médias. Essas cidades comandantes são importantes centros de serviços especializados e de apoio à produção – universidades e centros de pesquisa, escritórios de advocacia e contabilidade, agências de publicidade e *marketing*, bancos e bolsas de valores, hotéis e centros de eventos e exposições. Um dos exemplos mais ilustrativos é São Paulo, que se consolidou como o principal centro de serviços e de negócios não só do Brasil, mas da América Latina.

As cidades globais, como vimos, são os nós da rede urbana mundial, e as **megacidades**, o que são? De acordo com a ONU, são aglomerações urbanas (áreas metropolitanas) com 10 ou mais milhões de habitantes. Assim, as cidades globais, uma definição qualitativa, não coincidem necessariamente com as megacidades, definidas por um critério quantitativo.

InnaFelker/Shutterstock/Glow Images

Guilhem Alandry/In Pictures/Corbis/Latinstock

De acordo com a publicação *World Urbanization Prospects* da ONU, Zurique, na Suíça (foto à esquerda), tinha 1,2 milhão de habitantes em 2011, portanto, não é uma megacidade, mas é uma cidade global pelo papel de comando que desempenha na rede urbana mundial. É sede de importantes empresas, oferece variados serviços e apresenta densa infraestrutura de transportes e telecomunicações conectando-a aos fluxos globais. Há poucas pessoas marginalizadas e desconectadas nessa cidade. O mesmo relatório revela que a região metropolitana de Daca, em Bangladesh (foto à direita), tinha 15,4 milhões de habitantes em 2011, sendo classificada como megacidade; porém, não é uma cidade global, em razão da limitação de infraestrutura e a reduzida oferta de serviços. Além disso, uma grande parcela da população de Daca está marginalizada, desconectada dos fluxos globais.

Ainda que, segundo a ONU, somente 10% da população urbana mundial vivesse em megacidades em 2011, elas estão crescendo e ganhando importância, sobretudo nos países em desenvolvimento, como mostra a tabela a seguir. Das 23 megacidades existentes no mundo em 2011, 17 estavam em países pobres ou emergentes. A maioria delas apresenta elevado crescimento populacional, com destaque para Lagos (Nigéria), Daca (Bangladesh), Shenzen (China), Karachi (Paquistão), Délhi (Índia) e Pequim (China). Compare a evolução do crescimento delas com a das metrópoles dos países desenvolvidos. Embora Tóquio deva permanecer como a maior aglomeração urbana por alguns anos, seu crescimento será o mais baixo do período 2011-2025, e as outras cidades dos países ricos também crescerão muito pouco. Segundo projeções da ONU, em 2025, haverá 37 megacidades, das quais trinta localizadas em países em desenvolvimento. Exceto Tóquio, as outras cidades dos países desenvolvidos que aparecem na lista têm perdido posições. Em 2025, a aglomeração urbana de Nova York cairá para a sexta posição.

População total e crescimento anual das megacidades			
Megacidades	**2011 (em milhões)**	**Estimativa para 2025* (em milhões)**	**2011-2025 (%)**
1. Tóquio, Japão	37,2	38,7	0,27
2. Délhi, Índia	22,7	32,9	2,67
3. Cidade do México, México	20,4	24,6	1,32
4. Nova York-Newark, Estados Unidos	20,4	23,6	1,05
5. Xangai, China	20,2	28,4	2,43
6. São Paulo, Brasil	19,9	23,2	1,08
7. Mumbai, Índia	19,7	26,6	2,12
8. Pequim, China	15,6	22,6	2,66
9. Daca, Bangladesh	15,4	22,9	2,84
10. Calcutá, Índia	14,4	18,7	1,87
11. Karachi, Paquistão	13,9	20,2	2,68
12. Buenos Aires, Argentina	13,5	15,5	0,98
13. Los Angeles-Long Beach-Santa Ana, Estados Unidos	13,4	15,7	1,13
14. Rio de Janeiro, Brasil	12,0	13,6	0,93
15. Manila, Filipinas	11,9	16,3	2,26
16. Moscou, Rússia	11,6	12,6	0,56
17. Osaka-Kobe, Japão	11,5	12,0	0,33
18. Istambul, Turquia	11,3	14,9	2,00
19. Lagos, Nigéria	11,2	18,9	3,71
20. Cairo, Egito	11,2	14,7	1,98
21. Guangdong, China	10,8	15,5	2,54
22. Shenzen, China	10,6	15,5	2,71
23. Paris, França	10,6	12,2	0,97

UNITED Nations. Department of Economic and Social Affairs/Population Division. *World Urbanization Prospects*: the 2011 Revision. Disponível em: <http://esa.un.org/unpd/wup/index.htm>. Acesso em: 2 mar. 2014.

Segundo classificação desenvolvida pela *Globalization and World Cities* (GaWC), rede de pesquisas da globalização e das cidades globais sediada no Departamento de Geografia da Universidade de Loughborough (Reino Unido), em 2012, havia 182 cidades globais. Essa pesquisa classificou-as em três níveis (alfa, beta e gama), com seus subníveis de acordo com a densidade e a qualidade da infraestrutura, a oferta de bens e serviços e, consequentemente, a capacidade de polarização de cada uma delas sobre os fluxos regionais e mundiais. Observe a tabela.

Classificação das 182 cidades globais – 2012					
Alfa ++	2	Beta +	24	Gama +	19
Alfa +	8	Beta	18	Gama	18
Alfa	13	Beta –	36	Gama –	22
Alfa –	22				
Total	45	**Total**	78	**Total**	59

GLOBALIZATION and World Cities (GaWC). *The World According to GaWC 2012*. Disponível em: <www.lboro.ac.uk/gawc/world2012t.html>. Acesso em: 31 mar. 2014.

Consulte o *site* do **GaWC**. Veja orientações na seção **Sugestões de leitura, filmes e *sites***.

As duas cidades mais influentes, que mais polarizam os fluxos de pessoas, investimentos e informações – as principais comandantes da globalização – são Londres e Nova York (cidades **alfa ++**). Em seguida, também com alto grau de integração, porém complementares às duas primeiras, vêm oito cidades: Hong Kong, Paris, Cingapura, Xangai, Tóquio, Pequim, Sydney e Dubai (**alfa +**). Ainda fortemente conectadas, mas em patamar inferior a essas primeiras, vêm 13 cidades alfa, entre as quais está São Paulo, e 22 **alfa –** (observe o mapa). As 78 seguintes foram classificadas na hierarquia como cidades globais **beta**, onde aparece o Rio de Janeiro (beta). As 59 do último grupo, cujos fluxos e oferta de serviços são bem menores em comparação aos dois primeiros, foram definidas como cidades globais **gama**.

Como vimos, mesmo nas cidades mais bem equipadas, nem todos têm igual acesso aos bens e serviços, o que é mais acentuado em aglomerações urbanas que apresentam grande desigualdade social, como as megacidades dos países em desenvolvimento: São Paulo, Rio de Janeiro, Cidade do México, Buenos Aires, Mumbai, Karachi, entre outras. O que limita o acesso aos bens e serviços é, sobretudo, a disponibilidade desigual de renda. No capitalismo, os investimentos são concentrados nos lugares mais bem equipados e voltados para os setores econômicos e sociais nos quais o lucro é maior. Assim, se não forem realizados investimentos públicos para garantir o desenvolvimento de todos os lugares, as pessoas mais pobres tendem a permanecer marginalizadas.

Centro da megalópole de Boswash, Nova York é um dos principais símbolos norte-americanos. Considerada a "capital" do mundo no século XX, continua com o mesmo prestígio neste início do século XXI. Na foto de 2012, vista panorâmica da cidade a partir do Empire State: ao fundo, no distrito financeiro, o prédio que se destaca na paisagem é o One World Trade Center (anteriormente conhecido como Freedom Tower), erguido no lugar das torres gêmeas derrubadas em 2001.

Ben Hider/Getty Images Entertainment/Getty Images

As 45 cidades globais alfa, segundo o GaWC – 2012

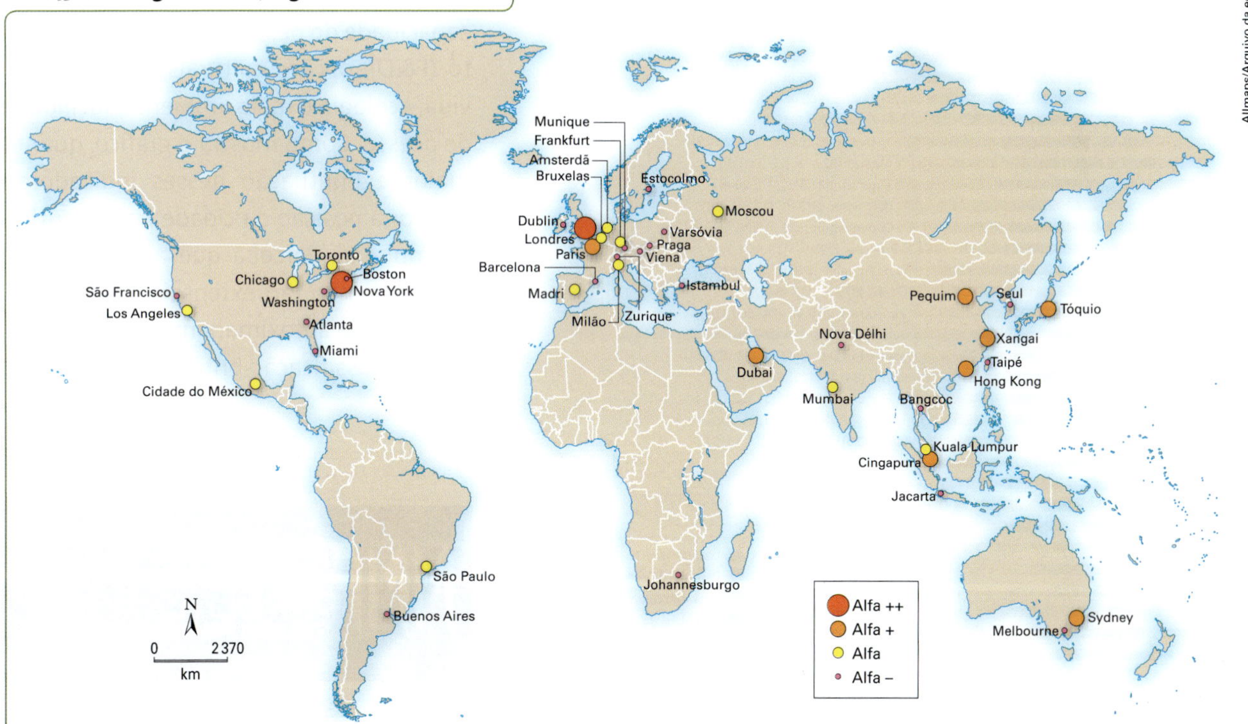

Allmaps/Arquivo da editora

Adaptado de: GLOBALIZATION and World Cities (GaWC). *The World According to GaWC 2012*. Disponível em: <www.lboro.ac.uk/gawc/world2012t.html>. Acesso em: 31 mar. 2014.

São Paulo é uma cidade global alfa, com moderna infraestrutura que a conecta aos fluxos globais. A foto à esquerda, de 2013, mostra a ponte Estaiada e edifícios comerciais localizados na marginal do rio Pinheiros. Entretanto, como megacidade da periferia do capitalismo marcada por profundas desigualdades sociais, São Paulo abriga 1,5 milhão de pessoas que moram precariamente. A foto à direita, de 2011, mostra a favela Real Parque, que fica do outro lado do rio Pinheiros, bem em frente a esses edifícios.

As 40 cidades globais, segundo The Mori Memorial Foundation – 2013

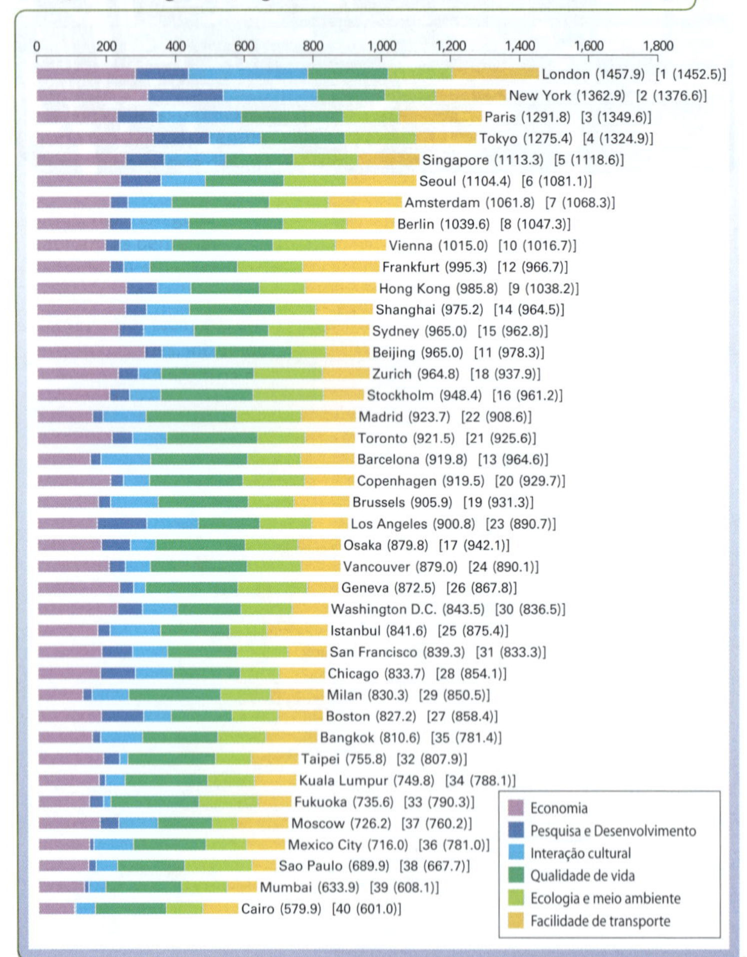

INSTITUTE FOR URBAN STRATEGIES. *Global Power City Index 2013. Tokyo*: The Mori Memorial Foundation, out. 2013. p. 8. Disponível em: <www.mori-m-foundation.or.jp/english/research/project/6/pdf/GPCI-2013Summary_E.pdf>. Acesso em: 31 mar. 2014.

Há outras classificações para as cidades globais, entre as quais a da instituição de pesquisa *The Mori Memorial Foundation*, sediada em Tóquio (Japão). Para elaborar uma lista de 40 cidades globais, seus pesquisadores consideraram mais de vinte indicadores distribuídos entre seis categorias: ambiente econômico, capacidade de pesquisa e desenvolvimento (P&D), opções culturais, qualidade de vida, ecologia e meio ambiente, facilidade de acesso. Como mostra o gráfico, quanto maior a pontuação nesses indicadores, melhor a posição da cidade na rede urbana mundial. Perceba que a classificação japonesa, não tão extensa e hierarquizada, equivale aproximadamente às cidades alfa da classificação britânica.

Símbolo da *The Mori Memorial Foundation*, uma das instituições que apresentam classificações para as cidades globais.

Pensando no Enem

Além dos inúmeros eletrodomésticos e bens eletrônicos, o automóvel produzido pela indústria fordista promoveu, a partir dos anos 50, mudanças significativas no modo de vida dos consumidores e também na habitação e nas cidades. Com a massificação do consumo dos bens modernos, dos eletroeletrônicos e também do automóvel, mudaram radicalmente o modo de vida, os valores, a cultura e o conjunto do ambiente construído. Da ocupação do solo urbano até o interior da moradia, a transformação foi profunda.

MARICATO, E. *Urbanismo na periferia do mundo globalizado*: metrópoles brasileiras. Disponível em: <www.scielo.br>. Acesso em: 12 ago. 2009 (adaptado).

Uma das consequências das inovações tecnológicas das últimas décadas, que determinaram diferentes formas de uso e ocupação do espaço geográfico, é a instituição das chamadas cidades globais, que se caracterizam por

a) possuírem o mesmo nível de influência no cenário mundial.
b) fortalecerem os laços de cidadania e solidariedade entre os membros das diversas comunidades.
c) constituírem um passo importante para a diminuição das desigualdades sociais causadas pela polarização social e pela segregação urbana.
d) terem sido diretamente impactadas pelo processo de internacionalização da economia, desencadeado a partir do final dos anos 1970.
e) terem sua origem diretamente relacionada ao processo de colonização ocidental do século XIX.

No pós-guerra houve um grande crescimento da indústria automobilística, sobretudo nos Estados Unidos, e o carro era símbolo de mobilidade individual. Com o passar do tempo, no entanto, virou o principal responsável pela imobilidade urbana devido ao crescimento dos congestionamentos. Atualmente, os administradores da maioria das cidades têm procurado priorizar o transporte coletivo. Na foto, anúncio publicitário de automóvel nos Estados Unidos na década de 1950.

Resolução

A alternativa correta é a **D**. Com os avanços tecnológicos da Terceira Revolução Industrial e o acelerado processo de internacionalização da economia desde os anos 1970, as cidades globais ganharam importância na rede urbana mundial. Elas são os nós mais importantes dos fluxos de capitais, mercadorias, pessoas e informações que caracterizam a chamada globalização. Elas são as cidades com mais influência e capacidade de comando no mundo globalizado.

Esta questão contempla a **Competência de área 4 – Entender as transformações técnicas e tecnológicas e seu impacto nos processos de produção, no desenvolvimento do conhecimento e na vida social** – e as habilidades correspondentes, sobretudo a **H19 – Reconhecer as transformações técnicas e tecnológicas que determinam as várias formas de uso e apropriação dos espaços rural e urbano.**

Atividades

Compreendendo conteúdos

1. Há dois conceitos fundamentais para compreender as cidades e suas relações no espaço geográfico – rede urbana e hierarquia urbana:
   a) Conceitue-os mostrando suas diferenças.
   b) Explique as diferenças fundamentais entre os esquemas clássico e atual de hierarquia urbana.
2. O que significa afirmar que para muitas pessoas as distâncias são relativas hoje em dia? Qual é a consequência disso na urbanização atual?
3. Qual é a diferença entre megacidade e cidade global? Qual é o papel delas no atual capitalismo informacional?
4. De que forma as desigualdades sociais se materializam nas paisagens urbanas?

Desenvolvendo habilidades

5. Leia o texto, que trata da ocupação do território do município de São Paulo. Observe o mapa que o acompanha e, em seguida, leia o fragmento de um livro do geógrafo Milton Santos (1926-2001).

Segregação socioespacial e precariedade habitacional

Associado ao desequilíbrio no aproveitamento do solo urbano e à contraposição entre esvaziamento do centro expandido e crescimento periférico, há outro desequilíbrio importante na cidade, que estabelece, grosso modo, uma distribuição bem definida das distintas classes sociais: os mais pobres vivendo predominantemente nas áreas periféricas e seus assentamentos precários e os de maior renda, no centro expandido e seu entorno, onde existe maior oferta de infraestrutura e empregos. Tal distribuição representa, para os mais pobres, maior distância das oportunidades, maior tempo gasto no deslocamento casa-trabalho-casa e maior precariedade habitacional e urbana. Trata-se, portanto, de uma condição estrutural que favorece a reprodução da pobreza ao longo das gerações e impede uma redução mais acelerada das desigualdades de renda.

Associada a isso, a situação habitacional do município reflete uma combinação de inadequação e déficit habitacional que atinge cerca de um terço da população paulistana: são 3030 assentamentos precários, na sua maioria periféricos, dos quais 1573 favelas e 1235 loteamentos irregulares, concentrando cerca de 30% da população do município. Pior, há ainda 105 mil domicílios em área de risco, dos quais 27% estão em áreas consideradas de risco muito alto ou alto e 73% em áreas de risco considerado médio ou baixo.

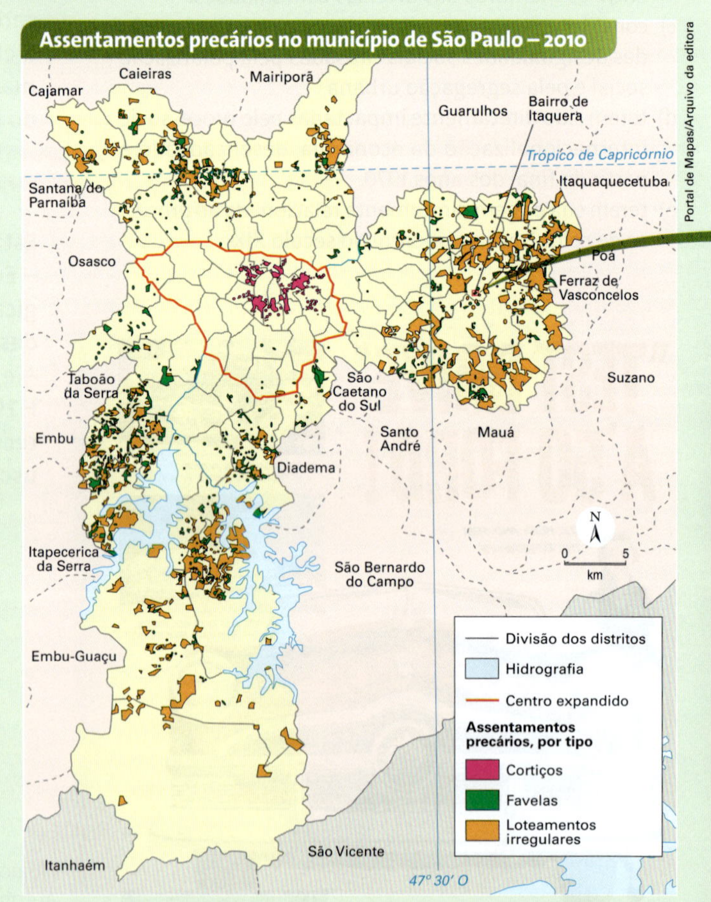

Adaptado de: SÃO PAULO (Cidade). Secretaria Municipal de Desenvolvimento Urbano. *SP 2040*: a cidade que queremos. São Paulo: SMDU, 2012. p. 33. Disponível em: <http://habisp.inf.br/theke/documentos/outros/sp2040-acidadequequeremos>. Acesso em: 31 mar. 2014.

SÃO PAULO (Cidade). Secretaria Municipal de Desenvolvimento Urbano. *SP 2040*: a cidade que queremos. São Paulo: SMDU, 2012. p. 32-33.

Território e cidadania

Morar na periferia é se condenar duas vezes à pobreza. À pobreza gerada pelo modelo econômico, segmentador do mercado de trabalho e das classes sociais, superpõe-se a pobreza gerada pelo modelo territorial. Este, afinal, determina quem deve ser mais ou menos pobre somente por morar neste ou naquele lugar. Onde os bens sociais existem apenas na forma mercantil, reduz-se o número dos que potencialmente lhes têm acesso, os quais se tornam ainda mais pobres por terem de pagar o que, em condições democráticas normais, teria de lhes ser entregue gratuitamente pelo poder público.

SANTOS, Milton. *O espaço do cidadão*. 3. ed. São Paulo: Nobel, 1996. p. 115.

Após a leitura dos textos reflita sobre as seguintes questões e elabore um texto para responder cada um dos itens:

a) O que significa dizer que "morar na periferia é se condenar duas vezes à pobreza" ou que isso é uma "condição estrutural que favorece a reprodução da pobreza ao longo das gerações"? Pode-se dizer que o grau de cidadania de uma pessoa varia conforme sua posição no território da cidade?

b) Como as pessoas podem contribuir para romper esse círculo vicioso transformando essa "condição estrutural" e modificando as condições do lugar em que vivem? Como podem exercer seus direitos de cidadãs, independentemente de sua localização no território?

6. Compare a classificação das cidades globais feita pelo grupo de estudos britânico *Globalization and World Cities* (reveja o mapa da página 809) com a do instituto de pesquisas japonês *The Mori Memorial Foundation*, que aparece no gráfico na página 810.

a) Quais são as cidades encontradas nas duas classificações, especialmente entre as dez principais cidades globais? Há coincidências?

b) Há alguma cidade brasileira nas duas classificações? Qual é a posição dela nos dois *rankings* de cidades globais? O que se pode concluir?

Vista aérea de conjunto habitacional no bairro de Itaquera, zona leste de São Paulo (SP), em 2013.

Delfim Martins/Pulsar Imagens

Vestibulares de Norte a Sul

1. **N** (UFPA)

No estudo das interações da sociedade com o meio físico devem-se considerar fatores sociais, econômicos, tecnológicos e culturais estudados na dimensão do tempo e do espaço.

Ao analisar a representação da paisagem urbana apresentada na imagem, conclui-se que

a) as formas de organização do espaço consideram a dinâmica natural das áreas de várzeas e de terra firme.
b) os aspectos da poluição das águas, como o depósito de resíduos sólidos, são de responsabilidade da população do entorno.
c) o modo de vida ribeirinho apresenta resistência diante da pressão da modernização urbana.
d) a população urbana encontra diferentes formas de adaptação na adversidade do ambiente urbano.
e) o contraste de formas revela as desiguais condições de vida da população da cidade.

2. **CO** (UEG-GO) Explique o que significa cidade global e, em seguida, cite três exemplos de cidades globais.

3. **SE** (UERJ) Assentamento precário é a denominação da ONU para as comunidades popularmente conhecidas no Brasil como favelas. São espaços simultaneamente marcados por carências urbanas e pelo vigor de sua vida social.

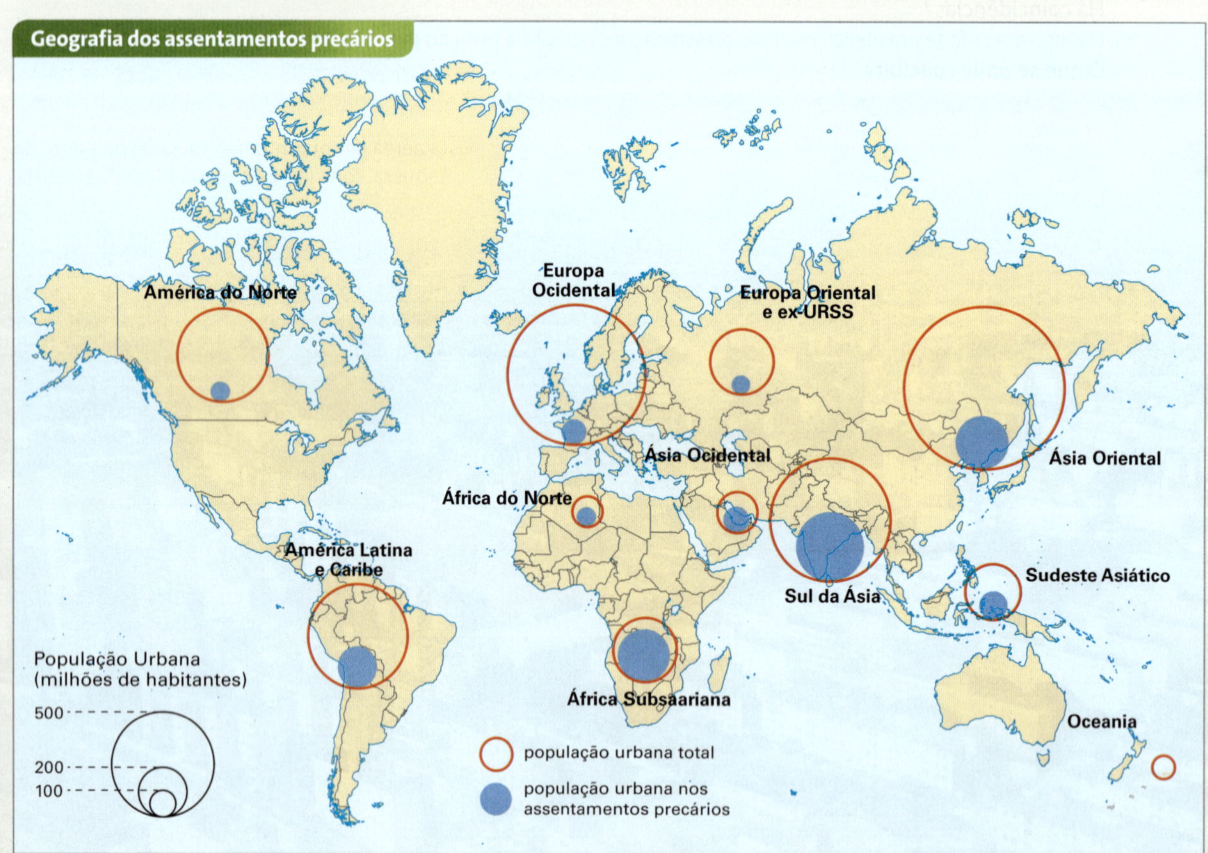

El atlas de Le Monde Diplomatique II. Buenos Aires: Capital Intelectual, 2006.

Com base na análise do mapa, identifique a região com maior população absoluta em assentamentos precários e a região com maior população relativa nesses assentamentos.

Apresente também duas justificativas para a grande presença de espaços de urbanização deficiente em ambas as regiões.

CAPÍTULO

33 As cidades e a urbanização brasileira

Zig Koch/Opção Brasil Imagens

João Pessoa (PB), em 2014.

Neste capítulo, vamos estudar as cidades, o processo de urbanização e a rede urbana do Brasil, o que nos auxiliará a esclarecer algumas questões: O que é considerado cidade e população urbana em nosso país? Por que o Brasil apresenta índices de urbanização superiores aos de Japão, Itália, França e Alemanha? Quais as implicações da criação e/ou emancipação de novos municípios? O que é o Plano Diretor e de que forma ele pode ajudar os cidadãos a resolver os problemas existentes no município em que moram?

Observe os mapas. A fundação de Brasília (1960) e a abertura de rodovias integrando a nova capital ao restante do país provocaram significativas alterações nos fluxos migratórios e na urbanização brasileira. As cidades já existentes cresceram, outras foram inauguradas e, consequentemente, houve reflexos na rede urbana brasileira.

Brasil: evolução da malha municipal

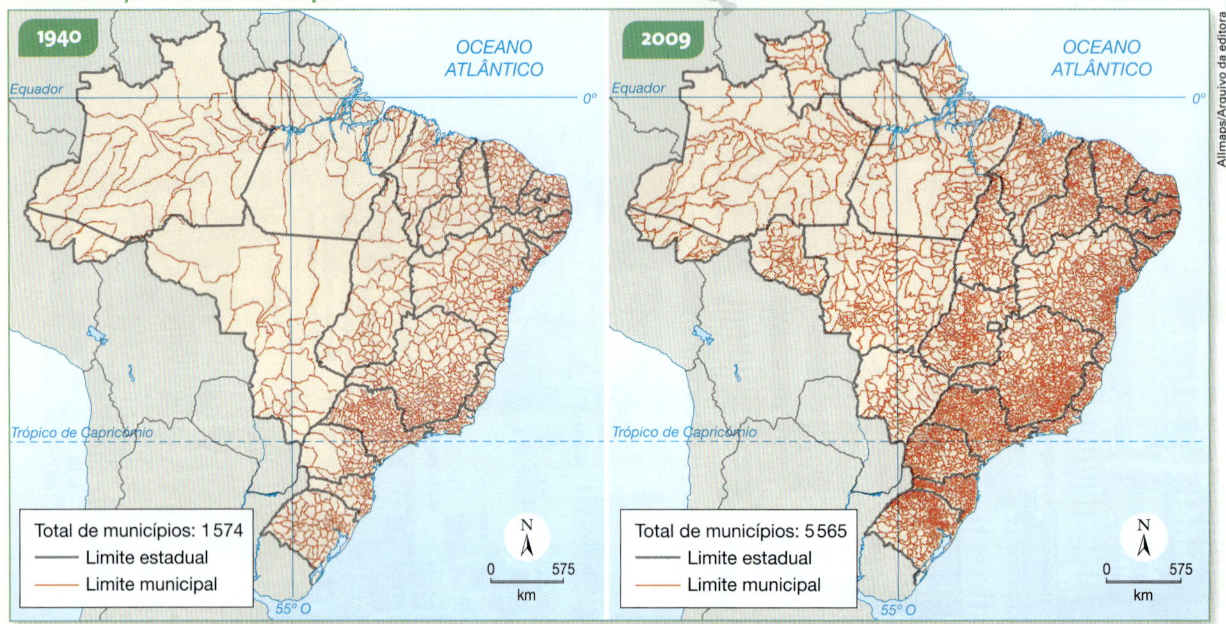

Adaptado de: IBGE. *Atlas geográfico escolar*. 6 ed. Rio de Janeiro, 2012. p. 95.

Município de Goiás (GO), em 2013.

O que consideramos cidade?

No mundo, atualmente, há cidades de diferentes tamanhos, densidades demográficas e condições socioeconômicas. Em algumas, apenas uma função urbana recebe destaque, enquanto em outras são desenvolvidas múltiplas atividades. Muitas se estruturaram há séculos, outras começaram a se desenvolver há poucos anos ou décadas. Há ainda cidades que apresentam grande desigualdade social e aquelas nas quais as desigualdades são menos acentuadas. Todos esses aspectos se refletem na organização do espaço e são visíveis nas paisagens urbanas.

Dependendo do país ou da região em que se localiza, uma pequena aglomeração de alguns milhares de habitantes pode apresentar grande diversidade de funções urbanas ou, simplesmente, constituir uma concentração de residências rurais. Por exemplo, na periferia da Amazônia, onde a densidade demográfica é muito baixa, um pequeno povoado pode contar com diversos serviços, como posto de saúde, escola e serviço bancário, enquanto no interior do estado de São Paulo, onde a rede urbana é bastante densa, o distrito de um município de médio porte pode se constituir apenas como local de moradia de trabalhadores rurais, com comércio de produtos básicos, sem apresentar outras funções urbanas. Quanto à população, uma cidade localizada em regiões pioneiras pode ter muito menos habitantes que uma simples vila rural de um município muito populoso localizado em uma região de ocupação mais antiga.

Na maioria dos países, tanto desenvolvidos como em desenvolvimento, a classificação de uma aglomeração humana como zona urbana ou cidade costuma considerar algumas variáveis básicas: densidade demográfica, número de habitantes, localização e existência de equipamentos urbanos, como comércio variado, escolas, atendimento médico, correio e serviços bancários.

No Brasil, o IBGE considera população urbana as pessoas que residem no interior do **perímetro urbano** de cada município, e população rural, as que residem fora desse perímetro.

Edu Lyra/Pulsar Imagens

Ale Ruaro/Pulsar Imagens

Paulo Fridman/Pulsar Imagens

Existem cidades dos mais variados portes. Nas fotos, Cachoeira do Arari, 2012 (foto 1), centro de Altamira, 2011 (foto 2), e a cidade de Belém, 2012 (foto 3), todas localizadas no Pará. Em 2010, elas tinham, respectivamente, 20 443, 99 075 e 1 393 399 habitantes.

Entretanto, as autoridades administrativas de alguns municípios recorrem a um subterfúgio para aumentar sua arrecadação: utilizando as atribuições que a lei lhes garante, determinam um perímetro urbano bem mais amplo do que a área efetivamente urbanizada. Dessa forma, muitas chácaras, sítios ou fazendas, inegavelmente áreas rurais, acabam registrados como parte do perímetro urbano e são taxados com o Imposto Predial e Territorial Urbano (IPTU), e não com o Imposto Territorial Rural (ITR). Com o IPTU, o governo dos municípios obtém uma arrecadação muito superior à que obteria com o ITR.

Outras leituras

Como reconhecer uma cidade

Saborosa nota intitulada "Urbano ou Rural?" foi destaque da coluna Radar, assinada por Lauro Jardim na revista **Veja**. Ela apresenta o caso extremo de União da Serra (RS), município de 1900 habitantes, dos quais 286 são considerados urbanos por residirem na sede do município, ou nas sedes de seus dois distritos. A investigação da revista apontou as seguintes evidências: a) "a totalidade dos moradores sobrevive de rendimentos associados à agropecuária"; b) "a 'população' de galinhas e bois é 200 vezes maior que a de pessoas"; c) "nenhuma residência é atendida por rede de esgoto"; d) "não há agência bancária".

Os comentários não poderiam ser melhores. Demonstram que o bom senso sempre dá preferência aos critérios funcionais, em vez de estruturais, quando a questão é determinar se parte de um município como União da Serra pode ser considerada urbana. Ao fazer perguntas sobre a base das atividades econômicas dos moradores e sobre a existência de esgoto ou de agência bancária, a reportagem revela que não é razoável o critério estrutural em vigor, segundo o qual urbano é todo habitante que reside no interior dos perímetros delineados pelas Câmaras Municipais em torno de toda e qualquer sede de município ou de distrito. Infelizmente é assim que o Brasil conta a sua população urbana desde o auge do Estado Novo, quando Getúlio Vargas baixou o decreto-lei 311/38. Até tribos indígenas foram consideradas urbanas pelos censos demográficos realizados entre 1940 e 2000.

Outra prova de que o bom senso dá preferência a critérios funcionais é o contraste entre o que ocorre aqui e no exterior. Para explicar como costuma ser feita a classificação territorial das populações no resto do mundo, o exemplo mais próximo é o da nação que colonizou este imenso país. Por lei aprovada há vinte anos pela Assembleia da República de Portugal, uma povoação só pode ser elevada à categoria de vila se possuir pelo menos metade de oito equipamentos coletivos: a) posto de assistência médica; b) farmácia; c) centro cultural; d) transportes públicos coletivos; e) estação dos correios e telégrafos; f) estabelecimentos comerciais e de hotelaria; g) estabelecimento que ministre escolaridade obrigatória; h) agência bancária.

Pela mesma lei, uma vila só pode ser elevada à categoria de cidade se possuir, pelo menos, metade de dez equipamentos coletivos: a) instalações hospitalares com serviço de permanência; b) farmácias; c) corporação de bombeiros; d) casa de espetáculos e centro cultural; e) museu e biblioteca; f) instalações de hotelaria; g) estabelecimento de ensino preparatório e secundário; h) estabelecimento de ensino pré-primário e infantários; i) transportes públicos, urbanos e suburbanos; j) parques ou jardins públicos. E, além desses critérios funcionais, há uma preliminar eliminatória: para que seja vila a povoação deve contar com mais de 3 mil eleitores em aglomerado populacional contínuo. E para ser elevada à categoria de cidade a exigência mínima é de 8 mil eleitores.

São poucos os municípios brasileiros nos quais se podem encontrar 8 mil eleitores em aglomerado populacional contínuo. E mais raros ainda são os aglomerados populacionais que possuem alguns dos dez equipamentos coletivos que definem as cidades portuguesas.

[...]

VEIGA, José Eli da. *Como reconhecer uma cidade?*. Disponível em: <www.zeeli.pro.br/wp-content/uploads/2012/06/134_17-06-02-Como-reconhecer-uma-cidadeo.pdf>. Acesso em: 30 mar. 2014.

José Eli da Veiga é professor titular da Faculdade de Economia da Universidade de São Paulo.

Muitas vezes, aglomerados de casas ou condomínios fechados, como esse, localizado no município de Jaguariúna (SP), estão fora da cidade, mas no interior do perímetro urbano (foto de 2012).

João Prudente/Pulsar Imagens

Já que municípios de qualquer extensão territorial e número de população têm, obrigatoriamente, zona estabelecida como urbana, algumas aglomerações cercadas por florestas, pastagens e áreas de cultivo são classificadas como regiões "urbanas". Segundo esse critério, o estado do Amapá e o de Mato Grosso têm índices de urbanização equivalentes ao da região Sudeste. Portanto, como não há um critério uniforme, a comparação dos dados estatísticos de população urbana e rural entre o Brasil e outros países fica comprometida. Veja novamente os gráficos que comparam taxas de urbanização em países industrializados e não industrializados na página 793 do capítulo anterior.

Palê Zuppani/Pulsar Imagens

Segundo o IBGE, em 2012, o Brasil tinha 85% de população urbana e 15% de população rural. Considerando o texto citado, podemos inferir que o número de pessoas que vivem integradas ao modo de vida rural, mas são classificadas como moradores urbanos, é maior do que aquele dos índices oficiais. Segundo estimativas do autor do texto, caso se utilizassem critérios mais rígidos de classificação, o percentual de população rural no Brasil seria de cerca de 33%. Na foto, centro de Florianópolis (SC), em 2014.

Observe a tabela e veja que, em 2010, quase 90% dos municípios brasileiros tinham até 50 mil habitantes e abrigavam cerca de 34% da população do país, nos quais as diversas atividades rurais ocupavam grande parte dos trabalhadores e comandavam o modo de vida das pessoas.

Brasil: número de municípios e população residente segundo as classes de tamanho da população – 2010		
Classes de tamanho da população dos municípios (habitantes)	**Número de municípios**	**População residente**
Brasil	5 565	190 732 694
Até 10 000	2 515	12 939 483
De 10 001 a 50 000	2 443	51 123 648
De 50 001 a 100 000	324	22 263 598
De 100 001 a 500 000	245	48 567 489
De 500 001 a 1 000 000	23	15 703 132
De 1 000 001 a 2 000 000	9	12 505 516
De 2 000 001 a 5 000 000	4	10 062 422
De 5 000 001 a 10 000 000	1	6 323 037
Mais de 10 000 000	1	11 244 369

IBGE. *Censo Demográfico 2010*. Disponível em: <www.ibge.gov.br>. Acesso em: 30 mar. 2014.

Agora observe o mapa a seguir, que mostra dados da população urbana de cada estado brasileiro em relação ao total do país. Alguns estados com grau de urbanização maior (acima de 70%) localizam-se em regiões de floresta, de expansão agrícola ou reservas indígenas e ecológicas (principalmente na região Norte do país), nas quais as atividades rurais, como agropecuária e extrativismo, são dominantes. Por exemplo, note que o Amapá – que em 2010 possuía apenas 669 mil habitantes distribuídos em 16 municípios, sendo 398 mil em Macapá – apresenta índice de urbanização igual ao de outros estados do Centro-Sul.

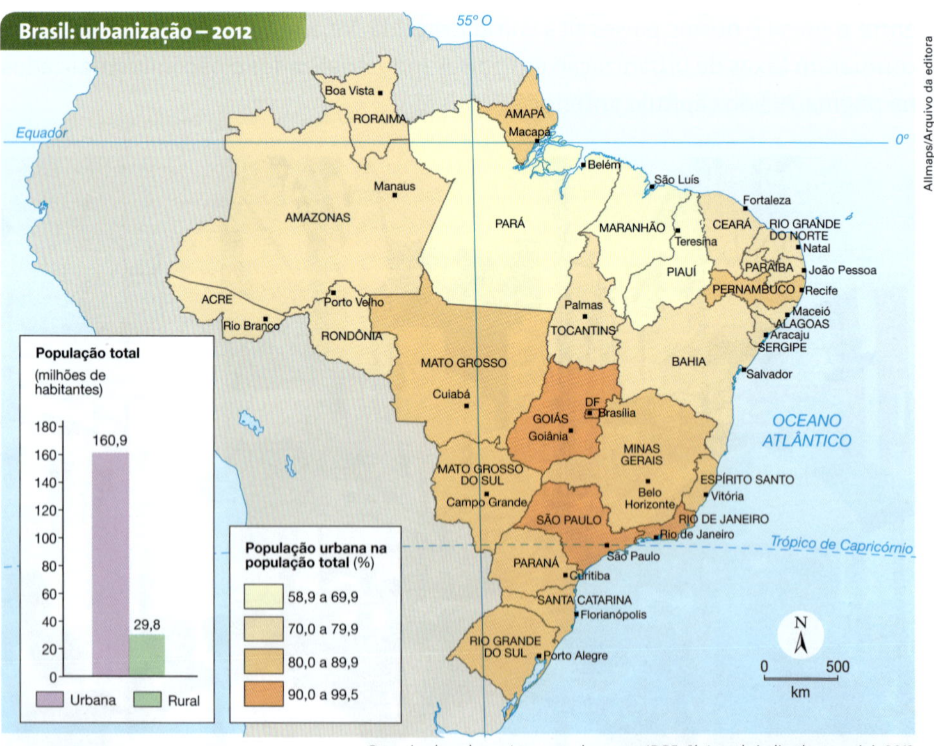

Organizado pelos autores com base em: IBGE. *Síntese de indicadores sociais 2013*. Disponível em: <www.ibge.gov.br>. Acesso em: 10 jun. 2014.

2 População urbana e rural

A metodologia utilizada na definição das populações urbana e rural resulta em distorções. É inquestionável, entretanto, que os índices de população urbana tenham aumentado em quase todo o país (observe o gráfico a seguir) em razão da migração rural-urbana, embora atualmente ela seja menos intensa do que nas décadas anteriores.

Até meados dos anos 1960, a população brasileira era predominantemente rural. Entre as décadas de 1950 e 1980, milhões de pessoas migraram para as regiões metropolitanas e capitais de estados. Esse processo provocou inchaço, segregação espacial e aumento das desigualdades nas grandes cidades, mas também melhoria em vários indicadores sociais, como a redução da natalidade e dos índices de mortalidade infantil, além do aumento na expectativa de vida e nas taxas de escolarização.

Segundo dados do IBGE, a região Nordeste, a menos urbanizada do país, apresentou, em 2012, o índice de 73,4% de população urbana, contra 26,4%, em 1950. Como a metodologia de coleta de dados ao longo do período 1950-2010 foi a mesma, o incremento urbano é evidente. Veja as outras regiões na tabela a seguir.

Brasil: população urbana e rural

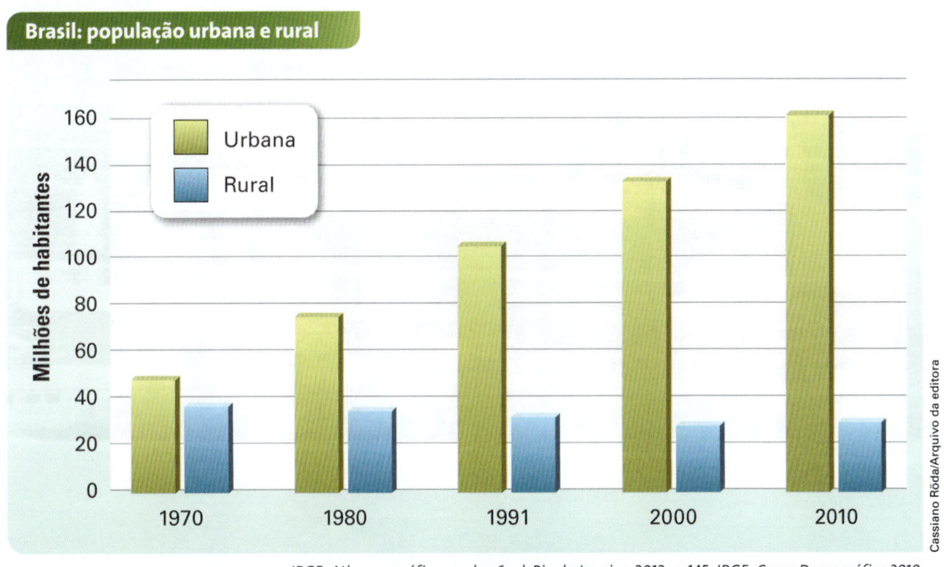

IBGE. *Atlas geográfico escolar*. 6 ed. Rio de Janeiro, 2012. p. 145; IBGE. *Censo Demográfico 2010*. Disponível em: <www.ibge.gov.br>. Acesso em: 30 mar. 2014.

Brasil: índice de urbanização por região (%)			
Região	**1950**	**1970**	**2010**
Sudeste	44,5	72,7	92,9
Centro-Oeste	24,4	48,0	88,8
Sul	29,5	44,3	84,9
Norte	31,5	45,1	73,5
Nordeste	26,4	41,8	73,1
Brasil	**36,2**	**55,9**	**84,4**

IBGE. *Estatísticas históricas do Brasil*: séries econômicas, demográficas e sociais de 1550 a 1988. 2. ed. Rio de Janeiro, 1990. p. 36-37; IBGE. *Censo Demográfico 2010*. Disponível em: <www.ibge.gov.br>. Acesso em: 30 mar. 2014.

Observe que o Centro-Oeste apresenta o segundo maior índice de urbanização entre as regiões brasileiras. Isso se explica por dois fatores: toda a população do Distrito Federal (cerca de 2,5 milhões de habitantes em 2010) mora dentro do perímetro urbano de Brasília, que é o único aglomerado urbano dessa Unidade da Federação; e houve a abertura de rodovias e a expansão das fronteiras agrícolas com pecuária e agricultura mecanizada (que usam pouca mão de obra), o que promoveu o crescimento urbano nas cidades já existentes e o surgimento de outras.

Atualmente, a distinção entre população urbana e rural tornou-se mais complexa, pois é considerável o número de pessoas que trabalham em atividades rurais e residem nas cidades, assim como de moradores da área rural que trabalham no meio urbano.

São inúmeras as cidades que surgiram e cresceram em regiões do país que têm a agroindústria como mola propulsora das atividades econômicas secundárias e terciárias. Ao mesmo tempo, vem aumentando e se diversificando o número de atividades econômicas secundárias e terciárias instaladas na zona rural, que, assim, se torna cada vez mais integrada à cidade. À direita, moinho de trigo em Cascavel (PR), em 2013. Abaixo, vista aérea de indústria de processamento de soja em Sorriso (MT), em 2014.

Ernesto Reghran/Pulsar Imagens

Mario Friedlander/Pulsar Imagens

3 A rede urbana brasileira

Nas primeiras décadas da colonização foram fundadas várias vilas no Brasil: Igaraçu e Olinda em Pernambuco; Vila do Pereira, Ilhéus e Porto Seguro na Bahia; e São Vicente, Cananeia e Santos em São Paulo. Em 1549, foi fundada Salvador, a capital do Brasil até 1763, quando a sede foi transferida para o Rio de Janeiro. As demais vilas da Colônia, assim que atingiam certo nível de desenvolvimento, recebiam o título de **cidade**. A partir da República, as vilas passaram a ser chamadas de cidades, e seu território (tanto urbano quanto rural) passou a ser designado **município**.

Ao longo da História da ocupação do território brasileiro, houve grande concentração de cidades na faixa litorânea. Esse fenômeno está associado ao processo de colonização do tipo agrário-exportador, que concentrou as atividades econômicas nessa porção do território, porque foi a construção dos portos, das fortificações e o desenvolvimento de outras atividades que deram origem às primeiras cidades.

> "A cidade tem uma história; ela é a obra de uma história, isto é, de pessoas e de grupos bem determinados que realizam essa obra em condições históricas."
>
> *Henry Lefebvre (1901-1991), filósofo e sociólogo francês.*

Reprodução/Fundação Biblioteca Nacional, Rio de Janeiro, RJ

Durante o período em que a mineração teve grande importância para o desenvolvimento econômico brasileiro, ocorreu um intenso processo de urbanização e uma efervescência cultural em Minas Gerais, além da ocupação de Goiás e Mato Grosso. Mas, com a decadência da mineração, essas regiões, mais distantes do litoral, se esvaziaram. A forte migração para a então província de São Paulo, onde se iniciava a cafeicultura, possibilitou o desenvolvimento de várias cidades, como Taubaté, Bragança Paulista e Campinas. Na imagem, *Transporte de diamantes passando por Caetés*, obra de Johann Moritz Rugendas. Aquarela.

Paulo Rubens/Tyba

Rua principal do município de Jijoca de Jericoacoara (CE), emancipado em 1991 e antes pertencente a Acaraú (foto de 2011).

O Brasil tinha em
1953
3 991 municípios
1980
2 273 municípios
2000
5 561 municípios
2010
5 565 municípios
Além da cidade, os municípios podem conter outros núcleos urbanos, chamados vilas ou distritos, que são subdivisões administrativas.
Em alguns casos, esses distritos crescem e se tornam maiores que a cidade, incentivando movimentos de emancipação.
P. Garfunkel 1957

Largo da Ordem, de Paul Garfunkel. Curitiba (PR), óleo sobre tela, 1957.

Entretanto, muitos desses novos municípios não têm arrecadação suficiente para manter as despesas inerentes a um município, como prefeitura, câmara municipal e serviços públicos.

Considerando a viabilidade financeira dos novos municípios, ou seja, a relação entre receitas (impostos, taxas e repasses de verbas estaduais e federais) e despesas (manutenção de escolas, ruas, estradas e abastecimento de água, além dos investimentos nas instalações administrativas – prefeitura, secretarias, câmara), conclui-se que nem sempre há condições para sua "sobrevivência" autônoma. Assim, muitos municípios acabam deficitários, dependentes do auxílio estadual e federal.

Como exemplo, vejamos o caso de Borá (SP), o menor município do Brasil em população (805 habitantes em 2010). Segundo o IBGE, a receita total do município nesse ano foi de R$ 6,8 milhões. Dessa receita, Borá recebeu R$ 4,5 milhões da União e R$ 1,7 milhão do governo estadual. Esse exemplo demonstra que muitos municípios são economicamente inviáveis e se mantêm com o repasse de recursos entre partes da Federação.

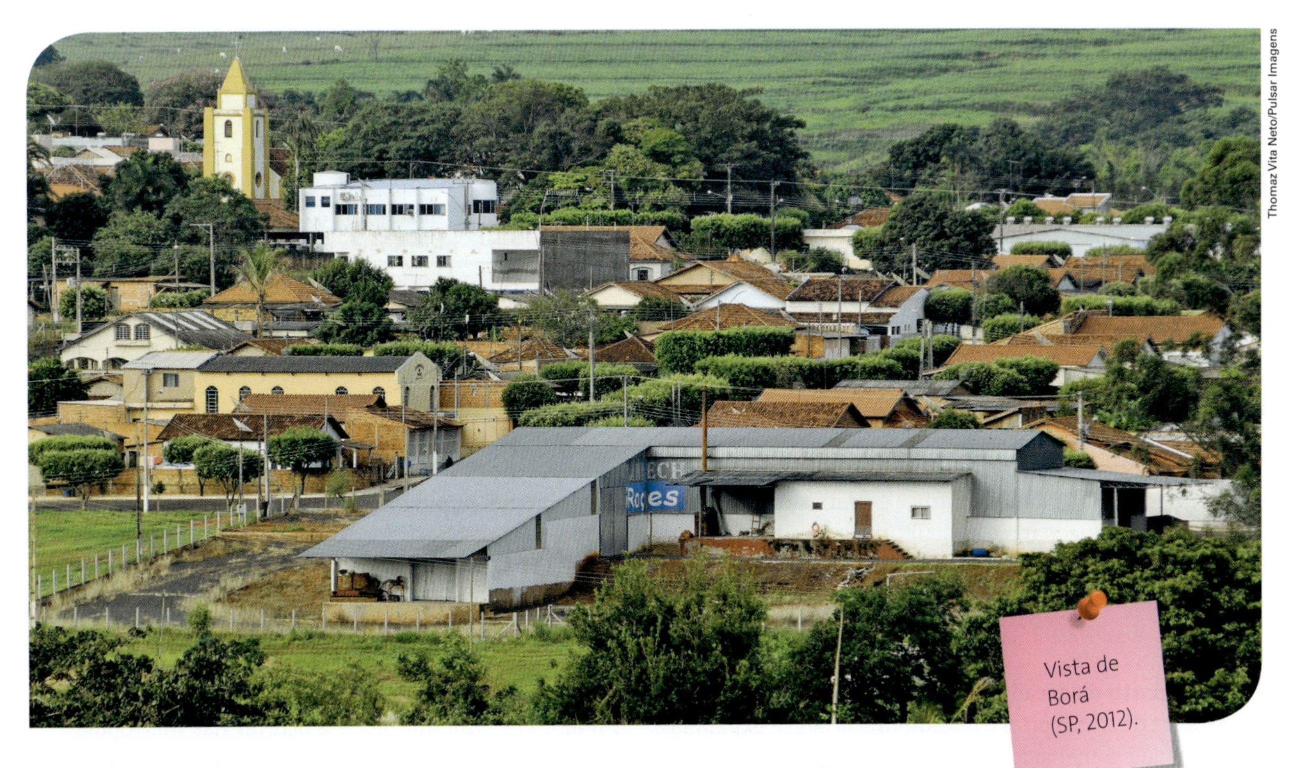
Thomaz Vita Neto/Pulsar Imagens

Vista de Borá (SP, 2012).

Entretanto, para a população local, a criação de um novo município costuma parecer uma grande conquista. Em geral, a população dos distritos, principalmente os mais distantes da sede municipal, sente-se marginalizada e reivindica mais atenção e investimentos – por isso apoia a criação do município. A partir de 2001, essas emancipações diminuíram muito porque a Lei de Responsabilidade Fiscal estabeleceu certa autonomia econômica aos distritos e regulamentou as condições de repasse de verbas entre as esferas de governo (municipal, estadual e federal).

Podemos dividir o processo de urbanização e estruturação da rede urbana brasileira em quatro etapas. Veja o texto da próxima página.

Rogerio Reis/Tyba

Palmas é a mais nova capital de estado brasileiro e é também uma cidade planejada. Na foto, vista parcial do município, em 2011.

Para saber mais

Brasil: integração regional

Até a década de 1930 as migrações e o processo de urbanização se organizavam predominantemente em escala regional, com as respectivas metrópoles funcionando como polos de atividades secundárias e terciárias. As atividades econômicas, que impulsionam a urbanização, desenvolviam-se de forma independente e esparsa pelo território nacional. A integração econômica entre São Paulo (região cafeeira), Zona da Mata nordestina (cana-de-açúcar, cacau e tabaco), Meio-Norte (algodão, pecuária e extrativismo vegetal) e região Sul (pecuária e policultura) era muito restrita. Com a modernização da economia, as regiões Sul e Sudeste formaram um mercado único que, posteriormente, incorporou o Nordeste e, mais tarde, o Norte e o Centro-Oeste.

A partir da década de 1930, à medida que a infraestrutura de transportes e telecomunicações se expandia pelo país, o mercado se unificava, mas a tendência à concentração das atividades urbano-industriais na região Sudeste fez com que a atração populacional ultrapassasse a escala regional, alcançando o país como um todo. Os dois grandes polos industriais do Sudeste, São Paulo e Rio de Janeiro, passaram a atrair um enorme contingente de mão de obra das regiões que não acompanharam o mesmo ritmo de crescimento econômico e se tornaram metrópoles nacionais. Foi particularmente intenso o afluxo de mineiros e nordestinos para as duas metrópoles, que, por não atenderem às demandas de investimento em infraestrutura, tornaram-se centros urbanos com diversos problemas em setores como moradia e transportes.

Entre as décadas de 1950 e 1980 ocorreram intenso êxodo rural e migração inter-regional, com forte aumento da população metropolitana no Sudeste, Nordeste e Sul. Nesse período, o aspecto mais marcante da estruturação da rede urbana brasileira foi a concentração progressiva e acentuada da população em grandes cidades, como São Paulo, Rio de Janeiro e outras capitais que cresciam velozmente.

Da década de 1980 aos dias atuais observa-se que o maior crescimento tende a ocorrer nas metrópoles regionais e cidades médias, com predomínio da migração urbana-urbana – deslocamento de população das cidades pequenas para as médias e retorno de moradores das cidades de São Paulo e Rio de Janeiro para as cidades médias, tanto dentro da região metropolitana quanto para outras mais distantes, até de outros estados.

Ale Ruaro/Pulsar Imagens

Indústria metalúrgica em Caxias do Sul (RS), em 2014.

João Prudente/Pulsar Imagens

Comércio de doces e salgados artesanais em Venda Nova do Imigrante (ES), em 2014.

Cesar Diniz/Pulsar Imagens

Colheita de soja em Balsas (MA), em 2014.

4 A integração econômica

A mudança na direção dos fluxos migratórios e na estrutura da rede urbana é resultado de uma contínua e crescente reestruturação e integração dos espaços urbano e rural. Isso resulta da dispersão espacial das atividades econômicas, intensificada a partir dos anos 1980, e da formação de novos centros regionais, que alteraram o padrão hegemônico das metrópoles na rede urbana do país. As metrópoles não perderam a sua primazia, mas os centros urbanos regionais não metropolitanos assumiram algumas funções até então desempenhadas apenas por elas.

Com novas funções, muitos desses centros urbanos geraram vários dos problemas da maioria das grandes cidades que cresceram sem planejamento, como podemos ver nas fotos abaixo. No infográfico das páginas seguintes, é possível visualizar parte desses problemas, alguns dos quais estudamos no capítulo anterior.

Moradias precárias em Campinas (SP), em 2011.

Fotos: João Prudente/Pulsar Imagens

Vista da cidade de Campinas (SP), em 2014.

Infográfico

PRINCIPAIS PROBLEMAS URBANOS

Esta ilustração representa uma cidade brasileira hipotética. Ela mostra alguns dos problemas gerados pela urbanização acelerada e sem planejamento que ocorrem na maioria dos grandes centros urbanos e retrata a segregação socioespacial a que grande parte dos habitantes das cidades está submetida.

Moradia

A especulação imobiliária tem tornado o solo urbano cada vez mais caro, excluindo a população de baixa renda das áreas com melhor infraestrutura, porque são as mais valorizadas. Assim, grande parte da população se instala em áreas irregulares, como encostas de morros e várzeas de rios, muitas delas consideradas locais de risco para estabelecer moradia.

As encostas dos morros são áreas de risco para ocupação porque estão sujeitas a deslizamentos de terra nos períodos de chuvas, que podem causar acidentes fatais e prejuízos materiais.

As várzeas dos rios são áreas de risco porque estão sujeitas ao regime fluvial. O problema das enchentes é agravado pela impermeabilização cada vez maior do solo e pelo descarte inadequado do lixo, que impedem a vazão da água nos períodos de chuva.

Brasil: domicílios urbanos não servidos por rede de esgoto ou fossa séptica

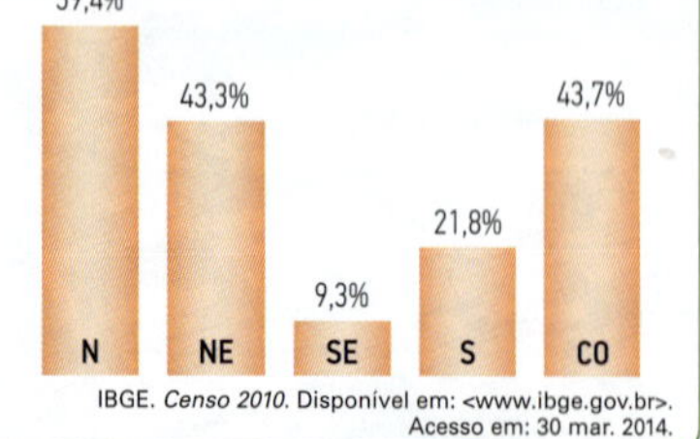

IBGE. *Censo 2010*. Disponível em: <www.ibge.gov.br>. Acesso em: 30 mar. 2014.

Os problemas de infraestrutura em áreas urbanas mais pobres comprometem o suprimento das necessidades básicas da população. O gráfico ao lado mostra a porcentagem de domicílios urbanos brasileiros não servidos por rede de esgoto ou fossa séptica. Observe que as regiões mais ricas são as que apresentam os menores índices. Outro problema de infraestrutura comum é o descarte inadequado do lixo. Segundo o Censo 2010, realizado pelo IBGE, 26 245 domicílios urbanos brasileiros ainda jogam seu lixo em rios, lagos ou no mar, e 400 862 jogam em terrenos baldios ou nas ruas.

Trânsito

A necessidade de percorrer grandes distâncias diariamente no percurso casa-trabalho-casa, em função da distribuição desigual de empregos pela cidade, e a falta de um transporte público eficiente geram um número elevado de automóveis particulares nas vias públicas. Além disso, a verticalização característica dos grandes centros urbanos, alternativa encontrada para o adensamento, quando feita sem planejamento, influencia diretamente o aumento do trânsito de automóveis.

Concentração de prédios no centro de Londrina (PR), em 2012. Note, no canto inferior direito da foto, que há uma área em que a lei de zoneamento não permite a verticalização.

Ernesto Reghran/Pulsar Imagens

O aumento na concentração de poluentes na atmosfera nos centros urbanos é causado pelo lançamento de partículas geradas, sobretudo, pela queima dos combustíveis dos veículos. Doenças cardíacas e respiratórias têm sido associadas à presença de partículas poluentes nos pulmões e na corrente sanguínea dos habitantes dos grandes centros urbanos, segundo a Organização Mundial da Saúde.

Jacek/kino.com.br

O medo da violência tem produzido "cidades fortificadas", que reafirmam a segregação socioespacial presente nos grandes centros urbanos. Na foto, portaria de condomínio residencial em Fronteira (MG), em 2011.

O crescimento do número de *shopping centers* nos grandes centros materializa o desejo dos espaços de lazer e compras altamente seguros.

A redução da velocidade do trânsito faz com que as pessoas fiquem cada vez mais tempo em meio a corredores de tráfego, onde os níveis de poluição são substancialmente mais elevados do que a média da cidade. Quem circula mais pela cidade está mais exposto aos poluentes.

Shopping Center

Ilustração: Gerson Mora/Arquivo da editora

Violência

A violência é maior nos grandes centros urbanos, onde a desigualdade social é mais acentuada.
Na tentativa de diminuir a sensação de insegurança, proliferam os condomínios residenciais fechados e o setor privado de segurança. Fora dos condomínios residenciais, a busca por segurança incentiva a procura por prédios para a moradia, o que contribui para a verticalização dos grandes centros urbanos.

Consulte a indicação dos filmes **Cidade de Deus**, **Linha de passe** e **Não por acaso**. Veja orientações na **Sessão de leituras, filmes e *sites***.

No capítulo anterior, vimos que, em um mundo cada vez mais globalizado, aumenta o reforço do comando de algumas cidades globais na rede urbana mundial, como é o caso de São Paulo. A metrópole paulistana é um importante centro de serviços especializados de apoio às atividades produtivas. A influência da cidade atinge não apenas o território brasileiro, mas também a América do Sul.

Rubens Chaves/Pulsar Imagens

Favelas no Complexo do Alemão, no Rio de Janeiro (RJ), em 2012.

Como já estudado, foi a partir da década de 1930, com a industrialização e a instalação de ferrovias, rodovias e novos portos integrando o território e o mercado, que se estruturou uma rede urbana em escala nacional. Até então, o Brasil era formado por "arquipélagos regionais" polarizados pelas metrópoles e capitais regionais.

Havia forte tendência à concentração urbana em escala regional, o que deu origem a importantes polos de crescimento urbano e econômico, com influência em grandes extensões do território. É o caso de Belém, Fortaleza, Recife, Salvador, Belo Horizonte, São Paulo, Rio de Janeiro, Curitiba e Porto Alegre.

Da Revolução de 1930, que levou Getúlio Vargas ao poder, até meados da década de 1970, o Governo Federal concentrou investimentos em infraestrutura industrial (produção de energia e sistema de transportes) na região Sudeste, que, em consequência, tornou-se o grande centro de atração populacional do país.

Os migrantes que a região recebeu eram, em sua maioria, trabalhadores com baixa qualificação profissional e mal remunerados, que aos poucos se instalaram na periferia das grandes cidades, em locais desprovidos de infraestrutura urbana adequada, como casas de autoconstrução e muitas vezes em favelas.

Observe o gráfico a seguir, que retrata a situação de moradia de parcela da população brasileira nos dias atuais.

Aglomerado subnormal: segundo o IBGE, "é um conjunto constituído de, no mínimo, 51 unidades habitacionais (barracos, casas, etc.) carentes, em sua maioria, de serviços públicos essenciais, ocupando ou tendo ocupado, até período recente, terreno de propriedade alheia (pública ou particular) e estando dispostas, em geral, de forma desordenada e densa".

Regiões metropolitanas com as maiores proporções de população residente em aglomerados subnormais – 2010

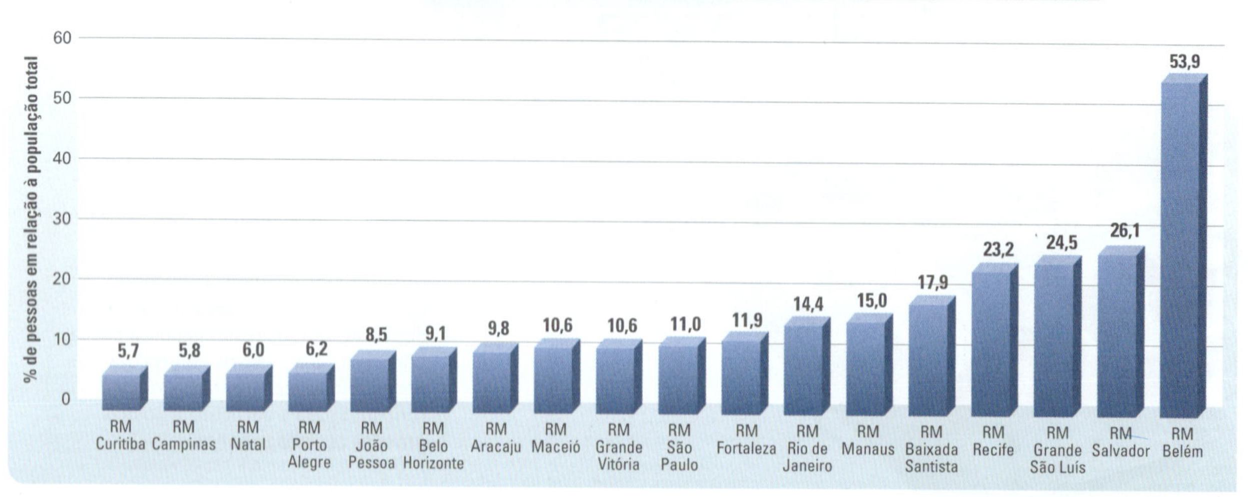

IBGE. *Aglomerado subnormal no Censo 2010*. Disponível em: <www.ibge.gov.br>. Acesso em: 30 mar. 2014.

Pensando no Enem

Subindo morros, margeando córregos ou penduradas em palafitas, as favelas fazem parte da paisagem de um terço dos municípios do país, abrigando mais de 10 milhões de pessoas, segundo dados do Instituto Brasileiro de Geografia e Estatística (IBGE).

MARTINS, A. R. *A favela como um espaço da cidade*. Disponível em: <www.revistaescola.abril.com.br>. Acesso em: 31 jul. 2010.

1. A situação das favelas no país reporta a graves problemas de desordenamento territorial. Nesse sentido, uma característica comum a esses espaços tem sido:
   a) o planejamento para a implantação de infraestruturas urbanas necessárias para atender às necessidades básicas dos moradores.
   b) a organização de associações de moradores interessadas na melhoria do espaço urbano e financiadas pelo poder público.
   c) a presença de ações referentes à educação ambiental com consequente preservação dos espaços naturais circundantes.
   d) a ocupação de áreas de risco suscetíveis a enchentes ou desmoronamentos com consequentes perdas materiais e humanas.
   e) o isolamento socioeconômico dos moradores ocupantes desses espaços com a resultante multiplicação de políticas que tentam reverter esse quadro.

Resolução

Resposta **D**. As favelas são formadas por aglomerações de moradias subnormais construídas em terrenos públicos e particulares invadidos. Como as áreas de risco suscetíveis a enchentes e a desmoronamentos geralmente estão desocupadas, tornam-se alvo de invasão e construção de moradias para a população que não tem acesso aos programas habitacionais do poder público.

2. Em um debate sobre o futuro do setor de transportes de uma grande cidade brasileira com trânsito intenso, foi apresentado um conjunto de propostas. Dentre as propostas reproduzidas abaixo, aquela que atende, ao mesmo tempo, a implicações sociais e ambientais presentes nesse setor é:
   a) proibir o uso de combustíveis produzidos a partir de recursos naturais.
   b) promover a substituição de veículos a *diesel* por veículos a gasolina.
   c) incentivar a substituição do transporte individual por transporte coletivo.
   d) aumentar a importação de *diesel* para substituir os veículos a álcool.
   e) diminuir o uso de combustíveis voláteis devido ao perigo que representam.

Resolução

Resposta **C**. A substituição do transporte individual por coletivo reduz a quantidade de veículos em circulação e, portanto, reduz os congestionamentos.

A primeira questão trabalha a **Competência de Área 2** com **Habilidade 8 – Compreender as transformações dos espaços geográficos como produto das relações socioeconômicas e culturais de poder; Analisar a ação dos estados nacionais no que se refere à dinâmica dos fluxos populacionais e no enfrentamento de problemas de ordem econômico-social** – e outras que também são trabalhadas na questão 2: **Competência de Área 2** com **Habilidade 8 – Compreender as transformações dos espaços geográficos como produto das relações socioeconômicas e culturais de poder; Competência de Área 6 e Habilidades 26** e **27 – Compreender a sociedade e a natureza, reconhecendo suas interações no espaço em diferentes contextos históricos e geográficos; Identificar, em fontes diversas, o processo de ocupação dos meios físicos e as relações da vida humana com a paisagem; Analisar, de maneira crítica, as interações da sociedade com o meio físico, levando em consideração aspectos históricos e(ou) geográficos.**

5 As regiões metropolitanas brasileiras

As regiões metropolitanas brasileiras foram criadas por lei aprovada no Congresso Nacional em 1973, que as definiu como "um conjunto de municípios contíguos e integrados socioeconomicamente a uma cidade central, com serviços públicos e infraestrutura comum", que deveriam ser reconhecidas pelo IBGE. A Constituição de 1988 permitiu a estadualização do reconhecimento legal das metrópoles, conforme o artigo 25, parágrafo 3º:

"Os estados poderão, mediante lei complementar, instituir regiões metropolitanas, aglomerações urbanas e microrregiões, constituídas por agrupamentos de municípios limítrofes, para integrar a organização, o planejamento e a execução de funções públicas de interesse comum."

As Regiões Integradas de Desenvolvimento (Ride) também são regiões metropolitanas, mas os municípios que as integram se situam em mais de um estado e, por causa disso, são criadas por lei federal.

Em 2010, o Brasil possuía 36 regiões metropolitanas e três Regiões Integradas de Desenvolvimento, sendo que as quinze maiores regiões metropolitanas (incluindo a Ride do Distrito Federal) abrigavam mais de 71 milhões de habitantes, aproximadamente 37% da população do país. Veja a tabela na página seguinte, na qual estão listadas as quinze maiores regiões metropolitanas (incluída a Ride do Distrito Federal).

NASA/Arquivo da editora

Região Metropolitana de Curitiba

Portal de Mapas/Arquivo da editora

Adaptado de: GUIA Geográfico Paraná. Disponível em: <www.guiageo-parana.com/rmc.htm>. Acesso em: 30 mar. 2014.

Observe na imagem de satélite acima, de 2001, a área cartografada no mapa ao lado.

À medida que as cidades vão se expandindo horizontalmente, ocorre a conurbação, ou seja, elas se tornam contínuas e integradas. Embora com administrações diferentes, espacialmente é como se fossem uma única cidade (como se pode observar na imagem de satélite da página anterior). Portanto, os problemas de infraestrutura urbana passam a ser comuns ao conjunto de municípios que formam a região metropolitana.

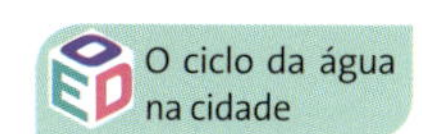

Das 36 regiões metropolitanas existentes em 2010, duas – São Paulo e Rio de Janeiro – são consideradas nacionais, pelo fato de polarizarem o país inteiro. Como vimos, ambas também são consideradas cidades globais por estarem mais fortemente integradas aos fluxos mundiais. É nessas cidades, sobretudo em São Paulo, que estão as sedes dos grandes bancos e das indústrias do país, alguns dos centros de pesquisa mais avançados, as Bolsas de Valores e mercadorias, os grandes grupos de comunicação, os hospitais de referência, etc.

Observe, no mapa a seguir, que o eixo Rio de Janeiro-São Paulo, com a Baixada Fluminense (RJ), a Baixada Santista, a região de Campinas e o Vale do Paraíba (SP), forma uma enorme concentração urbana integrada, constituindo uma megalópole.

Brasil: maiores regiões metropolitanas e Rides – 2012

Região metropolitana	População
1. São Paulo	19 683 975
2. Rio de Janeiro	11 835 708
3. Belo Horizonte	5 414 701
4. Porto Alegre	3 958 985
5. Ride DF e entorno	3 717 728
6. Recife	3 690 547
7. Fortaleza	3 615 767
8. Salvador	3 573 973
9. Curitiba	3 174 201
10. Campinas	2 797 137
11. Goiânia	2 173 141
12. Manaus	2 106 322
13. Belém	2 101 883
14. Grande Vitória	1 687 704
15. Baixada Santista	1 664 136

IBGE/Diretoria de Pesquisas – DPE; Coordenação de População e Indicadores Sociais – Copis. *Hierarquia e influência dos centros urbanos no Brasil.* Disponível em: <www.ibge.gov.br>. Acesso em: 30 mar. 2014.

Megalópole São Paulo-Rio de Janeiro

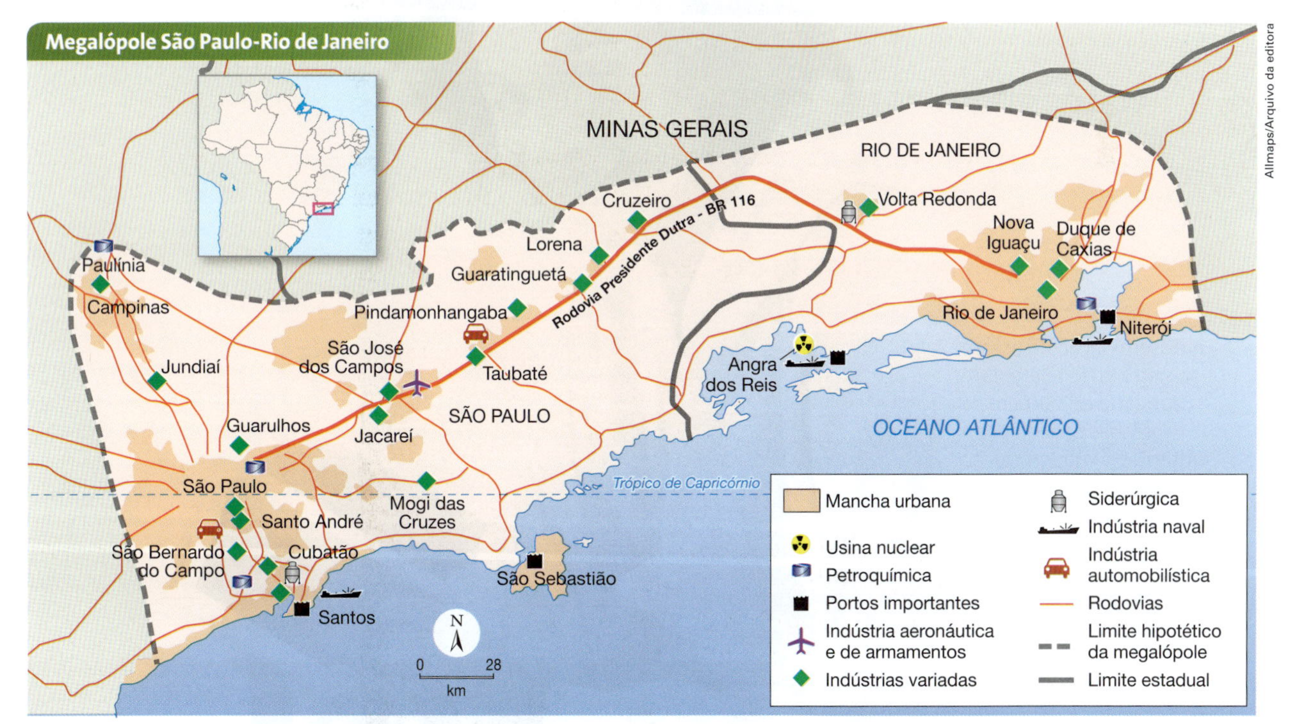

Adaptado de: IBGE. *Atlas do Censo Demográfico 2000.* Rio de Janeiro, 2003. p. 32.

6 Hierarquia e influência dos centros urbanos no Brasil

Dentro da rede urbana, as cidades são os nós dos sistemas de produção e distribuição de mercadorias e prestação de serviços diversos, que se organizam segundo níveis hierárquicos distribuídos de forma desigual pelo território.

Por exemplo, o Centro-Sul do país possui uma rede urbana articulada com grande número de metrópoles, capitais regionais e centros sub-regionais bastante articulados entre si. Já na Amazônia, as cidades são esparsas e bem menos articuladas, o que leva centros menores a exercerem o mesmo nível de importância na **hierarquia urbana** regional que outros maiores localizados no Centro-Sul.

Como vimos no capítulo anterior, outro fator importante que devemos considerar ao analisar os fluxos no interior de uma rede urbana é a condição de acesso proporcionada pelos diferentes níveis de renda da população. Um morador rico de uma cidade pequena consegue estabelecer muito mais conexões econômicas e socioculturais que um morador pobre de uma grande metrópole. A mobilidade das pessoas entre as cidades da rede urbana depende de seu nível de renda. Assim, os pobres que procuram e não encontram o bem ou o serviço de que necessitam no município onde moram acabam, muitas vezes, ficando sem ele.

Segundo o IBGE, as regiões de influência das cidades brasileiras são delimitadas principalmente pelo fluxo de consumidores que utilizam o comércio e os serviços públicos e privados no interior da rede urbana. Ao realizar o levantamento para a elaboração do mapa a seguir, investigou-se a organização dos meios de transporte entre os municípios e os principais destinos das pessoas que buscam produtos e serviços (mercadorias diversas, serviços de saúde e educação, aeroportos, compra e venda de **insumos** e produtos agropecuários, entre outros).

Hierarquia urbana: ordenamento das cidades na rede urbana em níveis, seguindo o tamanho e a diversidade das atividades econômicas, ou seja, a capacidade de influência de cada uma delas, numa analogia com o que acontece entre as patentes do Exército: soldado, cabo, sargento, general, etc.

Insumo (agrícola): todos os componentes (despesas e investimentos) utilizados na produção até o consumo final. No caso dos insumos agrícolas, eles podem ser classificados em biológicos (produtos de origem vegetal e animal, como o esterco utilizado como adubo), químicos ou minerais (substâncias obtidas de rochas ou produzidas pela indústria, como os agrotóxicos e fertilizantes) e mecânicos (máquinas e equipamentos).

G-Stockstudio/Shutterstock/Glow Images

A disseminação do acesso ao sistema de telefonia, o aumento do número de pessoas conectadas à internet, a modernização do sistema de transportes e a ocupação de novas fronteiras econômicas vêm modificando substancialmente a dinâmica dos fluxos de pessoas, mercadorias, capitais, serviços e informações pelo território nacional.

Para a elaboração do mapa ao lado, o IBGE classificou as cidades em cinco níveis:

1. Metrópoles – os doze principais centros urbanos do país, divididos em três subníveis, segundo o tamanho e o poder de polarização:

a. Grande metrópole nacional – São Paulo, a maior metrópole do país (19,9 milhões de habitantes, em 2012), com poder de polarização em escala nacional;

b. Metrópole nacional – Rio de Janeiro e Brasília (11,8 milhões e 3,8 milhões de habitantes, respectivamente, em 2012), que também estendem seu poder de polarização em escala nacional, mas com um nível de influência menor que o de São Paulo;

c. Metrópole – Manaus, Belém, Fortaleza, Recife, Salvador, Curitiba, Goiânia, Porto Alegre e Belo Horizonte, com população variando de 2,2 (Manaus) a 5,5 milhões de habitantes (Belo Horizonte), são regiões metropolitanas que têm poder de polarização em escala regional.

Brasil: rede urbana – 2007

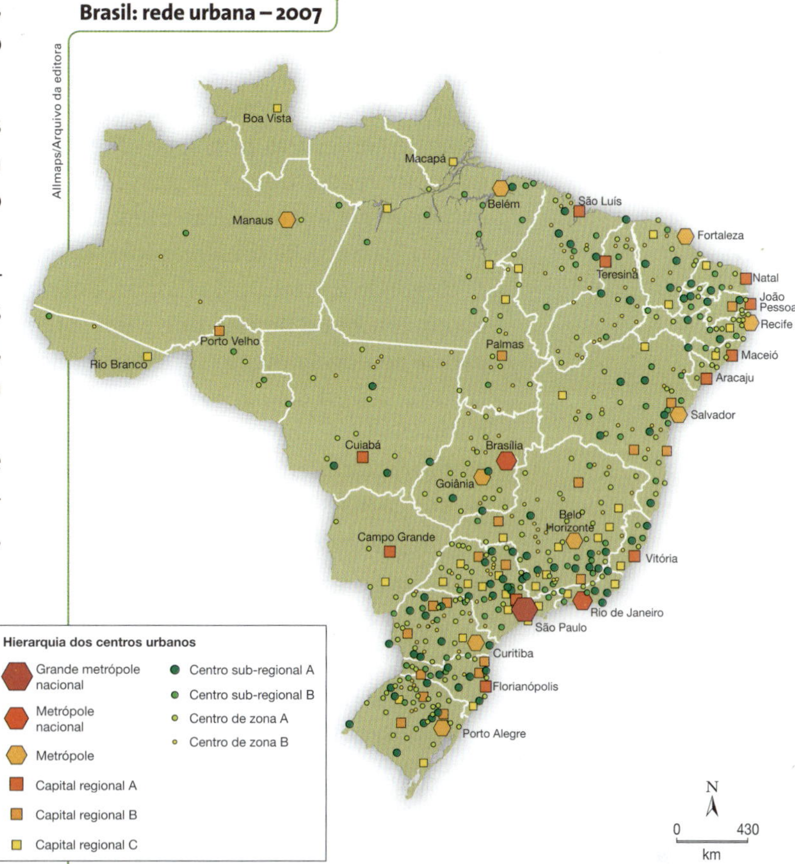

Adaptado de: IBGE. *Regiões de influência das cidades, 2007.* Disponível em: <www.ibge.gov.br>. Acesso em: 30 mar. 2014.

São Paulo, a grande metrópole nacional, mais Rio de Janeiro e Brasília, metrópoles nacionais, estendem suas influências por praticamente todo o território nacional. Entretanto, essa polarização não foi representada por linhas porque o mapa ficaria muito congestionado; para mostrar esse fenômeno seria necessário um mapa para cada metrópole nacional.

2. Capital regional – neste nível de polarização existem setenta municípios com influência regional. É subdividido em três níveis:

a. Capital regional A – engloba onze cidades, com média de 955 mil habitantes;

b. Capital regional B – vinte cidades, com média de 435 mil habitantes;

c. Capital regional C – 39 cidades, com média de 250 mil habitantes.

3. Centro sub-regional – engloba 169 municípios com serviços menos complexos e área de polarização mais reduzida, é subdividido em:

a. Centro sub-regional A – 85 cidades, com média de 95 mil habitantes;

b. Centro sub-regional B – 79 cidades, com média de 71 mil habitantes.

4. Centro de zona – são 556 cidades de menor porte que dispõem apenas de serviços elementares e estendem seu poder de polarização somente nas cidades vizinhas. Subdivide-se em:

a. Centro de zona A – 192 cidades, com média de 45 mil habitantes;

b. Centro de zona B – 364 cidades, com média de 23 mil habitantes.

5. Centro local – as demais 4 473 cidades brasileiras, com média de 8 133 habitantes e cujos serviços atendem somente à população local, não polarizam nenhum município, sendo apenas polarizados por outros.

É importante destacar que o mapa mostra as regiões de influência econômica das cidades sem considerar a classificação das regiões metropolitanas legalmente reconhecidas. Ele é importante para os governos (federal, estadual e municipal) e a iniciativa privada planejarem a distribuição espacial dos serviços oferecidos à população.

Consulte a indicação dos *sites* da **Emplasa, IBGE** e **Seade**. Veja orientações na seção **Sugestões de leituras, filmes e *sites***.

7 Plano Diretor e Estatuto da Cidade

A partir de outubro de 2001, foi aprovado o **Estatuto da Cidade**, documento que regulamentou itens de política urbana que constam da Constituição de 1988. O estatuto fornece as principais diretrizes a serem aplicadas nos municípios, por exemplo: regularização da posse dos terrenos e imóveis, sobretudo em áreas de risco que tiveram ocupação irregular; organização das relações entre a cidade e o campo; garantia de preservação e recuperação ambiental, entre outras.

Segundo o Estatuto da Cidade, é obrigatório que determinados municípios elaborem um **Plano Diretor**, que é um conjunto de leis que estabelecem as diretrizes para o desenvolvimento socioeconômico e a preservação ambiental, regulamentando o uso e a ocupação do território municipal, especialmente o solo urbano. O Plano Diretor é obrigatório para municípios que apresentam uma ou mais das seguintes características:

- abriga mais de 20 mil habitantes;
- integra regiões metropolitanas e aglomerações urbanas;
- integra áreas de especial interesse turístico;
- insere-se na área de influência de empreendimentos ou atividades com significativo impacto ambiental de âmbito regional ou nacional;
- o poder público municipal quer exigir o aproveitamento adequado do solo urbano sob pena de parcelamento, desapropriação ou progressividade do Imposto Predial e Territorial Urbano (IPTU).

Os planos são elaborados pelo governo municipal – por uma equipe de profissionais qualificados, como geógrafos, arquitetos, urbanistas, engenheiros, advogados e outros. Geralmente se iniciam com um perfil geográfico e socioeconômico do município. Em seguida, apresenta-se uma proposta de desenvolvimento, com atenção especial para o meio ambiente.

A parte final, e mais extensa, detalha as diretrizes definidas para cada setor da administração pública – habitação, transporte, educação, saúde, saneamento básico, etc. –, assim como as normas técnicas para ocupação e uso do solo, conhecidas como **Lei de Zoneamento**. Observe a fotografia abaixo. Quando essa fábrica se instalou nesse bairro, ele era distante da região central da cidade. Atualmente, com a expansão da malha urbana, o prédio se localiza no centro expandido, onde o Plano Diretor não permite a instalação de novas fábricas para não congestionar ainda mais a região central da cidade (a fábrica que ali funcionava foi desativada).

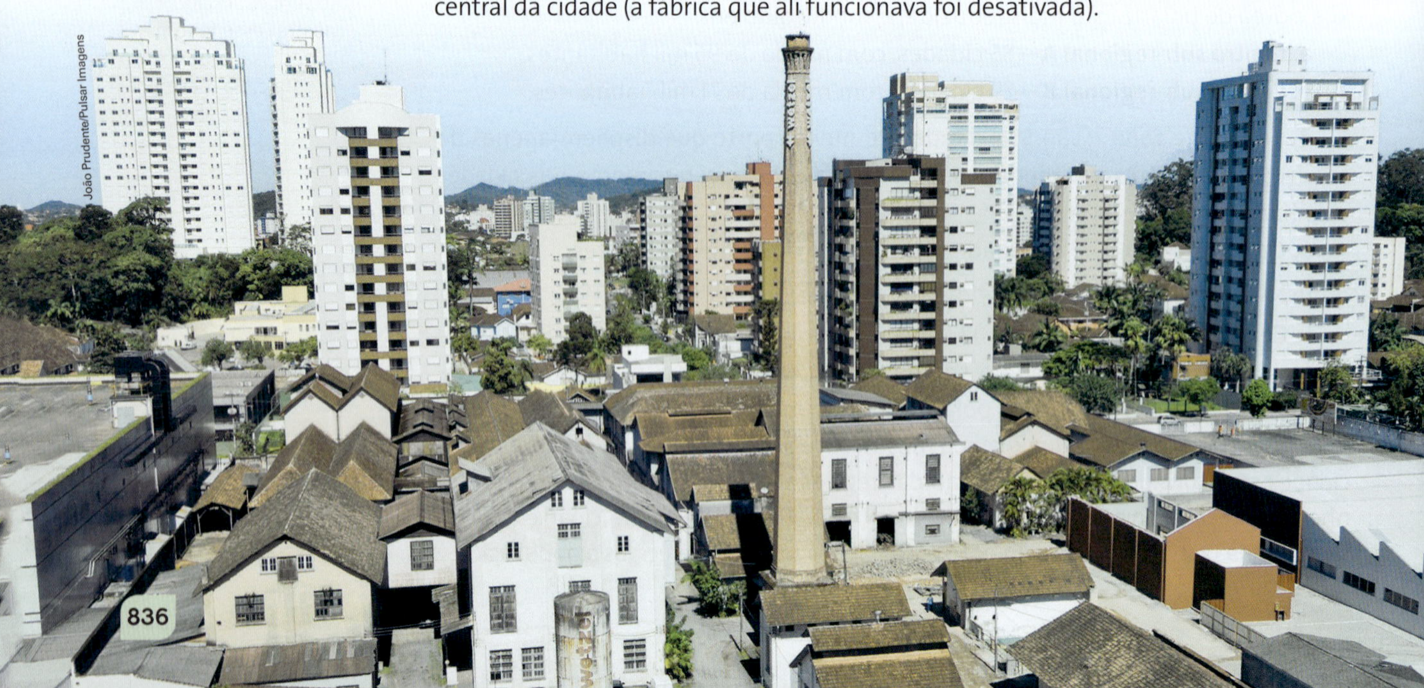

Antiga fábrica com chaminé, que atualmente abriga a Universidade Católica de Joinville (SC), em 2012.

João Prudente/Pulsar Imagens

Para saber mais

Aplicações do Plano Diretor

Cada Plano Diretor trata de realidades particulares dos diversos municípios, mas a maioria deles apresenta as seguintes aplicações práticas:

- **Lei do Perímetro Urbano** – Estabelece os limites da área considerada perímetro urbano, em cujo interior é arrecadado o IPTU.
- **Lei do Parcelamento do Solo Urbano** – A principal atribuição dessa lei é estabelecer o tamanho mínimo dos lotes urbanos, o que acaba determinando o grau de adensamento de um bairro ou zona da cidade. Por exemplo, num bairro onde o lote mínimo tenha área de 200 m², a ocupação será mais densa que em outro onde ele tenha 500 m².
- **Lei de Zoneamento** (uso e ocupação do solo urbano) – Estabelece as zonas do município nas quais a ocupação será estritamente residencial ou mista (residencial e comercial), as áreas em que ficará o distrito industrial, quais serão as condições de funcionamento de casas noturnas e muitas outras especificações que podem manter ou alterar profundamente as características dos bairros.
- **Código de Edificações** – Estabelece as áreas de recuo nos terrenos (quantos metros do terreno deverão ficar desocupados na sua parte frontal, nos fundos e nas laterais), normas de segurança (contra incêndio, largura das escadarias, etc.) e outras regulamentações criadas por tipo de construção e finalidade de uso – escola, estádio, residência, comércio, etc.

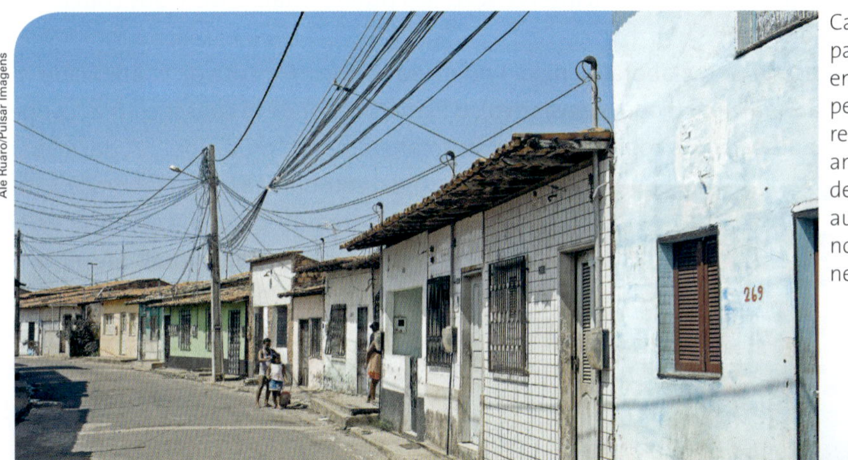

Ale Ruaro/Pulsar Imagens

Casas geminadas e com entrada a partir da calçada, em São Luís (MA), em 2011. Atualmente, não se permite a construção de casas sem recuos no terreno; mas, antigamente, quando o percentual de famílias que possuíam automóveis era muito menor que nos dias de hoje, não havia essa necessidade.

- **Leis Ambientais** – Regulamentam a forma de coleta e destino final do lixo residencial, industrial e hospitalar e a preservação das áreas verdes: controlam a emissão de poluentes atmosféricos e normatizam ações voltadas para a preservação ambiental.
- **Plano do Sistema Viário e dos Transportes Coletivos** – Regulamenta o trajeto das linhas de ônibus e estabelece estratégias que facilitem ao máximo o fluxo de pessoas pela cidade por meio da abertura de novas avenidas, corredores de ônibus, investimentos em trens urbanos e metrô, etc.

Marcelo Prates/Jornal Hoje em Dia/Futura Press

Coleta de lixo hospitalar, em Belo Horizonte (MG), em 2011.

Assim, o Plano Diretor pode alterar ou manter a forma dominante de organização espacial e, portanto, interfere no dia a dia de todos os cidadãos. Por exemplo, uma alteração na Lei de Zoneamento pode valorizar ou desvalorizar os imóveis e alterar a qualidade de vida em determinado bairro, especificar em qual direção a cidade deve crescer, em que local será permitida a instalação de indústrias ou casas noturnas, em qual haverá moradia para a população de baixa renda ou alta renda, em quais ruas e avenidas será permitida a circulação de ônibus, qual será o destino final do lixo e muitas outras regulamentações sobre a ocupação urbana.

Outro interessante exemplo prático de planejamento urbano constante no Plano Diretor é o controle dos polos geradores de tráfego, uma vez que os congestionamentos são um sério problema para os moradores das grandes e médias cidades. Para intervir adequadamente no planejamento urbano, é fundamental dispor de dados confiáveis e atualizados sobre as muitas variáveis que compõem o complexo funcionamento de uma cidade. Isso é importante para organizar mais a cidade e gerar melhorias nas condições de vida de seus habitantes. Para isso, tem colaborado bastante a recente difusão dos Sistemas de Informações Geográficas (SIG).

Fruto dos avanços tecnológicos na área de informática, os SIGs permitem coletar, armazenar e processar, com grande rapidez, uma infinidade de dados georreferenciados fundamentais e mostrá-los por meio de plantas e mapas, gráficos e tabelas, o que facilita muito a intervenção dos profissionais envolvidos com o planejamento urbano.

Antes de ser elaborado pela Prefeitura (Poder Executivo) e aprovado pela Câmara Municipal (Poder Legislativo), o Plano Diretor deve contar com a "cooperação das associações representativas no planejamento municipal". A participação da comunidade na elaboração desse documento passou a ser uma exigência constitucional que prevê, ainda, projetos de iniciativa popular (geralmente na forma de abaixo-assinado), que podem ser apresentados desde que contem com participação de 5% do eleitorado, conforme inciso XIII do artigo 29 da Constituição.

Além de um Plano Diretor bem-estruturado, é importante que o poder público e os cidadãos respeitem as regras estabelecidas, colaborando, assim, para que os problemas das cidades sejam minimizados.

Consulte a indicação dos *sites* do **Ibam** e do **Ministério das Cidades**. Veja orientações na seção **Sugestões de leituras, filmes e *sites***.

Lula Marques/Folhapress

Carro oficial sem identificação do órgão público, estacionado em local proibido, em Brasília (DF), em 2010.

Outras leituras

Título Principal

Desde a promulgação da Constituição Federal de 1988, como mostram os incisos XII e XIII, está prevista a participação popular no planejamento municipal, ou seja, os cidadãos organizados podem interferir nos rumos do município onde moram:

Título III – Da Organização do Estado

Capítulo IV – Dos Municípios

Art. 29. O município reger-se-á por lei orgânica, votada em dois turnos, com o interstício mínimo de dez dias, e aprovada por dois terços dos membros da Câmara Municipal, que a promulgará, atendidos os princípios estabelecidos nesta Constituição, na Constituição do respectivo Estado e os seguintes preceitos:

[...]

XII – cooperação das associações representativas no planejamento municipal;

XIII – iniciativa popular de projetos de lei de interesse específico do Município, da cidade ou de bairros, através de manifestação de, pelo menos, cinco por cento do eleitorado;

[...]

BRASIL. *Constituição 1988*: Texto Constitucional de 5 de outubro de 1988. Disponível em: <www.planalto.gov.br>. Acesso em: 30 mar. 2014.

Entretanto, o planejamento das ações governamentais e a sua execução demandam um processo composto de várias fases, e algumas (como preparar uma licitação ou aprovar o **orçamento** no Legislativo) dificilmente podem ser organizadas pela população. Leia, a seguir, quais são as fases do processo de planejamento urbano:

Orçamento (de um governo): planejamento das receitas (dinheiro arrecadado por meio de impostos, taxas, contribuições e empréstimos) e das despesas (salários de funcionários públicos, compras de materiais, pagamentos de serviços de construção e manutenção de obras públicas, etc.).

1. delimitação do problema a ser enfrentado (por exemplo, coleta e destino final do lixo urbano);
2. fixação dos objetivos que se pretende atingir (a coleta será ou não seletiva, quantas coletas serão realizadas por semana na porta das residências, qual será o destino final do lixo, etc.);
3. pesquisa e coleta de dados sobre o que está sendo analisado (quantos quilos de lixo são produzidos diariamente, qual a participação dos domicílios, indústrias e hospitais, qual a composição do lixo, etc.);
4. interpretação dos dados e estruturação do plano de ação;
5. levantamento dos custos;
6. programação das etapas de execução;
7. aprovação do plano e do orçamento nos Poderes Executivo e Legislativo;
8. licitação para compra de material e contratação de empresas;
9. execução.

Como o encaminhamento dessas fases exige uma ação administrativa complexa, na prática a participação popular no planejamento e na execução de intervenções urbanas só se concretiza quando a pressão popular e a vontade dos governantes convergem nessa direção.

Atividades

Compreendendo conteúdos

1. Como são coletados os dados estatísticos de urbanização no Brasil para determinar a população urbana e a rural dos municípios? Que problemas essa metodologia apresenta?

2. Como era a rede urbana brasileira antes do processo de industrialização? Como ela se apresenta hoje?

3. Qual é o objetivo da criação das regiões metropolitanas?

4. Cite dois exemplos de alteração na organização espacial das cidades que pode ser promovida por mudanças no Plano Diretor.

Desenvolvendo habilidades

5. Observe o mapa da rede urbana brasileira e responda por escrito:

Adaptado de: IBGE. *Regiões de influência das cidades, 2007.* Disponível em: <www.ibge.gov.br>. Acesso em: 30 mar. 2014; SIMIELLI, Maria Elena. *Geoatlas*. 34. ed. São Paulo: Ática, 2012. p. 138.

Compare as regiões polarizadas por Manaus e Porto Alegre, ambas classificadas como metrópole na mesma posição hierárquica.

a) Qual estende sua influência por uma área territorial maior? Por quê?

b) Que tipos de centros urbanos são encontrados nas regiões polarizadas por essas duas capitais?

Vestibulares de Norte a Sul

1. SE (UERJ)

Criação de municípios no estado do Rio de Janeiro desde 1991	
Município criado	**Município de origem**
1. Aperibé	Santo Antônio de Pádua
2. Areal	Três Rios
3. Belford Roxo	Nova Iguaçu
4. Comendador Levy Gasparian	Três Rios
5. Cardoso Moreira Campos	Campos
6. Guapimirim	Magé
7. Japeri	Nova Iguaçu
8. Quatis	Barra Mansa
9. Queimados	Nova Iguaçu
10. Rio das Ostras	Casimiro de Abreu
11. Varre e Sai	Natividade
12. Armação de Búzios	Cabo Frio
13. Carapebus	Macaé
14. Iguaba Grande	São Pedro da Aldeia
15. Macuco	Cordeiro
16. Pinheiral	Piraí
17. Porto Real	Resende
18. São Francisco de Itabapoana	São João da Barra
19. São José de Ubá	Cambuci
20. Seropédica	Itaguaí
21. Tanguá	Itaboraí
22. Mesquita	Nova Iguaçu

Adaptado de: ROCHA, Helenice A. B. e outros. *História e patrimônio:* Guapimirim. Rio de Janeiro: EdUERJ, 2012.

O mapa político do estado do Rio de Janeiro foi substancialmente alterado no início da década de 1990, em função da criação de novos municípios, como indicam os dados acima.

Duas causas para as diversas municipalizações ocorridas nesse período são:

a) expansão da fronteira agrícola – agravamento de disputas fundiárias;
b) crise das finanças estaduais – crescimento de polos industriais regionais;
c) revisão da legislação tributária – incremento de interações urbano-rurais;
d) promulgação da atual Constituição brasileira – realização de plebiscitos locais.

2. **S** (Unioeste-PR) A faixa de fronteira brasileira compreende uma faixa interna de 150 km de largura, paralela à linha divisória terrestre do território nacional e é considerada como área indispensável à segurança nacional. Sobre a faixa de fronteira, assinale a alternativa correta.

a) Uma característica da faixa de fronteira é a ocorrência de cidades-gêmeas, que são adensamentos populacionais cortados pela linha de fronteira – seja esta seca ou fluvial – que apresentam grande potencial de integração econômica e cultural, como é o caso das cidades de Foz do Iguaçu e Ciudad del Este.

b) Com o objetivo de incentivar o povoamento e a ocupação em faixas de fronteira pouco povoadas no Norte do país, foi garantida pela Constituição Federal de 1988 a criação dos Territórios do Acre, Roraima e Rondônia.

c) Os movimentos de capitais na faixa de fronteira compõem importante componente da integração fronteiriça, conectando as economias locais e estimulando o elevado nível de industrialização encontrado nas cidades localizadas nessa faixa.

d) Em razão da importância estratégica representada pela faixa de fronteira, é nessa porção do país que há alta prioridade de ações governamentais para a construção de redes de transporte interligando o Brasil com os países vizinhos.

e) Na década de 1980 foi criado o projeto militar Calha Norte, que tinha como principal objetivo proteger o meio ambiente ao longo da fronteira amazônica, por meio da criação de unidades de conservação e a demarcação de terras indígenas na faixa de fronteira norte.

3. **NE** (UFPE) Leia com atenção o texto a seguir.

> O modelo de urbanização brasileiro produziu nas últimas décadas cidades caracterizadas pela fragmentação do espaço e pela exclusão social e territorial. Cidades que contêm espaços que se opõem em termos de acessibilidade a equipamentos urbanos, infraestruturas e serviços. Espaços marcados por ocupações em áreas de risco (encostas, áreas inundáveis, por exemplo) ao lado de habitações de elevados padrões construtivos. Constata-se o mais sofisticado ao lado do mais rudimentar, caracterizando o que Milton Santos denominou de coexistências. O sistema de cidades se realiza em uma base territorial que não é neutra socialmente e cujos interesses se movem através de redes e fluxos em diferentes escalas. Essas redes assumem níveis de densidades elevados através do desenvolvimento das tecnologias e numa velocidade sem precedentes. Tal qual a letra da música do cantor Cazuza, se verifica na atualidade a concretude da expressão "o tempo não para", exemplificando o que muitos geógrafos denominam tempo e espaço comprimidos. É nas grandes cidades onde se evidencia com mais força esses fenômenos.

Considerando os aspectos ressaltados no texto e observando a figura abaixo, é possível concluir que:

Reprodução/Vestibular UFPE

( ) O planejamento dos espaços urbanos das cidades deve contemplar o meio natural, o meio técnico-científico e informacional, mas sobretudo estabelecer fronteiras materiais de mobilidade para disciplinar o caos urbano.

( ) As grandes cidades brasileiras têm seu planejamento e gestão político-administrativa sob a competência do governo brasileiro, em especial do Ministério Público Urbano.

( ) Dentre as modificações geradas pela ocupação do espaço urbano, e que são responsáveis por importantes alterações no ciclo hidrológico nessas áreas, destaca-se a impermeabilização do terreno, através das edificações e da pavimentação das vias de circulação, além das canalizações dos rios e demais cursos d'água.

( ) Cabe ao Estatuto da Cidade normatizar as faixas de exclusão urbano-rural e as práticas sociais em todos os municípios brasileiros, de forma a garantir a civilidade urbana. O seu advento representa um avanço no direito à cidade.

( ) Na Região Metropolitana do Recife "o tempo não para", ou seja, cresce consideravelmente nas últimas décadas. Esta região conurbada se expande compreendendo em seu território 9 municípios, o Porto de Suape, além do circuito turístico de Gravatá e o polo da moda de Caruaru.

4. **NE** (UFPB) No processo brasileiro de urbanização, a apropriação da terra segue a tendência de sua valorização, atendendo aos interesses de reprodução do capital. Nessa lógica, observa-se, por um lado, que o uso do solo causa efeitos na constituição das formas dos espaços construídos nas cidades. Por outro lado, assinala-se que, na caracterização dessas paisagens, a valorização da terra promove impactos na organização dos espaços internos dos centros urbanos. Enfim, essas cidades apresentam paisagens próprias ou singulares, visíveis em sua organização espacial, que se relacionam diretamente com a estrutura socioeconômica da população.

A partir do exposto, identifique as consequências resultantes do processo de urbanização nas cidades brasileiras:

( ) Segregação urbana, retratando a espacialização dos espaços orientados para fins de moradia, segundo os respectivos níveis de renda de cada fração da população.

( ) Segregação urbana, traduzindo a fragmentação do *habitat* nas cidades, conforme a divisão da população em classes sociais, habitando zonas, bairros e outras áreas urbanas correspondentes.

( ) Exclusão urbana, revelando a marginalização das áreas nos bairros mais pobres, tipo favelas e invasões, frente aos bairros de extrema riqueza e privilegiados, realidade essa originada pela alta concentração de renda.

( ) Articulação urbana, retratando a ligação dos bairros ao centro tradicionalmente de comércio e de serviços, através dos principais eixos de circulação, favorecendo, assim, um desenvolvimento dinâmico e articulado de toda a economia urbana.

( ) Integração urbana, demonstrando a ligação entre todas as zonas, bairros e demais áreas das cidades, independentemente do padrão de renda do conjunto de sua população, potencializando, assim, uma paisagem socialmente harmônica e dinâmica.

5. **N** (UFT-TO) Palmas, por ser uma cidade planejada para ser a capital do estado do Tocantins, apresenta-se como um espaço urbano diferenciado, no que diz respeito às suas funções: admistrativas, econômicas e políticas; e suas formas de planejamento arquitetônico e geoespaciais.

No plano administrativo é considerada como um espaço organizador de políticas públicas para o Estado; do ponto de vista econômico é o lócus de decisões que visam descentralizar o poder econômico dos outros centros urbanos e de regiões geoeconômicas mais ricas, já com dinâmicas próprias. Em relação à política, Palmas é o centro de poder onde se constituiu como um novo território de ações de partidos, sindicatos, movimentos sociais, federações e associações. No entanto, sobre as relações geoespaciais imbricadas nas lutas pela ocupação dos espaços habitacionais da cidade e nas contradições de seu planejamento.

É correto afirmar que:

a) Os movimentos sociais urbanos em Palmas não tiveram força para interferir em seu plano diretor pelo motivo de que as leis de posturas territoriais urbanas do município não permitiram tais intervenções.
b) Os arquitetos que planejaram a cidade foram contrários a qualquer tipo de modificação em seu projeto original.
c) Os movimentos sociais conseguiram organizar-se e estabelecer bandeiras de lutas pela moradia que resultou na transformação da feição urbana, de algumas áreas de uso específico, no plano diretor da cidade, interferindo assim de maneira significativa em seu desenho inicial.
d) Palmas ostenta, até os dias atuais, o título de capital ecológica do país, pelo fato de que no momento de sua construção foram preservados os biomas do cerrado tocantinense.
e) Palmas, como novo centro de poder, domina todas as relações socioculturais do estado chegando a anular as identidades tradicionais de cunho locais.

6. **NE** (UEPB)

> Eu queria morar numa favela, o meu sonho é morar numa favela./ Eu num sou registrado, eu num sou batizado,/ Eu num sou civilizado/ eu num sou filho do senhor/ Eu num sou computado/ eu não sou consultado/ Eu num sou vacinado/ contribuinte num sou./ Eu num sou empregado/ eu num sou consumidor.

Os versos de Gabriel o Pensador ilustram a afirmação de que milhões de brasileiros estão abaixo da linha de pobreza, vivendo em favelas, integrando bolsões de pobreza. São verdadeiras as afirmativas sobre o tema, EXCETO:

a) Nos bolsões de pobreza, nos deparamos com a seguinte radiografia: jovens entre 18-25 anos sem perspectiva de inserção no mercado de trabalho, por falta de oportunidade e/ou qualificação profissional. Diante dessa realidade, muitos tendem à prostituição e são recrutados pelo narcotráfico e/ou gangues de criminosos. A desestruturação de muitas famílias pobres, muitas pela ausência de homens, tem contribuído para que essas famílias sejam mantidas por mulheres.
b) Os bolsões de pobreza são resultantes das desigualdades sociais, do acesso a uma renda digna, ao emprego, à terra, aos serviços de educação, saúde e moradia, enfim, do produto social, sem falar da exclusão social, cultural e do enfrentamento dos preconceitos e da discriminação rotulada pela própria sociedade.
c) O processo acelerado de urbanização e o avanço técnico-científico têm contribuído para banir definitivamente os problemas ambientais nos bolsões de pobreza no país.
d) Nos bolsões de pobreza também encontramos pessoas simples, mas dignas, que batalham pela sobrevivência. São trabalhadores que produzem neste país, mas que são excluídos do solo urbano, poucos trabalham na formalidade e grande parte vive da informalidade lutando para escapar com os R$ 70,00 *per capita* mensais rotulados pelo IBGE e de bolsas-família.
e) Muitos são os discursos proferidos para erradicação da pobreza. Apesar dos avanços sociais propagados pelas estatísticas governamentais, a situação não muda muito, porque a política econômica aplicada não prioriza de forma eficaz esse setor social. Segundo o IBGE, é na Região Nordeste que se concentra a maioria dos pobres deste país. Enquanto em programas televisivos de gastronomia ovos são quebrados para omeletes presidenciais, muitos brasileiros não têm dinheiro para comprar um "bife do oião" para completar o feijão.

O espaço rural e a produção agropecuária

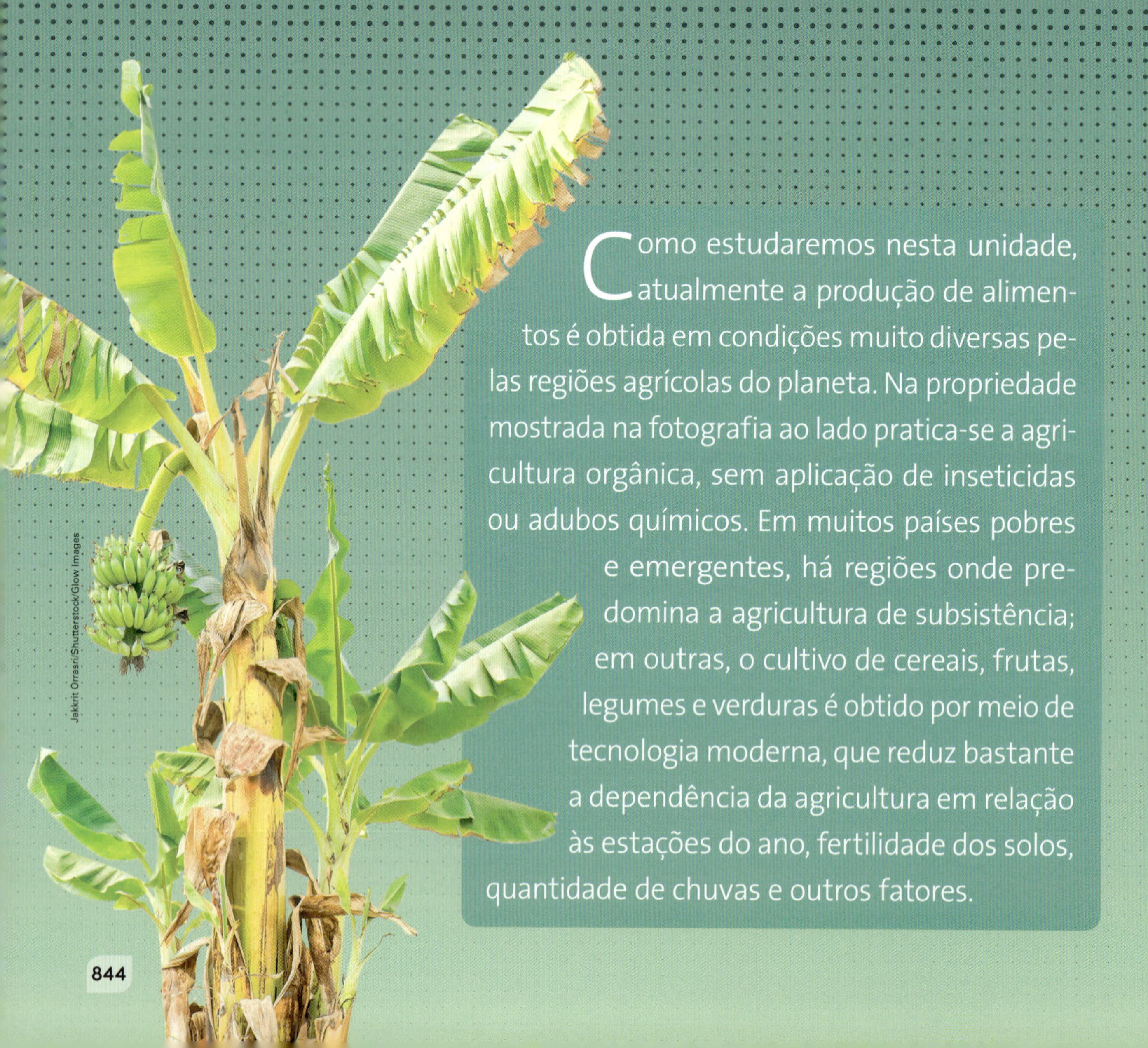

Jakkrit Orrasri/Shutterstock/Glow Images

Como estudaremos nesta unidade, atualmente a produção de alimentos é obtida em condições muito diversas pelas regiões agrícolas do planeta. Na propriedade mostrada na fotografia ao lado pratica-se a agricultura orgânica, sem aplicação de inseticidas ou adubos químicos. Em muitos países pobres e emergentes, há regiões onde predomina a agricultura de subsistência; em outras, o cultivo de cereais, frutas, legumes e verduras é obtido por meio de tecnologia moderna, que reduz bastante a dependência da agricultura em relação às estações do ano, fertilidade dos solos, quantidade de chuvas e outros fatores.

CAPÍTULO

34 Organização da produção agropecuária

Gaizka Iroz/Agência France-Presse

Produção de pimenta orgânica no sudoeste da França, em 2012.

A atual configuração espacial das atividades agropecuárias e da zona rural é resultado da ação da sociedade sobre a natureza ao longo da História, o que ocorreu de modo muito desigual entre os diversos países e regiões do planeta.

Nas atividades agropecuárias, tanto a diversidade como a alteração das relações de trabalho com a natureza resultam de diferentes sistemas de produção. Para compreender essas diferenças, vamos procurar elucidar algumas questões ao longo deste capítulo: Qual é a diferença entre agricultura e pecuária intensiva e extensiva? De que forma estão estruturadas a agricultura familiar e empresarial no Brasil e no mundo? O que foi a Revolução Verde e quais as perspectivas da biotecnologia, dos transgênicos e da agricultura orgânica atualmente?

Gerson Gerloff/Pulsar Imagens

Nas fotos, agricultor de pequena propriedade, com sua plantação de batata-doce na Comunidade Quilombola de São Miguel, em Restinga Seca (RS), em 2011. Observe máquinas sendo usadas no cultivo de soja em Palotina (PR), em 2013.

Delfim Martins/Pulsar Imagens

Os sistemas de produção agrícola

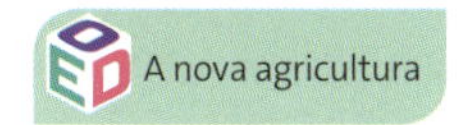

A produção agrícola constitui um sistema que envolve a análise de suas dimensões naturais (fertilidade do solo, topografia, disponibilidade de água) e socioeconômicas (desenvolvimento tecnológico, grau de capitalização, estrutura fundiária, relações de trabalho). A diversidade de modos de vida e de produção, das leis trabalhistas e ambientais, das condições econômicas e da oferta de crédito, além de outros fatores, leva à heterogeneidade das condições da produção agrícola mundial. Porém, alguns aspectos são comuns a todos os sistemas que veremos a seguir. Por exemplo, a sustentabilidade dos sistemas agrícolas é essencial para o desenvolvimento do espaço rural, seja em regiões ricas, seja em regiões pobres.

Os sistemas agrícolas e a produção pecuária podem ser classificados como **intensivos** ou **extensivos**, de acordo com o grau de capitalização e o índice de produtividade decorrentes do uso de insumos, maquinaria e tecnologia de ponta. É importante destacar que essa classificação independe do tamanho da área de cultivo ou de criação.

Em propriedades nas quais se aplicam modernas técnicas de preparo do solo, cultivo e colheita (uso de fertilizantes, inseticidas, sistemas de irrigação e mecanização) e que apresentam elevados índices de produtividade, pratica-se a **agricultura intensiva**. Já em propriedades nas quais se pratica a **agricultura extensiva**, não há capitais para investir e, portanto, usam-se técnicas rudimentares, obtendo baixos índices de produtividade.

Na pecuária, o rendimento é avaliado pelo número de cabeças por hectare. Quanto maior a densidade de cabeças, independentemente de o gado estar solto ou confinado, maior é a necessidade de ração, de pastos cultivados e de assistência médica veterinária. Com isso, aumentam a produtividade e o rendimento, características da **pecuária intensiva**. Quando o gado se alimenta apenas em pastos naturais e a criação apresenta baixa produtividade, trata-se de **pecuária extensiva**.

Outra maneira de classificar os sistemas de produção está relacionada à forma de **gestão da mão de obra**. Isso permite distinguir o predomínio de agricultura familiar ou de agricultura empresarial (patronal).

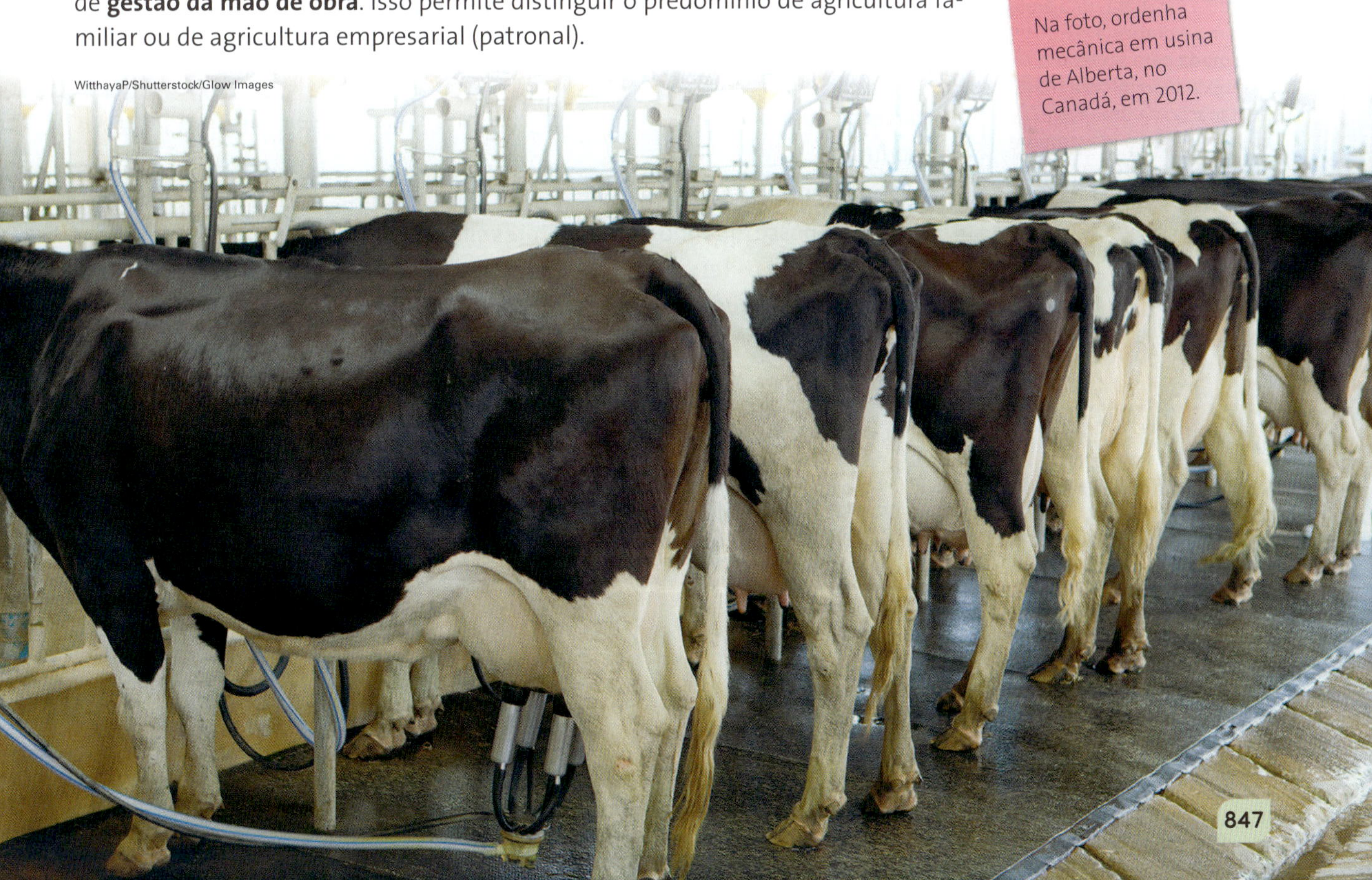

WitthayaP/Shutterstock/Glow Images

Na foto, ordenha mecânica em usina de Alberta, no Canadá, em 2012.

Agricultura familiar

Na agricultura familiar, os membros da família administram a propriedade e os investimentos necessários às decisões sobre o que e como produzir, sejam ou não eles os donos da terra – algumas famílias produzem em terras arrendadas. Em geral, nesse tipo de agricultura o trabalho é realizado pelos membros da família, mas muitas vezes há contratação de mão de obra no mercado.

Se a política agrícola está voltada à fixação das famílias no campo, ao aumento da oferta de alimentos no mercado regional e à geração de maior número de postos de trabalho, a agricultura familiar tem um papel importante em seu desenvolvimento. Ela pode promover uma maior oferta de alimentos e reduzir o fluxo migratório para as cidades, já que um maior contingente de mão de obra permanece atuando no campo.

Em geral, considera-se, equivocadamente, que a agricultura familiar não proporciona condições de produzir excedentes exportáveis por causa do porte das propriedades, geralmente pequenas e médias. No entanto, por meio do **cooperativismo**, a associação de vários pequenos e médios produtores tem possibilitado aumentar sua participação no mercado mundial.

Agricultura de subsistência

Um tipo de agricultura familiar que prevalece nas regiões pobres é a agricultura de subsistência, destinada a atender às necessidades imediatas de consumo alimentar dos próprios agricultores e seus dependentes. A produção é obtida em pequenas e médias propriedades ou em parcelas de grandes propriedades (nesse caso, parte da produção é entregue ao dono da terra como pagamento do aluguel), com a utilização de técnicas tradicionais e rudimentares. Por falta de recursos e de assistência técnica, as sementes utilizadas são de qualidade inferior, não se investem em fertilizantes e, portanto, a produção e a produtividade são baixas.

Na agricultura familiar de subsistência, predominam as pequenas propriedades, que podem ser cultivadas em:

- **parceria**, quando o agricultor aluga a terra e paga por seu uso com parte da produção;
- **arrendamento**, quando o aluguel é pago em dinheiro;
- **regime de posse**, quando os agricultores simplesmente ocupam **terras devolutas** – terras desocupadas, vagas, que não possuem dono regular ou que pertencem ao Estado.

Após alguns anos de cultivo, o solo perde sua fertilidade natural, e quase sempre fica exposto a processos erosivos. Em alguns casos, ao perceber que o volume de produção está diminuindo, a família desmata uma área próxima e pratica a **queimada** para acelerar o plantio, dando início à degradação de uma nova área, a qual será brevemente abandonada – nesse caso, pratica-se a **agricultura itinerante**. Na foto, propriedade rural em Carnaúba dos Dantas (RN), em 2012.

Ernesto Reghran/Pulsar Imagens

Essa realidade ainda existe em boa parte dos países da África Subsaariana, do Sul e Sudeste Asiático e da América Latina, mas o que prevalece atualmente é uma agricultura de subsistência voltada ao comércio urbano. Nesse caso, o agricultor e sua família cultivam algum produto que será vendido na cidade mais próxima, mas o dinheiro que recebem é suficiente apenas para lhes garantir a subsistência. Não há excedente de capital que lhes permita aperfeiçar as técnicas de cultivo e aumentar a produtividade. Esse tipo de agricultura é comum em áreas onde falta infraestrutura e, portanto, a terra é mais barata.

Gerson Sobreira/Acervo do fotógrafo

Na foto, queimada para acelerar o cultivo em Londrina (PR), em 2012.

Agricultura de jardinagem

Outro tipo de agricultura familiar é a chamada agricultura de jardinagem, expressão que se originou no Sul e Sudeste Asiático, onde há enorme produção de arroz em planícies inundáveis, com utilização intensiva de mão de obra. Esse sistema é praticado em pequenas e médias propriedades cultivadas pelo dono da terra e sua família ou em parcelas de grandes propriedades. Nessa forma de produção predomina a alta produtividade, pois se recorre à seleção de sementes, à utilização de fertilizantes, à aplicação de avanços biotecnológicos e às técnicas de preservação do solo que permitem a fixação da família na propriedade por tempo indeterminado.

Em países como Filipinas, Tailândia, Indonésia e outros do Sudeste Asiático, que apresentam elevada densidade demográfica, as famílias têm áreas muitas vezes inferiores a um hectare (10 000 metros quadrados) e condições de vida bastante precárias. Em países que realizaram reforma agrária – Japão, Coreia do Sul e Taiwan – e ao redor dos grandes centros urbanos de áreas tropicais, após a comercialização da produção e a realização de investimentos para a nova safra, há um excedente de capital que permite melhorar, a cada ano, as condições de trabalho e a qualidade de vida das famílias. Entretanto, como a propriedade e, consequentemente, o volume de produção são pequenos, os agricultores dependem de subsídios governamentais para permanecer produzindo.

Deng Keyi/Xinhua Press/Corbis/Latinstock

Na China, a produção da agricultura de jardinagem ocorre, predominantemente, em propriedades muito pequenas e em condições de trabalho quase sempre precárias. A população é numerosa, e a opção de incentivos governamentais voltados à modernização da produção agrícola foi substituída pela utilização de enormes contingentes de mão de obra. No entanto, em algumas províncias litorâneas tem ocorrido um processo de modernização da agricultura, impulsionado pela expansão de propriedades particulares e da capitalização proporcionada pela abertura econômica. Na foto, cultivo de arroz em Guangxi Zhuang (China), em 2013.

Cinturões verdes e bacias leiteiras

Outro tipo de agricultura com predomínio de mão de obra familiar é encontrado nos cinturões verdes e nas bacias leiteiras. Ambos localizam-se ao redor dos grandes centros urbanos, principalmente nos países desenvolvidos e emergentes, onde a terra é valorizada. Neles se praticam agricultura e pecuária intensivas para atender às necessidades de consumo da população local. Em tais áreas, produzem-se hortifrutigranjeiros e cria-se gado em pequenas e médias propriedades para a produção de leite e derivados. Após a comercialização da produção, o excedente obtido é aplicado na modernização das técnicas de cultivo e criação.

Photo Mere Made in Italy 4/Alamy/Other Images

Cultivo de tomates em Merlino (Itália), em 2011.

Agricultura empresarial

Na agricultura empresarial (ou patronal), prevalece a mão de obra contratada e desvinculada da família do administrador ou do proprietário da terra.

Em geral, a produtividade nesse tipo de agricultura é muito alta, em decorrência da seleção de sementes, do uso intensivo de fertilizantes, do elevado grau de mecanização no preparo do solo – no plantio e na colheita –, da utilização de silos de armazenagem e do sistemático acompanhamento de todas as etapas de produção e comercialização. Sua produção é voltada ao abastecimento dos mercados interno e externo, e é mais comum, sobretudo, nos países desenvolvidos – Estados Unidos, Canadá, Austrália e alguns países da União Europeia –, em economias emergentes como Brasil, Argentina, Indonésia e Malásia, e em algumas região tropicais da África que vêm recebendo investimento estrangeiro, principalmente da China e de países do Oriente Médio.

Dessa forma, as atividades agrícolas e pecuárias estão integradas aos setores industriais e de serviços, criando uma grande cadeia produtiva. Os insumos (fertilizantes, inseticidas, rações, vacinas, combustíveis) e equipamentos (tratores, colheitadeiras, sistemas de irrigação, estufas, etc.) usados na agropecuária são produzidos por indústrias de bens de capital.

A agropecuária exerce influência direta sobre vários setores da economia, criando uma vasta cadeia produtiva. Antes da produção agrícola e pecuária, são acionadas indústrias de máquinas, adubos, agrotóxicos, vacinas, rações, arames para cercas, etc. Após a produção, vêm as etapas de atividades na agroindústria, na armazenagem e na comercialização. Além disso, ao longo de toda a cadeia, estão envolvidos os setores de transporte, energia, telecomunicações, administração, *marketing*, vendas, seguros e muitos outros. Essa extensa cadeia produtiva constitui os **complexos agroindustriais**, que são as fazendas onde se obtêm a produção e os **agronegócios**, que envolvem todas as atividades primárias, secundárias e terciárias que fazem parte da cadeia produtiva.

Agronegócio: rede de produção que abrange todas as atividades primárias, secundárias e terciárias ligadas à agropecuária: produção de sementes, adubos, tratores, frigoríficos, curtumes e muitas outras.

Para ilustrar a importância econômica dos agronegócios, podemos observar os dados quantitativos brasileiros de 2012 segundo o Ministério da Agricultura. Nesse ano, o PIB da agropecuária foi de R$ 157 bilhões (cerca de 6% do PIB brasileiro), mas os agronegócios foram responsáveis por cerca de 37% do PIB, 40% das exportações e 5% das importações brasileiras.

Os governos também costumam analisar o setor agropecuário considerando sua relação com outros setores socioeconômicos: a importância dos agronegócios para o mercado de trabalho e no combate ao desemprego, a garantia de abastecimento alimentar em quantidade e qualidade satisfatórias e, finalmente, sua influência na balança comercial ao reduzir as importações e estimular as exportações. Esses fatores levam muitos países, sobretudo os desenvolvidos, a estabelecer políticas protecionistas e subsídios à produção agropecuária, o que cria fortes distorções no mercado mundial e prejudica muitos países em desenvolvimento, especialmente os de baixa renda.

Na produção dessas mercadorias, foram usadas matérias-primas produzidas no setor de agropecuária e máquinas e equipamentos fabricados em indústrias de bens de capital.

Nos países desenvolvidos e nas regiões modernas dos países em desenvolvimento, onde os complexos agroindustriais foram introduzidos, verificou-se uma tendência à concentração de terras e à especialização produtiva. Em algumas agroindústrias, produzem-se alimentos, fontes de energia (álcool combustível), remédios, produtos de higiene e limpeza, e muitos outros bens de consumo.

Nos Estados Unidos, por exemplo, as grandes propriedades organizaram-se em cinturões em razão das características do clima e do solo. O alto nível de capitalização exigiu uma especialização produtiva em grandes propriedades.

Adri Felden/Argosfoto

Na foto, bancas de flores no maior entreposto comercial de produtos agrícolas de São Paulo (SP), o Ceagesp, em 2012.

No Brasil também existem várias regiões especializadas em determinado produto: cana-de-açúcar e laranja no Oeste Paulista; grãos (soja, milho e outros) na Campanha Gaúcha, no Oeste Baiano, no sul do Maranhão e do Piauí e em vastas áreas do Centro-Oeste; criação de aves e suínos e processamento de sua carne no Oeste Catarinense; produção irrigada de frutas no vale do São Francisco, entre muitos outros exemplos.

Estados Unidos: utilização do solo

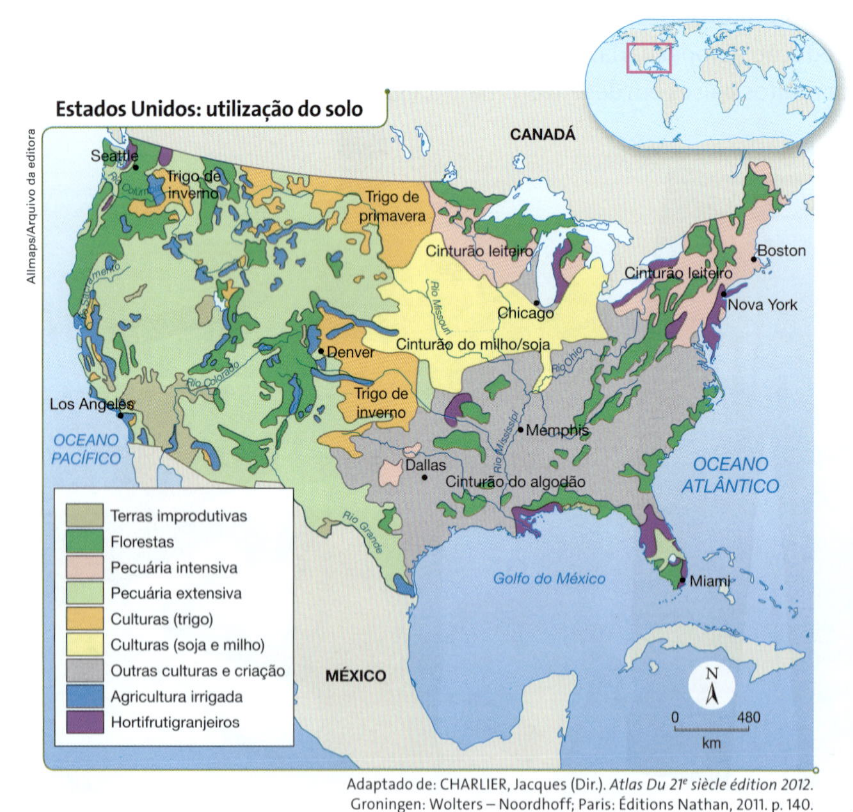

Allmaps/Arquivo da editora

Adaptado de: CHARLIER, Jacques (Dir.). *Atlas Du 21e siècle édition 2012*. Groningen: Wolters – Noordhoff; Paris: Éditions Nathan, 2011. p. 140.

Na área de um cinturão, embora haja outros produtos, predomina um determinado tipo de cultivo que lhe dá o nome, como o cinturão do milho/soja.

Outro tipo de agricultura cuja mão de obra está desvinculada do proprietário ou do administrador é a *plantation* – grande propriedade monocultora e com produção de gêneros tropicais (café, frutas, cereais, etc.) destinada à exportação. Forma de exploração típica dos países tropicais, a *plantation* foi amplamente empregada durante a colonização europeia na América, com mão de obra escravizada. Expandiu-se posteriormente para a África e para o Sul e o Sudeste Asiático. Na atualidade, esse sistema permanece em várias regiões de países em desenvolvimento (Colômbia, países da América Central, Gana, Costa do Marfim, Índia, Malásia, etc.). Nas *plantations*, encontram-se, além de mão de obra assalariada, trabalho semiescravizado e tecnologias defasadas, o que dificulta a produtividade elevada.

2 A Revolução Verde

A partir da década de 1950, os Estados Unidos e a ONU incentivaram a introdução de mudanças na estrutura fundiária e nas técnicas agrícolas em vários dos então chamados países subdesenvolvidos, muitos dos quais ex-colônias recém-independentes. Em plena Guerra Fria, a intenção dos norte-americanos era evitar o surgimento de focos de insatisfação popular por causa da fome. Eles temiam a instituição de regimes socialistas em alguns países do então Terceiro Mundo. Além disso, a indústria química, que se desenvolveu voltada para o setor bélico, apresentava certa **capacidade ociosa** nesse período.

Capacidade ociosa: termo usado para indicar quando uma empresa não está utilizando totalmente sua capacidade instalada de produção.

O conjunto de mudanças técnicas introduzidas na produção agropecuária ficou conhecido por **Revolução Verde** e consistia na modernização das práticas agrícolas (utilização de adubos químicos, inseticidas, herbicidas, sementes melhoradas) e na mecanização do preparo do solo – do cultivo e da colheita –, visando aumentar a produção de alimentos.

Com esse objetivo, os Estados Unidos ofereceram financiamentos para a importação dos insumos, maquinaria e capacitação de técnicos e professores para as faculdades e cursos técnicos agrícolas. Os governos dos então países subdesenvolvidos passaram a promover pesquisa e divulgação de técnicas de cultivo entre os agricultores e a fornecer créditos subsidiados.

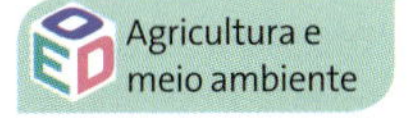

Entretanto, a proposta era adotar o mesmo padrão de cultivo em todas as regiões onde ocorreu a Revolução Verde, desconsiderando a variação das condições naturais, das necessidades e possibilidades dos agricultores. Como consequência, a médio e longo prazos, essas inovações causaram impactos socioeconômicos e ambientais muito graves. Proporcionaram aumento de produtividade por área cultivada e crescimento considerável da produção de alimentos – principalmente de cereais e tubérculos –, mas isso ficou restrito às grandes propriedades, dotadas de condições ideais para a modernização – relevo plano para possibilitar a mecanização e condições climáticas favoráveis, entre outras. Em países onde não foi realizada a reforma agrária e cujos trabalhadores agrícolas não tinham propriedade familiar, sobretudo na África e no Sudeste Asiático, a mecanização da produção diminuiu a necessidade de mão de obra, contribuiu para o aumento dos índices de pobreza e provocou êxodo rural.

O sistema mais utilizado pelos países que seguiram as premissas da Revolução Verde foi a **monocultura**, o que resultou em sérios impactos ambientais, como mostra o texto da página seguinte.

Cultivo de chá na Índia, no início da década de 1970.

Images of Empire/Universal Images Group/Getty Images

A prática da monocultura acarretou desequilíbrios ambientais, e a modernização substituiu as inúmeras variedades vegetais por algumas poucas. Grandes indústrias iniciaram o processo de controle sobre o comércio e a pesquisa que modifica a semente dos vegetais cultivados, passando a controlar toda a cadeia de insumos. Como essas sementes modificadas não são férteis, os agricultores são obrigados a comprar novas sementes a cada safra se quiserem obter boa produtividade. Isso se tornou um grande obstáculo para os pequenos agricultores, pois foi necessário comprar e repor constantemente as sementes e os fertilizantes que se adaptassem melhor a elas, aumentando o custo de produção.

Outras leituras

Os problemas ambientais rurais

[...]

O cultivo de espécie vegetal única (soja, trigo, algodão, milho, entre outros) em grandes extensões de terras favorece o desenvolvimento de grande quantidade de pequenas espécies animais invasoras, as pragas que se alimentam desses produtos. É o caso da lagarta da soja, do besouro-bicudo do algodão e de bactérias como o ácaro dos mamoeiros, o cancro-cítrico dos laranjais e as diversas pragas dos cafezais, dos fungos que atacam o trigo e o milho e das pragas que infestam os canaviais. Já o cultivo de várias espécies, ou seja, a policultura, implica competitividade entre elas e elimina a possibilidade da disseminação de pragas. Nas monoculturas as pragas proliferam rapidamente, e em dois ou três dias uma plantação de soja ou de algodão pode ser totalmente dizimada. Para evitar isso, utilizam-se cada vez mais inseticidas e fungicidas químicos, que podem ser altamente prejudiciais à saúde do homem.

O cultivo mecanizado é obrigatoriamente acompanhado do uso de fertilizantes químicos, e para o controle das chamadas "ervas daninhas", ou do "mato", que nascem e crescem mais rapidamente que as espécies plantadas, aplicam-se os herbicidas, tão tóxicos quanto os venenos empregados para controlar insetos e fungos.

A aplicação frequente de quantidades cada vez maiores desses produtos químicos, genericamente chamados de **insumos agrícolas**, contamina o solo. Além disso, eles são transportados pela chuva para riachos e rios, afetando, desse modo, a qualidade das águas que alimentam o gado, abastecem as cidades e abrigam os peixes. O veneno afeta a fauna, e os pássaros e os peixes desaparecem rapidamente das áreas de monocultura, favorecendo a proliferação de pragas, lagartas, mosquitos e insetos em geral. A impregnação do solo com venenos e adubos químicos tende a torná-lo estéril pela eliminação da vida microbiana. [...]

ROSS, Jurandyr L. Sanches (Org.). *Geografia do Brasil*. 6. ed. São Paulo: Edusp, 2011. p. 226. (Didática 3).

Haroldo Palo Jr./kino.com.br

Avião despejando inseticida em plantação de arroz em Taim (RS), em 2012.

3 A população rural e o trabalhador agrícola

Até a década de 1970, de forma geral, a organização do espaço rural mundial era amplamente condicionada pela agropecuária. Essa atividade deveria abastecer a população e também fornecer matéria-prima a vários setores industriais e, em muitos casos, gerar excedentes exportáveis que permitissem o ingresso de divisas no país. Naquela época, a grande maioria da população rural trabalhava na agropecuária.

Atualmente, nos países e nas regiões em que predominam modernas técnicas de produção, os agricultores são a minoria dos trabalhadores e até mesmo dos moradores do espaço rural. Isso porque os habitantes da zona rural, em sua maioria, trabalham em atividades não agrícolas ou em cidades próximas. Ecoturismo e turismo rural, hotéis-fazenda, *campings*, pousadas, sítios, casas de campo, restaurantes típicos, parques temáticos, prática de esportes variados, transportes, produção de energia, abastecimento de água, etc. são atividades rurais que ocupam um contingente de trabalhadores maior que as atividades agropecuárias. No entanto, quando consideramos as pessoas que trabalham nas diversas atividades ligadas à cadeia produtiva que envolve a agropecuária (fábricas de insumos, sementes, tratores, irrigação, comercialização, transportes e outros, que compõem os agronegócios), a participação da PEA aumenta.

Em contrapartida, onde a agropecuária é descapitalizada, com emprego de técnicas rudimentares de produção, como é predominante nos países em desenvolvimento, sobretudo nos de menor renda, a maioria dos trabalhadores rurais se dedica a atividades diretamente ligadas à agropecuária. Nessas regiões, o Estado tem papel primordial na regulamentação das relações de trabalho, no acesso à propriedade da terra e na política de produção, nos financiamento e no subsídios agrícolas. Já nos chamados "Estados falidos", como Haiti, Sudão, Afeganistão, Timor Leste e outros dominados por conflitos e desagregação social, a ação internacional é muito importante para a busca do desenvolvimento socioeconômico.

"O campo e a cidade são realidades históricas em transformação tanto em si próprias quanto em suas inter-relações."
Raymond Williams (1921-1988), escritor britânico.

Paulo Fridman/Pulsar Imagens

Turistas cavalgando em fazenda localizada em Miranda (MS), em 2010.

Em regiões e países de economia moderna, embora o número de trabalhadores agrícolas tenha reduzido, vem aumentando a densidade de atividades encontradas no espaço rural e a de trabalhadores urbanos que aí querem residir, provocando alteração na distribuição da população entre cidade e campo. Além disso, como vimos, muitos cidadãos urbanos trabalham no campo e se deslocam diariamente da cidade onde moram para trabalhar em agroindústrias ou em comércio e prestação de serviços localizados fora do perímetro urbano.

Como vimos na unidade anterior, essa dinâmica alterou a tendência de aceleração do processo de urbanização ao longo do século XX nos países desenvolvidos e em alguns emergentes. No senso comum, somos levados a pensar que a maioria dos países desenvolvidos tem percentuais elevados e crescentes de população urbana, mas, na realidade, o percentual de população rural é bastante significativo em muitos desses países e, em alguns casos, maiores que o percentual de população rural encontrado em países em desenvolvimento (observe a tabela a seguir).

População rural e trabalhadores agrícolas em países selecionados (%)

País	População rural – 2010	Trabalhadores agrícolas – 2010
Desenvolvidos		
Estados Unidos	18	1
Suíça	26	3
Noruega	20	2
Japão	33	4
Emergentes		
México	22	13
Chile	11	11
Brasil	13	17
China	53	39
Indonésia	56	38
Países de baixa renda		
Etiópia	83	79
Bangladesh	72	48
Angola	41	5

Os dados sobre a população rural no Brasil não são adequadamente comparáveis aos dos demais países, porque a forma de coleta de informações não seguem a metodologia aceita internacionalmente. Segundo estimativas, se o Brasil seguisse a metodologia usada na Europa, o índice de população rural seria de aproximadamente 33%. *FAO Statistical Yearbook 2013*. Disponível em: <www.fao.org>. Acesso em: 2 abr. 2014.

Em países desenvolvidos, como Suíça e Noruega, o percentual de população residente na zona rural é relativamente alto, e o número de trabalhadores agrícolas, pequeno. Isso quando comparado com alguns países emergentes, como o Chile, e de baixa renda, como a Etiópia, cujo número de trabalhadores agrícolas chega a se equiparar ao número de moradores da área rural.

A produção agropecuária no mundo

Ao longo do século XX, os países desenvolvidos intensificaram a produção agropecuária por meio da modernização das técnicas de cultivo e criação. Atualmente sua produtividade é elevada e eles obtêm enorme volume de produção, que abastece o mercado interno e é responsável por grande parcela dos produtos agropecuários que circulam no mercado mundial, como podemos observar nos gráficos:

Principais exportadores e importadores de produtos agrícolas – 2012 (em bilhões de dólares)

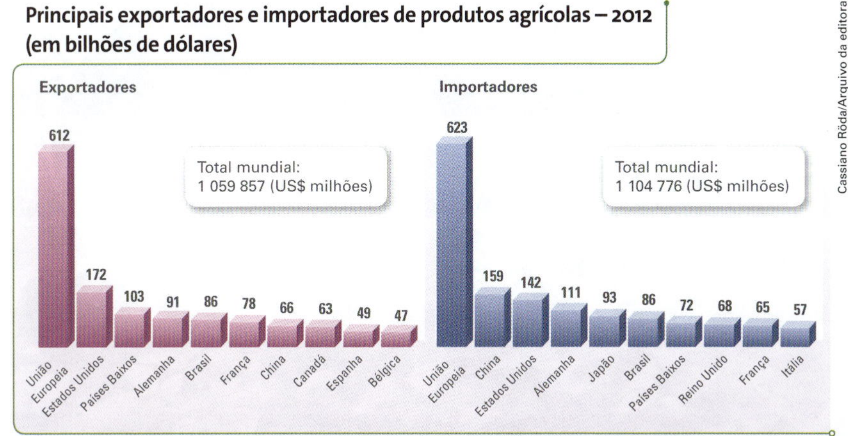

Cassiano Röda/Arquivo da editora

ORGANIZAÇÃO mundial do Comércio. *Datos sobre el comercio internacional y al acceso a lós mercados.* Disponível em: <www.wto.org>. Acesso em: 5 jun. 2014.

Se há uma quebra na safra dos principais produtos cultivados nos Estados Unidos, nos principais países da União Europeia ou no Canadá, por exemplo, os reflexos no comércio mundial e na cotação dos produtos são imediatos. Apesar disso, como mostra a tabela, a participação das atividades agrícolas na economia desses países é reduzida. Em seguida, observe nos gráficos abaixo a distribuição da safra mundial entre os principais países produtores.

Participação da agricultura no produto nacional bruto – 2011

Países	% do PNB
Etiópia	41,9
Albânia	20,0
Índia	17,2
China	10,0
Ucrânia	8,3
Brasil	5,5
México	3,7
Chile	3,4
Japão	1,2
Estados Unidos	1,2
Noruega	1,6
Suíça	1,1

FAO Statiscal Yearbook 2013. Disponível em: <www.fao.org>. Acesso em: 2 abr. 2014.

Cana-de-açúcar – 2011

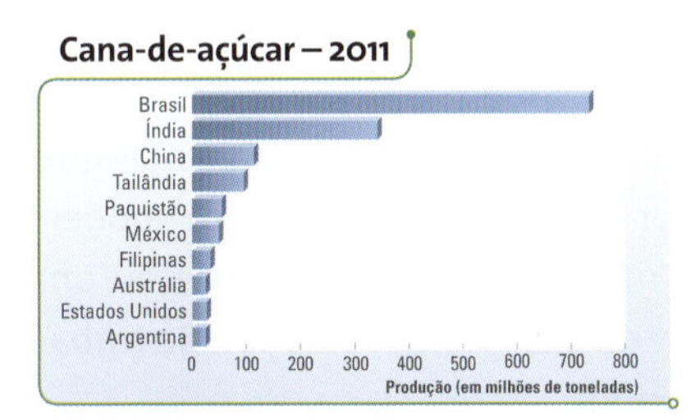

Carne bovina – 2011

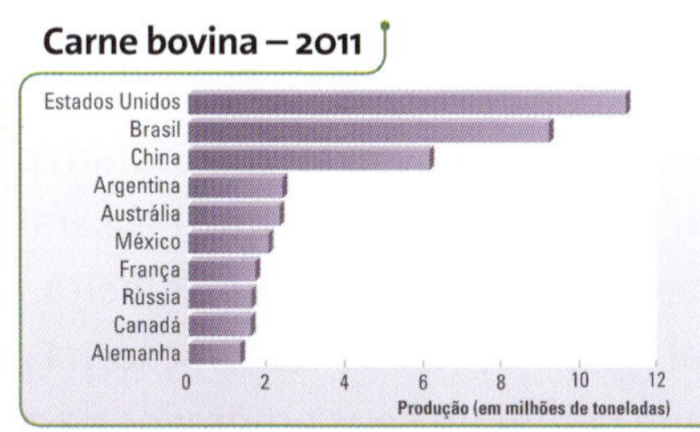

Arroz – 2011

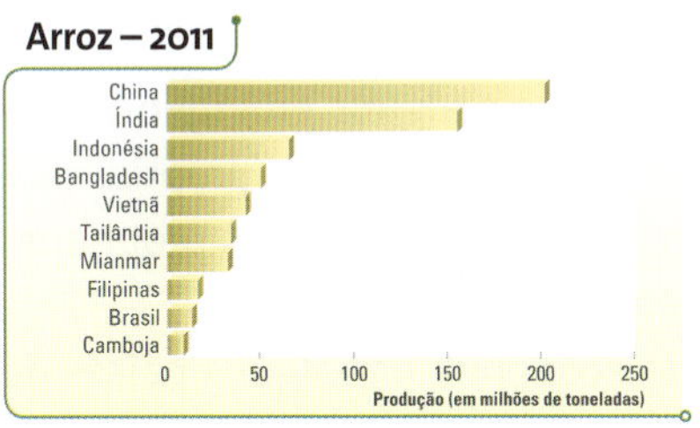

Trigo – 2011

China
Índia
Estados Unidos
Rússia
França
Austrália
Canadá
Paquistão
Casaquistão
Turquia
0 20 40 60 80 100 120
Produção (em milhões de toneladas)

Milho – 2011

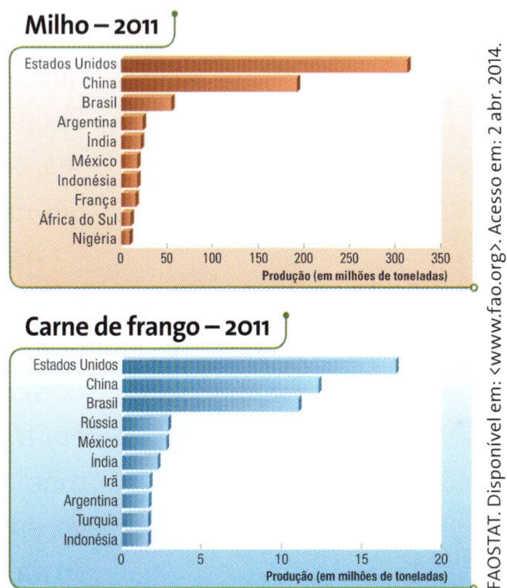

Soja – 2011

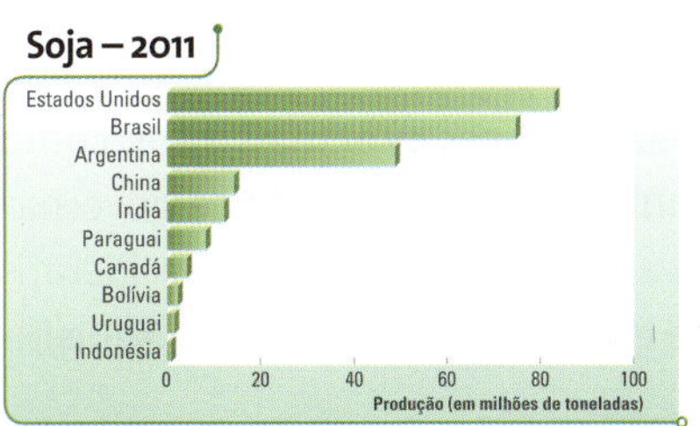

Café – 2011

Brasil
Vietnã
Indonésia
Colômbia
Etiópia
Peru
Índia
Honduras
Guatemala
México
0 0,5 1 1,5 2 2,5 3
Produção (em milhões de toneladas)

Carne de frango – 2011

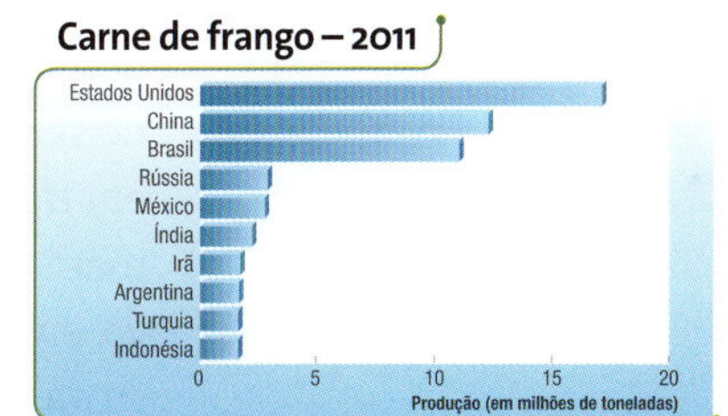

FAOSTAT. Disponível em: <www.fao.org>. Acesso em: 2 abr. 2014.

A China é o maior produtor mundial de alimentos. Observe que, com exceção do café, o país está entre as cinco primeiras colocações em todos os gráficos. Entretanto, para abastecer seu enorme mercado interno, o país depende da importação de vários produtos agrícolas, e o Brasil é um de seus principais fornecedores, com destaque para a soja. Em contrapartida, a China é um dos principais fornecedores de defensivos agrícolas para o Brasil.

Ana Araújo/Arquivo da editora

Fabio Colombini/Acervo do fotógrafo

Fabio Colombini/Acervo do fotógrafo

Nas fotos, plantação de soja em Capão Bonito (SP), em 2006.

Nos países em desenvolvimento, foram principalmente as regiões agrícolas que abastecem o mercado externo que passaram por semelhante processo de modernização das técnicas de cultivo e colheita. Em muitos países, isso acarretou um êxodo rural e promoveu a concentração, na periferia das grandes cidades, de trabalhadores que perderam seus empregos na zona rural.

No mundo em desenvolvimento, é impossível estabelecer generalizações, já que os contrastes verificados entre países mais pobres e alguns emergentes – a Etiópia e o Brasil, por exemplo – se repetem também no interior dos próprios países, onde convivem, lado a lado, modernas agroindústrias e pequenas propriedades nas quais se pratica a agricultura de subsistência.

As atividades agrícolas constituem a base da economia em alguns países de baixa renda e em regiões atrasadas de países emergentes. Uma vez que neles se pratica uma agricultura de baixa produtividade, o percentual da PEA que trabalha no setor é sempre superior a 25%, atingindo às vezes índices bem mais altos, como em Uganda, onde 82% da PEA é agrícola. É comum vigorar uma política governamental que priorize a produção agrícola voltada ao mercado externo, mais lucrativo, em detrimento das necessidades internas de consumo, já que o poder aquisitivo da população é baixo.

Pensando no Enem

1.

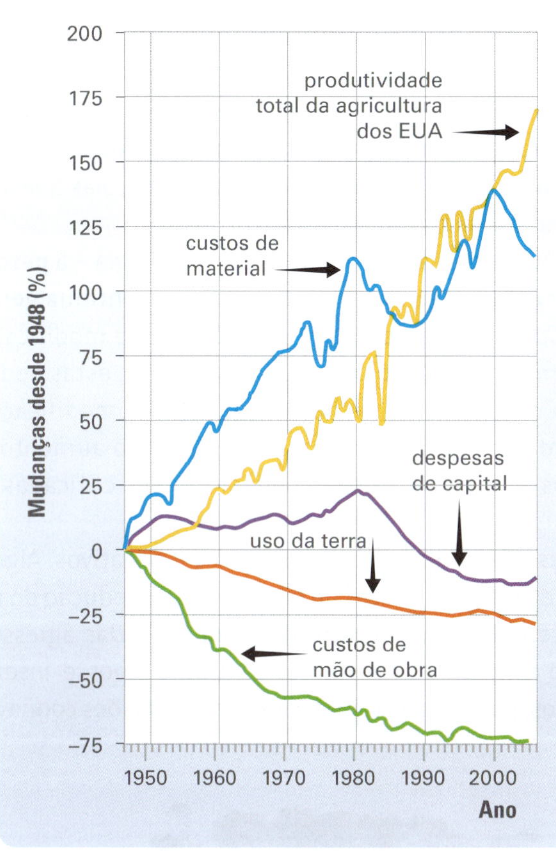

Adaptado de: *SCIENTIFIC American Brasil*. São Paulo: Duetto, jun. 2007. p. 19.

A respeito da agricultura estadunidense no período de 1948 a 2004, observa-se que:

a) o aumento da produtividade foi acompanhado da redução de mais de 70% dos custos de mão de obra.

b) o valor mínimo dos custos de material ocorreu entre as décadas de 1970 e 1980.

c) a produtividade total da agricultura dos EUA apresentou crescimento superior a 200%.

d) a taxa de crescimento das despesas de capital manteve-se constante entre as décadas de 1970 e 1990.

e) o aumento da produtividade foi diretamente proporcional à redução das despesas de capital.

Resolução

A alternativa correta é a **A**. Os dados apresentados no gráfico revelam que, no período retratado, a produtividade cresceu cerca de 175%, e o custo de mão de obra foi reduzido em 75%.

2. Com base nas informações anteriores, pode-se considerar fator relevante para o aumento da produtividade na agricultura estadunidense, no período de 1948 a 2004,

a) o aumento do uso da terra.

b) a redução dos custos de material.

c) a redução do uso de agrotóxicos.

d) o aumento da oferta de empregos.

e) o aumento do uso de tecnologias.

Resolução

A alternativa correta é a **E**. No gráfico, ao longo do período retratado, houve redução no uso da terra e aumento nos custos de material. Não há informação sobre uso de agrotóxicos nem de oferta de empregos; portanto, o grande aumento da produtividade está relacionado à aplicação de novas tecnologias que aumentam o volume de produção obtido por hectare.

Estas questões trabalham a **Competência de Área 4 – Entender as transformações técnicas e tecnológicas e seu impacto nos processos de produção, no desenvolvimento do conhecimento e na vida social** – e **Habilidades 16, 17** e **20 – Identificar registros sobre o papel das técnicas e tecnologias na organização do trabalho e/ou da vida social; Analisar fatores que explicam o impacto das novas tecnologias no processo de territorialização da produção; Selecionar argumentos favoráveis ou contrários às modificações impostas pelas novas tecnologias à vida social e ao mundo do trabalho.**

Delfim Martins/Pulsar Imagens

5 Biotecnologia e alimentos transgênicos

A biotecnologia compreende o desenvolvimento de técnicas voltadas à adaptação ou ao aprimoramento de características dos organismos animais e vegetais, visando ao aumento da produção e à melhoria da qualidade dos produtos.

Há várias décadas, seu desenvolvimento vem proporcionando benefícios socioeconômicos e ambientais na agropecuária de diversos países. A seleção de sementes, os enxertos realizados em plantas, o cruzamento induzido de animais de criação e a associação de culturas são algumas das técnicas agrícolas que integram a biotecnologia e são praticadas há muito tempo.

Em meados da década de 1990, porém, um ramo da biotecnologia – a **pesquisa genômica** – passou a lidar com um novo campo que gerou e continua gerando muita controvérsia: a produção de organismos geneticamente modificados (OGMs), mais conhecidos como transgênicos. No caso das plantas, estas podem se tornar resistentes à ação de pragas ou de herbicidas. Outras modificações genéticas mais antigas, como o melhoramento das sementes ou o aumento na proporção de nutrientes dos alimentos, nunca chegaram a ser criticadas da mesma maneira.

Essa nova tecnologia apresenta vários aspectos positivos e negativos. Alguns dos aspectos positivos são: elevação nos índices de produtividade, redução do uso de agrotóxicos e consequente redução dos custos de produção e das agressões ambientais, além de criação de plantas resistentes a vírus, fungos e insetos. Quanto aos aspectos negativos, podem ser citados: falta de conclusões confiáveis

A biotecnologia possibilita: cultivar plantas de clima temperado, como a soja, o trigo e a uva, em regiões de clima tropical; acelerar o ritmo de crescimento das plantas e a engorda dos animais; aumentar o teor de proteínas, vitaminas e sais minerais em algumas frutas, verduras, legumes e cereais; aumentar o intervalo de tempo entre o amadurecimento e a deterioração das frutas; entre outras inovações que beneficiam os produtores, os comerciantes e os consumidores. Na foto, plantação de trigo com milharal e eucaliptos ao fundo, em São Borja (RS), em 2012.

Gerson Gerloff/Pulsar Imagens

sobre os eventuais impactos ambientais do seu cultivo em grande escala, além dos possíveis efeitos danosos à saúde humana. Outro aspecto duramente criticado é o **monopólio** no controle das sementes – por exemplo, a empresa Monsanto produz sementes de uma variedade de soja chamada *Roundup Ready*, cuja tradução é "preparada" ou "pronta para o Roundup", herbicida fabricado pela própria empresa.

Monopólio: situação em que uma única empresa domina a oferta de determinado produto ou serviço. A maioria dos países apresenta um conjunto de leis para impedir a formação de monopólios.

Os Estados Unidos liberaram o cultivo e a comercialização de milho, soja, algodão e outras plantas transgênicas em meados da década de 1990, e em 2011 mais de 80% de sua produção de grãos utilizavam essas sementes. Em 2001, um estudo da Organização Mundial de Saúde (OMS) concluiu que os alimentos transgênicos aprovados para a comercialização não fazem mal à saúde e contribuem para melhorar as condições ambientais ao reduzir, na maioria dos cultivos, o volume de pesticidas empregados na agricultura. Em 2011, cerca de 80% da soja plantada na Europa e 60% da cultivada no Brasil era transgênica.

É importante destacar, entretanto, que não se pode generalizar esse tipo de estudo. O cultivo de plantas transgênicas é pesquisado e liberado caso a caso. Saber que atualmente o algodão ou o milho transgênicos não oferecem riscos ao meio ambiente nem à saúde das pessoas não significa que outros tipos de OGMs sejam igualmente seguros. Além disso, técnicas de pesquisa mais refinadas em contínuo desenvolvimento podem mostrar no futuro que o que hoje se considera seguro na realidade não era.

No Brasil, a regulamentação e a fiscalização do uso de alimentos transgênicos ficou a cargo da Comissão Técnica Nacional de Biossegurança (CTNBio), órgão vinculado ao Ministério da Ciência e Tecnologia. Algumas de suas atribuições são a introdução da Política Nacional de Biossegurança sobre os transgênicos, o estabelecimento de normas técnicas de segurança e a emissão de pareceres sobre a proteção da saúde humana e do meio ambiente.

Elza Fiúza/Abr/Radiobrás

A Lei de Biossegurança (Lei 1105, de 24 de março de 2005) obriga a explicitação, no rótulo da embalagem, de alimentos que contenham produtos transgênicos para informar os consumidores e eles terem opção de escolha na compra. O símbolo adotado é um triângulo amarelo, com a letra T dentro (e em preto sobre fundo branco, quando a embalagem não for colorida). Ele deverá constar no painel principal da embalagem, para assegurar a sua visibilidade pelo consumidor.

Consulte a indicação dos *sites* da **Embrapa**, **CTNbio**, **FAO/ONU** e **Planeta orgânico**. Veja orientações na seção **Sugestões de leitura, filmes e *sites***.

6 A agricultura orgânica

Paralelamente ao aumento do cultivo de transgênicos, vem crescendo o número de agricultores e consumidores adeptos da **agricultura orgânica**, um sistema de produção que não utiliza nenhum produto agroquímico – fertilizantes, inseticidas, herbicidas – ou, muito menos, geneticamente modificados. A adubação do solo é realizada com **matéria orgânica** e o combate às pragas, com **controle biológico** – uso de predadores naturais.

A prática da agricultura orgânica considera a preocupação em manter o equilíbrio ecológico do solo – suporte para a fixação das raízes e sua fonte de nutrientes –, fundamental nesse tipo de agricultura. Os produtores que adotam a agricultura orgânica buscam, portanto, manter o equilíbrio do ambiente e de seu plantio por meio da preservação dos recursos naturais. Embora lentamente, seu consumo vem apresentando crescimento por parte de pessoas que preferem pagar um pouco mais por produtos mais saudáveis e cuja produção cause menos agressões que as dos produtos cultivados com adubos e inseticidas químicos. Aliás, o custo de reparação ambiental da agricultura química de larga escala deveria estar incluído em seus preços – ela provoca um passivo ambiental que toda a sociedade terá de pagar futuramente, o que torna sua produção mais barata que a orgânica apenas em curto prazo.

Esse tipo de agricultura valoriza a manutenção de faixas de vegetação nativa, além da **rotação e associação de culturas**, e por isso envolve somente propriedades policultoras com suas vantagens socioeconômicas e ambientais inerentes: na grande maioria, a produção é obtida em pequenas propriedades familiares, o que aumenta a oferta de ocupação produtiva à população rural e diminui a migração para as cidades, além de promover maior preservação dos solos e não usar insumos químicos.

Embalagem de carne com certificação orgânica em mercado no Colorado (Estados Unidos), em 2009.

No caso da criação de animais, desde o nascimento eles recebem rações produzidas com matérias-primas livres de agrotóxicos e de adubos químicos, e não são submetidos ao crescimento acelerado com a ajuda de hormônios. Além disso, a criação considera o bem-estar dos animais.

No Brasil, como em muitos outros países, a produção de alimentos orgânicos é fiscalizada e as embalagens são certificadas para o consumidor ter confiança no produto e a garantia de que não está ingerindo substâncias potencialmente nocivas. A partir de janeiro de 2010, a Lei Federal 10 831/2003 passou a exigir que os produtores e fabricantes de produtos orgânicos coloquem selo de certificação emitido por empresas habilitadas pelo Instituto Nacional de Metrologia (Inmetro), segundo as normas adotadas pela Associação Brasileira de Normas Técnicas (ABNT).

Atividades

Compreendendo conteúdos

1. Caracterize a agricultura e a pecuária intensivas e extensivas.
2. Quais são as principais diferenças entre a agricultura familiar e a agricultura empresarial?
3. Defina o que são agronegócios.
4. Por que vem se reduzindo o percentual de moradores e trabalhadores da zona rural que se dedicam a atividades agrícolas?
5. O que foi a Revolução Verde? Quais foram os impactos socioeconômicos e ambientais ocasionados por ela?
6. Quais são os aspectos positivos e negativos relacionados ao cultivo de OGMs?

Desenvolvendo habilidades

7. Elabore um texto comparando a agricultura e a pecuária orgânicas com a praticada em grande escala no mundo (releia o texto da página 854), considerando os aspectos socioeconômicos e ambientais de cada uma delas. Finalize o texto com sua opinião em relação à adoção de uma ou outra prática agrícola.
8. Leia o texto a seguir e responda às perguntas.

Agricultura sustentável

Com o crescimento das preocupações em relação à qualidade do meio ambiente em todo o mundo, a agricultura da Revolução Verde – que, nas últimas décadas, superou, com aumentos espetaculares de produção e de produtividade, o desafio de atender a uma demanda crescente de alimentos e de outros produtos à custa da degradação ambiental – passa a ser questionada no que se refere à sustentabilidade de longo prazo.

Na realidade, a demanda crescente por alimentos e por outros produtos agrícolas diante do impacto ocasionado mostra a necessidade de mudanças no modelo de agricultura praticado nas últimas décadas – uma agricultura que atenda simultaneamente aos objetivos de maior produtividade e de qualidade ambiental. Embora ainda não dominem o mercado, as experiências emergentes apontam os caminhos da agricultura do futuro na direção desses objetivos.

KITAMURA, Paulo Choji. Agricultura sustentável. In: HAMMAS, Valéria Sucena (Org.). *Educação ambiental para o desenvolvimento sustentável*. 3. ed. Brasília: Embrapa, 2012. p. 189. v. 5.

a) Qual é o posicionamento do autor do texto quanto às práticas agrícolas que predominam atualmente?
b) Alguns pesquisadores e estudiosos defendem que os alimentos cultivados com as técnicas da Revolução Verde deveriam embutir os custos da degradação ambiental (degradação dos solos, poluição dos aquíferos e cursos de água, extinção de espécies, redução da biodiversidade e outros) em seus preços e, portanto, custar mais caro. Você concorda com essa posição? Explique.

Ernesto Reghran/Pulsar Imagens

Cultivo orgânico de hortaliças em Maringá (PR), em 2013.

Vestibulares de Norte a Sul

1. CO (Uneb-DF)

> Bilhões de pessoas devem a vida a uma única descoberta, feita há um século. Em 1909, o químico alemão Franz Haber, da Universidade de Karlsruhe, mostrou como transformar o gás nitrogênio — abundante, e não reagente, na atmosfera, porém inacessível para a maioria dos organismos — em amônia, o ingrediente ativo em adubos sintéticos. Vinte anos depois, quando outro cientista alemão, Carl Bosch, desenvolveu um meio para aplicar a ideia de Haber em escala industrial, a capacidade mundial de produzir alimentos disparou.
>
> Nas décadas seguintes, novas fábricas converteram tonelada após tonelada de amônia em fertilizante e hoje se considera a solução Haber-Bosch uma das maiores dádivas da história da saúde pública.
>
> (TOWNSEND; HOWARTH, 2010. p. 44).

Com base na análise do texto e nos conhecimentos sobre o uso de fertilizantes na agricultura e suas implicações, marque **V** nas afirmativas verdadeiras e **F**, nas falsas.

( ) Um dos pilares da "Revolução Verde" é a utilização dos adubos químicos.

( ) O aumento da produtividade agrícola eliminou a fome endêmica na África e no Sudeste Asiático.

( ) O uso excessivo do nitrogênio tem contribuído para o aparecimento de zonas mortas, antes confinadas à América do Norte e à Europa, em outras regiões do Planeta.

( ) A utilização do nitrogênio em larga escala é aconselhável porque, quando as águas pluviais, carregadas de fertilizantes, chegam aos oceanos, ocorre o florescimento de plantas microscópicas, consumidoras de pouco oxigênio.

( ) O aumento da biodiversidade é uma das consequências do uso do nitrogênio, principalmente nos ecossistemas costeiros.

A alternativa que indica a sequência correta, de cima para baixo, é a

a) F – V – F – V – V
b) F – V – V – F – V
c) V – F – V – F – F
d) F – F – V – F – V
e) V – F – F – V – F

2. S (UFSM-RS)

O acesso desigual aos alimentos – 2007

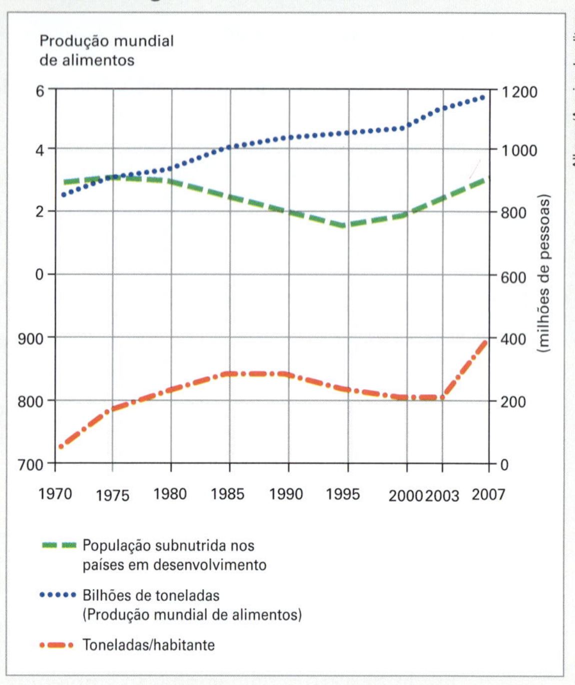

Fonte: TERRA, Lygia; ARAUJO, Regina; GUIMARÃES, Raul Borges. *Conexões*: estudos de Geografia geral e do Brasil. São Paulo: Moderna, v. 1, 2010. p. 164 (adaptado).

Através da figura, pode-se observar a relação entre produção e distribuição dos alimentos. O gráfico permite visualizar que

a) a produção de alimentos por habitante apresenta tendência decrescente, sobretudo na última década.
b) a linha da produção de alimentos mantém uma tendência de contínuo decréscimo.
c) o total de subnutridos mostra tendência de queda no período representado.
d) o total de subnutridos vem aumentando, sobretudo nos dez últimos anos.
e) existe uma tendência de manutenção na distribuição desigual de acesso aos alimentos, à medida que ocorre uma redução na produção mundial de alimentos.

3. NE (UEPB) Preencha corretamente as lacunas do texto:

No século XXI, a necessidade do aumento da produção agrícola vem ocasionando uma verdadeira mudança na arte de ____________.

A agricultura ____________ é definida como uma prática de produção de alimentos sem o uso de insumos de origem sintética. O manejo agrícola é baseado no respeito ao meio ambiente. O agricultor busca alternativas naturais para adubação, controle das pragas e recomposição do solo.

Os ________________ são os vegetais derivados da alteração genética. Esse processo pode alterar o tamanho das plantas, retardar a degradação dos produtos agrícolas após a colheita, ou torná-los mais resistentes às pragas, aos herbicidas e pesticidas.

Os ________________ são produtos químicos usados na lavoura, na pecuária e até mesmo no ambiente doméstico. A maioria dos produtores agrícolas utiliza-o para combater pragas e doenças.

A ________________ aplicada ao desenvolvimento dos produtos da agricultura moderna é, de todas as novas tecnologias, a que oferece o maior potencial para se elevar a produtividade agrícola.

A ________________ tem por objetivo proteger a diversidade e a integridade do patrimônio genético do país, ou seja, a prevenção dos riscos em processos de pesquisa, serviços e atividades econômicas que possam garantir a saúde humana e evitar impactos ao meio ambiente.

A alternativa que preenche corretamente é:

a) organizar / de plantação / transgênicos / agrotóxicos / biotecnologia / biossegurança
b) plantação / orgânica / transgênicos / agrotóxicos / biossegurança / biotecnologia
c) plantar / orgânica / transgênicos / biotóxicos / biotecnologia / ambientologia
d) plantar / orgânica / transgênicos / agrotóxicos / biotecnologia / biossegurança
e) plantar / orgânica / agrotóxicos / transgênicos / biotecnologia / biossegurança

4. **SE** (UERJ)

Estoque de terra arável

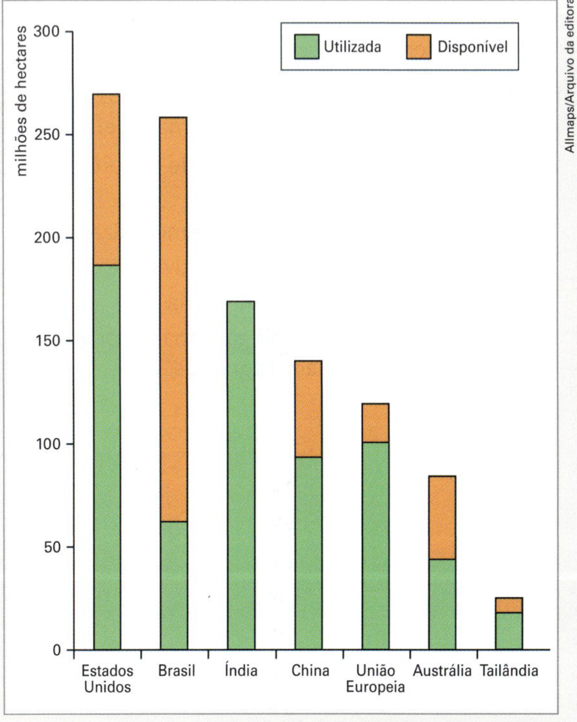

(Adaptado de Dailyreckoning.com)

A ampliação da oferta de alimentos é um dos maiores desafios da humanidade para as próximas décadas.

Com base na disponibilidade do recurso natural representada no gráfico, o país com maior potencial para expansão do seu setor agropecuário é:

a) Índia
b) China
c) Brasil
d) Estados Unidos

5. **SE** (UERJ) Uma das questões mais polêmicas da agricultura mundial diz respeito às centenas de bilhões de dólares investidos todos os anos para dar apoio financeiro aos agricultores, principalmente no mundo desenvolvido. Essa ajuda aumenta de modo artificial a competitividade, prejudicando as vendas dos agricultores das nações pobres.

Analise o gráfico abaixo, que apresenta a estimativa de apoio estatal ao produtor rural em percentual do PIB agrícola no ano de 2009:

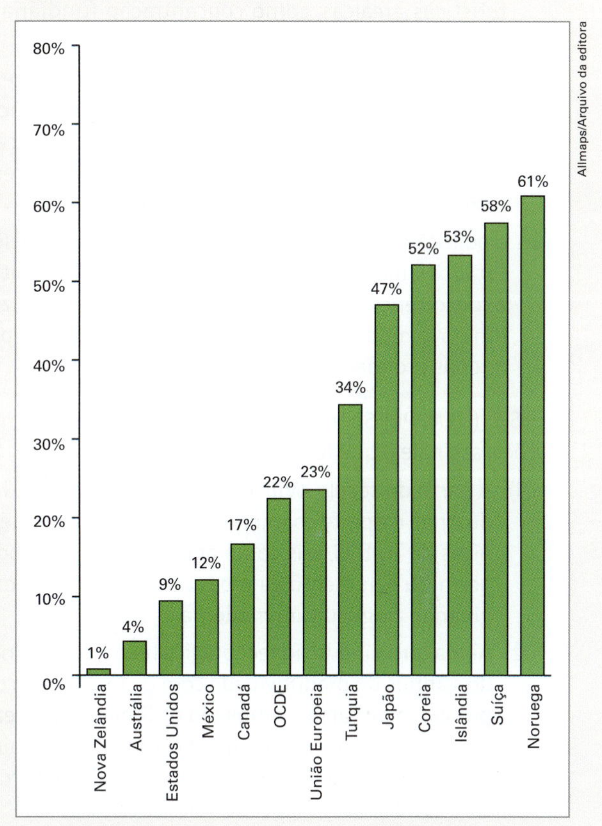

Os cinco países com maior estimativa de dependência de subsídios para a agricultura apresentam em comum as seguintes características:

a) propriedades com área reduzida – elevado custo de produção.
b) atividades de caráter extensivo – baixa produtividade do setor primário.
c) insumos oriundos da importação – grande percentual de terras devolutas.
d) latifúndios voltados para a exportação – pequena população ativa no campo.

6. **N** (UEPA) Ao longo do tempo a humanidade foi aperfeiçoando as formas de explorar a natureza e de intervir no meio ambiente por meio das relações econômicas e culturais. Estas transformações, atreladas ao desenvolvimento tecnológico, por vezes têm provocado problemas fundiários e ambientais. Nesse sentido é verdadeiro afirmar que:

a) dadas as condições econômicas e ambientais, a produção agrícola mundial é obtida de forma bastante homogênea, isto é, livre de problemas fundiários e repleta de conflitos de cunho ambiental.

b) o uso de técnicas tradicionais na cultura de irrigação no Sudeste asiático – região das monções –, a exemplo da rizicultura, alia produção para o consumo externo e baixos impactos socioambientais.

c) ao mesmo passo que o Brasil se dinamiza economicamente, destacando-se pelo seu desenvolvimento tecnológico agrícola, em particular na produção de commodities, mantém em sua estrutura social características arcaicas, como concentração fundiária e violência no campo.

d) duas grandes paisagens agrícolas da Europa apresentam reduzidos problemas ambientais em decorrência do seu restrito uso de tecnologia e modernização agrária, combinando, por sua vez, a agricultura de seca com a rotação de cultivos.

e) a política de subsídios agrícolas implementada pelos Estados Unidos da América tem como objetivo evitar a concorrência de produtos de importação e viabilizar um novo modelo agrário nacional assentado em pequenas propriedades de uso coletivo da terra.

7. **S** (UEM-PR) Sobre o meio rural e suas transformações, assinale o que for correto.

01) A partir do século XVIII, no período da revolução industrial, o aperfeiçoamento de instrumentos e técnicas de cultivo, tais como arado de aço e adubos, permitiu o aumento da produtividade agrícola, originando a agricultura moderna.

02) Ainda que a inovação tecnológica tenha determinado ganhos de produtividade com o crescimento da produção por área e ampliado os limites das áreas agrícolas, o desenvolvimento da produção rural ainda hoje necessita de grandes extensões de terras com condições climáticas e solos favoráveis.

04) Procedimentos técnicos, como a adubação e a irrigação e drenagem, têm diminuído a dependência da agricultura do meio natural. Entretanto, a difusão dessas inovações pelo espaço mundial é irregular, tornando o meio rural muito diversificado.

08) Na agropecuária extensiva, são utilizadas pequenas extensões de terras, podendo ser mantidas vastas áreas naturais preservadas. Há o predomínio do capital, uma vez que apresenta grande mecanização e a mão de obra utilizada é bem qualificada.

16) O *plantation* é um sistema agrícola típico de países desenvolvidos. As suas características atuais são: o minifúndio (pequenas propriedades rurais), policultura (cultivo de vários produtos agrícolas) e mão de obra qualificada.

8. **SE** (UFMG) Considerando-se o atual estágio da agricultura mundial, é INCORRETO afirmar que:

a) A agricultura voltada para o mercado interno, em países como o Brasil, ao incorporar insumos e tecnologias gerados pelo agronegócio, pode promover elevação dos preços dos alimentos para o consumidor.

b) A maior disponibilidade de terras agrícolas, em escala planetária, é encontrada nas zonas temperadas, onde a fragilidade dos solos constitui obstáculo à expansão de sua exploração.

c) A produção global de alimentos, na atualidade, é capaz de atender ao consumo em escala planetária, embora a ingestão de alimentos por parcela da população mundial ainda se dê de forma insuficiente em quantidade e diversidade.

d) As restrições geográficas impostas, em decorrência de determinadas condições de clima, solo e relevo, a um numeroso grupo de cultivos são, em grande parte, satisfatoriamente contornadas por práticas de manejo modernas.

9. **S** (UEL-PR) Em relação à agricultura dos Estados Unidos da América é INCORRETO afirmar que:

a) Caracteriza-se pela presença de cinturões agrícolas ou *belts*.

b) Apresenta um elevado grau de mecanização.

c) Detém o maior índice de produtividade do planeta.

d) Caracteriza-se pela agroindústria.

e) Caracteriza-se por empregar a maior parte de sua população em atividades agrícolas.

CAPÍTULO

35 A agropecuária no Brasil

Sergio Israel/Pulsar Imagens

Gado de corte em Colorado do Oeste (RO), em 2011.

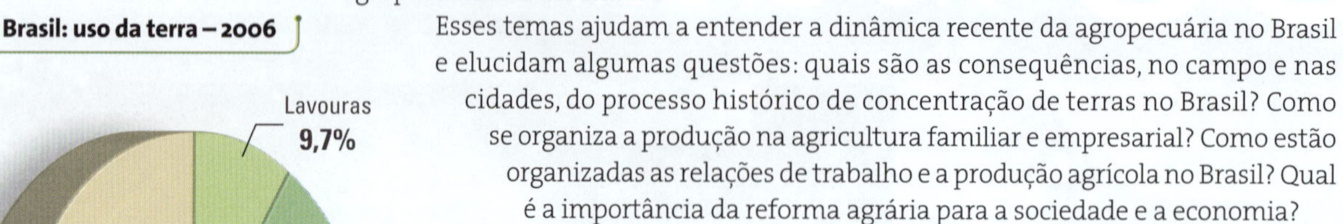

Da década de 1980 até os dias atuais, o crescimento do PIB agrícola foi maior que os apresentados nos demais setores da economia.

Para entender os sistemas agrícolas existentes no Brasil, vamos estudar neste capítulo o uso da terra (veja o gráfico abaixo), o tamanho e a distribuição das propriedades rurais, as relações de trabalho, a reforma agrária e a diversidade da produção agropecuária na atualidade.

Esses temas ajudam a entender a dinâmica recente da agropecuária no Brasil e elucidam algumas questões: quais são as consequências, no campo e nas cidades, do processo histórico de concentração de terras no Brasil? Como se organiza a produção na agricultura familiar e empresarial? Como estão organizadas as relações de trabalho e a produção agrícola no Brasil? Qual é a importância da reforma agrária para a sociedade e a economia?

Brasil: uso da terra – 2006

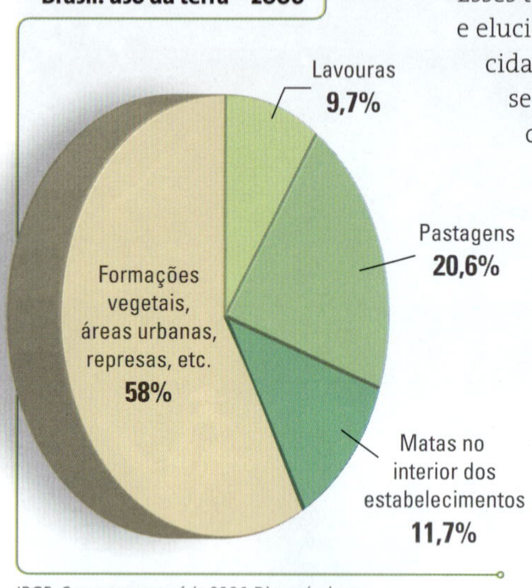

IBGE. *Censo agropecuário 2006*. Disponível em: <www.ibge.gov.br>. Acesso em: 2 abr. 2014.

Cooperativa: empresa formada e dirigida por uma associação de usuários (pessoas físicas ou jurídicas) que se reúnem em igualdade de direitos com o objetivo de desenvolver uma atividade econômica ou prestar serviços comuns, eliminando os intermediários.

Para aumentar a participação brasileira no comércio mundial de produtos agropecuários é preciso acesso à assistência técnica e aos financiamentos para a formação de **cooperativas**. Na foto, de 2012, a cooperativa Coamo, sediada em Campo Mourão (PR).

A dupla face da modernização agrícola

Ao analisar a modernização da agricultura, é comum pensar apenas na modernização das técnicas – substituição de trabalhadores por máquinas, uso intensivo de insumos e desenvolvimento da biotecnologia – e se esquecer de observar as consequências dessa modernização nas relações sociais de produção e na qualidade de vida da população.

O campo brasileiro foi dominado pela grande propriedade ao longo da História. Entre as décadas de 1950 e 1980, a monocultura e a mecanização foram estimuladas e consideradas modelo de desenvolvimento e crescimento econômico por sucessivos governos. Enquanto isso, a agricultura familiar ficou relegada a segundo plano na formulação das políticas agrícolas, o que resultou no deslocamento de grandes contingentes de pequenos proprietários e trabalhadores rurais do campo para as cidades, principalmente em razão das dificuldades de produção e comercialização. Os agricultores que não conseguiram acompanhar o ritmo das inovações tecnológicas tiveram dificuldades de competir no mercado, em razão da baixa produtividade e, consequentemente, da baixa renda. Essa é uma situação que perdura até os dias atuais em muitas regiões do país.

Diferentemente do que ocorreu em países desenvolvidos, no Brasil, muitos dos empregos no setor urbano-industrial eram mal remunerados e não proporcionavam condições adequadas de moradia, alimentação e transporte, nem atendiam a outras necessidades cotidianas básicas. Os agricultores dos países europeus ocidentais e dos Estados Unidos migraram para as cidades predominantemente por fatores de atração (maior densidade de comércio e serviços, salários mais altos, melhor qualidade de vida, etc.). No Brasil, os fatores de repulsão (concentração de terras, baixos salários, desemprego, etc.) foram os que mais contribuíram, e ainda contribuem, para explicar o movimento migratório rural-urbano. É impossível entender as grandes desigualdades sociais do Brasil, que apresenta uma das maiores concentrações de renda do mundo, sem considerar esse fato. A opção pelo fortalecimento da agricultura familiar e a realização de reforma agrária, sobretudo nas décadas em que a população era predominantemente rural, poderiam ter proporcionado melhores condições de vida a milhões de famílias caso tivessem sido efetivadas.

Uma das consequências da modernização das técnicas é a completa subordinação da agropecuária ao capital industrial – além da valorização das terras agricultáveis –, que promove a concentração das propriedades e a intensificação do êxodo rural. A rápida e cada vez maior acumulação de capital, de um lado, por parte dos grandes produtores, e o estabelecimento de precárias relações de trabalho, de outro lado, determinam a dupla face da modernização agrícola brasileira.

"A economia atual não é apenas uma arte de estabelecer empresas lucrativas, mas uma ciência capaz de ensinar os métodos de promover uma melhor distribuição do bem-estar coletivo."

Josué de Castro (1908-1973). Professor, médico e geógrafo, estudou o problema da fome no mundo.

Muitas famílias praticantes da agricultura de subsistência não conseguem se manter; em vez de migrarem para as cidades, procuram outras terras para continuar trabalhando e acabam se tornando posseiros, pois passam a cultivar terras sem proprietário (devolutas) ou ocupam propriedades improdutivas. Na foto, de 2012, acampamento de posseiros em Palmeira do Piauí (PI).

Gerson Sobreira/Acervo do fotógrafo

2 Desempenho da agricultura familiar e empresarial

Uma política de desenvolvimento da produção agropecuária deve contemplar o abastecimento interno, a reforma agrária, o fortalecimento da agricultura familiar e o aumento das exportações.

As unidades familiares, mesmo com o abandono histórico, em razão do domínio da grande propriedade, são fundamentais no espaço geoeconômico rural. As grandes propriedades produzem mais carne bovina, soja, café, cana-de-açúcar, laranja e arroz, enquanto nas unidades familiares predomina a produção de milho, batata, feijão, mandioca, carne suína, aves, ovos, leite, verduras, legumes e frutas. Observe o gráfico da página ao lado.

Gerson Gerloff/Pulsar Imagens

Agricultor trabalhando na plantação de mandioca em São Martinho da Serra (RS), em 2012.

O Censo Agropecuário 2006 revelou que, nesse ano, existiam 4,4 milhões de estabelecimentos de agricultura familiar: representavam 84% do total, mas ocupavam apenas 24% da área destinada à agropecuária. Já os patronais (cerca de 800 mil propriedades) representavam 16% do número de estabelecimentos e ocupavam 76% da área total. Esses números retratam uma estrutura agrária ainda muito concentrada no país: a área média dos estabelecimentos familiares era de 18 hectares, e a dos empresariais, de 309 hectares.

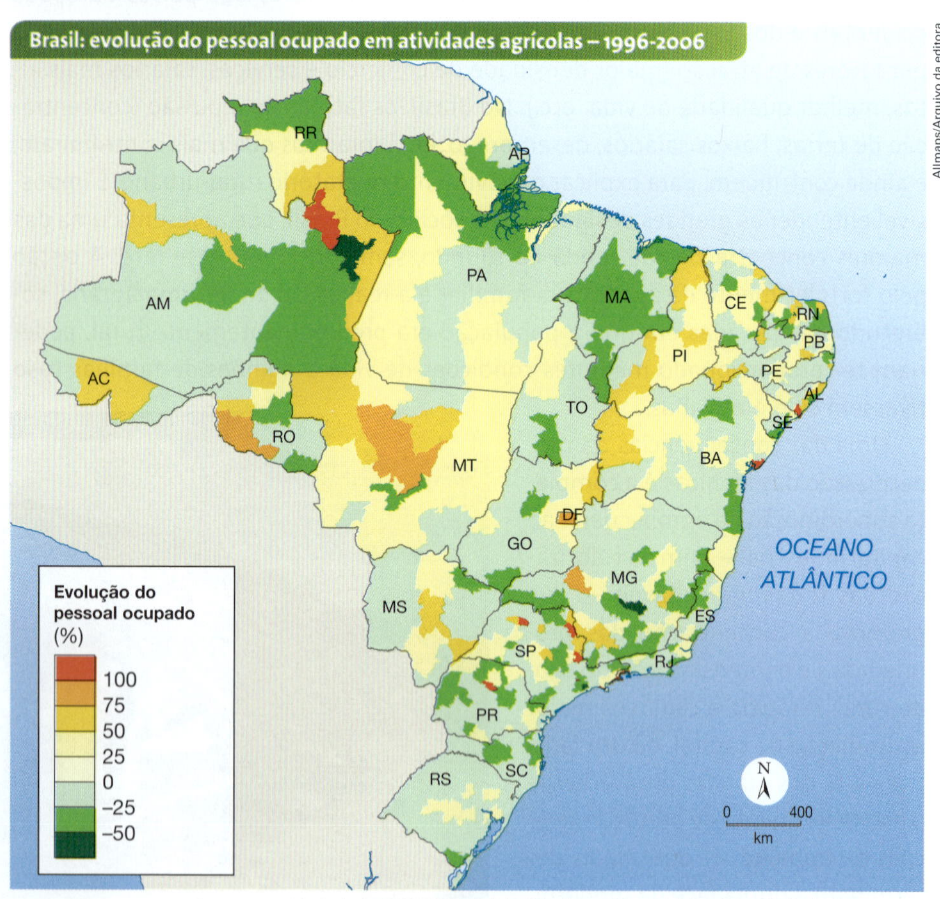

Allmaps/Arquivo da editora

Adaptado de: GIRARDI, Eduardo P. *Atlas da questão agrária brasileira*. São Paulo: Unesp, 2008. Disponível em: <www2.fct.unesp.br/nera/atlas/>. Acesso em: 2 abr. 2014.

Ao observar o mapa, percebe-se que houve redução em grande parte do território brasileiro (indicada pelos números negativos da legenda). O aumento ocorreu principalmente na periferia da Amazônia (Mato Grosso e Pará), onde há incorporação de novas terras à produção agropecuária e substituição de vegetação nativa por novos empreendimentos, com consequentes impactos ambientais decorrentes do desmatamento.

Apesar disso, em 2006, a agricultura familiar foi responsável por um terço do Valor Bruto da Produção (VBP) da agropecuária nacional e, em contrapartida, a agricultura patronal, por dois terços do VBP. Esses números demonstram que, em geral, as propriedades familiares são mais eficientes, com maior aproveitamento econômico da área em comparação às propriedades empresariais – e isso vale para todas as regiões brasileiras.

Brasil: participação dos 20 principais produtos no valor da produção* – 2012

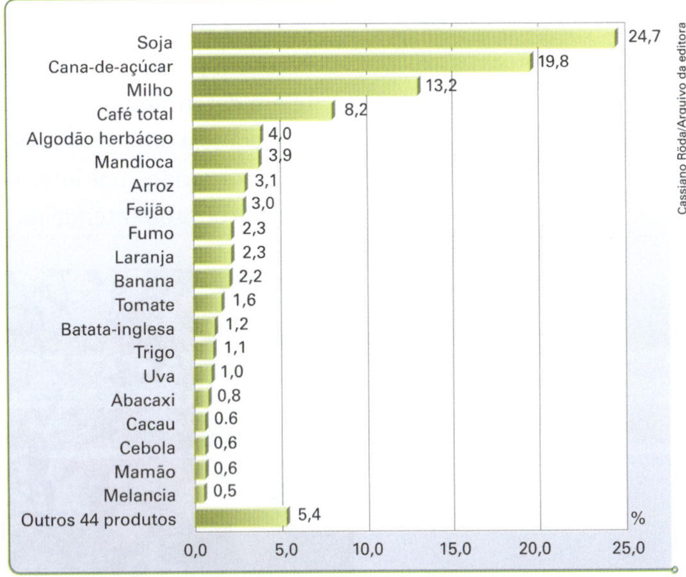

IBGE. *Produção agrícola municipal 2012.* Disponível em: <www.ibge.gov.br>. Acesso em: 2 abr. 2014.

* Nas lavouras permanentes, como laranjais ou cafezais, as plantas produzem frutos todos os anos; nas lavouras temporárias, como as de milho, soja e feijão, há apenas uma colheita por plantio.

Soja, cana-de-açúcar, café e laranja são os principais produtos da pauta de exportação agrícola brasileira.

Os números revelam a eficiência média da agricultura familiar, mas nem todas elas estão nas mesmas condições. Por exemplo, uma família que tenha uma propriedade rural próxima a um grande centro urbano e produza alimentos de forma intensiva terá rentabilidade muito maior do que outra em que se pratique agricultura extensiva, em propriedade mais distante, por causa dos altos custos de transporte e de sua baixa produtividade.

Consulte a indicação dos *sites* do **Ministério da Agricultura, Pecuária e Abastecimento, Ministério do Desenvolvimento Agrário** e da **Empresa Brasileira de Pesquisa Agropecuária (Embrapa)**. Veja orientações na seção **Sugestões de leitura, filmes e *sites*.**

As relações de trabalho na zona rural

No Brasil, em 2012, aproximadamente 15 milhões de pessoas (14,2% da PEA) trabalhavam em atividades agrícolas. Os Censos Agropecuários do IBGE, entre 1996 e 2006, revelaram que cerca de 1,5 milhão de trabalhadores abandonaram as atividades agropecuárias, o que significou, nesse período, uma redução de 8,5% no contingente de trabalhadores agrícolas. Apesar da diversidade de atividades econômicas que se desenvolvem no espaço rural brasileiro, como o turismo e toda a cadeia de serviços a ele associadas (restaurantes, hospedagens, guias, entre outros), a agricultura familiar continua sendo a principal atividade geradora de empregos no campo. Sua importância e seu papel no crescimento econômico brasileiro vêm aumentando nos últimos anos, principalmente após o debate sobre temas como desenvolvimento sustentável, geração de emprego e renda, segurança alimentar e melhoria das condições de vida dos trabalhadores rurais.

Contudo, grande parcela das pessoas que atuam na agricultura familiar não consegue obter uma renda mínima que lhes assegure condições dignas de vida. Para criar os filhos e sobreviver, muitos agricultores trabalham fora de suas propriedades, em outros estabelecimentos (familiares ou patronais), ou atuam em atividades não agrícolas. Além disso, para muitas famílias, a aposentadoria rural de apenas um salário mínimo (para homens com mais de 60 anos e mulheres com mais de 55) é a principal fonte de renda.

Na zona rural brasileira, é possível encontrar as seguintes **relações de trabalho**:

- **Trabalho temporário:** os boias-frias (Centro-Sul), os corumbás (Nordeste e Centro-Oeste) ou os peões (Norte) são trabalhadores diaristas e temporários. Recebem por dia de acordo com sua produtividade, conseguem trabalho somente em determinadas épocas do ano e não têm registro em carteira de trabalho. Embora seja uma relação de trabalho ilegal, continua existindo: os trabalhadores são contratados por intermediários, conhecidos como "gatos", que fornecem a mão de obra ao fazendeiro.

Thomaz Vita Neto/Pulsar Imagens

Em algumas regiões no Centro-Sul do país, sindicatos organizados obtiveram grandes conquistas. Os boias-frias passaram a ter direito a refeição – quente – no local de trabalho, a assistência médica e a salários maiores que os colegas de regiões onde o movimento sindical é desarticulado. As estatísticas do número de trabalhadores temporários que atuam na agricultura são precárias, pois alguns boias-frias são também pequenos proprietários. Calcula-se que, aproximadamente, 10% da mão de obra agrícola trabalhe nessas condições. Na foto, colheita manual de tomate em Potirendaba (SP), em 2011.

- **Trabalho familiar:** caracteriza-se pelo predomínio da mão de obra familiar em pequenas e médias propriedades – de subsistência ou comercial – e representa cerca de 80% da mão de obra nos estabelecimentos agrícolas. No caso de a família obter bons índices de produtividade e rentabilidade, a qualidade de vida é boa e seus membros raramente têm necessidade de complementar a renda atuando em outras atividades. No entanto, no caso de a agricultura praticada pela família ser extensiva e de subsistência, seus membros são obrigados a complementar a renda com atividades temporárias em épocas de corte, colheita ou plantio nas grandes propriedades agroindustriais.
- **Trabalho assalariado:** empregados em fazendas e agroindústrias representam apenas 10% da mão de obra agrícola. São trabalhadores que têm registro em carteira e que recebem, portanto, pelo menos um salário mínimo por mês. Têm, ainda, direito a férias remuneradas, 13º salário, Fundo de Garantia por Tempo de Serviço (FGTS), descanso semanal remunerado e aposentadoria.

- **Parceria e arrendamento:** parceiros e arrendatários alugam a terra de um proprietário para cultivar alimentos ou criar gado. Se o aluguel for pago em dinheiro, ocorre o arrendamento; se o aluguel for pago com parte da produção, combinada entre as partes, ocorre uma parceria.
- **Escravidão por dívida:** trata-se do aliciamento de mão de obra com falsas promessas. Ao empregar-se na fazenda, o trabalhador é informado de que está endividado e, como seu salário nunca é suficiente para quitar a dívida, fica aprisionado sob a vigilância de jagunços (capangas armados a serviço de fazendeiros).

© Angeli/Acervo do cartunista

Para saber mais

Posseiros e grileiros

Posseiros são trabalhadores rurais que ocupam terras sem possuir o título de propriedade. Por causa do descaso histórico do poder público na administração dos problemas do campo e na realização da reforma agrária, muitos deles se engajaram em movimentos sociais, sendo o Movimento dos Trabalhadores Rurais Sem Terra (MST) o mais representativo.

Para as ocupações, em geral, são escolhidas fazendas improdutivas que se encaixam nos pré-requisitos constitucionais da realização da reforma agrária, para pressionar o governo a desapropriá-las e realizar os assentamentos. Entretanto, a partir do início deste século, têm ocorrido com mais frequência invasões e destruição de propriedades produtivas, centros de pesquisa e órgãos públicos, o que configura uma ação ilegal. Em muitos casos, os enfrentamentos decorrentes dessas ações causam sérios conflitos e mortes entre lavradores, a polícia e os jagunços.

Alguns integrantes de assentamentos, com destaque aos que se organizaram em cooperativas, foram bem-sucedidos e prosperaram, mas há os que não conseguiram se organizar, muitas vezes porque se estabeleceram em áreas desprovidas de infraestrutura que permitisse o escoamento da produção.

Grileiros são os invasores de terras que conseguem obter, mediante corrupção, uma falsa escritura de propriedade da terra. Costumam agir em áreas de expansão das fronteiras agrícolas ocupadas inicialmente por posseiros, o que causa grandes conflitos e inúmeras mortes.

Lucas Lacaz Ruiz/Folhapress

Produção familiar no acampamento Conquista, em Tremembé (SP), em 2014.

3 O Estatuto da Terra e a reforma agrária

No primeiro texto a seguir, o agrônomo Francisco Graziano Neto contextualiza historicamente o Estatuto da Terra (Lei 4 504, de 30 de novembro de 1964), promulgado para embasar um programa de reforma agrária que não foi realizado. Também analisa o que estava por trás de sua elaboração. Segundo o discurso oficial, buscava-se democratizar o acesso à propriedade rural, modernizar as relações de trabalho e de produção e, consequentemente, colaborar para o crescimento econômico do país.

O Estatuto da Terra possibilitou a realização de um Censo Agropecuário que fornecesse os dados estatísticos necessários à elaboração de uma política de reforma agrária. Para a realização desse Censo, foi necessário classificar os imóveis rurais por categorias, da mesma forma que, para realizar um censo demográfico, o IBGE classifica as pessoas por idade, sexo, cor e renda.

No entanto, logo surgiu uma dificuldade em razão da grande diversidade das características físicas e das condições geográficas do imenso território brasileiro. A adoção de uma unidade fixa de medida (por exemplo, 1 hectare) não bastaria para classificar os imóveis rurais de maneira realista. Um hectare no fértil e úmido Oeste paulista corresponde a uma realidade agrícola totalmente diferente da de um hectare no solo ácido do Cerrado ou no Semiárido nordestino. Para resolver essa dificuldade, criou-se uma unidade especial de medida de imóveis rurais – o **módulo rural**, derivado do conceito de propriedade familiar. Leia no segundo texto a seguir.

A propriedade familiar apresenta área de dimensão variável, considerando basicamente três fatores:

- **Localização da propriedade:** se o imóvel rural se localiza próximo a um grande centro urbano, em região bem atendida por sistema de transportes, ele proporciona rendimentos maiores do que um imóvel mal localizado, por isso, terá área menor.
- **Fertilidade do solo e clima:** quanto mais propícias as condições naturais da região – relevo, solo, clima e hidrografia –, menor a área do módulo.
- **Tipo de produto cultivado e tecnologia empregada:** em uma região do país onde se cultiva mandioca ou batata, por exemplo, e se utilizam técnicas tradicionais, o módulo rural deve ser maior do que em uma região onde se produz soja ou algodão com emprego de tecnologia moderna.

Consulte a indicação dos *sites* do **Instituto Nacional de Colonização e Reforma Agrária** (Incra) e do **Atlas da questão agrária no Brasil**. Sugerimos também os filmes **Terra para Rose** e **O sonho de Rose**. Veja orientações na seção **Sugestões de leitura, filmes e *sites***.

Delfim Martins/Pulsar Imagens

Ricardo Teles/Pulsar Imagens

Dois exemplos contrastantes de imóveis rurais: à esquerda, empresa rural com cultivo de feijão em Vacaria (RS), em 2011; e à direita, agricultura familiar de hortaliças em São Marcos (PR), em 2012.

Estatuto da Terra, propriedade familiar e módulo rural

Estatuto da Terra

Temerosos com a expansão da Revolução Cubana, ocorrida em 1959, os Estados Unidos formularam a Aliança para o Progresso, política que estimulava reformas nas estruturas agrárias dos países latino-americanos, visando constituir uma vigorosa classe média rural no campo. Com anseios capitalistas e aspirações consumistas, essa classe média seria o melhor freio à revolução comunista na América Latina. Em outras palavras, era preferível à oligarquia rural entregar os anéis que os dedos.

O Estatuto da Terra, como é conhecida a Lei 4 504/64, promulgada no governo de Castelo Branco, representou a expressão máxima dessa visão reformista defendida na época. O Estatuto propunha uma "solução democrática" à "opção socialista". Procurava, dessa forma, impulsionar o desenvolvimento do capitalismo no campo.

Mas a propalada democratização da posse da terra não ocorreu. Nem mesmo sendo a reforma agrária proposta para fortalecer o capitalismo contra a expansão do socialismo na América Latina. A maioria dos países ensaiou, quase todos eles elaboraram planos, fizeram discursos, mas a redistribuição das terras nunca saiu do papel para valer.

Ao contrário da divisão da propriedade, o capitalismo impulsionado pelo regime militar após 1964 promoveu a modernização do latifúndio através do crédito rural subsidiado e abundante. Toda a economia brasileira cresceu vigorosamente, urbanizando-se e industrializando-se, sem necessitar democratizar a posse da terra nem precisar do mercado interno rural. Era o mundo se globalizando, promovendo uma nova divisão internacional do trabalho.

O projeto de reforma agrária foi, assim, esquecido. O resultado é que as estruturas agrárias dos países da América Latina, com o Brasil na liderança, continuaram extremamente concentradas. Permaneceu o problema clássico: muita terra na mão de pouca gente, muita gente com pouca terra.

De econômico, o problema da terra virou social. A industrialização e o crescimento econômico não precisaram da reforma agrária para se efetivar. Isso é uma verdade histórica que desmentiu os economistas de esquerda da época, que incluíam os "desenvolvimentistas". Mas restou o argumento ideológico: é uma grande injustiça a miséria que existe no campo, e essa deve-se à má distribuição das terras.

Assim o problema da terra foi trazido aos nossos dias. Como uma revolta da cidadania às injustiças sociais. Embora se argumente ainda com as razões econômicas da reforma agrária, mudou o eixo da discussão principal.

GRAZIANO, Francisco. Estatuto da Terra. In: BRASIL em foco 2000 [CD-ROM]. Brasília: Ministério das Relações Exteriores; São Paulo: Terceiro Nome, 2000. Graziano é agrônomo e doutor em Administração, lecionou Economia Rural na Universidade Estadual Paulista (Unesp), exerceu a presidência do Instituto Nacional de Colonização e Reforma Agrária (Incra) e foi secretário da Agricultura do estado de São Paulo.

O que é propriedade familiar e módulo rural?

O inciso II, do art. 4º, do Estatuto da Terra (Lei 4 504/64), define como "**Propriedade Familiar**" o imóvel rural que, direta e pessoalmente explorado pelo agricultor e sua família, lhes absorva toda a força de trabalho, garantindo-lhes a subsistência e o progresso social e econômico, com área máxima fixada para cada região e tipo de exploração, e, eventualmente, trabalhado com a ajuda de terceiros. O conceito de propriedade familiar é fundamental para se entender o significado de **Módulo Rural**. O conceito de módulo rural é derivado do conceito de propriedade familiar, e, sendo assim, é uma unidade de medida, expressa em hectares, que busca exprimir a interdependência entre a dimensão, a situação geográfica dos imóveis rurais e a forma e as condições do seu aproveitamento econômico.

INSTITUTO Nacional de Colonização e Reforma Agrária (Incra). Disponível em: <www.incra.gov.br>. Acesso em: 2 abr. 2014.

Gerson Gerloff/Pulsar Imagens

Plantação de uvas em Silveira Martins (RS), em 2011.

Com esses critérios, a partir da década de 1990, passou-se a empregar uma classificação regulamentada em lei após a Constituição Federal de 1988. São consideradas pequenas as propriedades com até 4 módulos rurais, médias as de 4 a 15 módulos e grandes as que superam 15 módulos. Essa mudança foi necessária porque o art. 185 da Constituição, do capítulo que trata da reforma agrária, proíbe a desapropriação, para fins de assentamento rural, de pequenas e médias propriedades, assim como de grandes propriedades produtivas. Leia o trecho da Constituição.

Outras leituras

A reforma agrária na Constituição de 1988

Art. 184. Compete à União desapropriar por interesse social, para fins de reforma agrária, o imóvel rural que não esteja cumprindo sua função social, mediante prévia e justa indenização em títulos da dívida agrária, com cláusula de preservação do valor real, resgatáveis no prazo de até 20 (vinte) anos, a partir do segundo ano de sua emissão, e cuja utilização será prevista em lei.

Parágrafo 1º As benfeitorias úteis e necessárias serão pagas em dinheiro.

[...]

Art. 185. São insuscetíveis de desapropriação para fins de reforma agrária:

I – a pequena e média propriedade rural, assim definida em lei, desde que seu proprietário não possua outra;

II – a propriedade produtiva.

Art. 186. A função social é cumprida quando a propriedade rural atende, simultaneamente, segundo critérios e graus de exigência estabelecidos em lei, aos seguintes requisitos:

I – aproveitamento racional e adequado;

II – utilização adequada dos recursos naturais disponíveis e preservação do meio ambiente;

III – observância das disposições que regulam as relações de trabalho;

IV – exploração que favoreça o bem-estar dos proprietários e dos trabalhadores. [...]

BRASIL. *Constituição da República Federativa do Brasil de 1988*. Disponível em: <www.planalto.gov.br>. Acesso em: 2 abr. 2014.

Embora a Constituição de 1988 tenha fornecido instrumentos legais ao Estado para a realização da reforma agrária, na prática, os assentamentos têm ocorrido em ritmo lento. A maioria dos proprietários contestava na justiça a desapropriação de suas terras, argumentando que não eram improdutivas ou que o preço da indenização não correspondia ao valor de mercado. Isso tornava os processos lentos, os quais perduravam por anos, impedindo o assentamento das famílias selecionadas pelo Incra.

Brasil: famílias assentadas por região – 1994-2013

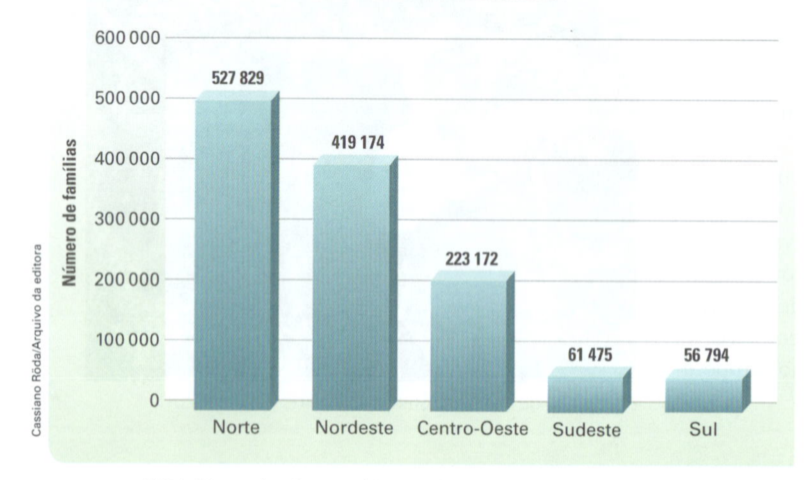

INCRA. *Números da reforma agrária*. Disponível em: <www.incra.gov.br>. Acesso em: 2 abr. 2014.

Tal problema foi solucionado em dezembro de 1996, quando se firmou um importante acordo no Congresso Nacional e se aprovou a Lei do Rito Sumário de Desapropriação. Com essa lei, o pagamento da indenização passou a ser acompanhado pela posse imediata da propriedade em litígio, ou no prazo estipulado pelo juiz, sem que o recurso judicial do proprietário para questionar o valor pago ou o laudo que declarou a terra como improdutiva impeça sua retirada. Em contrapartida, aprovou-se outra lei que proibiu a desapropriação de propriedades invadidas.

Brasil: estrutura fundiária – 2006

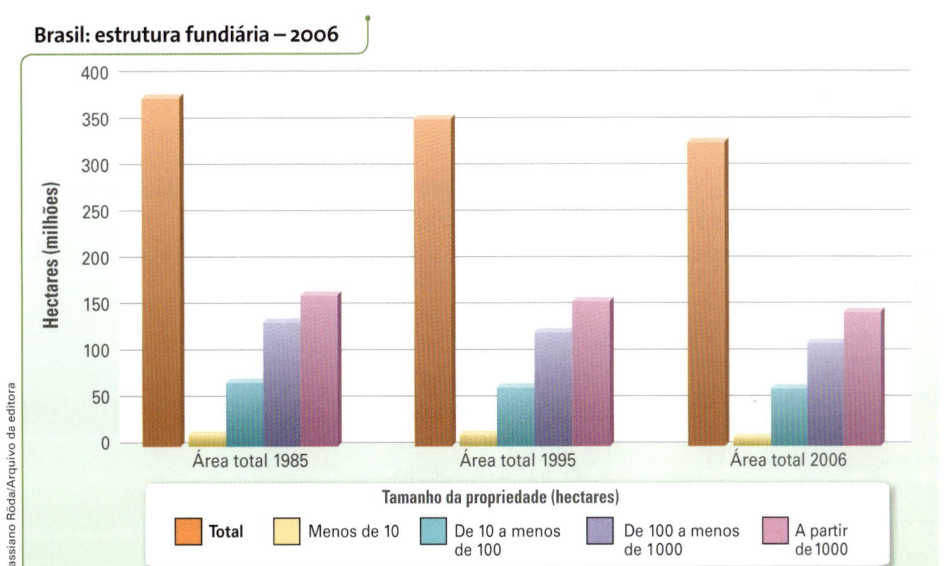

Cassiano Röda/Arquivo da editora

IBGE. *Censo Agropecuário 2006*. Disponível em: <www.ibge.gov.br>. Acesso em: 2 abr. 2014.

Segundo o Censo Agropecuário 2006, 0,9% das propriedades rurais tinham mais de 1 000 hectares e ocupavam 43% da área agrícola do país; em contrapartida, 47% das propriedades rurais tinham área de até 10 hectares e ocupavam somente 2,7% dessa área.

Nesse acordo, os deputados e senadores que representavam os interesses dos grandes proprietários rurais votaram a favor do Rito Sumário de Desapropriação. De outro lado, os que defendiam a realização acelerada da reforma agrária votaram a favor da não desapropriação das terras invadidas. Essas medidas possibilitaram ao governo acelerar os projetos de assentamento.

TERRA PARA TODOS

© Angeli/Acervo do cartunista

Os gráficos desta página e da anterior revelam que ainda há grande concentração de terras em mãos de alguns poucos proprietários, enquanto a maioria dos produtores rurais detém uma parcela muito pequena da área agrícola. Há um número estimado em centenas de milhares de trabalhadores urbanos e rurais aguardando assentamento, enquanto cerca de 32% da área agrícola nacional é constituída por propriedades com terras improdutivas.

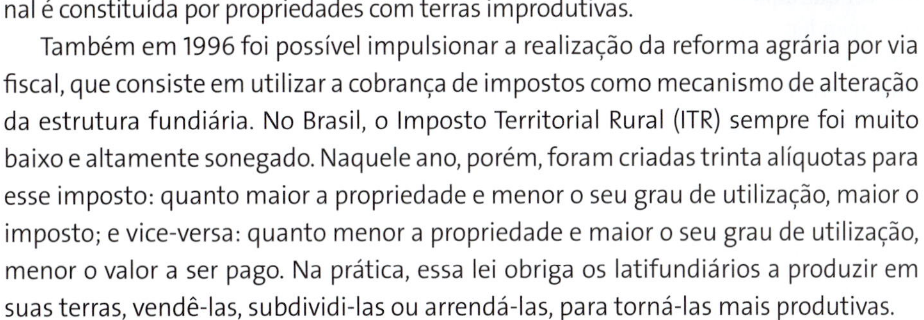

Também em 1996 foi possível impulsionar a realização da reforma agrária por via fiscal, que consiste em utilizar a cobrança de impostos como mecanismo de alteração da estrutura fundiária. No Brasil, o Imposto Territorial Rural (ITR) sempre foi muito baixo e altamente sonegado. Naquele ano, porém, foram criadas trinta alíquotas para esse imposto: quanto maior a propriedade e menor o seu grau de utilização, maior o imposto; e vice-versa: quanto menor a propriedade e maior o seu grau de utilização, menor o valor a ser pago. Na prática, essa lei obriga os latifundiários a produzir em suas terras, vendê-las, subdividi-las ou arrendá-las, para torná-las mais produtivas.

É importante destacar que, atualmente, a distribuição de terras é insuficiente para melhorar as condições de vida das camadas mais pobres da população. No Brasil, políticas fundiárias regionais devem ser instituídas com o objetivo de enfrentar os problemas da agricultura, porque uma fórmula única não pode ser aplicada em todo o território, tendo em vista as diferentes necessidades. Em alguns casos, o ITR pode ser um importante mecanismo de combate à pobreza no campo; em outros, a distribuição de terras pode acarretar resultado melhor, enquanto para os trabalhadores rurais empregados nas agroindústrias, tanto os boias-frias como os empregados permanentes, a modernização das relações de trabalho e o aumento da renda podem ser o caminho mais rápido de combate à pobreza.

Pensando no Enem

- Em uma disputa por terras, em Mato Grosso do Sul, dois depoimentos são colhidos: o do proprietário de uma fazenda e o de um integrante do Movimento dos Trabalhadores Rurais Sem Terra:

Depoimento 1

A minha propriedade foi conseguida com muito sacrifício pelos meus antepassados. Não admito invasão. Essa gente não sabe de nada. Estão sendo manipulados pelos comunistas. Minha resposta será a bala. Esse povo tem que saber que a Constituição do Brasil garante a propriedade privada. Além disso, se esse governo quiser as minhas terras para a reforma agrária terá que pagar, em dinheiro, o valor que eu quero (Proprietário de uma fazenda no Mato Grosso do Sul).

Depoimento 2

Sempre lutei muito. Minha família veio para a cidade porque fui despedido quando as máquinas chegaram lá na usina. Seu moço, acontece que eu sou um homem da terra. Olho pro céu, sei quando é tempo de plantar e de colher. Na cidade não fico mais. Eu quero um pedaço de terra, custe o que custar. Hoje eu sei que não estou sozinho. Aprendi que a terra tem um valor social. Ela é feita para produzir alimento. O que o homem come vem da terra. O que é duro é ver que aqueles que possuem muita terra e não dependem dela para sobreviver pouco se preocupam em produzir nela. (Integrante do Movimento dos Trabalhadores Rurais Sem Terra (MST), de Corumbá, MS).

a) Com base na leitura do depoimento 1, os argumentos utilizados para defender a posição do proprietário de terras são:

I. A Constituição do país garante o direito à propriedade privada; portanto, invadir terras é crime.
II. O MST é um movimento político controlado por partidos políticos.
III. As terras são fruto do árduo trabalho das famílias que as possuem.
IV. Este é um problema político e depende unicamente da decisão da justiça.

Está(ão) correta(s) a(s) proposição(ões):

a) I, apenas.
b) I e IV, apenas.
c) II e IV, apenas.
d) I, II e III, apenas.
e) I, III e IV, apenas.

Resolução

A alternativa correta é a **D**. O depoimento 1 cita o preceito constitucional que garante a propriedade privada, a manipulação política dos movimentos sociais e o trabalho dos antepassados para a obtenção da propriedade.

b) Com base na leitura do depoimento 2, quais são os argumentos utilizados para defender a posição de um trabalhador rural sem terra?

I. A distribuição mais justa da terra no país está sendo resolvida, apesar de que muitos ainda não têm acesso a ela.
II. A terra é para quem trabalha nela e não para quem a acumula como bem material.
III. É necessário que se suprima o valor social da terra.
IV. A mecanização do campo acarreta a dispensa de mão de obra rural.

Está(ão) correta(s) a(s) proposição(ões):

a) I, apenas.
b) II, apenas.
c) II e IV, apenas.
d) I, II e III, apenas.
e) I, III e IV, apenas.

Resolução

A alternativa correta é a **C**. No depoimento 2, o trabalhador se declara "homem da terra", que nela quer trabalhar e que foi despedido quando as máquinas chegaram à usina.

Estas questões trabalham a **Competência de Área 2** e **Habilidade 8 – Compreender as transformações dos espaços geográficos como produto das relações socioeconômicas e culturais de poder; Analisar a ação dos estados nacionais no que se refere à dinâmica dos fluxos populacionais e no enfrentamento de problemas de ordem econômico-social** – e **Competência de Área 5** e **Habilidade 25 – Utilizar os conhecimentos históricos para compreender e valorizar os fundamentos da cidadania e da democracia, favorecendo uma atuação consciente do indivíduo na sociedade; Identificar estratégias que promovam formas de inclusão social.**

Produção agropecuária brasileira

Como vimos, as atividades agropecuárias e a cadeia produtiva que as envolve foram responsáveis por 37% do PIB nacional. O Brasil é líder mundial na produção e exportação de café, açúcar, álcool e suco de frutas e o maior exportador mundial de soja, carne bovina, carne de frango, tabaco, couro e calçados de couro.

O gráfico a seguir mostra a participação de cada estado brasileiro e das Grandes Regiões na produção de cereais. Atualmente, as fronteiras agrícolas se expandem principalmente pelo Centro-Oeste e pela periferia da Amazônia, em regiões de relevo relativamente plano – o que facilita a mecanização – e de solos e climas favoráveis, com uso de corretivos e, às vezes, de irrigação.

Brasil: cereais, leguminosas e oleaginosas* – fevereiro (2014)

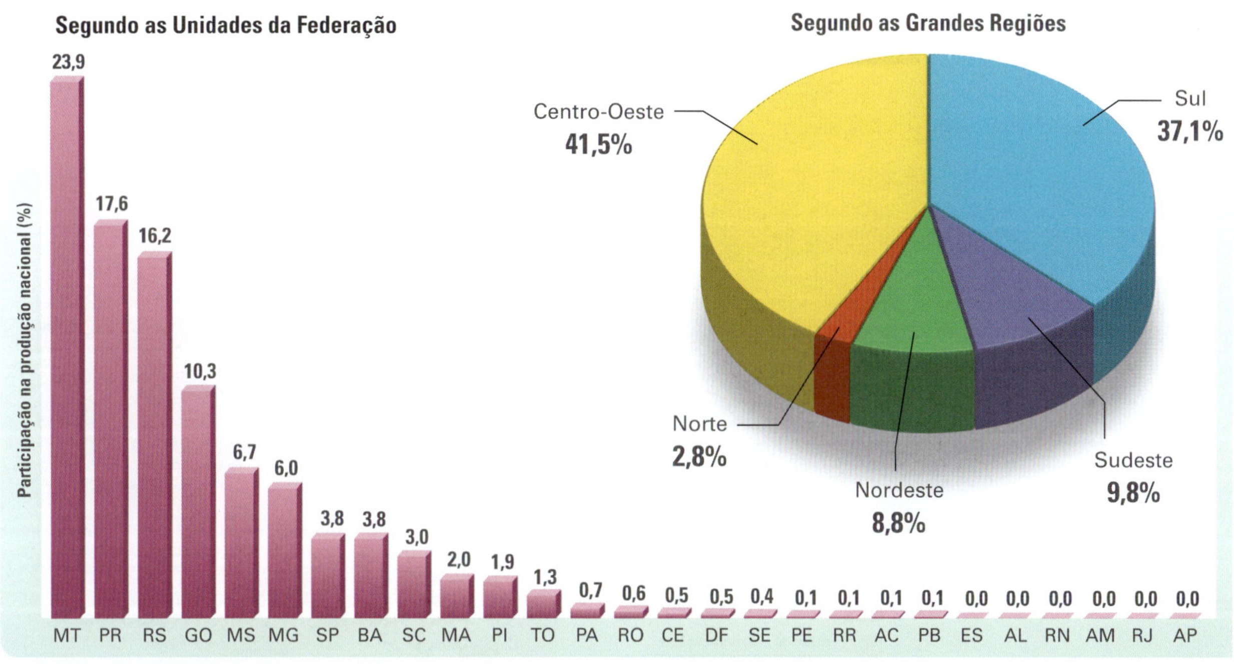

* Produtos: algodão herbáceo, amendoim, arroz, feijão, mamona, milho, soja, aveia, centeio, cevada, girassol, sorgo, trigo e triticale (cereal obtido pelo cruzamento de trigo com centeio).
IBGE. *Levantamento sistemático da produção agrícola – fev. 2014*. Disponível em: <www.ibge.gov.br>. Acesso em: 2 abr. 2014.

A estrutura produtiva do setor agropecuário é bastante heterogênea e conta, de um lado, com forte participação da agricultura familiar e, de outro, com a presença de grandes conglomerados nacionais (alguns dos quais já expandiram seus negócios para o exterior e se transformaram em transnacionais) e estrangeiros, que se posicionam entre os maiores do mundo.

Ernesto Reghran/Pulsar Imagens

No país existem grandes frigoríficos de carne bovina (JBS Friboi e Bertin, que, após se fundirem, formaram o maior frigorífico do mundo, e Marfrig), suína e de aves (Perdigão e Sadia, cuja fusão originou a BRF Brasil Foods), usinas de açúcar e álcool (Copersucar e Cosan), fábricas de suco de laranja e outras frutas (LDC Agroindustrial e Citrosuco), produtores e beneficiadores de soja (Bunge e Cargill) e café (Cooxupé e Café Santa Clara), que inseriram o Brasil na primeira posição entre os exportadores mundiais desses produtos. Na foto, interior de frigorífico de abate de frango em cooperativa localizada em Jaguapitã (PR), em 2013.

Segundo o Censo Agropecuário, em 2006, somente 10% dos estabelecimentos agrícolas brasileiros utilizavam trator na preparação dos solos, cultivo ou colheita (um indicador básico de tecnologia no campo). A título de comparação: nos Estados Unidos e na França, mais de 90% dos estabelecimentos agrícolas possuem tratores.

As máquinas estavam fortemente concentradas no Centro-Sul, região com a agropecuária mais moderna do país e com a presença dos grandes conglomerados agroindustriais. Por meio do uso de tratores, é possível inferir sobre a utilização de outras tecnologias e serviços no campo brasileiro, que provavelmente é ainda menos comum: irrigação, seleção de sementes, assistência técnica especializada, uso de imagens de satélites e outras.

Observe, no mapa a seguir, as regiões onde se desenvolvem a agropecuária moderna e a tradicional, além da direção em que ocorre a expansão das fronteiras agrícolas.

Adaptado de: SIMIELLI, Maria Elena. *Geoatlas*. 34. ed. São Paulo: Ática, 2013. p. 144.

No Brasil, é grande o potencial de crescimento econômico decorrente do fortalecimento do agronegócio e da agricultura familiar. Além disso, relatórios de vários organismos internacionais, entre eles a Conferência das Nações Unidas sobre Comércio e Desenvolvimento (Unctad), revelam que deve haver grande demanda mundial por alimentos nos próximos anos e atribuem ao Brasil o papel de importante fornecedor de grãos, proteína animal e biocombustível. Observe no gráfico da página seguinte a projeção feita para o Brasil, em relação ao mundo, de quanto deve crescer a produção em dez anos.

Segundo projeções da ONU, existem todas as condições estruturais para que o Brasil, quinto maior exportador agrícola mundial em 2008, possa ocupar a primeira posição: extensa área agricultável ainda improdutiva, condições naturais favoráveis, centros de pesquisa de ponta (com destaque para a Embrapa) e formação de mão de obra qualificada em universidades e escolas técnicas.

Estimativas de crescimento da produção agropecuária para o período 2009-2019

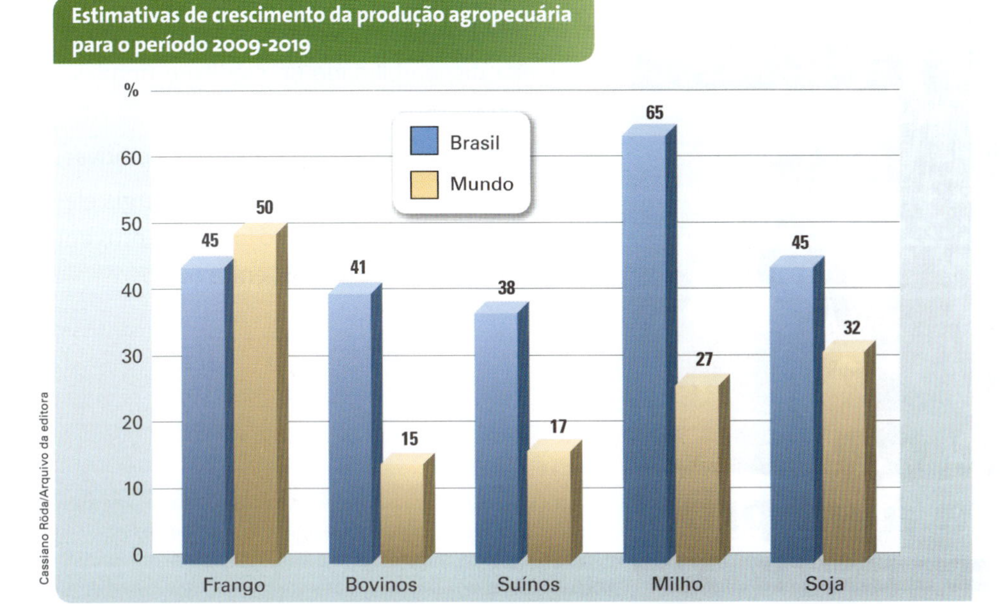

ZAFALON, Mauro. Pré-sal do campo traz U$ 1 tri em 10 anos. *Folha de S.Paulo*, São Paulo, 18 out. 2009. Caderno Dinheiro, p. B8.

O crescimento do comércio exterior de produtos agrícolas, porém, depende de os países desenvolvidos introduzirem mudanças em suas políticas agrícolas. O Brasil e outros países em desenvolvimento enfrentam restrições que os impedem de aumentar o volume de exportações em razão do protecionismo dos países mais ricos: por meio de uma série de medidas, aplicadas de forma isolada ou conjunta, eles protegem seu setor agrícola, além de concederem elevados subsídios a seus agricultores. Entre essas medidas, destacam-se:

- **barreiras tarifárias:** elevação dos impostos sobre os produtos importados;
- **barreiras não tarifárias:** geralmente utilizadas como argumento para restringir importações por meio de proibições, cotas ou mesmo sobretaxas. São elas:
  - **barreiras fitozoossanitárias:** alegação de que produtos da agropecuária correm risco de contaminação;
  - **cláusulas trabalhistas:** sobretaxa ou proibição de importação de produtos cultivados ou fabricados em países cujas leis trabalhistas sejam deficientes, os salários sejam baixos ou que utilizem trabalho escravo ou semiescravo;
  - **cláusulas ambientais:** sobretaxa ou proibição de importação de produtos cultivados ou fabricados em países onde ocorram agressões ambientais no processo de produção;
  - **embargo:** proibição de importação de qualquer produto de países governados por regimes ditatoriais, que abriguem grupos terroristas, pratiquem tortura, perseguição política ou religiosa e que não respeitem a Declaração Universal dos Direitos Humanos da ONU;
  - **estabelecimento de cotas de importação:** limitação da quantidade de produtos de determinado país que pode ingressar no mercado interno.

Os agricultores dos países desenvolvidos resistem à perda de suas vantagens. Protesto de agricultores franceses contra o corte de subsídios para a agropecuária, em Rouen. Foto de 2009.

Além das dificuldades externas para a exportação de produtos agrícolas, há também fatores internos que reduzem o potencial de crescimento e a competitividade do Brasil:

- deficiências no setor de transportes e armazenagem, o que aumenta os custos operacionais;
- elevada carga tributária;
- baixa disponibilidade de crédito e financiamentos;
- falta de incentivo à formação de cooperativas;
- pequena abrangência espacial de energia elétrica na zona rural, inibindo investimentos em irrigação e armazenagem, entre outros.

Apesar dessas dificuldades, o Brasil ocupa, como vimos, uma posição importante no mercado mundial como exportador de produtos agrícolas. Entretanto, para abastecer o mercado interno, é necessário importar alguns alimentos, como o trigo.

Ao longo da História, a política agrícola brasileira tem oferecido mais incentivos aos produtos agrícolas de exportação, quase sempre cultivados nos grandes latifúndios, em detrimento da produção para o mercado interno, geralmente obtida em pequenas e médias propriedades. Somente a partir de 1995, com a estabilização da economia e os programas assistenciais de transferência de renda, houve uma inversão de rumos, e os produtos que receberam mais incentivos foram o arroz, o feijão, a mandioca e o milho (largamente usado na produção de ração para o gado), que, assim, passaram a apresentar significativo aumento da área cultivada e da produção obtida. Esse aumento da produção de itens voltados em sua maioria para o mercado interno se explica também pela prática da associação de culturas em grandes propriedades, o que proporciona ganhos na comercialização do produto associado e economia de gastos com a preservação dos solos.

Rebanho brasileiro – 2012

	Número de cabeças (em milhões)
Aves	1266
Bovinos	211,3
Suínos	38,8
Ovinos	16,8
Caprinos	8,6
Equinos	5,3
Bubalinos	1,2
Muares	1,2
Asininos	0,9

IBGE. *Produção da pecuária municipal 2012*. Disponível em: <www.ibge.gov.br>. Acesso em: 2 abr. 2014.

Em relação à criação de animais, as aves, sobretudo os galináceos, compõem o maior número; a Região Sudeste possui cerca de 35% das aves destinadas à produção de ovos, enquanto a Região Sul concentra mais de 50% das que serão abatidas. O segundo rebanho do país é o de bovinos. Observe a tabela da página anterior.

De acordo com o IBGE, em 2012 o país tinha atingido um efetivo de 211 milhões de cabeças de gado bovino, o maior do mundo comercialmente (ou o segundo em números totais, já que o primeiro é o da Índia, onde, contudo, esses animais não têm uso comercial, pois são considerados sagrados). Observe, no gráfico ao lado, a distribuição do rebanho brasileiro por regiões.

Brasil: distribuição regional do rebanho bovino – 2012

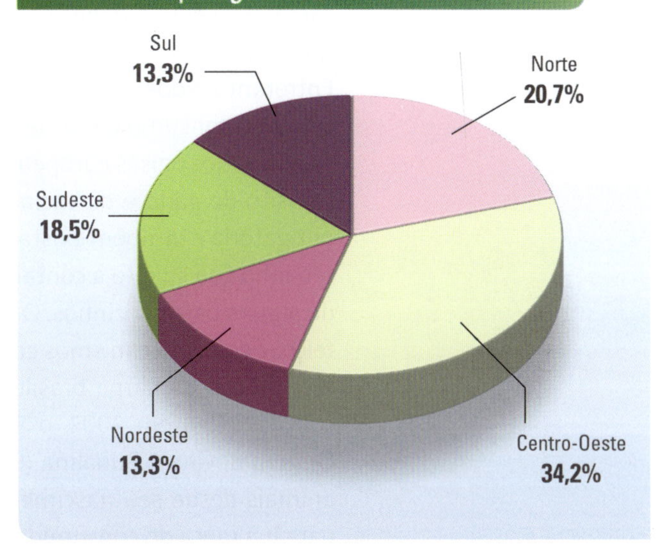

IBGE. *Produção da pecuária municipal 2012.* Disponível em: <www.ibge.gov.br>. Acesso em: 2 abr. 2014.

O crescimento da produção das regiões Centro-Oeste e Norte do país vem sendo registrado desde o fim da década de 1980, superando áreas tradicionais de pecuária bovina, como as do Sul. Os maiores rebanhos de bovinos estão localizados nos estados de Mato Grosso (13,6% do total), Minas Gerais (11,3%), Mato Grosso do Sul (10,2%), Goiás (10,4%), Pará (8,8%) e Rio Grande do Sul (6,7%).

Alexandre Tokitaka/Pulsar Imagens

A **pecuária bovina** brasileira vem passando, desde a década de 1980, por uma mudança estrutural, deixando de ser predominantemente extensiva. Têm-se tornado cada vez mais frequentes a seleção de raças e a vacinação do gado, que é alimentado em pastos cultivados, no período chuvoso, e com ração, nos períodos de estiagem, características típicas da pecuária semi-intensiva ou intensiva, cada vez mais dominada por grandes empresas agroindustriais. Essas mudanças vêm ocorrendo também em regiões onde predominava a pecuária extensiva. É o caso do Sertão nordestino, da Região Centro-Oeste e da periferia da Amazônia. Na foto, vacinação de gado em Bom Jesus da Serra (BA), 2011.

Apesar da modernização no setor, são divulgadas com certa frequência notícias sobre a ocorrência de focos de febre aftosa, como as que ocorreram nos estados de Mato Grosso do Sul em 2006 e no Paraná em 2012. Essa doença – altamente contagiosa e que atinge bovinos, suínos, ovinos e caprinos – é transmitida entre o gado pelo simples contato, e seus sintomas são febre, aftas na boca, feridas nas patas e mamas. Isso impede os animais de pastar, reduz seu peso e a produção de leite, e pode levá-los à morte.

A aftosa acarreta grandes prejuízos, uma vez que o gado contaminado deve ser sacrificado para a doença não se expandir, e sua ocorrência já levou vários países que importam carne do Brasil a declarar embargo, prejudicando as exportações. Entretanto, a doença não apresenta riscos à saúde humana e raramente é transmitida pelo consumo de carne ou leite.

Em vários países europeus, a febre aftosa foi erradicada por meio do controle de trânsito do gado e da vacinação obrigatória. No Brasil, embora a vacinação seja obrigatória e também exista controle de trânsito, nem sempre a lei é cumprida, e o rebanho fica sujeito à contaminação, principalmente quando o gado é importado de alguns países vizinhos. O governo brasileiro e os criadores têm procurado aperfeiçoar esses mecanismos zoossanitários preventivos. Para aumentar o controle e a aceitação da carne brasileira no mercado internacional, o Ministério da Agricultura criou, em 2002, o Sistema Brasileiro de Identificação e Certificação de Origem Bovina e Bubalina (Sisbov). Esse mecanismo permite o rastreamento dos animais desde seu nascimento até o momento em que sua carne é processada para ir à mesa do consumidor, garantindo sua procedência.

Outro fator importante para garantir as exportações (o Brasil ocupa a segunda posição mundial, sendo superado somente pelos Estados Unidos) foi a "moratória dos grãos", instituída em 2006, e a "moratória da carne", de 2009. Trata-se de acordos efetivados entre distribuidores, como a Associação Brasileira das Indústrias de Óleos Vegetais (Abiove), a Associação Nacional dos Exportadores de Cereais (Anec), grandes frigoríficos, cadeias de supermercados e ONGs (como Greenpeace e WWF), cujas cláusulas definem o comprometimento de não comercializar produtos agropecuários de áreas desmatadas após 2006.

Curral com gado bovino mestiço em Neves Paulista (SP), em 2012. A alimentação com ração diminui o tempo para engorda e abate do gado.

Thomaz Vita Neto/Pulsar Imagens

Atividades

Compreendendo conteúdos

1. De que forma o histórico de concentração de terras no Brasil se reflete na situação atual da organização da produção agropecuária?

2. O que vem acontecendo no Brasil, nas últimas décadas, com a participação da população economicamente ativa dedicada às atividades agrícolas?

3. Cite alguns fatores que podem contribuir para o aumento das exportações brasileiras de produtos agrícolas. Cite outros que as dificultam.

4. Analise o gráfico da estrutura fundiária brasileira na página 877 e relacione-o com a questão da reforma agrária.

Desenvolvendo habilidades

5. Analise o gráfico ao lado e responda às questões.
   a) Como se apresentou a evolução da produção de soja (em toneladas), da área cultivada (em hectares) e da produtividade (em kg/ha) no período de 1970 a 2006?
   b) Cite os fatores que explicam a evolução da produtividade da soja cultivada no Brasil.

Brasil: produção de soja

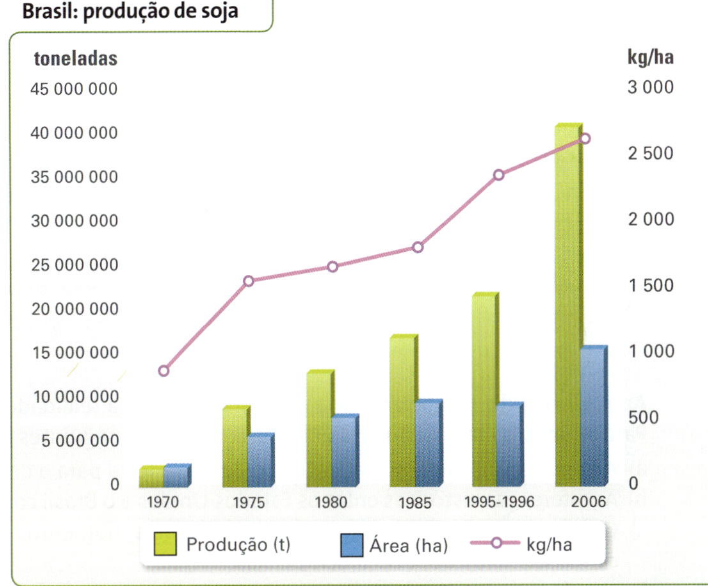

IBGE. *Censo Agropecuário 2006*. Disponível em: <www.ibge.gov.br>. Acesso em: 2 abr. 2014.

6. As relações de trabalho no campo têm uma vinculação direta com o dinamismo da economia de um país. O texto a seguir mostra, resumidamente, em que condições ocorreu o processo de ocupação do território norte-americano pelos imigrantes que lá chegaram a partir do século XIX e como, de certa forma, isso influenciou o dinamismo econômico daquele país, diferentemente do que ocorreu em território brasileiro na mesma época.

A questão agrária nos Estados Unidos

[...] Nos Estados Unidos, onde as oligarquias escravocratas foram derrotadas militarmente, as elites formadas de imigrantes e descendentes tinham uma clara consciência do país como uma nação em formação. Esta consciência se expressa claramente com o "Homestead Act", de 1862, que visava garantir legalmente a abertura do Oeste para as levas de imigrantes que começavam a afluir em massa da Europa.

É extremamente revelador notar que, um pouco antes, no Brasil, as elites escravocratas procuravam, ao contrário, fechar a fronteira agrícola através da "Lei de Terras", de 1850. Esta lei estabelecia que as terras devolutas não seriam passíveis de serem apropriadas livremente, mas somente contra o pagamento de uma dada importância, suficientemente elevada para impedir o acesso à terra pelos imigrantes europeus que começavam a vir para substituir o trabalho escravo nas lavouras de café e pelos futuros ex-escravos.

Ao aportar nos Estados Unidos, o imigrante tinha a opção de tentar uma colocação no setor urbano-industrial ou "ir para o Oeste". É claro que esta possibilidade de "tentar a sorte" no Oeste não era tão simples como nos mostram muitos filmes. Era necessário ter algum dinheiro para cobrir os gastos com a viagem e a instalação, bem como a luta pela posse efetiva da terra estava além da capacidade de incontáveis famílias de pioneiros. O balanço, no entanto, foi altamente positivo. O papel dinâmico do vasto setor agrícola formado por unidades familiares no processo de desenvolvimento econômico americano é conhecido.

Um fato que merece destaque é a escassez permanente de mão de obra que esta abertura da fronteira agrícola provocava. Existem estudos nos quais este fato é apontado como um dos principais fatores explicativos do maior dinamismo tecnológico observado nas atividades produtivas em geral, e especialmente na indústria americana, comparada com a Europa. O empresário americano, confrontado com esta pressão permanente dos custos com mão de obra, procurava inovar, introduzindo novos métodos produtivos que aumentavam a produtividade do trabalho. Do lado do setor agrícola, desde o início, a escassez relativa de mão de obra e a grande abundância de terras estimulavam a introdução de todo tipo de inovação que aumentasse a capacidade de trabalho do "*farmer*" americano. Desse modo, a ocupação do solo se fez de forma relativamente intensiva, manifestando-se um processo precoce de mecanização agrícola.

Havia, portanto, um dinamismo tecnológico difuso em todos os setores produtivos que tinha como um de seus principais fatores estimulantes a relativa escassez de trabalho provocada pelo acesso livre à terra. Nessa situação, o êxodo rural irá se processar de modo equilibrado. Isto é, ele será fruto, principalmente, do aumento das oportunidades de emprego no setor urbano-industrial. Em outras palavras, podemos dizer que, nos Estados Unidos, os fatores de atração para as cidades preponderam sobre os fatores de expulsão do campo. O indivíduo sai do campo para a cidade não porque foi expulso pelo proprietário de terras ou porque não tem as condições de sobrevivência, mas porque esta última lhe oferece todo um leque de opções profissionais mais bem remuneradas, além dos demais atrativos concernentes ao estilo de vida citadino, como atividades culturais inexistentes no campo.

[...]

ROMEIRO, Ademar Ribeiro. Estados Unidos e Japão. In: *A reforma agrária no mundo*. (Universidade aberta, 3). Disponível em: <www.incra.gov.br/pnud/_pubs/fasci/fasci.htm>. Acesso em: 21 jul. 2006.
Ademar Ribeiro Romeiro é engenheiro agrônomo.

Após ler o texto, estabeleça uma comparação entre a realidade norte-americana e a brasileira nos dias atuais. Para orientar a elaboração do seu texto, considere as seguintes questões:

a) A importância da democratização do acesso à terra para o desenvolvimento econômico dos Estados Unidos.
b) As diferenças históricas entre os Estados Unidos e o Brasil com relação ao problema fundiário.
c) O acesso à propriedade fundiária, em diferentes momentos históricos, como suporte para consolidar o mercado interno e fortalecer a democracia.

Gerson Sobreira/Acervo do fotógrafo

Vestibulares de Norte a Sul

1. NE (UFRN) A produção de banana no Vale do Açu é uma atividade relevante para a economia do Rio Grande do Norte, sendo uma referência para entender aspectos relacionados à estruturação das relações entre o local e o global.

No âmbito da economia capitalista e globalizada, uma das características da produção de banana no Vale do Açu é

a) a articulação espacial, que relativiza o tempo e as distâncias, entre os locais de produção e os de consumo de mercadorias.
b) o estabelecimento de fluxos de exportação para mercados de países pobres, contribuindo para os programas de segurança alimentar.
c) o desenvolvimento dos meios de transportes, elevando os custos de produção, o que seleciona os mercados consumidores.
d) a produção em larga escala, que prioriza o mercado local em detrimento do global, visando ao barateamento dos custos.

2. NE (UEPB)

> "[...] a Fazenda Tamanduá [no Sertão da Paraíba produz] mangas para exportação, gado de leite da raça pardo suíço e criação de abelhas. Estas três atividades não foram escolhidas aleatoriamente; elas são integradas para diminuir custos. Assim, as abelhas polinizam as mangueiras, que periodicamente são podadas e seus galhos, junto ao estrume das vacas e outros componentes, são utilizados para a elaboração do composto, a matéria fertilizante do solo e pastagens."
>
> (Disponível em: <http://www.sna.agr.br/congresso/outros/5cong_106_anos.pdf>.)

Com base no recorte do artigo transcrito acima podemos afirmar que a referida produção agrícola é do tipo:

a) Transgênico, que revolucionou a produção agropecuária realizando a melhoria genética através da seleção planejada, e do cruzamento controlado das sementes.
b) Jardinagem, que utiliza técnicas de terraceamento para preservar o solo evitando a erosão, mantendo a sua fertilidade.
c) *Plantation*, que emprega grandes capitais para garantir a produção em larga escala de gêneros tropicais para exportação.
d) Itinerante, ainda muito empregado nas regiões mais pobres do mundo, onde os agricultores não dispõem de capitais e técnicas sofisticadas.
e) Orgânico, que se baseia em métodos sustentáveis para o meio ambiente e a sociedade.

3. SE (UFF-RJ)

> O governo de Moçambique está oferecendo uma área de 6 milhões de hectares para que agricultores brasileiros plantem soja, algodão e milho no norte do país. A primeira leva de 40 agricultores parte de Mato Grosso rumo a Moçambique no mês de setembro.
>
> Jornal *Folha de S. Paulo*, 14/08/2011, p. B4. Adaptado.

A associação de fatores explicativos para o interesse do Brasil e de Moçambique nesse projeto encontra-se, respectivamente, em

a) ampliação dos lucros obtidos pelo contínuo aumento do preço dos alimentos e aperfeiçoamento da tecnologia nacional de ponta em produção agrícola.
b) superação das barreiras tarifárias europeias impostas às *commodities* agrícolas e intercâmbio facilitado pelo idioma pátrio falado nesses dois países.
c) relativo encerramento das fronteiras agrícolas com terras a baixo preço e possível transposição para a savana das técnicas voltadas para o cerrado.
d) aproveitamento de condições climáticas similares propiciadas pela latitude das duas regiões e exploração das áreas cobertas por florestas tropicais úmidas.
e) aproveitamento das novas condições de produção criadas pelo aquecimento global e redução da pobreza vigente em grande parcela das áreas geográficas rurais.

4. CO (UEG-GO)

> Pesquisas recentes têm constatado transformações muito importantes que vêm ocorrendo nas áreas rurais do mundo e do Brasil. Alguns velhos mitos estão sendo derrubados, outros parecem estar surgindo. Pode-se perceber, no entanto, que está cada vez mais difícil delimitar o que é rural e o que é urbano.
>
> OLIC, Nelson B. Disponível em: <www.clubemundo.com.br/revistapangea.>. Acesso em: 24 ago. 2010.

Sobre este assunto, é correto afirmar:

a) o rural pode ser caracterizado como sinônimo de atraso e de pobreza, enquanto o urbano representa a modernidade, o progresso e os avanços tecnológicos.
b) o espaço rural de países como o Brasil ainda é marcado pelo predomínio de atividades agrícolas, justificando assim o alto percentual da população no campo, em detrimento da cidade.

c) o espaço urbano se identifica como o *locus* das atividades industriais, de comércio e serviços, enquanto o rural é a área destinada apenas às atividades agropastoris; do ponto de vista espacial, rural e urbano se opõem.

d) os grandes complexos agroindustriais implantados em Goiás nas últimas décadas refletem a interligação da agricultura ao restante da economia, não podendo ser separada dos setores que lhe fornecem insumos e/ou compram seus produtos.

5. **S** (UFPR)

Os brasileiros possuem 13% da área do Paraguai e pouco mais de 20% da terra arável. Mas é deles a melhor terra agrícola e pecuária. Um bom exemplo é a produção de soja, o principal produto de exportação. O Paraguai se tornou o quarto maior exportador de soja do mundo. A safra 2011/2012 chegou a 9 milhões de toneladas, crescendo a uma taxa de 20% anual. O que pode dar uma ideia do poder econômico dos fazendeiros brasileiros no Paraguai.

Mas o fato de que se tenham instalado na fronteira tem grande impacto social e econômico. Em alguns distritos fronteiriços, como Nueva Esperanza ou Canindeyú, 58 e 83% dos proprietários são brasileiros, respectivamente. Isto facilita o contrabando e o controle da segurança das fronteiras, que é estratégico para a soberania de um país. Esse processo de ocupação territorial dilui as fronteiras a favor do país e do Estado mais poderoso e enfraquece ainda mais o país que tem cada vez menos instrumentos e capacidades de controlar sua riqueza.

(ZIBECHI, Raúl. *Brasil potência*. Entre a integração regional e um novo imperialismo. Rio de Janeiro: Consequência, 2012, p. 257-258.)

A partir do texto acima e dos conhecimentos de Geografia, considere as seguintes afirmativas:

1. O texto destaca a importância da presença de produtores brasileiros de soja para o crescimento econômico do Paraguai.
2. O texto mostra a importância que a produção agrícola tem na dinâmica da geopolítica mundial.
3. Na fronteira entre Brasil e Argentina a situação se inverte: são os argentinos que ocupam percentagens altas das terras aráveis brasileiras mais próximas da linha de fronteira.
4. A expansão internacional dos produtores agrícolas brasileiros não acontece apenas no Paraguai, mas também em países como Bolívia, Uruguai e Angola.

Assinale a alternativa correta.

a) Somente as afirmativas 2, 3 e 4 são verdadeiras.
b) Somente as afirmativas 1 e 4 são verdadeiras.
c) Somente as afirmativas 2 e 4 são verdadeiras.
d) Somente as afirmativas 1, 2 e 4 são verdadeiras.
e) Somente as afirmativas 1 e 3 são verdadeiras.

6. **N** (UFPA) Considere a tabela abaixo:

Características dos estabelecimentos agropecuários, segundo tipo de agricultura – Brasil 2006

Características	Agricultura familiar		Agricultura não familiar	
	Valor	Em %	Valor	Em %
Número de estabelecimentos	4.367.902	84,0	807.587	16,0
Área (milhões ha)	80,3	24,0	249,7	76,0
Mão de obra (milhões de pessoas)	12,3	74,0	4,2	26,0
Valor da produção (R$ bilhões)	54,4	38,0	89,5	62,0
Receita (R$ bilhões)	41,3	34,0	80,5	66,0

Fonte: Estatísticas do meio rural 2010-2011. MDA/DIESSE. 2011. p. 181.

Em relação aos aspectos do espaço rural brasileiro do século XXI, é correto afirmar:

a) Na estrutura fundiária do espaço rural brasileiro predominam estabelecimentos de agricultura não familiar. Herança do período colonial, esses estabelecimentos ocupam as maiores extensões do campo, têm o maior valor de produção e receita, mas empregam menos mão de obra do que a agricultura familiar.
b) No meio rural brasileiro prevalecem os estabelecimentos que desenvolvem agricultura familiar. Eles abrangem as maiores extensões do campo, empregam mais mão de obra do que a agricultura não familiar, ainda que seu valor de produção e renda sejam menores que o desta.
c) A tabela acima representa a concentração de área nos estabelecimentos que desenvolvem agricultura familiar, ainda que o maior valor da produção e da receita sejam obtidos pela agricultura não familiar. Tal configuração formou-se a partir da elaboração do I Plano Nacional de Reforma Agrária, no governo de Fernando Henrique Cardoso.
d) O número de estabelecimentos ocupados pela agricultura familiar, associado à área e quantidade de mão de obra empregada por estes denuncia a estrutura agrária desigual, herança histórica que confere à agricultura não familiar as maiores áreas, apesar de empregar menos mão de obra.
e) O maior número de estabelecimentos ocupados com agricultura familiar é um fato recente e indica a desconcentração fundiária desencadeada a partir do II Plano Nacional de Reforma Agrária, durante o governo de Fernando Henrique Cardoso.

Caiu no Enem

1.

> Embora haja dados comuns que dão unidade ao fenômeno da urbanização na África, na Ásia e na América Latina, os impactos são distintos em cada continente e mesmo dentro de cada país, ainda que as modernizações se deem com o mesmo conjunto de inovações.
>
> ELIAS, D. Fim do século e urbanização no Brasil. *Revista Ciência Geográfica*, ano IV, n. 11, set./dez. 1988.

O texto aponta para a complexidade da urbanização nos diferentes contextos socioespaciais. Comparando a organização socioeconômica das regiões citadas, a unidade desse fenômeno é perceptível no aspecto

a) espacial, em função do sistema integrado que envolve as cidades locais e globais.
b) cultural, em função da semelhança histórica e da condição de modernização econômica e política.
c) demográfico, em função da localização das maiores aglomerações urbanas e continuidade do fluxo campo-cidade.
d) territorial, em função da estrutura de organização e planejamento das cidades que atravessam as fronteiras nacionais.
e) econômico, em função da revolução agrícola que transformou o campo e a cidade e contribui para a fixação do homem ao lugar.

2.

Lalo de Almeida/SambaPhoto

RIBEIRO, L. C. Q.; SANTOS, JUNIOR, O. A. Desafios da questão urbana. *Le Monde Diplomatique Brasil*. Ano 4, n. 45, abr. 2010. Disponível em: <http://diplomatique.uol.com.br>. Acesso em: 22 ago. 2011.

A imagem registra uma especificidade do contexto urbano em que a ausência ou ineficiência das políticas públicas resultou em

a) garantia dos direitos humanos.
b) superação do déficit habitacional.
c) controle da especulação imobiliária.
d) mediação dos conflitos entre classes.
e) aumento da segregação socioespacial.

3. Suponha que você seja um consultor e foi contratado para assessorar a implantação de uma matriz energética em um pequeno país com as seguintes características: região plana, chuvosa e com ventos constantes, dispondo de poucos recursos hídricos e sem reservatórios de combustíveis fósseis.

De acordo com as características desse país, a matriz energética de menor impacto e risco ambientais é a baseada na energia

a) dos biocombustíveis, pois tem menos impacto ambiental e maior disponibilidade.
b) solar, pelo seu baixo custo e pelas características do país favoráveis à sua implantação.
c) nuclear, por ter menos risco ambiental e ser adequada a locais com menor extensão territorial.
d) hidráulica, devido ao relevo, à extensão territorial do país e aos recursos naturais disponíveis.
e) eólica, pelas características do país e por não gerar gases do efeito estufa nem resíduos de operação.

4.

> **SOBRADINHO**
> O homem chega, já desfaz a natureza
> Tira gente, põe represa, diz que tudo vai mudar
> O São Francisco lá pra cima da Bahia
> Diz que dia menos dia vai subir bem devagar
> E passo a passo vai cumprindo a profecia
> do beato que dizia que o Sertão ia alagar.
>
> SÁ E GUARABYRA. Disco *Pirão de peixe com pimenta*. Som Livre, 1977 (adaptado).

O trecho da música faz referência a uma importante obra na região do rio São Francisco. Uma consequência socioespacial dessa construção foi

a) a migração forçada da população ribeirinha.
b) o rebaixamento do nível do lençol freático local.
c) a preservação da memória histórica da região.
d) a ampliação das áreas de clima árido.
e) a redução das áreas de agricultura irrigada.

5.

> A usina hidrelétrica de Belo Monte será construída no rio Xingu, no município de Vitória de Xingu, no Pará. A usina será a terceira maior do mundo e a maior totalmente brasileira, com capacidade de 11,2 mil megawatts. Os índios do Xingu tomam a paisagem com seus cocares, arcos e flechas. Em Altamira, no Pará, agricultores fecharam estradas de uma região que será inundada pelas águas da usina.
>
> BACOCCINA, D.; QUEIROZ, G.; BORGES, R. Fim do leilão, começo da confusão. *Istoé Dinheiro*. Ano 13, n. 655, 28 abr. 2010 (adaptado).

Os impasses, resistências e desafios associados à construção da Usina Hidrelétrica de Belo Monte estão relacionados

a) ao potencial hidrelétrico dos rios no norte e nordeste quando comparados às bacias hidrográficas das regiões Sul, Sudeste e Centro-Oeste do país.
b) à necessidade de equilibrar e compatibilizar o investimento no crescimento do país com os esforços para a conservação ambiental.
c) à grande quantidade de recursos disponíveis para as obras e à escassez dos recursos direcionados para o pagamento pela desapropriação das terras.
d) ao direito histórico dos indígenas à posse dessas terras e à ausência de reconhecimento desse direito por parte das empreiteiras.
e) ao aproveitamento da mão de obra especializada disponível na região Norte e o interesse das construtoras na vinda de profissionais do Sudeste do país.

6.

> Empresa vai fornecer 230 turbinas para o segundo complexo de energia à base de ventos, no sudeste da Bahia. O Complexo Eólico Alto Sertão, em 2014, terá capacidade para gerar 375MW (megawatts), total suficiente para abastecer uma cidade de 3 milhões de habitantes.
>
> MATOS, C. "GE busca bons ventos e fecha contrato de R$ 820mi na Bahia". *Folha de S.Paulo*, 2 dez. 2012.

A opção tecnológica retratada na notícia proporciona a seguinte consequência para o sistema energético brasileiro:

a) Redução da utilização elétrica.
b) Ampliação do uso bioenergético.
c) Expansão de fontes renováveis.
d) Contenção da demanda urbano-industrial.
e) Intensificação da dependência geotérmica.

7.

> Nos últimos decênios, o território conhece grandes mudanças em função de acréscimos técnicos que renovam a sua materialidade, como resultado e condição, ao mesmo tempo, dos processos econômicos e sociais em curso.
>
> SANTOS, M.; SILVEIRA, M. L. *O Brasil*: território e sociedade do século XXI. Rio de Janeiro: Record, 2004 (adaptado).

A partir da última década, verifica-se a ocorrência no Brasil de alterações significativas no território, ocasionando impactos sociais, culturais e econômicos sobre comunidades locais, e com maior intensidade, na Amazônia Legal, com a

a) reforma e ampliação de aeroportos nas capitais dos estados.
b) ampliação de estádios de futebol para a realização de eventos esportivos.
c) construção de usinas hidrelétricas sobre os rios Tocantins, Xingu e Madeira.
d) instalação de cabos para a formação de uma rede informatizada de comunicação.
e) formação de uma infraestrutura de torres que permitem a comunicação móvel na região.

8.

> A soma do tempo gasto por todos os navios de carga na espera para atracar no porto de Santos é igual a 11 anos — isso, contando somente o intervalo de janeiro a outubro de 2011. O problema não foi registrado somente neste ano. Desde 2006 a perda de tempo supera uma década.
>
> *Folha de S.Paulo*, 25 dez. 2011 (adaptado).

A situação descrita gera consequências em cadeia, tanto para a produção quanto para o transporte. No que se refere à territorialização da produção no Brasil contemporâneo, uma dessas consequências é a

a) realocação das exportações para o modal aéreo em função da rapidez.
b) dispersão dos serviços financeiros em função da busca de novos pontos de importação.
c) redução da exportação de gêneros agrícolas em função da dificuldade para o escoamento.
d) priorização do comércio com países vizinhos em função da existência de fronteiras terrestres.
e) estagnação da indústria de alta tecnologia em função da concentração de investimentos na infraestrutura de circulação.

9.

Taxa de fecundidade total – Brasil – 1940-2010

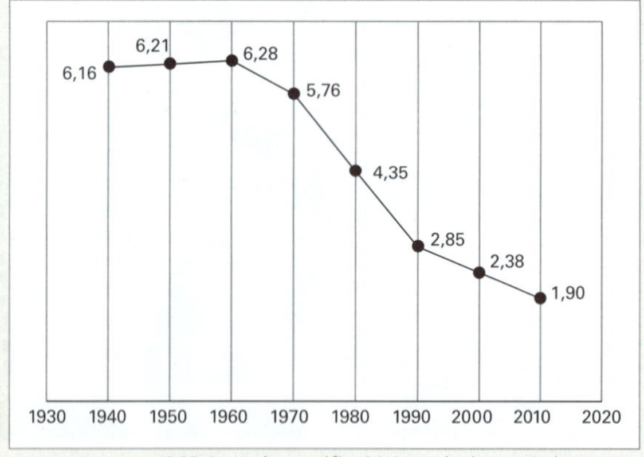

IBGE. Censo demográfico 2010: resultados gerais da amostra. Disponível em: <ftp://ftp.ibge.gov.br>. Acesso em: 12 mar. 2013.

O processo registrado no gráfico gerou a seguinte consequência demográfica:

a) Decréscimo da população absoluta.
b) Redução do crescimento vegetativo.
c) Diminuição da proporção de adultos.
d) Expansão de políticas de controle da natalidade.
e) Aumento da renovação da população economicamente ativa.

10.

Mapa 1: Distribuição espacial atual da população brasileira

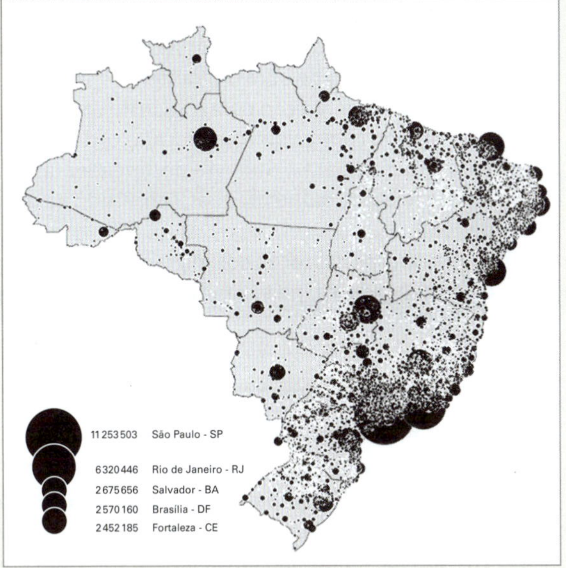

THÉRY, H. As boas-novas sobre a população brasileira. *Conhecimento Prático Geográfico*, n. 41, jan. 2012 (adaptado).

Mapa 2: Conflitos em terras indígenas

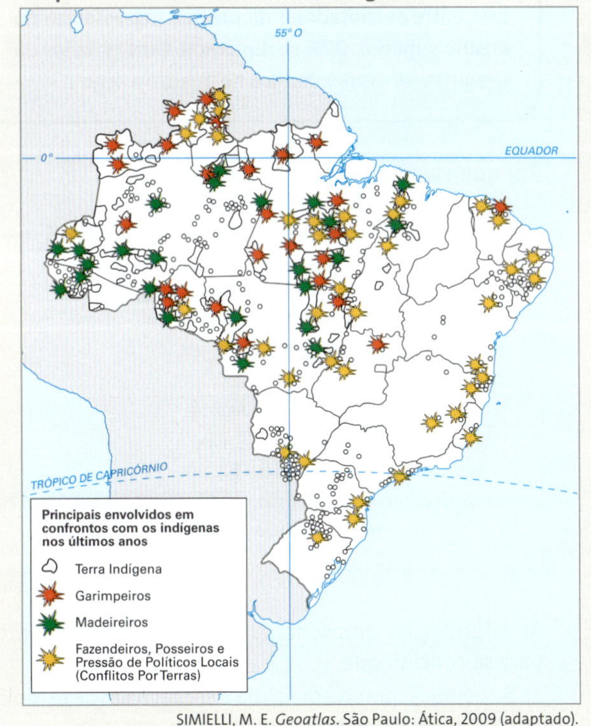

SIMIELLI, M. E. *Geoatlas*. São Paulo: Ática, 2009 (adaptado).

Os mapas representam distintos padrões de distribuição de processos socioespaciais. Nesse sentido, a menor incidência de disputas territoriais envolvendo povos indígenas se explica pela

a) fertilização natural dos solos.
b) expansão da fronteira agrícola.
c) intensificação da migração de retorno.
d) homologação de reservas extrativistas.
e) concentração histórica da urbanização.

11.

Composição da população brasileira residente urbana por sexo, segundo os grupos de idade – Brasil – 1991/2010

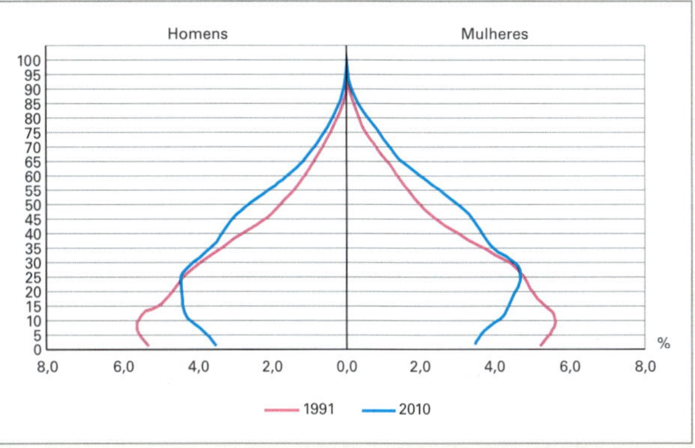

IBGE. *Censo Demográfico 1991/2010*

Composição da população brasileira residente rural por sexo, segundo os grupos de idade – Brasil – 1991/2010

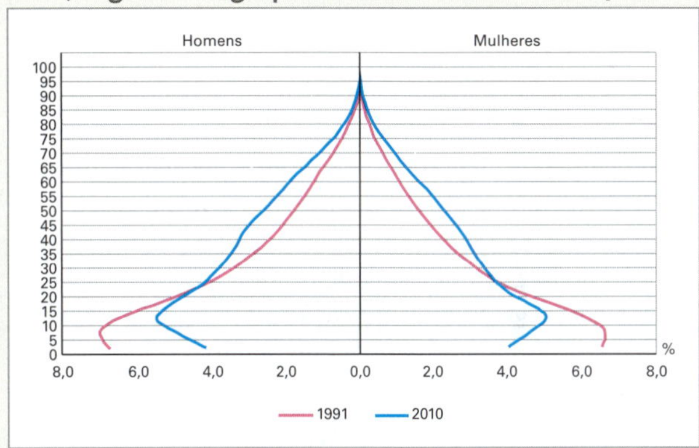

IBGE. *Censo demográfico 1991-2010*. Rio de Janeiro, 2011.

A interpretação e a correlação das figuras sobre a dinâmica demográfica brasileira demonstram um(a)

a) menor proporção de fecundidade na área urbana.
b) menor proporção de homens na área rural.
c) aumento da proporção de fecundidade na área rural.
d) queda da longevidade na área rural.
e) queda do número de idosos na área urbana.

12.

> O professor Paulo Saldiva pedala 6 km em 22 minutos de casa para o trabalho, todos os dias. Nunca foi atingido por um carro. Mesmo assim, é vítima diária do trânsito de São Paulo: a cada minuto sobre a bicicleta, seus pulmões são envenenados com 3,3 microgramas de poluição particulada – poeira, fumaça, fuligem, partículas de metal em suspensão, sulfatos, nitratos, carbono, compostos orgânicos e outras substâncias nocivas.
>
> ESCOBAR, H. Sem Ar. *O Estado de S. Paulo*. Ago. 2008.

A população de uma metrópole brasileira que vive nas mesmas condições socioambientais das do professor citado no texto apresentará uma tendência de

a) ampliação da taxa de fecundidade.
b) diminuição da expectativa de vida.
c) elevação do crescimento vegetativo.
d) aumento na participação relativa de idosos.
e) redução na proporção de jovens na sociedade.

13.

> As migrações transnacionais, intensificadas e generalizadas nas últimas décadas do século XX, expressam aspectos particularmente importantes da problemática racial, visto como dilema também mundial. Deslocam-se indivíduos, famílias e coletividades para lugares próximos e distantes, envolvendo mudanças mais ou menos drásticas nas condições de vida e trabalho, em padrões e valores socioculturais. Deslocam-se para sociedades semelhantes ou radicalmente distintas, algumas vezes compreendendo culturas ou mesmo civilizações totalmente diversas.
>
> IANNI, O. *A era do globalismo*. Rio de Janeiro: Civilização Brasileira, 1996.

A mobilidade populacional da segunda metade do século XX teve um papel importante na formação social e econômica de diversos estados nacionais. Uma razão para os movimentos migratórios nas últimas décadas e uma política migratória atual dos países desenvolvidos são

a) a busca de oportunidades de trabalho e o aumento de barreiras contra a imigração.
b) a necessidade de qualificação profissional e a abertura das fronteiras para os imigrantes.
c) o desenvolvimento de projetos de pesquisa e o acautelamento dos bens dos imigrantes.
d) a expansão da fronteira agrícola e a expulsão dos imigrantes qualificados.
e) a fuga decorrente de conflitos políticos e o fortalecimento de políticas sociais.

14.

> O movimento migratório no Brasil é significativo, principalmente em função do volume de pessoas que saem de uma região com destino a outras regiões. Um desses movimentos ficou famoso nos anos 80, quando muitos nordestinos deixaram a região Nordeste em direção ao Sudeste do Brasil. Segundo os dados do IBGE de 2000, este processo continuou crescente no período seguinte, os anos 90, com um acréscimo de 7,6% nas migrações deste mesmo fluxo. A Pesquisa de Padrão de Vida, feita pelo IBGE, em 1996, aponta que, entre os nordestinos que chegam ao Sudeste, 48,6% exercem trabalhos manuais não qualificados, 18,5% são trabalhadores manuais qualificados, enquanto 13,5%, embora não sejam trabalhadores manuais, se encontram em áreas que não exigem formação profissional.
>
> O mesmo estudo indica também que esses migrantes possuem, em média, condição de vida e nível educacional acima dos de seus conterrâneos e abaixo dos de cidadãos estáveis do Sudeste.
>
> Disponível em: <http://www.ibge.gov.br>. Acesso em: 30 jul. 2009 (adaptado).

Com base nas informações contidas no texto, depreende-se que

a) o processo migratório foi desencadeado por ações de governo para viabilizar a produção industrial no Sudeste.
b) os governos estaduais do Sudeste priorizaram a qualificação da mão de obra migrante.
c) o processo de migração para o Sudeste contribui para o fenômeno conhecido como inchaço urbano.
d) as migrações para o Sudeste desencadearam a valorização do trabalho manual, sobretudo na década de 1980.
e) a falta de especialização dos migrantes é positiva para os empregadores, pois significa maior versatilidade profissional.

15.

> **A vida na rua como ela é**
>
> O Ministério do Desenvolvimento Social e Combate à Fome (MDS) realizou, em parceria com a ONU, uma pesquisa nacional sobre a população que vive na rua, tendo sido ouvidas 31.922 pessoas em 71 cidades brasileiras. Nesse levantamento, constatou-se que a maioria dessa população sabe ler e escrever (74%), que apenas 15,1% vivem de esmolas e que, entre os moradores de rua que ingressaram no ensino superior, 0,7% se diplomou. Outros dados da pesquisa são apresentados no quadro a seguir.

Por que vive na rua? / Escolaridade

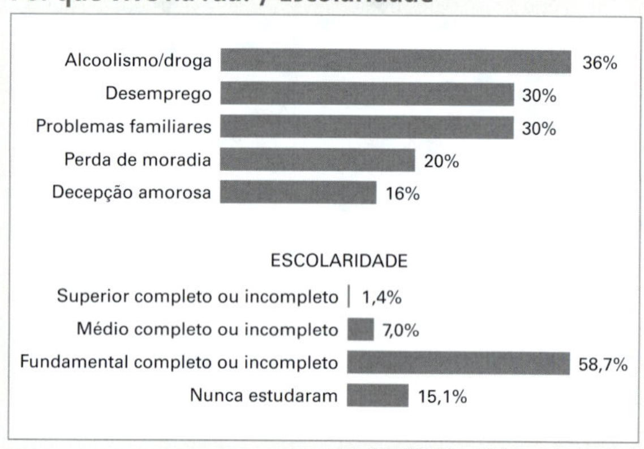

Istoé, 7/5/2008, p. 21 (com adaptações).

As informações apresentadas no texto são suficientes para se concluir que

a) as pessoas que vivem na rua e sobrevivem de esmolas são aquelas que nunca estudaram.
b) as pessoas que vivem na rua e cursaram o ensino fundamental, completo ou incompleto, são aquelas que sabem ler e escrever.
c) existem pessoas que declararam mais de um motivo para estarem vivendo na rua.
d) mais da metade das pessoas que vivem na rua e que ingressaram no ensino superior se diplomou.
e) as pessoas que declararam o desemprego como motivo para viver na rua também declararam a decepção amorosa.

16. Os gráficos a seguir, extraídos do sítio eletrônico do IBGE, apresentam a distribuição da população brasileira por sexo e faixa etária no ano de 1990 e projeções dessa população para 2010 e 2030.

Pirâmide etária absoluta – 1990

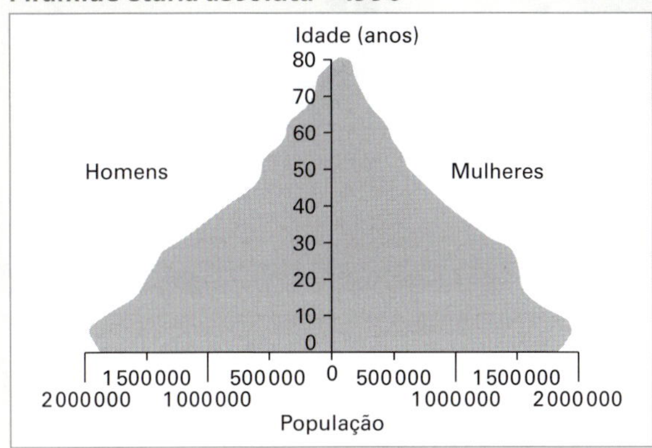

Pirâmide etária absoluta – 2010

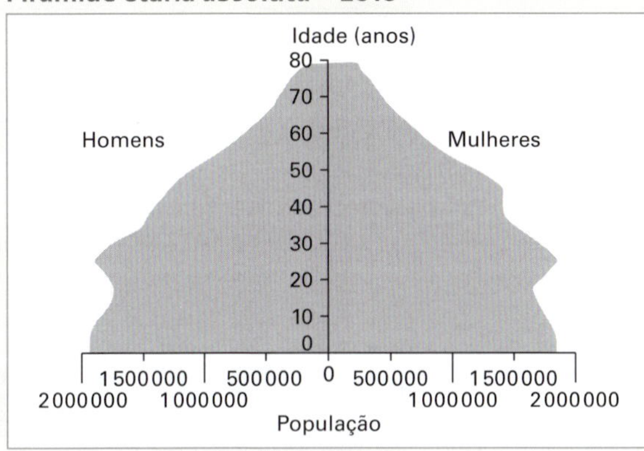

Pirâmide etária absoluta – 2030

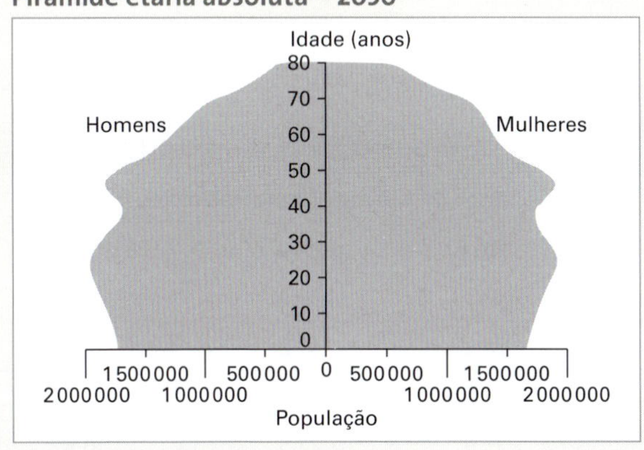

Se for confirmada a tendência apresentada nos gráficos relativos à pirâmide etária, em 2050,

a) a população brasileira com 80 anos de idade será composta por mais homens que mulheres.
b) a maioria da população brasileira terá menos de 25 anos de idade.
c) a população brasileira do sexo feminino será inferior a 2 milhões.
d) a população brasileira com mais de 40 anos de idade será maior que em 2030.
e) a população brasileira será inferior à população de 2010.

17.

Os benefícios do pedágio dentro da cidade

A prefeitura de uma grande cidade brasileira pretende implantar um pedágio nas suas avenidas principais, para reduzir o tráfego e aumentar a arrecadação municipal. Um estudo do Banco Nacional de Desenvolvimento Econômico e Social (BNDES) mostra o impacto de medidas como essa adotadas em outros países.

CINGAPURA - Adotado em 1975, na área central de Cingapura, o pedágio fez o uso de ônibus crescer 15% e a velocidade média no trânsito subir 10 km por hora.

INGLATERRA - Desde 2003, cobra-se o equivalente a 35 reais por dia dos motoristas que utilizam as ruas do centro de Londres. A medida reduziu em 30% o número de veículos que trafegam na região.

NORUEGA - Em 1990, a capital, Oslo, instalou pedágio apenas para aumentar sua receita tributária. Hoje arrecada 70 milhões de dólares por ano com a taxa.

COREIA DO SUL - Desde 1996, a capital, Seul, cobra o equivalente a 4,80 reais por carro que passe por duas de suas avenidas, com menos de dois passageiros. A quantidade de veículos nessas avenidas caiu 34% e a velocidade subiu 10 quilômetros por hora.

Veja, 28/6/2006 (com adaptações).

Com base nessas informações, assinale a opção correta a respeito do pedágio nas cidades mencionadas.

a) A preocupação comum entre os países que adotaram o pedágio urbano foi o aumento de arrecadação pública.
b) A Europa foi pioneira na adoção de pedágio urbano como solução para os problemas de tráfego em avenidas.
c) Caso a prefeitura da cidade brasileira mencionada adote a cobrança do pedágio em vias urbanas, isso dará sequência às experiências implantadas sucessivamente em Cingapura, Noruega, Coreia do Sul e Inglaterra.
d) Nas experiências citadas, houve redução do volume de tráfego coletivo e individual na proporção inversa do aumento da velocidade no trânsito.
e) O número de cidades europeias que já adotaram o pedágio urbano corresponde ao dobro do número de cidades asiáticas que o fizeram.

18.

Tendências nas migrações internacionais

O relatório anual (2002) da Organização para a Cooperação e Desenvolvimento Econômico (OCDE) revela transformações na origem dos fluxos migratórios. Observa-se aumento das migrações de chineses, filipinos, russos e ucranianos com destino aos países membros da OCDE. Também foi registrado aumento de fluxos migratórios provenientes da América Latina.

Trends in international migration - 2002.
Internet: <www.ocde.org> (com adaptações).

No mapa ao lado, estão destacados, com a cor preta, os países que mais receberam esses fluxos migratórios em 2002.

As migrações citadas estão relacionadas, principalmente, à

a) ameaça de terrorismo em países pertencentes à OCDE.
b) política dos países mais ricos de incentivo à imigração.
c) perseguição religiosa em países muçulmanos.
d) repressão política em países do Leste Europeu.
e) busca de oportunidades de emprego.

19. Nos últimos anos, ocorreu redução gradativa da taxa de crescimento populacional em quase todos os continentes. A seguir, são apresentados dados relativos aos países mais populosos em 2000 e também as projeções para 2050.

Países mais populosos em 2000 (em milhões de habitantes)

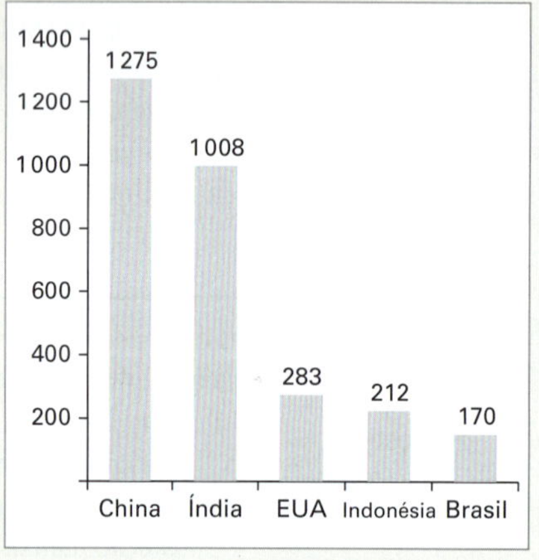

Internet: <www.ibge.gov.br>.

Países mais populosos – previsão para 2050 (em milhões de habitantes)

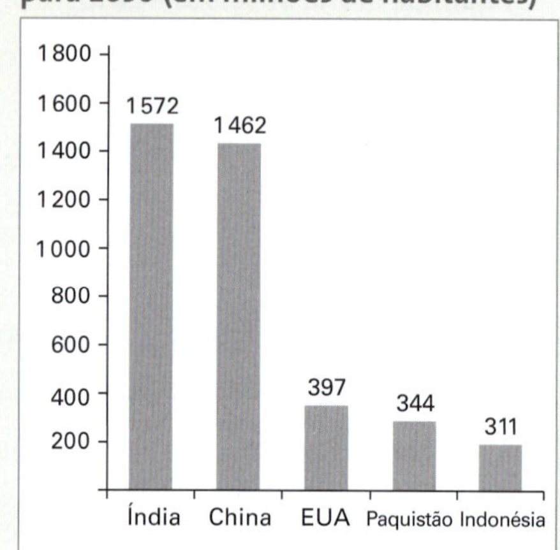

Internet: <www.ibge.gov.br>.

Com base nas informações anteriores, é correto afirmar que, no período de 2000 a 2050,

a) a taxa de crescimento populacional da China será negativa.
b) a população do Brasil duplicará.
c) a taxa de crescimento da população da Indonésia será menor que a dos EUA.
d) a população do Paquistão crescerá mais de 100%.
e) a China será o país com a maior taxa de crescimento populacional do mundo.

20. A tabela a seguir apresenta dados relativos a cinco países.

País	saneamento básico (%)		taxa de mortalidade infantil (por mil)		
	esgotamento sanitário adequado	abastecimento de água	anos de permanência das mães na escola		
			até 3	de 4 a 7	8 ou mais
I	33	47	45,1	29,6	21,4
II	36	65	70,3	41,2	28,0
III	81	88	34,8	27,4	17,7
IV	62	79	33,9	22,5	16,4
V	40	73	37,9	25,1	19,3

Com base nessas informações, infere-se que

a) a educação tem relação direta com a saúde, visto que é menor a mortalidade de filhos cujas mães possuem maior nível de escolaridade, mesmo em países onde o saneamento básico é precário.
b) o nível de escolaridade das mães tem influência na saúde dos filhos, desde que, no país em que eles residam, o abastecimento de água favoreça, pelo menos, 50% da população.
c) a intensificação da educação de jovens e adultos e a ampliação do saneamento básico são medidas suficientes para se reduzir a zero a mortalidade infantil.
d) mais crianças são acometidas pela diarreia no país III do que no país II.
e) a taxa de mortalidade infantil é diretamente proporcional ao nível de escolaridade das mães e independe das condições sanitárias básicas.

21.

> Trata-se de um gigantesco movimento de construção de cidades, necessário para o assentamento residencial dessa população, bem como de suas necessidades de trabalho, abastecimento, transportes, saúde, energia, água etc. Ainda que o rumo tomado pelo crescimento urbano não tenha respondido satisfatoriamente a todas essas necessidades, o território foi ocupado e foram construídas as condições para viver nesse espaço.
>
> MARICATO, E. *Brasil, cidades*: alternativas para a crise urbana. Petrópolis, Vozes, 2001.

A dinâmica de transformação das cidades tende a apresentar como consequência a expansão das áreas periféricas pelo(a)

a) crescimento da população urbana e aumento da especulação imobiliária.
b) direcionamento maior do fluxo de pessoas, devido à existência de um grande número de serviços.
c) delimitação de áreas para uma ocupação organizada do espaço físico, melhorando a qualidade de vida.
d) implantação de políticas públicas que promovem a moradia e o direito à cidade aos seus moradores.
e) reurbanização de moradias nas áreas centrais, mantendo o trabalhador próximo ao seu emprego, diminuindo os deslocamentos para a periferia.

22.

Texto I

> Ao se emanciparem da tutela senhorial, muitos camponeses foram desligados legalmente da antiga terra. Deveriam pagar, para adquirir propriedade ou arrendamento. Por não possuírem recursos, engrossaram a camada cada vez maior de jornaleiros e trabalhadores volantes, outros, mesmo tendo propriedade sobre um pequeno lote, suplementavam sua existência com o assalariamento esporádico.
>
> MACHADO, P. P. *Política e colonização no Império*. Porto Alegre: Ed. da UFRGS, 1999 (adaptado).

Texto II

> Com a globalização da economia ampliou-se a hegemonia do modelo de desenvolvimento agropecuário, com seus padrões tecnológicos, caracterizando o agronegócio. Essa nova face da agricultura capitalista também mudou a forma de controle e exploração da terra. Ampliou-se, assim, a ocupação de áreas agricultáveis e as fronteiras agrícolas se estenderam.
>
> SADER, E.; JINKINGS, I. *Enciclopédia Contemporânea da América Latina e do Caribe*. São Paulo: Boitempo, 2006 (adaptado).

Os textos demonstram que, tanto na Europa do século XIX quanto no contexto latino-americano do século XXI, as alterações tecnológicas vivenciadas no campo interferem na vida das populações locais, pois

a) induzem os jovens ao estudo nas grandes cidades, causando o êxodo rural, uma vez que formados, não retornam à sua região de origem.
b) impulsionam as populações locais a buscar linhas de financiamento estatal com o objetivo de ampliar a agricultura familiar, garantindo sua fixação no campo.
c) ampliam o protagonismo do Estado, possibilitando a grupos econômicos ruralistas produzir e impor políticas agrícolas, ampliando o controle que tinham dos mercados.
d) aumentam a produção e a produtividade de determinadas culturas em função da intensificação da mecanização, do uso de agrotóxicos e cultivo de plantas transgênicas.
e) desorganizam o modo tradicional de vida impelindo-as à busca por melhores condições no espaço urbano ou em outros países em situações muitas vezes precárias.

23.

Texto I

> A nossa luta é pela democratização da propriedade da terra, cada vez mais concentrada em nosso país. Cerca de 1% de todos os proprietários controla 46% das terras. Fazemos pressão por meio da ocupação de latifúndios improdutivos e grandes propriedades, que não cumprem a função social, como determina a Constituição de 1988. Também ocupamos as fazendas que têm origem na grilagem de terras públicas.
>
> Disponível em: <www.mst.org.br>. Acesso em: 25 ago. 2011 (adaptado).

Texto II

> O pequeno proprietário rural é igual a um pequeno proprietário de loja: quanto menor o negócio mais difícil de manter, pois tem de ser produtivo e os encargos são difíceis de arcar. Sou a favor de propriedades produtivas e sustentáveis e que gerem empregos. Apoiar uma empresa produtiva que gere emprego é muito mais barato e gera muito mais do que apoiar a reforma agrária.
>
> LESSA, C. Disponível em: <www.observadorpolítico.org.br>. Acesso em: 25 ago. 2011 (adaptado).

Nos fragmentos dos textos, os posicionamentos em relação à reforma agrária se opõem. Isso acontece porque os autores associam a reforma agrária, respectivamente, à

a) redução do inchaço urbano e à crítica ao minifúndio camponês.
b) ampliação da renda nacional e à prioridade ao mercado externo.

c) contenção da mecanização agrícola e ao combate ao êxodo rural.
d) privatização de empresas estatais e ao estímulo ao crescimento econômico.
e) correção de distorções históricas e ao prejuízo ao agronegócio.

24.

> A singularidade da questão da terra na África Colonial é a expropriação por parte do colonizador e as desigualdades raciais no acesso à terra. Após a independência, as populações de colonos brancos tenderam a diminuir, apesar de a proporção de terra em posse da minoria branca não ter diminuído proporcionalmente.
>
> MOYO, S. A terra africana e as questões agrárias: o caso das lutas pela terra no Zimbábue. In: FERNANDES, B. M.; MARQUES, M. I. M.; SUZUKI, J. C. (Org.). *Geografia agrária*: teoria e poder. São Paulo: Expressão Popular, 2007.

Com base no texto, uma característica socioespacial e um consequente desdobramento que marcou o processo de ocupação do espaço rural na África subsaariana foram:

a) Exploração do campesinato pela elite proprietária — Domínio das instituições fundiárias pelo poder público.
b) Adoção de práticas discriminatórias de acesso à terra — Controle do uso especulativo da propriedade fundiária.
c) Desorganização da economia rural de subsistência — Crescimento do consumo interno de alimentos pelas famílias camponesas.
d) Crescimento dos assentamentos rurais com mão de obra familiar — Avanço crescente das áreas rurais sobre as regiões urbanas.
e) Concentração das áreas cultiváveis no setor agroexportador — Aumento da ocupação da população pobre em territórios agrícolas marginais.

25.

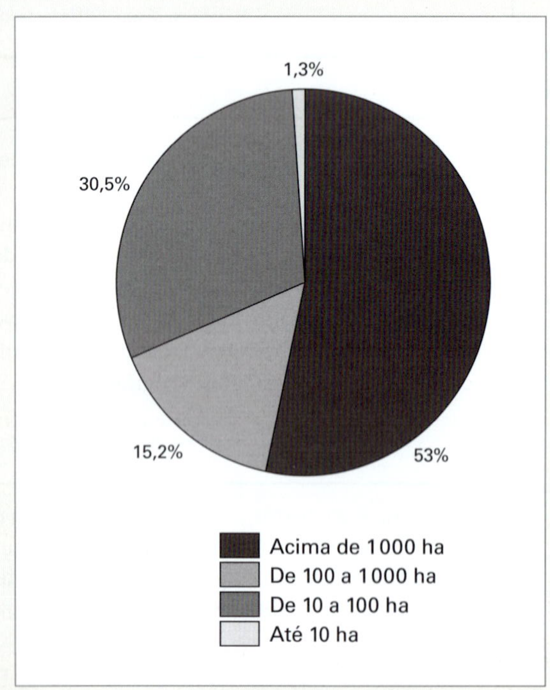

Fonte: Incra, Estatísticas cadastrais 1998.

O gráfico representa a relação entre o tamanho e a totalidade dos imóveis rurais no Brasil. Que característica da estrutura fundiária está evidenciada no gráfico apresentado?

a) A concentração de terras nas mãos de poucos.
b) A existência de poucas terras agricultáveis.
c) O domínio territorial dos minifúndios.
d) A primazia da agricultura familiar.
e) A debilidade dos *plantations* modernos.

26.

> Uma empresa norte-americana de bioenergia está expandindo suas operações para o Brasil para explorar o mercado de pinhão manso. Com sede na Califórnia, a empresa desenvolveu sementes híbridas de pinhão manso, oleaginosa utilizada hoje na produção de biodiesel e de querosene de aviação.
>
> MAGOSSI, E. *O Estado de S. Paulo*. 19 maio 2011 (adaptado).

A partir do texto, a melhoria agronômica das sementes de pinhão manso abre para o Brasil a oportunidade econômica de

a) ampliar as regiões produtoras pela adaptação do cultivo a diferentes condições climáticas.
b) beneficiar os pequenos produtores camponeses de óleo pela venda direta ao varejo.
c) abandonar a energia automotiva derivada do petróleo em favor de fontes alternativas.
d) baratear cultivos alimentares substituídos pelas culturas energéticas de valor econômico superior.
e) reduzir o impacto ambiental pela não emissão de gases do efeito estufa para a atmosfera.

27.

> No estado de São Paulo, a mecanização da colheita da cana-de-açúcar tem sido induzida também pela legislação ambiental, que proíbe a realização de queimadas em áreas próximas aos centros urbanos. Na região de Ribeirão Preto, principal polo sucroalcooleiro do país, a mecanização da colheita já é realizada em 516 mil dos 1,3 milhão de hectares cultivados com cana-de-açúcar.
>
> BALSADI, O. et al. Transformações tecnológicas e a força de trabalho na agricultura brasileira no período de 1990-2000. *Revista de economia agrícola*. V. 49 (1), 2002.

O texto aborda duas questões, uma ambiental e outra socioeconômica, que integram o processo de modernização da produção canavieira. Em torno da associação entre elas, uma mudança decorrente desse processo é a

a) perda de nutrientes do solo devido à utilização constante de máquinas.
b) eficiência e racionalidade no plantio com maior produtividade na colheita.
c) ampliação da oferta de empregos nesse tipo de ambiente produtivo.

d) menor compactação do solo pelo uso de maquinário agrícola de porte.
e) poluição do ar pelo consumo de combustíveis fósseis pelas máquinas.

28.

> De 15% a 20% da área de um canavial precisa ser renovada anualmente. Entre o período de corte e o de plantação de novas canas, os produtores estão optando por plantar leguminosas, pois elas fixam nitrogênio no solo, um adubo natural para a cana. Essa opção de rotação é agronomicamente favorável, de forma que municípios canavieiros são hoje grandes produtores de soja, amendoim e feijão.
>
> As encruzilhadas da fome. *Planeta*. São Paulo, ano 36, n. 430, jul. 2008 (adaptado).

A rotação de culturas citada no texto pode beneficiar economicamente os produtores de cana porque

a) a decomposição da cobertura morta dessas culturas resulta em economia na aquisição de adubos industrializados.
b) o plantio de cana-de-açúcar propicia um solo mais adequado para o cultivo posterior da soja, do amendoim e do feijão.
c) as leguminosas absorvem do solo elementos químicos diferentes dos absorvidos pela cana, restabelecendo o equilíbrio do solo.
d) a queima dos restos vegetais do cultivo da cana-de-açúcar transforma-se em cinzas, sendo reincorporadas ao solo, o que gera economia na aquisição de adubo.
e) a soja, o amendoim e o feijão, além de possibilitarem a incorporação ao solo de determinadas moléculas disponíveis na atmosfera, são grãos comercializados no mercado produtivo.

29.

> Antes, eram apenas as grandes cidades que se apresentavam como o império da técnica, objeto de modificações, suspensões, acréscimos, cada vez mais sofisticadas e carregadas de artifício. Esse mundo artificial inclui, hoje, o mundo rural.
>
> SANTOS, M. *A natureza do espaço*. São Paulo: Hucitec, 1996.

Considerando a transformação mencionada no texto, uma consequência socioespacial que caracteriza o atual mundo rural brasileiro é

a) a redução do processo de concentração de terras.
b) o aumento do aproveitamento de solos menos férteis.
c) a ampliação do isolamento do espaço rural.
d) a estagnação da fronteira agrícola do país.
e) a diminuição do nível de emprego formal.

30.

> A maioria das pessoas daqui era do campo. Vila Maria é hoje exportadora de trabalhadores. Empresários de Primavera do Leste, Estado de Mato Grosso, procuram o bairro de Vila Maria para conseguir mão de obra. É gente indo distante daqui 300, 400 quilômetros para ir trabalhar, para ganhar sete conto por dia. (Carlito, 43 anos, maranhense, entrevistado em 22/03/98).
>
> RIBEIRO, H. S. *O migrante e a cidade: dilemas e conflitos*. Araraquara: Wunderlich, 2001 (adaptado).

O texto retrata um fenômeno vivenciado pela agricultura brasileira nas últimas décadas do século XX, consequência

a) dos impactos sociais da modernização da agricultura.
b) da recomposição dos salários do trabalhador rural.
c) da exigência de qualificação do trabalhador rural.
d) da diminuição da importância da agricultura.
e) dos processos de desvalorização de áreas rurais.

31.

> Coube aos Xavante e aos Timbira, povos indígenas do Cerrado, um recente e marcante gesto simbólico: a realização de sua tradicional corrida de toras (de buriti) em plena Avenida Paulista (SP), para denunciar o cerco de suas terras e a degradação de seus entornos pelo avanço do agronegócio.
>
> RICARDO, B.; RICARDO, F. *Povos indígenas do Brasil*: 2001-2005. São Paulo: Instituto Socioambiental, 2006 (adaptado).

A questão indígena contemporânea no Brasil evidencia a relação dos usos socioculturais da terra com os atuais problemas socioambientais, caracterizados pelas tensões entre

a) a expansão territorial do agronegócio, em especial nas regiões Centro-Oeste e Norte, e as leis de proteção indígena e ambiental.
b) os grileiros articuladores do agronegócio e os povos indígenas pouco organizados no Cerrado.
c) as leis mais brandas sobre o uso tradicional do meio ambiente e as severas leis sobre o uso capitalista do meio ambiente.
d) os povos indígenas do Cerrado e os polos econômicos representados pelas elites industriais paulistas.
e) o campo e a cidade no Cerrado, que faz com que as terras indígenas dali sejam alvo de invasões urbanas.

Respostas

Capítulo 24

Industrialização brasileira

Vestibulares de Norte a Sul

1. B
2. Soma: 41 (32 + 8 + 1)
3. E
4. C

Capítulo 25

A economia brasileira a partir de 1985

Vestibulares de Norte a Sul

1. E
2. A
3. C

Capítulo 26

A produção mundial de energia

Vestibulares de Norte a Sul

1. Soma: 14 (2 + 4 + 8)
2. V, V, F, F, V
3. B
4. C
5. D
6. V, F, F, F, V

Capítulo 27

A produção de energia no Brasil

Vestibulares de Norte a Sul

1. C
2. C
3. A
4. D

Capítulo 28

Características e crescimento da população mundial

Vestibulares de Norte a Sul

1. A
2. C
3. B
4. E
5. C
6. A
7. C
8. E
9. C

Capítulo 29

Os fluxos migratórios e a estrutura da população

Vestibulares de Norte a Sul

1. E
2. D
3. E
4. D
5. V, V, F, F, V
6. C
7. E

Capítulo 30

A formação e a diversidade cultural da população brasileira

Vestibulares de Norte a Sul

1. Soma: 6 (2 + 4)
2. E
3. D
4. E
5. D
6. A

Capítulo 31

Aspectos demográficos e estrutura da população brasileira

Vestibulares de Norte a Sul

1. A
2. A
3. C
4. D
5. E

Capítulo 32

O espaço urbano no mundo contemporâneo

Vestibulares de Norte a Sul

1. E
2. Cidade global é um conceito qualitativo, define as cidades com melhor infraestrutura, independentemente do tamanho, que, portanto, exercem mais influência e capacidade de comando sobre os fluxos na rede urbana mundial. Segundo *Globalization and World Cities Study Group and Network* (GaWC), da Universidade de Loughborough (Reino Unido), em 2012 havia 182 cidades globais: 45 de nível alfa, com destaque para Londres e Nova York (cidades alfa ++), seguidas por Paris, Tóquio, Cingapura, Xangai, Pequim, Sydney, Dubai e Hong Kong (cidades globais +); 78 de nível beta, entre as quais está São Paulo; e 59 de nível gama.
3. A região com maior população absoluta vivendo em assentamentos precários é o sul da Ásia, com destaque para a Índia (em 2009 apresentava 105 milhões de pessoas vivendo nessas condições), Paquistão (30 milhões) e Bangladesh (28 milhões). A região com maior população relativa vivendo em assentamentos precários é a África Subsaariana, na qual diversos países têm mais de 60% dos habitantes vivendo nessas condições; a pior situação está na República Centro-Africana, onde 96% da população vive em favelas. Entre as justificativas para a grande presença de assentamentos precários nessas regiões, destacam-se o rápido êxodo rural, a falta de planejamento e investimentos em infraestrutura urbana (como habitação e saneamento básico) e a baixa renda da maior parte da população.

Capítulo 33

As cidades e a urbanização brasileira

Vestibulares de Norte a Sul

1. D
2. A
3. F, F, V, F, F
4. V, V, V, F, F
5. C
6. C

Capítulo 34

Organização da produção agropecuária

Vestibulares de Norte a Sul

1. C
2. D
3. D
4. C
5. A
6. C
7. Soma: 7 (1 + 2 + 4)
8. B
9. E

Capítulo 35

A agropecuária no Brasil

Vestibulares de Norte a Sul

1. A
2. E
3. C
4. D
5. C
6. D

Caiu no Enem

1. C
2. E
3. E
4. A
5. B
6. C
7. C
8. C
9. B
10. E
11. A
12. B
13. A
14. C
15. C
16. D
17. C
18. E
19. D
20. A
21. A
22. E
23. E
24. E
25. B
26. A
27. B
28. E
29. B
30. A
31. A

Sugestões de leitura, filmes e *sites*

Capítulo 24

Filmes

- ***Coronel Delmiro Gouveia.***
  Direção: Geraldo Sarno. Brasil, 1978.
  No início do século, no Nordeste brasileiro, um empresário pioneiro da indústria nacional é perseguido por se recusar a vender sua fábrica para industriais britânicos. Esse filme retrata as dificuldades e pressões sofridas pelos que tentavam enfrentar o domínio estrangeiro em vários setores da economia nacional.
- ***Eles não usam black-tie.***
  Direção: Leon Hirszman. Brasil, 1981.
  Narra o cotidiano de uma família de operários e os conflitos entre pai e filho durante uma greve no período da ditadura militar. Destacando a contradição inerente à relação capital-trabalho, o filme descreve as agruras e os sonhos da classe operária brasileira em um período de forte exploração e arrocho salarial.
- ***Jânio a 24 Quadros.***
  Direção: Luiz Alberto Pereira. Brasil, 1984.
  Apresenta um panorama político do Brasil de 1950 a 1980, analisando os motivos da renúncia de Jânio Quadros e a influência da atitude do ex-presidente na instauração do regime militar. Durante o documentário, são analisados o desenvolvimentismo de JK, a ditadura militar, a censura, o movimento dos estudantes e dos trabalhadores e a luta pela anistia.
- ***Mauá, o imperador e o rei.***
  Direção: Sérgio Resende. Brasil, 1999.
  O filme mostra o enriquecimento e a falência de Irineu Evangelista de Souza (1813-1889), empreendedor gaúcho mais conhecido como barão de Mauá. Foi considerado o primeiro grande empresário brasileiro, responsável por uma série de iniciativas modernizadoras da economia nacional. Arrojado em sua luta pela industrialização do Brasil, Mauá foi um vanguardista no século XIX.

Sites

- ***FGV/CPDOC***
  <www.cpdoc.fgv.br>
  No portal da Fundação Getúlio Vargas/Centro de Pesquisa e Documentação de História Contemporânea do Brasil (FGV/CPDOC) você encontra vários textos sobre economia, política, cultura, diversas biografias e outros assuntos relacionados à história brasileira contemporânea.
- ***Ipea***
  <www.ipea.gov.br>
  O Instituto de Pesquisa Econômica Aplicada (Ipea) disponibiliza em seu *site* vários textos e análises de conjuntura sobre a economia brasileira.

Capítulo 25

Sites

- ***ANPROTEC***
  <www.anprotec.org.br>
  Para ver a relação de diversos parques tecnológicos brasileiros, com os respectivos *links*, e saber mais sobre o movimento de incubação de empresas, acesse o *site* da Rede Incubar da Associação Nacional de Entidades Promotoras de Empreendimentos Inovadores.
- ***Banco Central do Brasil***
  <www.bcb.gov.br>
  O *site* do Banco Central do Brasil disponibiliza diversos dados estatísticos sobre economia no Brasil e no mundo.
- ***IBGE***
  <www.ibge.gov.br>
  No *site* do Instituto Brasileiro de Geografia e Estatística há vários dados estatísticos sobre produtos, empresas, produção física e indicadores sociais.
- ***Ministério do Desenvolvimento, Indústria e Comércio Exterior***
  <www.desenvolvimento.gov.br>
  Disponibiliza várias informações sobre comércio exterior, desenvolvimento da produção, barreiras protecionistas, política industrial e o Anuário Estatístico.

Capítulo 26

Sites

- ***Agência Internacional de Energia***
  <www.iea.org>
  No *site* da Agência Internacional de Energia você encontra vários estudos e dados estatísticos sobre energia no mundo (em inglês).
- ***Banco Mundial***
  <www.bancomundial.org.br>
  Você pode acessar o *site* do Banco Mundial para obter dados estatísticos e análises setoriais sobre energia.
- ***Conselho Mundial de Energia***
  <www.worldenergy.org>
  Aprofunde seus estudos e obtenha informações sobre energia no mundo acessando o *site* do Conselho Mundial de Energia. A página inicial está em inglês, mas também apresenta documentos em português, espanhol e francês.
- ***Organização dos Países Exportadores de Petróleo – Opep***
  <www.opec.org>
  O *site* da Organização dos Países Exportadores de Petróleo apresenta dados estatísticos e análises temáticas sobre o petróleo e os países-membros da organização (em inglês).

Capítulo 27

Sites

- ***Aneel***
  <www.aneel.gov.br>
  A Agência Nacional de Energia Elétrica (Aneel) oferece estatísticas, legislação e outras informações sobre geração, transmissão e distribuição de eletricidade.
- ***ANP***
  <www.anp.gov.br>
  A Agência Nacional de Petróleo, Gás Natural e Biocombustíveis (ANP) apresenta estudos e informações sobre petróleo e derivados, legislação e contratos de exploração.
- ***ANTT***
  <www.antt.gov.br>
  A Agência Nacional de Transportes Terrestres (ANTT) oferece estatísticas, mapas, legislação e outras informações sobre transportes de passageiros e de cargas.
- ***Comissão Nacional de Energia Nuclear***
  <www.cnen.gov.br>
  Oferece em seu *site* informações sobre energia nuclear, além de apostilas educativas, normas de segurança e muitos outros dados ligados a esse tema.
- ***Indústrias Nucleares do Brasil***
  <www.inb.gov.br>
  Informações sobre energia e usinas nucleares, urânio e indicadores tecnológicos no Brasil e no mundo.
- ***Instituto Socioambiental***
  <www.socioambiental.org>
  Encontre análises e documentos sobre várias questões ambientais, algumas relacionadas à exploração e ao consumo de energia, com destaque para o petróleo.
- ***Ministério de Minas e Energia***
  <www.mme.gov.br>
  No *site* do Ministério há publicações, artigos, informações, programas de desenvolvimento e cidadania, e diversos temas ligados ao setor energético brasileiro, além do Balanço Energético Nacional.
- ***Petrobras***
  <www.petrobras.com>
  No *site* você obtém análises sobre fontes de energia, impactos ambientais e atuação internacional da companhia.

Capítulo 28

Sites

- ***Direito das mulheres na mídia mundial***
  <http://pt.euronews.com/tag/direitos-das-mulheres>
  Página da agência Euronews que agrupa as notícias relacionadas aos direitos das mulheres.
- ***Divisão de população da Organização das Nações Unidas***
  <www.un.org/esa/population>
  Aqui você encontra as mais variadas estatísticas e análises sobre a população mundial: aspectos demográficos, fertilidade, urbanização, mortalidade infantil e muitas outras (em inglês).
- ***Fundo de Desenvolvimento das Nações Unidas para a Mulher – Unifem***
  <www.unifem.org.br>
  Agência da ONU voltada exclusivamente à análise e à elaboração de propostas envolvendo a mulher: violência, planejamento familiar, trabalho e outros (em português).
- ***Fundo de População das Nações Unidas – UNFPA***
  <www.unfpa.org.br>
  Nesta agência da ONU estão disponíveis os relatórios sobre a situação da população mundial e análises sobre temas como igualdade de gênero, crianças e adolescentes, estratégias de desenvolvimento, saúde reprodutiva e outros (em português).
- ***Interlegis – direito das minorias no Brasil***
  <http://www.interlegis.leg.br/cidadania/direitos>
  Programa desenvolvido pelo Senado Federal, em parceria com o Banco Interamericano de Desenvolvimento (BID), que disponibiliza diversos *links* de páginas especializadas em direitos humanos, das crianças e dos adolescentes, das minorias, dos idosos, das mulheres e dos consumidores.
- ***Programa das Nações Unidas para o Desenvolvimento – PNUD***
  <www.pnud.org.br>
  Essa agência da ONU é a responsável pela elaboração do Relatório de Desenvolvimento Humano. Disponibiliza relatórios, textos e dados estatísticos sobre os mais variados temas relacionados à população e ao desenvolvimento humano: pobreza e desigualdade, educação e cultura, igualdade racial e outros (em português).

Capítulo 29

Filmes

- ***Bem-vindo.***
  Direção: Philippe Lioret. França, 2009.
  Este filme aborda as políticas de imigração em países europeus por meio da história de um adolescente curdo que abandona o Iraque e viaja para tentar reencontrar sua namorada, que se mudara para a Inglaterra. Em razão das dificuldades, o jovem resolve atravessar o canal da Mancha a nado.
- ***Jean Charles.***
  Direção: Henrique Goldman. Brasil/Inglaterra, 2009.
  Filme baseado na história real do mineiro Jean Charles de Menezes, um eletricista que emigrou para a Inglaterra e morava em Londres. Em 22 de julho de 2005, ele foi confundido com um terrorista e morto pela polícia britânica.

Sites

- ***Alto Comissariado das Nações Unidas para Refugiados (Acnur)***
  <www.acnur.org/t3/portugues/>
  Disponibiliza estatísticas, textos e publicações sobre refugiados, migrações e outros temas.

- ***Divisão de População da Organização das Nações Unidas***
<www.un.org/esa/population>
Nesta página você encontra vários indicadores: aspectos demográficos, urbanização e muitos outros (em inglês).
- ***Fundo das Nações Unidas para a População (Unfpa)***
<www.unfpa.org.br>
Nesta agência da ONU, estão disponíveis os relatórios sobre a situação da população mundial e análises sobre temas como igualdade de gênero, crianças e adolescentes, estratégias de desenvolvimento, saúde reprodutiva e outros.
- ***Organização Internacional para as Migrações***
<www.iom.int/jahia/jsp/index.jsp>
Organização intergovernamental com mais de 120 países-membros que realiza estudos sobre migração e desenvolvimento, combate à migração forçada e incentiva meios de regulamentação para a circulação de pessoas (em inglês, francês e espanhol).
- ***Programa das Nações Unidas para o Desenvolvimento (Pnud)***
<www.pnud.org.br>
Esta agência da ONU é responsável pela elaboração do *Relatório de Desenvolvimento Humano*. Disponibiliza relatórios, textos e dados estatísticos sobre os mais variados temas relacionados à população e ao desenvolvimento humano: pobreza e desigualdade, educação e cultura, igualdade racial e outros.

Capítulo 30

Filmes

- ***Gaijin – os caminhos da liberdade.***
Direção: Tizuka Yamasaki, Brasil, 1980.
Mostra as adversidades, como a escravidão por dívida, enfrentadas pelos primeiros imigrantes japoneses que se dirigiram às fazendas de café do interior de São Paulo no início do século XX.
- ***O homem que virou suco.***
Direção: João Batista de Andrade, Brasil, 1980.
Retrata os conflitos psicológicos e a crítica social à imigração de nordestinos para São Paulo. O maior transtorno não é enfrentado pelos cidadãos que moram na cidade que recebem os migrantes, mas pelas pessoas que foram obrigadas, por fatores econômicos, a abandonar sua região de origem.
- ***Quilombo.***
Direção: Cacá Diegues, Brasil/França, 1984.
Conta a história do Quilombo dos Palmares, a maior organização de resistência negra contra a escravidão no Brasil. Em meados do século XVII, escravos nordestinos fugiram das plantações de cana e fundaram esse quilombo, que sobreviveu por mais de setenta anos.
- ***O caminho das nuvens.***
Direção: Vicente Amorim, Brasil, 2003.
Mostra a epopeia de Romão, um caminhoneiro desempregado, sua mulher, Rose, e seus cinco filhos em uma viagem de bicicleta da Paraíba até o Rio de Janeiro. Ele foi em busca de um emprego de mil reais de salário, quantia que considerava o mínimo necessário para sustentar sua família.

Sites

- ***ComCiência***
<www.comciencia.br/reportagens/negros/01.shtml>
Revista eletrônica de jornalismo científico da Sociedade Brasileira para o Progresso da Ciência (SBPC) e Laboratório de Estudos Avançados em Jornalismo da Universidade de Campinas (Unicamp). Reunião de vários artigos sobre a população negra no Brasil, como "Titulação de terras a quilombolas", "Mercado de trabalho", "Qualidade de vida" e "Ações afirmativas".
- ***Fundação Nacional do Índio (Funai)***
<www.funai.gov.br>
Este *site* disponibiliza dados, mapas, textos e outros recursos que tratam dos povos indígenas do Brasil.
- ***IBGE***
<www.ibge.gov.br>
O Instituto Brasileiro de Geografia e Estatística é a principal fonte primária de dados estatísticos sobre população e outros indicadores brasileiros. Por ser um órgão do governo federal, seus dados são considerados oficiais.
- ***Instituto Socioambiental***
<www.socioambiental.org>
Neste endereço, você encontra várias informações, textos e imagens sobre a população indígena na atualidade, envolvendo política e direitos dos povos indígenas, as terras e o quadro atual das diversas etnias.
- ***Memorial do Imigrante***
<www.memorialdoimigrante.org.br>
Antiga hospedaria dos imigrantes, atualmente abriga o Museu da Imigração e o consulado italiano em São Paulo. Oferece vários dados e imagens sobre a imigração estrangeira para o Brasil.
- ***Museu do Índio***
<www.museudoindio.org.br>
Divulga textos, dados e imagens sobre a população indígena brasileira, além de promover exposições e eventos sobre o tema.

Capítulo 31

Sites

- ***Biblioteca Virtual Mulher***
<http://mulher.ibict.br/>
Neste *site* especializado no tema Mulher e Relações de Gênero, você encontra informações sobre saúde, violência, trabalho, cultura, direitos e cidadania, educação e poder e participação política.
- ***IBGE***
<www.ibge.gov.br>
O IBGE é a principal fonte primária de dados estatísticos sobre população e outros indicadores oficiais brasileiros. Trata-se de um órgão do governo federal.

- ***Núcleo de Estudos Negros***
  <www.nen.org.br>
  Organização não governamental de Santa Catarina que disponibiliza uma série de estudos contra a discriminação racial e a busca de igualdade social.
- ***Pnud Brasil***
  <www.pnud.org.br>
  O *site* do Programa das Nações Unidas para o Desenvolvimento oferece o Relatório de Desenvolvimento Humano do mundo e do Brasil.
- ***Instituto Nacional de Estudos e Pesquisas Educacionais Anísio Teixeira (INEP)***
  <www.inep.gov.br>
  O Inep tem como principais atribuições organizar, desenvolver e implementar, na área educacional, sistemas de informação e documentação que abranjam estatísticas, avaliações educacionais, práticas pedagógicas e de gestão das políticas educacionais no Brasil.

Capítulo 32

Filmes

- ***Quem quer ser um milionário?***
  Direção: Danny Boyle, Estados Unidos/Reino Unido, 2008.
  Jovem de origem pobre (vive em uma favela de Mumbai) que trabalha servindo chá em empresa de telemarketing inscreve-se para participar do programa de TV "Quem quer ser um milionário?". À medida que acerta as respostas das perguntas feitas pelo apresentador do programa, o prêmio vai aumentando. O filme mostra as contradições da sociedade indiana: apesar das altas taxas de crescimento econômico, há milhões que vivem em favelas ou mesmo nas ruas das grandes cidades.
- ***Tiros em Columbine.***
  Direção: Michael Moore, Estados Unidos, 2002.
  Este documentário retrata o fascínio de grande parte da sociedade norte-americana por armas de fogo, que são amplamente difundidas entre a população. Isso tem levado a crimes bárbaros, como o ocorrido em 1999 na escola pública Columbine, em Littleton, Colorado: dois jovens mataram doze colegas, um professor e, em seguida, se suicidaram. Discute as razões do crescimento da violência nos Estados Unidos e estabelece comparações com o vizinho Canadá, onde não há uma cultura armamentista.

Sites

- ***GaWC***
  <www.lboro.ac.uk/gawc/>
  Para obter informações sobre as 182 cidades globais, acesse o site do GaWC (em inglês).
- ***TETO Brasil***
  <www.techo.org/paises/brasil/>
  Ancorada em trabalho voluntário, essa ONG está empenhada em organizar as comunidades carentes, com o objetivo de obter moradia digna e reduzir a pobreza. Para saber mais, acesse seu *site*.
- ***Observatório de Favelas***
  <www.observatoriodefavelas.org.br/>
  Essa Organização da Sociedade Civil de Interesse Público (OSCIP) está empenhada em produzir conhecimentos e propostas políticas sobre favelas e fenômenos urbanos. Para saber mais, acesse sua página na internet.
- ***Divisão de População das Nações Unidas***
  <www.un.org/en/development/desa/population>
  Acesse o *site* (em inglês) para obter informações sobre população e urbanização mundiais, incluindo as megacidades.

Capítulo 33

Filmes

- ***Cidade de Deus.***
  Direção: Fernando Meirelles, Brasil, 2002.
  Baseado em fatos reais, mostra o crescimento do crime organizado em um bairro do subúrbio do Rio de Janeiro, entre a década de 1960 e o início dos anos 1980. Evidencia como é difícil a vida das pessoas que vivem em favelas: além da precariedade da infraestrutura, seu cotidiano é marcado pela violência de grupos de traficantes armados.
- ***Linha de passe.***
  Direção: Walter Salles e Daniela Thomas, Brasil, 2008.
  Mostra a vida de uma família pobre – mãe e quatro filhos –, moradora da periferia da Zona Leste da cidade de São Paulo. Cada um com seus anseios, sonhos e frustrações. Dario queria ser jogador de futebol, mas com 18 anos vê seu sonho se desvanecer. Reginaldo procura seu pai obsessivamente. Dinho dedica-se à religião pentecostal. Denis enfrenta dificuldades para se manter, pois acabou de ser pai. Cleuza, a mãe dos quatro, trabalha como empregada doméstica e está grávida, mais uma vez será mãe solteira. O filme evidencia a carência de serviços, a falta de oportunidades, enfim, as dificuldades da vida na periferia das grandes cidades brasileiras.
- ***Não por acaso.***
  Direção: Philippe Barcinski, Brasil, 2007.
  Aborda a vida de dois homens que não se conhecem e que moram na mesma cidade. Um deles, engenheiro de trânsito, controla o fluxo de automóveis de São Paulo; enquanto o outro é jogador de sinuca. Ambos levam vidas metódicas que, após um acidente, tomarão rumos inusitados.

Sites

- ***Emplasa***
  <www.emplasa.sp.gov.br>
  O *site* da Empresa Paulista de Planejamento Metropolitano S.A. contém dados sobre as regiões metropolitanas e aglomerações urbanas do estado de São Paulo (a macrometrópole paulista) e do Brasil.
- ***Ibam***
  <www.ibam.org.br>
  No *site* do Instituto Brasileiro de Administração Municipal você encontra vários textos e análises sobre estudos

urbanos, Plano Diretor, Estatuto da Cidade, Código de Obras e outros temas envolvendo o espaço urbano.

- ***IBGE***
  <www.ibge.gov.br>
  No *site* do IBGE estão disponíveis publicações sobre as cidades e a urbanização brasileira, como o *Atlas de região de influência das cidades* e o *Perfil dos municípios brasileiros*. No *link* cidades, estão disponíveis dados estatísticos de todos os municípios do Brasil.

- ***Ministério das Cidades***
  <www.cidades.gov.br>
  O *site* do Ministério oferece textos, análises e dados sobre saneamento ambiental, programas urbanos, transportes e outros temas.

Capítulo 34

Sites

- ***CTNBio***
  <www.ctnbio.gov.br>
  A Comissão Técnica Nacional de Biossegurança (CTNBio) é o órgão do governo federal responsável por estudos e pareceres sobre o cultivo e a comercialização de transgênicos.

- ***Embrapa***
  <www.embrapa.br>
  Saiba mais sobre agroindústria, agricultura e meio ambiente e conheça a posição da Empresa Brasileira de Pesquisa Agropecuária (Embrapa) no que se refere a alimentos transgênicos visitando o *site* da instituição.

- ***FAO/ONU***
  <www.fao.org.br>
  No *site* da Organização das Nações Unidas para Agricultura e Alimentação (FAO) estão disponíveis vários relatórios sobre o estado mundial da agricultura, nutrição e outros.

- ***Planeta orgânico***
  <www.planetaorganico.com.br>
  Informações sobre a agricultura e a pecuária orgânica.

- ***Seade***
  <www.seade.df.gov.br>
  No *site* da Secretaria de Articulação para o Desenvolvimento do Entorno você pode obter informações sobre os municípios da região do entorno do Distrito Federal.

Capítulo 35

Filmes

- ***O sonho de Rose – 10 anos depois.***
  Direção: Tetê Moraes, Brasil, 1997.
  Mostra o reencontro, após dez anos, da diretora Tetê Moraes com as personagens do filme *Terra para Rose*. Acompanha a trajetória dos trabalhadores sem-terra que, depois da ocupação de 1985, conseguiram transformar seus sonhos em realidade.

- ***Um sonho distante.***
  Direção: Ron Howard, Estados Unidos, 1992.
  O filme retrata a vida de um casal de imigrantes irlandeses durante a colonização do oeste dos Estados Unidos no fim do século XIX. Mostra de forma clara que, apesar do acesso à terra, os pioneiros passavam por grandes dificuldades.

- ***Terra para Rose.***
  Direção: Tetê Moraes, Brasil, 1987.
  Retrata a história de Rose, agricultora sem-terra que, com outras 1500 famílias, participou da primeira grande ocupação de terra improdutiva, a fazenda Annoni, em Ronda Alta (RS), em 1985. O documentário aborda a questão da reforma agrária no Brasil no período de transição pós-regime militar, mostrando o início do MST. Rose deu à luz o primeiro bebê nascido no acampamento e, mais tarde, foi morta em estranho acidente.

Sites

- ***Atlas da questão agrária no Brasil***
  <www2.fct.unesp.br/nera/atlas/>
  A tese de doutorado *O rural e o urbano*: é possível uma tipologia, defendida em 2008 por Eduardo Girardi na Universidade Estadual Paulista (Unesp), de Presidente Prudente, foi transformada neste Atlas, em que o autor analisa a questão agrária e a ocupação do território, a luta pela terra e muitos outros assuntos ligados ao tema.

- ***Empresa Brasileira de Pesquisa Agropecuária (Embrapa)***
  <www.embrapa.gov.br>
  Disponibiliza informações relacionadas a meio ambiente, agroindústria, desenvolvimento regional, além de mapas de zoneamento agroecológico e outros dados.

- ***Instituto Nacional de Colonização e Reforma Agrária (Incra)***
  <www.incra.gov.br>
  Apresenta vários dados estatísticos e estudos sobre reforma agrária e estrutura fundiária no Brasil.

- ***Ministério da Agricultura, Pecuária e Abastecimento***
  <www.agricultura.gov.br>
  Para conhecer estatísticas e dados sobre programas do governo e serviços ligados à agropecuária.

- ***Ministério do Desenvolvimento Agrário***
  <www.mda.gov.br>
  Contém legislação, projetos governamentais, dados estatísticos, mapas e relatórios sobre a agropecuária brasileira.

Bibliografia

Livros

AB'SÁBER, A. *Os domínios de natureza no Brasil*. Potencialidades paisagísticas. São Paulo: Ateliê Editorial, 2003.

______. *A Amazônia*: do discurso à práxis. São Paulo: Edusp, 1996.

ABREU, Alzira Alves de (Org.). *Caminhos da cidadania*. Rio de Janeiro: FGV, 2009.

ADDA, J. *Os problemas da globalização da economia*. Barueri: Manole, 2004.

ALBUQUERQUE, P. C. G. *Desastres naturais e geotecnologias – GPS*. São José dos Campos: INPE, 2008. (Caderno didático n. 3).

ANDRADE, M. C.; ANDRADE, S. M. C. *A federação brasileira*: uma análise geopolítica e geossocial. São Paulo: Contexto, 1999. (Repensando a Geografia).

ARBIX, G. et al. (Org.). *Brasil, México, África do Sul, Índia e China*: diálogo entre os que chegaram depois. São Paulo: Ed. da Unesp/Edusp, 2002.

ARRIGHI, G. *Adam Smith em Pequim*: origens e fundamentos do século XXI. São Paulo: Boitempo, 2008.

ARRUDA, J. J. *Nova história moderna e contemporânea*. Bauru: Edusc, 2004.

AYOADE, J. O. *Introdução à climatologia para os trópicos*. 3. ed. Rio de Janeiro: Bertrand Brasil, 1991.

BAER, W. *A economia brasileira*. 2. ed. São Paulo: Nobel, 2002.

BEAUD, M. *História do capitalismo de 1500 aos nossos dias*. 5. ed. São Paulo: Brasiliense, 2005.

BECKER, B. K. et al. (Org.). *Geografia e meio ambiente no Brasil*. São Paulo, Rio de Janeiro: Hucitec, 1995. (Geografia: teoria e realidade).

______; STENNER, C. *Um futuro para a Amazônia*. São Paulo: Oficina de Textos, 2008. (Série Inventando o futuro).

BERMANN, C. *Energia no Brasil*: para quê? Para quem? Crise e alternativas para um país sustentável. São Paulo: Livraria da Física/FASE, 2001.

BITAR, O. Y. *Meio ambiente e Geologia*. São Paulo: Senac, 2004.

BONIFACE, P. *Compreender o mundo*. São Paulo: Ed. Senac São Paulo, 2011.

BORGES, J. L. *Narraciones*. 16. ed. Madrid: Cátedra, 2005.

BOTELHO, A. *Do fordismo à produção flexível*: o espaço da indústria num contexto de mudanças das estratégias de acumulação do capital. São Paulo: Annablume, 2008.

BRANCO, S. M. *Energia e meio ambiente*. São Paulo: Moderna, 2004. (Polêmica).

BRITO, P. *Economia brasileira*: planos econômicos e políticas econômicas básicas. São Paulo: Atlas, 2004.

BROWN, J. H.; LOMOLINO, M. V. *Biogeografia*. Ribeirão Preto: FUNPEC, 2006.

BROWN, Lester R. *Plano B 4.0*: mobilização para salvar a civilização. São Paulo: Ideia; New Content, 2009.

CALDAS, R.; ERNST, C. *Alca, Apec, Nafta e União Europeia*: cenários para o Mercosul no século XXI. Rio de Janeiro: Lumen Júris, 2003.

CANO, W. *Raízes da concentração industrial em São Paulo*. São Paulo: Difel, 1977.

CAPEL, H. *Filosofía y ciencia en la geografía contemporánea*. Barcelona: Ediciones del Serbal, 2012.

CARLOS, A. F. A. *Espaço-tempo na metrópole*: a fragmentação da vida cotidiana. São Paulo: Contexto, 2001. (Contexto Acadêmico).

______; LEMOS, A. I. G. (Org.). *Dilemas urbanos*: novas abordagens sobre a cidade. São Paulo: Contexto, 2003. (Contexto Acadêmico).

CASTELLS, M. *A sociedade em rede*. 7. ed. São Paulo: Paz e Terra, 2003. (A era da informação: economia, sociedade e cultura; v. 1).

______. *O poder da identidade*. 2. ed. São Paulo: Paz e Terra, 1999. (A era da informação: economia, sociedade e cultura; v. 2).

______. *Fim de milênio*. São Paulo: Paz e Terra, 1999. (A era da informação: economia, sociedade e cultura; v. 3).

CASTRO, I. E. et al. (Org.). *Explorações geográficas*. Rio de Janeiro: Bertrand Brasil, 1997.

______. et al. (Org.). *Geografia*: conceitos e temas. Rio de Janeiro: Bertrand Brasil, 1995.

CHOMSKY, N. *11 de setembro*. 3. ed. Rio de Janeiro: Bertrand Brasil, 2002.

CLAVAL, P. *História da Geografia*. Lisboa: Edições 70, 2006.

CONTI, J. B. *Clima e meio ambiente*. São Paulo: Atual, 2011. (Meio ambiente).

CORRÊA, R. L. *Trajetórias geográficas*. Rio de Janeiro: Bertrand Brasil, 1997.

______. *O espaço urbano*. São Paulo: Ática, 1995. (Princípios).

______. *Região e organização espacial*. São Paulo: Ática, 1998. (Princípios).

______. *Trajetórias geográficas*. Rio de Janeiro: Bertrand Brasil, 1997.

______; ROSENDAHL, Z. *Paisagem, tempo e cultura*. 2. ed. Rio de Janeiro: Ed. da Uerj, 2004.

COSTA, W. M. *O estado e as políticas territoriais no Brasil*. São Paulo: Contexto, 1988. (Repensando a Geografia).

CRESPO, A. A. *Estatística fácil*. 17. ed. São Paulo: Saraiva, 2002.

CUNHA, S. B.; GUERRA, A. J. T. (Org.). *A questão ambiental*: diferentes abordagens. Rio de Janeiro: Bertrand Brasil, 2003.

_______. (Org.). *Geomorfologia do Brasil*. Rio de Janeiro: Bertrand Brasil, 1998.

DALLARI, D. de A. *Direitos humanos e cidadania*. São Paulo: Moderna, 1998.

DUARTE, P. A. *Fundamentos de cartografia*. 2. ed. Florianópolis: Ed. da UFSC, 2003. (Didática).

FERGUSSON, N. *Colosso*: ascensão e queda do império americano. São Paulo: Planeta do Brasil, 2011.

FERREIRA, A. G. *Meteorologia prática*. São Paulo: Oficina de Textos, 2006.

FIORI, J. L. et al. (Org.). *Globalização*: o fato e o mito. Rio de Janeiro: Ed. da Uerj, 1998.

FIRKOWSKI, O. L. C. F.; SPOSITO, E. S. (Org.). *Indústria, ordenamento do território e transportes*: a contribuição de André Fischer. São Paulo: Expressão Popular; Unesp, 2008.

FITZ, P. R. *Cartografia básica*. São Paulo: Oficina de Textos, 2008.

_______. *Geoprocessamento sem complicação*. São Paulo: Oficina de Textos, 2008.

FLORENZANO, T. G. (Org.). *Geomorfologia*: conceitos e tecnologias atuais. São Paulo: Oficina de Textos, 2008.

FRY, P. et al. (Org.). *Divisões perigosas*: políticas raciais no Brasil contemporâneo. Rio de Janeiro: Civilização Brasileira, 2007.

FUNARI, P. P.; PINSKY, J. *Turismo e patrimônio cultural*. 3. ed. São Paulo: Contexto, 2003.

GALEANO, E. *As veias abertas da América Latina*. Rio de Janeiro: Paz e Terra, 1986.

GIDDENS, A. *A política da mudança climática*. Rio de Janeiro: Zahar, 2010.

_______. *Sociologia*. Porto Alegre: Artmed, 2005.

GIRARDI, E. P. *Atlas da questão agrária brasileira*. São Paulo: Edunesp, 2008. Disponível em: <http://www2.fct.unesp.br/nera/atlas/agropecuaria.htm>. Acesso em: 14 jun. 2014.

GOLDEMBERG, J. *Energia, meio ambiente e desenvolvimento*. São Paulo: Edusp, 1998.

GORBATCHEV, M. *Perestroika*: novas ideias para o meu país e o mundo. São Paulo: Best Seller, 1987.

GOUVEIA, R. G. *A questão metropolitana no Brasil*. Rio de Janeiro: FGV, 2005.

GRAZIANO NETO, F. *Questão agrária e ecologia*: crítica da agricultura moderna. São Paulo: Brasiliense, 1986.

GREMAUD, A. P.; VASCONCELOS, M. A. S. de; TONETO JR., R. *Economia brasileira contemporânea*. São Paulo: Atlas, 2009.

GUERRA, A. J. T.; SILVA, A. S.; BOTELHO, R. G. M. (Org.). *Erosão e conservação dos solos*: conceitos, temas e aplicações. Rio de Janeiro: Bertrand Brasil, 1999.

GUERRA, A. J. T.; CUNHA, S. B. (Org.). *Geomorfologia e meio ambiente*. Rio de Janeiro: Bertrand Brasil, 1996.

_______. (Org.). *Geomorfologia*. Uma atualização de bases e conceitos. Rio de Janeiro: Bertrand Brasil, 2001.

HAESBAERT, R. *Regional-global*: dilemas da região e da regionalização na geografia contemporânea. Rio de Janeiro: Bertrand Brasil, 2010.

HARDT, M.; NEGRI, A. *Império*. Rio de Janeiro: Record, 2001.

HARVEY, D. *A condição pós-moderna*: uma pesquisa sobre as origens da mudança cultural. São Paulo: Loyola, 1993.

_______. *A produção capitalista do espaço*. 2. ed. São Paulo: Annablume, 2006.

_______. *Espaços de esperança*. São Paulo: Loyola, 2004.

_______. *O novo imperialismo*. São Paulo: Loyola, 2004.

HELD, D.; MCGREW, A. *Prós e contras da globalização*. Rio de Janeiro: Zahar, 2001.

HINRICHS, R. A.; KLEINBACH, M. *Energia e meio ambiente*. 3. ed. São Paulo: Cengage Learning, 2009.

HIRST, P.; THOMPSON, G. *Globalização em questão*: a economia internacional e as possibilidades de governabilidade. Petrópolis: Vozes, 1998.

HOBSBAWM, E. *Era dos extremos*: o breve século XX: 1914-1991. São Paulo: Companhia das Letras, 1995.

_______. *Globalização, democracia e terrorismo*. São Paulo: Companhia das Letras, 2007.

_______. *Nações e nacionalismo desde 1870*. Rio de Janeiro: Paz e Terra, 1990.

HORVATH, J. E. *O ABCD da astronomia e astrofísica*. São Paulo: Livraria da Física, 2008.

HUBERMAN, L. *História da riqueza do homem*: do feudalismo ao século XXI. 22. ed. Rio de Janeiro: LTC, 2011.

HURREL, A. (Org.). *Os Brics e a ordem global*. São Paulo: FGV, 2009. (FGV de Bolso).

INSTITUTO Brasileiro de Geografia e Estatística (IBGE). *Centro de Documentação e Disseminação de Informações*. Brasil: 500 anos de povoamento. Rio de Janeiro: IBGE, 2000.

_______. *Estatísticas históricas do Brasil*: séries econômicas, demográficas e sociais de 1550 a 1988. 2. ed. Rio de Janeiro: IBGE, 1990.

_______. *Estatísticas do século XX*. Rio de Janeiro: IBGE, 2003.

JAMESON, F. *A cultura do dinheiro*: ensaios sobre a globalização. Petrópolis: Vozes, 2001.

JOFFE, J. et al. *A experiência europeia fracassou? Debate sobre a União Europeia e suas perspectivas*. Rio de Janeiro: Campus/Elsevier, 2012.

JOLY, F. A *Cartografia*. 5. ed. Campinas: Papirus, 2003.

KAMDAR, M. *Planeta Índia*: a ascensão turbulenta de uma nova potência global. Rio de Janeiro: Agir, 2008.

KENNEDY, P. *Ascensão e queda das grandes potências*: transformação econômica e conflito militar de 1500 a 2000. 2. ed. Rio de Janeiro: Campus, 1989.

_______. *Preparando para o século XXI*. Rio de Janeiro: Campus, 1993.

KORMOND, Edward J.; BROWN, Daniel E. *Ecologia humana*. São Paulo: Atheneu, 2002.

KUMAR, K. *Da sociedade pós-industrial à pós-moderna*: novas teorias sobre o mundo contemporâneo. Rio de Janeiro: Zahar, 1997.

LACOSTE, Y. *A geografia*: isso serve, em primeiro lugar, para fazer a guerra. Campinas: Papirus, 1988.

_______. *Contra os antiterceiro-mundistas e contra certos terceiro-mundistas*. São Paulo: Ática, 1991.

LACRUZ, M. S. P.; FILHO, M. A. S. *Desastres naturais e geotecnologias*: sistemas de informação geográfica. São José dos Campos: INPE, 2009. (Caderno didático n. 4).

LEONARD, M. *O que a China pensa?*. São Paulo: Larousse do Brasil, 2008.

LEPSCH, I. F. *Formação e conservação dos solos*. São Paulo: Oficina de Textos, 2010.

LIBAULT, A. *Geocartografia*. São Paulo: Nacional/Edusp, 1975.

LIPIETZ, A. *Audácia*: uma alternativa para o século XXI. São Paulo: Nobel, 1993.

LOJKINE, J. *A revolução informacional*. São Paulo: Cortez, 1995.

LOWE, J. *O império secreto*. Rio de Janeiro: Berkeley, 1993.

LUCA, T. R. *Indústria e trabalho na história do Brasil*. São Paulo: Contexto, 2001. (Repensando a história).

LYRIO, M. C. *A ascensão da China como potência*: fundamentos políticos internos. Brasília: Fundação Alexandre Gusmão, 2010.

MARTIN, J. *A economia mundial da energia*. São Paulo: Edunesp, 1992. (Prismas).

MARTINELLI, M. *Cartografia temática*: cadernos de mapas. São Paulo: Edusp, 2003. (Acadêmica, 47).

_______. *Mapas da geografia e cartografia temática*. São Paulo: Contexto, 2003.

MARTINS, G. A.; DONAIRE, D. *Princípios de estatística*. 4. ed. São Paulo: Atlas, 1990.

MARX, M. *Território e história no Brasil*. São Paulo: Hucitec, 2002. (Geografia: teoria e realidade).

MASIERO, G. *Negócios com Japão, Coreia do Sul e China*: economia, gestão e relações com o Brasil. São Paulo: Saraiva, 2007.

MELLO, N. A. de; THÉRY, H. *Atlas do Brasil*: disparidades e dinâmicas do território. 2. ed. São Paulo: Edusp, 2009.

MENDONÇA, F.; DANNI-OLIVEIRA, I. M. *Climatologia*. Noções básicas e climas do Brasil. São Paulo: Oficina de Textos, 2007.

MENDONÇA, S. *A industrialização brasileira*. São Paulo: Moderna, 1997. (Polêmica).

MILLER, G. T. *Ciência ambiental*. São Paulo: Cengage Learning, 2008.

MOÏSI, D. *A geopolítica das emoções*: como as culturas do Ocidente, do Oriente e da Ásia estão remodelando o mundo. Rio de Janeiro: Elsevier, 2009.

MORAES, A. C. R. *A gênese da geografia moderna*. São Paulo: Hucitec/Annablume, 2002.

_______. *Geografia*: pequena história crítica. 20. ed. São Paulo: Annablume, 2005.

_______. *Meio ambiente e ciências humanas*. 2. ed. São Paulo: Hucitec, 2002.

_______. *Território e história no Brasil*. São Paulo: Annablume/Hucitec, 2002.

MOREIRA, R. *Para onde vai o pensamento geográfico?*: por uma epistemologia crítica. São Paulo: Contexto, 2006.

MOURÃO, R. C. de F. *Vai chover no fim de semana?*. São Leopoldo: Unisinos, 2003. (Aldus).

NOÇÕES básicas de Cartografia/Departamento de Cartografia. Rio de Janeiro: IBGE, 1999. (Manuais técnicos em geociências).

NOGUEIRA, R. E. *Cartografia*: representação, comunicação e visualização de dados espaciais. 2. ed. Florianópolis: Ed. da UFSC, 2008.

NYE JR., J. S. *O paradoxo do poder americano*: porque a única superpotência do mundo não pode prosseguir isolada. São Paulo: Ed. da Unesp, 2002.

OHNO, T. *O sistema Toyota de produção*: além da produção em larga escala. Porto Alegre: Bookman, 1997.

OLIVEIRA, C. de. *Curso de cartografia moderna*. Rio de Janeiro: IBGE, 1988.

OLIVEIRA, L. L.; VIANELLO, R. L.; FERREIRA, N. J. *Meteorologia fundamental*. Erechim (RS): Edifapes, 2001.

ORTIZ, R. *Mundialização e cultura*. São Paulo: Brasiliense, 1994.

PRADO JR., C. *História econômica do Brasil*. São Paulo: Brasiliense, 1993.

PRESS, Frank et al. *Para entender a Terra*. 4. ed. Porto Alegre: Bookman, 2013.

QUEIROZ FILHO, A. P.; RODRIGUES, M. *A arte de voar em mundos virtuais*. São Paulo: Annablume, 2007.

RATZEL, F. Geografia do homem (Antropogeografia). In: MORAES, A. C. R. (Org.). *Ratzel*. São Paulo: Ática, 1990.

REIFSCHNEIDER, Francisco J. B. et al. *Novos ângulos da história da agricultura no Brasil*. Brasília: Embrapa, 2010.

RIBEIRO, D. *O povo brasileiro*. A formação e o sentido do Brasil. São Paulo: Companhia das Letras, 1995.

RIBEIRO, W. C. *A ordem ambiental internacional*. 2. ed. São Paulo: Contexto, 2005.

ROCHA, J. A. M. R. *GPS*: uma abordagem prática. 4. ed. Recife: Bagaço, 2003.

ROMARIZ, D. de A. *Aspectos da vegetação do Brasil*. São Paulo: Edição da autora, 1996.

_______. *Biogeografia*: temas e conceitos. São Paulo: Scortecci, 2008.

ROSS, J. L. S. (Org.). *Geografia do Brasil*. 6. ed. São Paulo: Edusp, 2011. (Didática, 3).

_______. *Ecogeografia do Brasil*. Subsídios para planejamento ambiental. São Paulo: Oficina de Textos, 2006.

ROSTOW, W. W. *Etapas do desenvolvimento econômico*. 6. ed. Rio de Janeiro: Zahar, 1978.

SANTOS, Á. R. *Diálogos geológicos*: é preciso conversar mais com a Terra. São Paulo: O Nome da Rosa, 2008.

SANTOS, M. *A natureza do espaço. Técnica e tempo. Razão e emoção*. São Paulo: Hucitec, 1996.

_______. *A urbanização brasileira*. São Paulo: Hucitec, 1993.

_______. *Metamorfoses do espaço habitado*. São Paulo: Hucitec, 1988.

_______. *O espaço do cidadão*. São Paulo: Nobel, 1987.

_______. *O país distorcido*: o Brasil, a globalização e a cidadania. São Paulo: Publifolha, 2002.

_______; SILVEIRA, M. L. *O Brasil*: território e sociedade no início do século XXI. Rio de Janeiro: Record, 2001.

SANTOS, T. (Coord.). *Globalização e regionalização*. Rio de Janeiro: Ed. da PUC-Rio/São Paulo: Loyola, 2004. (Hegemonia e contra-hegemonia; v. 3).

_______. (Coord.). *Os impasses da globalização*. Rio de Janeiro: Ed. da PUC-Rio/São Paulo: Loyola, 2003. (Hegemonia e contra-hegemonia; v. 1).

SASSEN, S. *As cidades na economia mundial*. São Paulo: Studio Nobel, 1998.

SAUSEN, T. M. *Desastres naturais e geotecnologias*: sensoriamento remoto. São José dos Campos: INPE, 2008. (Cadernos Didáticos n. 2).

SCHWARCZ, L. M.; QUEIROS, R. da S. (Org.). *Raça e diversidade*. São Paulo: Edusp, 1996.

SEGRILLO, A. *O declínio da URSS*: um estudo das causas. Rio de Janeiro: Record, 2000.

_______. *O fim da URSS e a nova Rússia*: de Gorbachev ao pós-Yeltsin. Petrópolis: Vozes, 2000.

SEN, A. *Desenvolvimento como liberdade*. São Paulo: Companhia das Letras, 2000.

SENE, E. *Globalização e espaço geográfico*. 3. ed. São Paulo: Contexto, 2007.

SERRANO, C.; WALDMAN, M. *Memória d'África*: a temática africana em sala de aula. São Paulo: Cortez, 2007.

SERVIÇO Pastoral dos Migrantes (SPM) et al. *O fenômeno migratório no terceiro milênio*: desafios pastorais. São Paulo: Vozes, 1998.

SILVA, A. C. da. *O espaço fora do lugar*. São Paulo: Hucitec, 1988.

SILVA, A. da C. e. *A África explicada aos meus filhos*. Rio de Janeiro: Agir, 2008.

SINGER, P. *Para entender o mundo financeiro*. São Paulo: Contexto, 2000.

SISTER, S. (Org.). *O abc da crise*. São Paulo: Ed. Fundação Perseu Abramo, 2009.

SKIDMORE, T. *Brasil*: de Getúlio a Castelo. Rio de Janeiro: Paz e Terra, 1982.

SOUZA, M. L. *ABC do desenvolvimento urbano*. Rio de Janeiro: Bertrand Brasil, 2003.

_______. *Mudar a cidade*: uma introdução crítica ao planejamento e à gestão urbanos. Rio de Janeiro: Bertrand Brasil, 2002.

SPÓSITO, E. S. *A vida nas cidades*. São Paulo: Contexto, 1994. (Repensando a Geografia).

SPOSITO, M. E. B. *Capitalismo e urbanização*. São Paulo: Contexto, 1988.

STIGLITZ, J. E. *Globalização*: como dar certo. São Paulo: Companhia das Letras, 2007.

STRATHERN, P. *Uma breve história da economia*. Rio de Janeiro: Jorge Zahar, 2003.

SUERTEGARAY, D. M. A. (Org.). *Terra*: feições ilustradas. Porto Alegre: Ed. da UFRGS, 2008.

SZMRECSÁNYI, T. *Pequena história da agricultura no Brasil*. São Paulo: Contexto, 1998. (Repensando a história).

_______; SUZIGAN, W. (Org.). *História econômica do Brasil contemporâneo*. São Paulo: Hucitec/Associação Brasileira dos Pesquisadores em História Econômica/Edusp/Imprensa Oficial, 2002.

TEIXEIRA, W. et al. (Org.). *Decifrando a Terra*. São Paulo: Oficina de Textos, 2009.

TREVISAN, C. *China*: o renascimento do império. São Paulo: Planeta do Brasil, 2006.

TUCCI, C. E. M. (Org.). *Hidrologia*. Ciência e aplicação. Porto Alegre: Ed. da UFRGS/ABRH, 2002. (ABRH de recursos hídricos, v. 4).

VALLE, C. E. do. *Qualidade ambiental*: ISO 14000. São Paulo: Senac, 2002.

VEIGA, J. E. da (Org.). *Aquecimento global*: frias contendas científicas. São Paulo: Senac, 2008.

_______. *O desenvolvimento agrícola*: uma visão histórica. São Paulo: Hucitec/Edusp, 1991. (Estudos rurais).

VITTE, A. C.; GUERRA, A. J. T. (Org.). *Reflexões sobre a geografia física no Brasil*. Rio de Janeiro: Bertrand Brasil, 2004.

VIZENTINI, P. F. *As relações internacionais da Ásia e da África*. Petrópolis: Vozes, 2007.

WALISIEWICZ, M. *Energia alternativa*: solar, eólica, hidrelétrica e de biocombustíveis. São Paulo: Publifolha, 2008. (Mais ciência).

WALLERSTEIN, I. *Após o liberalismo*: em busca da reconstrução do mundo. Petrópolis: Vozes, 2002.

WEBER, M. *A ética protestante e o espírito do capitalismo*. São Paulo: Pioneira, 1989.

YOSHIDA, C. Y. M. *Recursos hídricos*: aspectos éticos, jurídicos, econômicos e socioambientais. Campinas: Alínea, 2007.

ZEMIN, J. *Reforma e construção da China*. Rio de Janeiro: Record, 2002.

ZOUAIN, D. M.; PLONSKI, G. A. *Parques tecnológicos*: planejamento e gestão. Brasília: Anprotec; Sebrae, 2006.

Atlas

ALLEN, J. L. *Student Atlas of World Geography*. 7. ed. [s.l.]: McGraw-Hill/Duskin, 2012.

ANDRADE FILHO, R. de O.; FRANCO JR., H. *Atlas de história geral*. 5. ed. São Paulo: Scipione, 2000.

ATLAS de energia elétrica do Brasil. Disponível em: <www.aneel.gov.br>. Acesso em: 12 jun. 2014.

ATLAS do censo demográfico 2010. Rio de Janeiro: IBGE, 2013.

ATLAS do desenvolvimento humano no Brasil. Programa das Nações Unidas para o Desenvolvimento (Pnud). Disponível em: <www.pnud.org.br>. Acesso em: 12 jun. 2014.

ATLAS of the Middle East. 2nd ed. Washington, D.C.: National Geographic, 2008.

BONIFACE, P. (Dir.). *Atlas des relations internationals*. Paris: Hatier, 2003.

BURROUGHS, W. *The Climate Revealed*. New York: Cambridge University Press, 1999.

CHALIAND, G.; RAGEAU, J.-P. *Atlas stratégique du millénaire. La mort des empires 1900-2015*. Paris: Hachette Littératures, 1998.

CHARLIER, Jacques (Dir.). *Atlas du 21e siècle edition 2012*. Groningen: Wolters-Noordhoff; Paris: Éditions Nathan, 2011.

COLLEGE Atlas of the World. 2. ed. Washington, D. C.: National Geographic/Wiley, 2010.

DUBY, G. *Atlas histórico mundial*. Barcelona: Larousse, 2007.

DURAND, M. et al. *Atlas de la mondialisation:* comprendre l'espace mondial contemporain. 6. ed. Paris: Sciences Po, 2013.

ENCEL, F. *Atlas géopolitique d'Israël*. Paris: Autrement, 2008.

FERREIRA, Graça Maria Lemos. *Moderno atlas geográfico*. 3. ed. São Paulo: Moderna, 2003.

GRAND Atlas de la Terre. Paris: Larousse/Novara: Istituto Geografico De Agostini, 2007.

GREINER, A. L. *Visualizing Human Geography*. [s.l.]: Wiley/National Geographic, 2011.

IBGE. *Atlas geográfico escolar*. 6. ed. Rio de Janeiro, 2012.

_______. *Atlas nacional do Brasil Milton Santos*. 4. ed. Rio de Janeiro, 2011.

INSTITUT français des relations internationales. *Rapport annuel mondial sur le système économique et les stratégies Ramses 2011*. Paris: Ifri/Dunod, 2010.

LACOSTE, Y. *Géopolitique*: la longue histoire d'aujourd'hui. Paris: Larousse, 2006.

LE GRAND ATLAS. *Encyclopédique du monde*. Novara: De Agostini, 2011.

LE MONDE DIPLOMATIQUE. *El atlas de las minorías*. Valencia: Fundación Mondiplo, 2012.

_______. *El atlas de las mundializaciones*. Valencia: Fundación Mondiplo, 2011.

_______. *L'Atlas 2013*. Paris: Vuibert, 2012.

_______. *Nuevas potencias emergentes*. Valencia: Fundación Mondiplo, 2012.

LEBRUN, F. (Dir.). *Atlas historique*. Paris: Hachette, 2000.

NATIONAL Geographic. *Collegiate Atlas of the World*. Washington, D. C.: National Geographic Society, 2011.

NATIONAL Geographic Student Atlas of the World. 3rd ed. Washington, D. C.: National Geographic Society, 2009.

NATIONAL Geographic Visual of the World Atlas. Washington, D. C.: National Geographic, 2009.

OXFORD Atlas of the World. 8th ed. New York: Oxford University Press, 2011.

OXFORD Essential World Atlas. 6th ed. New York: Oxford University Press, 2011.

SIMIELLI, M. E. *Geoatlas*. 34. ed. São Paulo: Ática, 2013.

SMITH, D. *Atlas da situação mundial*. Ed. rev. e atual. São Paulo: Nacional, 2007.

_______. *The Penguin State of the World Atlas*. 9th ed. New York: Penguin Books, 2012.

SOLONEL, M. (Dir.). *Grand Atlas D'aujourd'Hui*. Paris: Hachette, 2000.

STUDENT Atlas of the World. 3rd ed. Washington: National Geographic Society, 2009. p. 38.

THE WORLD BANK. *Atlas of global development*. 4th ed. Washington D. C.: The World Bank; Glasgow: Collins, 2013.

_______. *Atlas of the Millennium Development Goals*. New York: Collins Bartholomew/The World Bank, 2011. Disponível em: <www.app.collinsindicate.com/mdg/en-us>. Acesso em: 12 jun. 2014.

VARROD, P. *Atlas géopolitique et culturel*: dynamiques du monde contemporain. Paris: Dictionnaire Le Roberts, 2003.

WHITFIELD, P. *The Image of the World*: 20 Centuries of World Maps. London: British Library, 1994.

Dicionários

BAUD, P. et al. *Dicionário de Geografia*. Lisboa: Plátano, 1999.

BOBBIO, N. et al. *Dicionário de Política*. 7. ed. Brasília: Ed. da UnB, 1995. 2 v.

CNPq; FINEP; ACIESP. *Glossário de ecologia*. São Paulo: Aciesp, 1997.

DASHEFSKY, H. S. *Dicionário de ciência ambiental*. São Paulo: Gaia, 1997.

DUROZOI, G.; ROUSSEL, A. *Dicionário de filosofia*. 2. ed. Campinas: Papirus, 1996.

FARNDON, J. *Dicionário escolar da Terra*. Londres: Butler & Tanner, 1996.

GEORGE, P. (Dir.). *Diccionario Akal de Geografia*. Madrid: Akal, 2007.

GUERRA, A. T.; GUERRA, A. J. T. *Novo dicionário geológico-geomorfológico*. Rio de Janeiro: Bertrand Brasil, 1997.

HOUAISS, A. *Grande dicionário Houaiss da língua portuguesa*. UOL. Disponível em: <http://houaiss.uol.com.br>. Acesso em: 11 jun. 2013.

JAPIASSU, H.; MARCONDES, D. *Dicionário básico de Filosofia*. 4. ed. Rio de Janeiro: Jorge Zahar, 2006.

JOHNSON, A. G. *Dicionário de Sociologia*. Rio de Janeiro: Zahar, 1997.

JOHNSTON, R. J. et al. *The Dictinonary of Human Geography*. 3. ed. Oxford: Blackwell, 1997.

LACOSTE, Yves. *De la géopolitique aux paysages*. Dictionnaire de la geographie. Paris: Armand Colin, 2009.

LÉVY, Jacques; LUSSAULT, Michel (Dir.). *Dictionnaire de la geographie*. Paris: Belin, 2009.

MOTTA, M. (Org.). *Dicionário da terra*. Rio de Janeiro: Civilização Brasileira, 2005.

OLIVEIRA, C. de. *Dicionário cartográfico*. Rio de Janeiro: IBGE, 1993.

SANDRONI, P. *Dicionário de economia do século XXI*. 4. ed. Rio de Janeiro: Record, 2008.

Periódicos

AGÊNCIA NACIONAL DO PETRÓLEO. *Anuário estatístico*. Disponível em: <www.anp.gov.br>. Acesso em: 12 jun. 2014.

AIRPORTS COUNCIL INTERNATIONAL. The Word's Top 100 Airports. *The Guardian*. London, 4 may 2012. Disponível em: <www.theguardian.com/news/datablog/2012/may/04/world-top-100-airports>. Acesso em: 12 jun. 2014.

AMERICAN ASSOCIATION OF PORT AUTHORITIES. Port Industry Statistics. *World Port Ranking 2010*. Disponível em: <www.aapa-ports.org/home.cfm>. Acesso em: 12 jun. 2014.

B'TSELEM – The Israeli Information Center for Human Rights in the Occupied Territories. *Statistics Data*. 29 set. 2000 a 31 jul. 2012. Disponível em: <www.btselem.org/statistics>. Acesso em: 12 jun. 2014.

BALANÇO energético nacional 2013. Ministério das Minas e Energia. Disponível em: <www.mme.gov.br>. Acesso em: 12 jun. 2014.

BP Statistical review of world energy 2013. Disponível em: <www.bp.com>. Acesso em: 12 jun. 2014.

CENTRAL INTELLIGENCE AGENCY. *The World Factbook 2013-14*. Disponível em: <www.cia.gov/library/publications/the-world-factbook>. Acesso em: 12 jun. 2014.

CEPAL. *División de Estadística y Proyecciones Económicas. Anuario Estadístico de América Latina y el Caribe 2013*. Disponível em: <www.cepal.org/publicaciones/xml/6/51946/AnuarioEstadistico2013.pdf>. Acesso em: 12 jun. 2014.

CIA. The World Factbook 2013. Disponível em: <www.cia.gov>. Acesso em: 12 jun. 2014.

CLASSIFICAÇÃO NACIONAL DE ATIVIDADES ECONÔMICAS. Versão 2.0. Rio de Janeiro: IBGE, Concla, 2007.

DOWBOR, L. A crise financeira sem mistérios. *Le Monde Diplomatique Brasil*. São Paulo, 29 jan. 2009.

FMI. *World Economic Outlook Database*. Out. 2013. Disponível em: <www.imf.org/external/pubs/ft/weo/2013/02/weodata/index.aspx>. Acesso em: 12 jun. 2014.

FORTUNE Global 500 2013. Disponível em: <http://money.cnn.com/magazines/fortune/global500/2013/full_list/?iid=G500_sp_full>. Acesso em: 12 jun. 2014.

FUNDO DE POPULAÇÃO DAS NAÇÕES UNIDAS. *Relatório sobre a situação da população mundial 2013*. Disponível em: <www.unfda.org.br>. Acesso em: 12 jun. 2014.

GOLDMAN Sachs. Dreaming with BRICS: the path to 2050. *Global Economics*, New York, n. 99, p. 4, 1º out. 2003. Disponível em: <www.goldmansachs.com/our-thinking/archive/brics-dream.html>. Acesso em: 12 jun. 2014.

IBGE. *Anuário estatístico do Brasil*. Rio de Janeiro: IBGE, 1994 a 2012. v. 54 a 72.

________. *Censo agropecuário 2006*. Disponível em: <www.ibge.gov.br>. Acesso em: 12 jun. 2014.

________. *Indicadores de desenvolvimento sustentável*. Brasil 2012. Rio de Janeiro: IBGE, 2012.

________. *Perfil dos municípios brasileiros 2011*. Rio de Janeiro: IBGE. Disponível em: <www.ibge.gov.br>. Acesso em: 12 jun. 2014.

________. *Pesquisa Nacional por Amostragem de Domicílio 2012*. Rio de Janeiro: IBGE, 2013. Disponível em: <www.ibge.gov.br>. Acesso em: 12 jun. 2014.

________. Séries estatísticas & históricas. *Pesquisa industrial mensal – produção física 1992-2012*. Disponível em: <http://seriesestatisticas.ibge.gov.br/Apresentacao.aspx>. Acesso em: 12 jun. 2014.

________. *Síntese de indicadores da pesquisa nacional por amostragem de domicílios (Pnad)*. Rio de Janeiro: IBGE, 2013. Disponível em: <www.ibge.gov.br>. Acesso em: 12 jun. 2014.

IFR Statistical Department. World Robotics 2013. Disponível em: <www.worldrobotics.org/uploads/media/Executive_Summary_WR_2013.pdf>. Acesso em: 12 jun. 2014.

INTERNATIONAL ENERGY AGENCY. *Key World Energy Statistics 2013*. Paris: IEA, 2012. Disponível em: <www.iea.org>. Acesso em: 12 jun. 2014.

INTERNET World Stats. *Top 20 countries with highest number of internet users*, 30 jun. 2012. Disponível em: <www.internetworldstats.com/top20.htm>. Acesso em: 12 jun. 2014.

MINISTÉRIO do Desenvolvimento, Indústria e Comércio Exterior. *Balança comercial brasileira*: dados consolidados. Disponível em: <www.desenvolvimento.gov.br/arquivos/dwnl_1365787109.pdf>. Acesso em: 12 jun. 2014.

MINISTÉRIO do Desenvolvimento, Indústria e Comércio Exterior. *Balança comercial – Mercosul*. Dez. 2013. Disponível em: <www.mdic.gov.br/sitio/interna/interna.php?area=5&menu=2081>. Acesso em: 12 jun. 2014.

MINISTÉRIO DAS MINAS E ENERGIA. *Balanço energético nacional 2013*. Disponível em: <www.mme.gov.br>. Acesso em: 12 jun. 2014.

ONU. *Objectivos del Desarrollo del Milenio*. Informe 2013. Nueva York: Naciones Unidas, 2013.

PROGRAMA DAS NAÇÕES UNIDAS PARA O DESENVOLVIMENTO. *Atlas do desenvolvimento humano no Brasil*. Disponível em: <www.pnud.org.br>. Acesso em: 12 jun. 2014.

________. *Relatório de desenvolvimento humano 2013*. Nova York: PNUD, 2013.

PROJEÇÃO da população do Brasil por sexo e idade para o período 1980-2050 – Revisão 2008. Disponível em: <www.ibge.gov.br>. Acesso em: 12 jun. 2014.

REGIÕES de influência das cidades, 2007. Rio de Janeiro: IBGE. Disponível em: <www.ibge.gov.br>. Acesso em: 12 jun. 2014.

SIPRI – Stockholm International Peace Research Institute. *SIPRI Yearbook 2013*. Disponível em: <www.sipri.org/yearbook/2013/05>. Acesso em: 12 jun. 2014.

STATISTICAL Review of World Energy. In: Departamento nacional de produção mineral. Disponível em: <www.dnpm.gov.br>. Acesso em: 12 jun. 2014.

THE FUND FOR PEACE. *The Failed States Index*. Washington D. C., 2013. Disponível em: <http://ffp.statesindex.org/rankings-2013-sortable>. Acesso em: 12 jun. 2014.

THE WORLD BANK. Connecting to Compete. *The Logistics Performance Index and its Indicators 2012*. Disponível em: <http://siteresources.worldbank.org/TRADE/Resources/239070-1336654966193/LPI_2012_final.pdf>. Acesso em: 12 jun. 2014.

________. *eAtlas of the Millennium Development Goals*. New York: Collins Bartholomew/The World Bank, 2011. Disponível em: <www.app.collinsindicate.com/mdg/en-us>. Acesso em: 12 jun. 2014.

________. *World Development Indicators 2013*. Washington D. C., 2013. Disponível em: <http://wdi.worldbank.org/tables>. Acesso em: 9 abr. 2014

________. *World Development Indicators 2014*. Washington, D. C., 2014. Disponível em: <http://wdi.worldbank.org/tables>. Acesso em: 12 jun. 2014.

TRANSPARENCY INTERNATIONAL. *Corruption Perception Index 2012*. Disponível em: <http://cpi.transparency.org/cpi2012/results>. Acesso em: 12 jun. 2014.

U. S. BUREAU OF LABOR STATISTICS. International Labor Comparisons, Ago. 2013. *Hourly direct pay in manufacturing, U. S. dollars, 1996-2012*. Disponível em: <www.bls.gov/fls/#compensation>. Acesso em: 12 jun. 2014.

U. S. DEPARTMENT OF HOMELAND SECURITY. *Yearbook of Immigration Statistics*: 2010. Disponível em: <www.dhs.gov/xlibrary/assets/statistics/yearbook/2010/ois_yb_2010.pdf>. Acesso em: 12 jun. 2014.

U. S. DEPARTMENT OF THE TREASURY/FEDERAL RESERVE BOARD. *Major Foreign Holders of Treasury Securities*, 18 nov. 2013. Disponível em: <www.treasury.gov/resource-center/data-chart-center/tic/Documents/mfh.txt>. Acesso em: 12 jun. 2014.

UNITED NATIONS. *The Millennium Development Goals Report 2012*. New York: United Nations, 2012.

UNITED NATIONS CONFERENCE ON TRADE AND DEVELOPMENT. *World Investment Report 2013*. New York and Geneva: United Nations, 2013.

UNITED NATIONS DEPARTMENT OF FIELD SUPPORT. Cartographic Section. Ago. 2012. Disponível em: <www.un.org/Depts/Cartographic/map/dpko/PKO.pdf>. Acesso em: 12 jun. 2014.

UNITED NATIONS INDUSTRIAL DEVELOPMENT ORGANIZATION. *Industrial Development Report 2013*. Viena: UNIDO, 2013.

UNITED NATIONS RELIEF AND WORKS AGENCY FOR PALESTINE REFUGEES IN THE NEAR EAST. Fields of Operation. Jan. 2012. Disponível em: <www.unrwa.org/userfiles/20120317153744.pdf>. Acesso em: 12 jun. 2014.

WORLD FEDERATION OF EXCHANGES. Monthly Reports. *Domestic Market Capitalization*. Disponível em: <www.world-exchanges.org/statistics/monthly-reports>. Acesso em: 12 jun. 2014.

WORLD SHIPPING COUNCIL. *Top 50 world container ports*. Disponível em: <www.worldshipping.org/about-the-industry/global-trade/top-50-world-container-ports>. Acesso em: 12 jun. 2014.

WORLD TOURISM ORGANIZATION. *Tourism Highlights*, 2013 edition. Disponível em: <http://mkt.unwto.org/publication/unwto-tourism-highlights-2013-edition>. Acesso em: 12 jun. 2014.

WORLD TRADE ORGANIZATION. *Understanding the WTO*: basics. The Gatt years: from Havana to Marrakesh. Disponível em: <www.wto.org/english/thewto_e/whatis_e/tif_e/fact4_e.htm>. Acesso em: 12 jun. 2014.

Sites

ACCIONES de las Naciones Unidas contra el terrorismo. ONU. Disponível em: <www.un.org/es/terrorism>. Acesso em: 12 jun. 2014.

ACORDO de Livre Comércio da América do Norte (Nafta). Disponível em: <www.nafta-sec-alena.org>. Acesso em: 12 jun. 2014.

AGÊNCIA Central de Inteligência (CIA). Disponível em: <www.cia.gov>. Acesso em: 12 jun. 2014.

AGÊNCIA Internacional de Energia (IEA). Disponível em: <www.iea.org>. Acesso em: 12 jun. 2014.

AGÊNCIA Nacional de Energia Elétrica (Aneel). Disponível em: <www.aneel.gov.br>. Acesso em: 12 jun. 2014.

AGÊNCIA Nacional de Telecomunicações (Anatel). Disponível em: <www.anatel.gov.br>. Acesso em: 12 jun. 2014.

AGÊNCIA Nacional de Transportes Terrestres (ANTT). Disponível em: <www.antt.gov.br>. Acesso em: 12 jun. 2014.

AGÊNCIA Nacional do Petróleo (ANP). Disponível em: <www.anp.gov.br>. Acesso em: 12 jun. 2014.

ALEMANHA (*site* oficial do governo). Disponível em: <www.bundesregierung.de>. Acesso em: 12 jun. 2014.

ALTO Comissariado das Nações Unidas para Refugiados (ACNUR). Disponível em: <www.acnur.org/t3/portugues>. Acesso em: 12 jun. 2014.

ASSOCIAÇÃO das Nações do Sudeste Asiático (Asean). Disponível em: <www.asean.org>. Acesso em: 12 jun. 2014.

ASSOCIAÇÃO de Geógrafos Brasileiros (AGB). Disponível em: <www.agb.org.br>. Acesso em: 12 jun. 2014.

ASSOCIAÇÃO Internacional de Parques Científicos (Iasp). Disponível em: <www.iasp.ws>. Acesso em: 12 jun. 2014.

ASSOCIAÇÃO Nacional dos Fabricantes de Veículos Automotores (Anfavea). Disponível em: <www.anfavea.com.br>. Acesso em: 12 jun. 2014.

BANCO Central do Brasil. Disponível em: <www.bcb.gov.br>. Acesso em: 12 jun. 2014.

BANCO Mundial. Brasil. Disponível em: <www.worldbank.org/pt/country/brazil>. Acesso em: 12 jun. 2014.

BANCO Mundial. Disponível em: <www.worldbank.org>. Acesso em: 12 jun. 2014.

CENTRO de Pesquisa e Documentação de História Contemporânea do Brasil, da Fundação Getúlio Vargas (FGV/CPDOC). Disponível em: <www.cpdoc.fgv.br>. Acesso em: 12 jun. 2014.

CENTRO de Previsão de Tempo e Estudos Climáticos (CPTEC). Disponível em: <www.cptec.inpe.br>. Acesso em: 12 jun. 2014.

CHINA (China. Org.). Disponível em: <www.china.org.cn>. Acesso em: 12 jun. 2014.

CIÊNCIA Hoje. Disponível em: <www.cienciahoje.uol.com.br>. Acesso em: 12 jun. 2014.

COMCIÊNCIA. Revista eletrônica de jornalismo científico da Sociedade Brasileira para o Progresso da Ciência (SBPC) e Laboratório de Estudos Avançados em Jornalismo da Universidade de Campinas (Unicamp). Disponível em: <www.comciencia.br>. Acesso em: 12 jun. 2014.

COMISSÃO Econômica para a América Latina e o Caribe (Cepal). Disponível em: <www.cepal.org>. Acesso em: 12 jun. 2014.

COMISSÃO Nacional de Energia Nuclear (CNEN). Disponível em: <www.cnen.gov.br>. Acesso em: 12 jun. 2014.

COMISSÃO Técnica Nacional de Biossegurança (CTNBio). Disponível em: <www.ctnbio.gov.br>. Acesso em: 12 jun. 2014.

COMPANHIA de Desenvolvimento Urbano do Estado da Bahia (Conder). Disponível em: <www.conder.ba.gov.br>. Acesso em: 12 jun. 2014.

COMPANHIA de Tecnologia de Saneamento Ambiental (Cetesb-SP). Disponível em: <www.cetesb.sp.gov.br>. Acesso em: 12 jun. 2014.

COMUNIDADE Andina. Disponível em: <www.comunidadandina.org/sudamerica.htm>. Acesso em: 12 jun. 2014.

COMUNIDADE da África Meridional para o Desenvolvimento (SADC). Disponível em: <www.sadc.int>. Acesso em: 12 jun. 2014.

CONFERÊNCIA das Nações Unidas para o Comércio e Desenvolvimento (UNCTAD). Disponível em: <www.unctad.org>. Acesso em: 12 jun. 2014.

CONSELHO Mundial de Energia. Disponível em: <www.worldenergy.org>. Acesso em: 12 jun. 2014.

COOPERAÇÃO Econômica da Ásia e do Pacífico (Apec). Disponível em: <www.apec.org>. Acesso em: 12 jun. 2014.

DIREITO das mulheres na mídia mundial. Disponível em: <http://pt.euronews.com/tag/direitos-das-mulheres>. Acesso em: 12 jun. 2014.

DIVISÃO de População das Nações Unidas. Disponível em: <www.un.org/esa/population>. Acesso em: 12 jun. 2014.

EMPRESA Brasileira de Pesquisa Agropecuária (Embrapa). Disponível em: <www.embrapa.gov.br>. Acesso em: 12 jun. 2014.

EMPRESA Paulista de Planejamento Metropolitano (Emplasa). Disponível em: <www.emplasa.sp.gov.br>. Acesso em: 12 jun. 2014.

ESTADOS UNIDOS (Casa Branca). Disponível em: <www.whitehouse.gov>. Acesso em: 12 jun. 2014.

________. (Departamento do Trabalho). Disponível em: <www.dol.gov>. Acesso em: 12 jun. 2014.

FEDERAÇÃO Mundial de Bolsas de Valores. Disponível em: <www.world-exchanges.org>. Acesso em: 12 jun. 2014.

FORTUNE. *Global 500*. Disponível em: <http://fortune.com/global500>. Acesso em: 12 jun. 2014.

FÓRUM de Diálogo Índia, Brasil e África do Sul (Ibas). Disponível em: <www.ibsa-trilateral.org>. Acesso em: 12 jun. 2014.

FUNDAÇÃO Estadual de Planejamento Metropolitano e Regional (Metroplan-RS). Disponível em: <www.metroplan.rs.gov.br>. Acesso em: 12 jun. 2014.

FUNDAÇÃO Nacional do Índio (Funai). Disponível em: <www.funai.gov.br>. Acesso em: 12 jun. 2014.

FUNDO das Nações Unidas para a Infância (Unicef). Disponível em: <www.unicef.org.br>. Acesso em: 12 jun. 2014.

FUNDO das Nações Unidas para a População. Disponível em: <www.unfpa.org.br>. Acesso em: 12 jun. 2014.

FUNDO de Desenvolvimento das Nações Unidas para a Mulher (Unifem). Disponível em: <www.unifem.org.br/>. Acesso em: 12 jun. 2014.

FUNDO Monetário Internacional (FMI). Disponível em: <www.imf.org>. Acesso em: 12 jun. 2014.

FUNDO Mundial para a Natureza (WWF). Disponível em: <www.wwf.org.br>. Acesso em: 12 jun. 2014.

GLOBALIZATION and World Cities (GaWC) Research Bulletins. Disponível em: <www.lboro.ac.uk/gawc>. Acesso em: 12 jun. 2014.

GOVERNO da República Federativa do Brasil. Disponível em: <www. brasil.gov.br>. Acesso em: 12 jun. 2014.

GRUPO dos 20 (G-20). Disponível em: <www.g20.org>. Acesso em: 12 jun. 2014.

INDÚSTRIAS Nucleares do Brasil (INB). Disponível em: <www.inb.gov.br>. Acesso em: 12 jun. 2014.

INSTITUTO Brasileiro de Administração Municipal (Ibam). Disponível em: <www.ibam.org.br>. Acesso em: 12 jun. 2014.

INSTITUTO Brasileiro de Geografia e Estatística – IBGE. Disponível em: <www.ibge.gov.br>. Acesso em: 12 jun. 2014.

INSTITUTO Brasileiro do Meio Ambiente e dos Recursos Naturais Renováveis (Ibama). Disponível em: <www.ibama.gov.br>. Acesso em: 12 jun. 2014.

INSTITUTO de Pesquisa Econômica Aplicada (Ipea). Disponível em: <www.ipea.gov.br>. Acesso em: 12 jun. 2014.

INSTITUTO do Patrimônio Histórico e Artístico Nacional (Iphan). Disponível em: <www.iphan.gov.br>. Acesso em: 12 jun. 2014.

INSTITUTO Nacional de Colonização e Reforma Agrária (Incra). Disponível em: <www.incra.gov.br>. Acesso em: 12 jun. 2014.

INSTITUTO Nacional de Pesquisas Espaciais (INPE). Disponível em: <www.inpe.br>. Acesso em: 12 jun. 2014.

INSTITUTO Socioambiental. Disponível em: <www.socioambiental.org>. Acesso em: 12 jun. 2014.

INTERLEGIS – Direito das minorias no Brasil. Disponível em: <www.interlegis.leg.br/cidadania/direitos>. Acesso em: 12 jun. 2014.

INTERNATIONAL Security Assistance Force (Isaf). Disponível em: <www.isaf.nato.int>. Acesso em: 12 jun. 2014.

JAPÃO (Ministério da Economia, Comércio e Indústria). Disponível em: <www.meti.go.jp/english>. Acesso em: 12 jun. 2014.

MEMORIAL do Imigrante. Disponível em: <www.memorialdoimigrante.org.br>. Acesso em: 12 jun. 2014.

MERCOSUL (MERCOSUR). Disponível em: <www.mercosur.int>. Acesso em: 12 jun. 2014.

MINISTÉRIO das Relações Exteriores. Disponível em: <www.mre.gov.br>. Acesso em: 12 jun. 2014.

MINISTÉRIO de Minas e Energia. Disponível em: <www.mme.gov.br>. Acesso em: 12 jun. 2014.

MINISTÉRIO do Desenvolvimento, Indústria e Comércio Exterior. Disponível em: <www.desenvolvimento.gov.br>. Acesso em: 12 jun. 2014.

MUSEU da República. Disponível em: <www.museudarepublica.org.br>. Acesso em: 12 jun. 2014.

MUSEU do Índio. Disponível em: <www.museudoindio.org.br>. Acesso em: 12 jun. 2014.

NATIONAL Oceanic and Atmospheric Administration – NOAA. Disponível em: <www.pmel.noaa.gov>. Acesso em: 14 dez. 2012.

NÚCLEO de Estudos Negros. Disponível em: <www.nen.org.br>. Acesso em: 12 jun. 2014.

OBJETIVOS de Desenvolvimento do Milênio. ONU. Disponível em: <www.un.org/millenniumgoals>. Acesso em: 12 jun. 2014.

OPERADOR Nacional do Sistema Elétrico – ONS. Disponível em: <www.ons.org.br>. Acesso em: 12 jun. 2014.

ORGANIZAÇÃO das Nações Unidas (ONU). Disponível em: <www.un.org>. Acesso em: 12 jun. 2014.

ORGANIZAÇÃO das Nações Unidas para a Agricultura e Alimentação (FAO). Disponível em: <www.fao.org>. Acesso em: 12 jun. 2014.

ORGANIZAÇÃO das Nações Unidas para o Desenvolvimento Industrial (Unido). Disponível em <www.unido.org>. Acesso em: 12 jun. 2014.

ORGANIZAÇÃO de Cooperação e Desenvolvimento Econômico (OCDE). Disponível em: <www.oecd.org>. Acesso em: 12 jun. 2014.

ORGANIZAÇÃO do Tratado do Atlântico Norte (OTAN). Disponível em: <www.nato.int>. Acesso em: 12 jun. 2014.

ORGANIZAÇÃO dos Países Exportadores de Petróleo (OPEP). Disponível em: <www.opec.org>. Acesso em: 12 jun. 2014.

ORGANIZAÇÃO Meteorológica Mundial (OMM). Disponível em: <www.wmo.ch>. Acesso em: 12 jun. 2014.

ORGANIZAÇÃO Mundial do Comércio (OMC). Disponível em: <www.wto.org>. Acesso em: 12 jun. 2014.

ORGANIZAÇÃO Mundial para as Migrações. Disponível em: <www.iom.int/cms/en/sites/iom/home.html>. Acesso em: 12 jun. 2014.

PETROBRAS. Disponível em: <www.petrobras.com.br>. Acesso em: 12 jun. 2014.

PROGRAMA das Nações Unidas para o Desenvolvimento (PNUD). Disponível em: <www.pnud.org.br>. Acesso em: 12 jun. 2014

REDE Incubar da Associação Nacional de Entidades Promotoras de Empreendimentos Inovadores. Disponível em: <www.anprotec.org.br>. Acesso em: 12 jun. 2014.

REINO UNIDO (*site* oficial do governo). Disponível em: <www.gov.uk>. Acesso em: 12 jun. 2014.

RÚSSIA (Presidência da Rússia). Disponível em: <eng.kremlin.ru>. Acesso em: 12 jun. 2014.

SECRETARIA da Receita Federal. Disponível em: <www.receita.fazenda.gov.br>. Acesso em: 12 jun. 2014.

SECRETARIA de Comércio Exterior. Disponível em: <www.mdic.gov.br>. Acesso em: 12 jun. 2014.

SENADO Federal. Disponível em: <www.senado.gov.br>. Acesso em: 12 jun. 2014.

SERVIÇO Nacional de Aprendizagem Industrial (Senai). Disponível em: <www.portaldaindustria.com.br/senai>. Acesso em: 12 jun. 2014.

SOCIEDADE Brasileira para o Progresso da Ciência (SBPC). Disponível em: <www.sbpcnet.org.br>. Acesso em: 12 jun. 2014.

SOCIEDADE de Estudos de Empresas Transnacionais e da Globalização Econômica (Sobeet). Disponível em: <www.sobeet.org.br>. Acesso em: 12 jun. 2014.

TRANSPARÊNCIA Internacional. Disponível em: <www.transparency.org>. Acesso em: 12 jun. 2014.

UNASUL (UNASUR). Disponível em: <www.unasursg.org>. Acesso em: 12 jun. 2014.

UNIÃO da Agroindústria Canavieira de São Paulo (ÚNICA). Disponível em: <www.unica.com.br>. Acesso em: 12 jun. 2014.

UNIÃO Europeia (UE). Disponível em: <http://europa.eu/index_pt.htm>. Acesso em: 12 jun. 2014.

UNITED Nations Peacekeeping (Missões de Paz da ONU). Disponível em: <www.un.org/en/peacekeeping>. Acesso em: 12 jun. 2014.

WORLD Energy Council. Disponível em: <www.worldenergy.org>. Acesso em: 12 jun. 2014.